電子情報通信学会編

改訂 電磁理論

大阪大学名誉教授
兵庫県立大学名誉学長　工学博士

熊　谷　信　昭

電子情報通信学会
大学シリーズ
B-1

コ　ロ　ナ　社

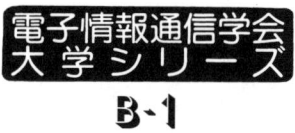

電子情報通信学会大学シリーズ特別委員会

（昭和 61 年 10 月 1 日設置）

委員長	東京工業大学名誉教授	工学博士	岸　源也
委員	慶応義塾大学名誉教授 東京工科大学名誉教授	工学博士	相磯秀夫
	東京大学名誉教授	工学博士	神谷武志
	東京工業大学名誉教授 高知工科大学名誉教授	工学博士	末松安晴
	東京大学名誉教授 東洋大学名誉教授	工学博士	菅野卓雄
	東京工業大学名誉教授 東京電機大学名誉教授	工学博士	当麻喜弘
	早稲田大学名誉教授	工学博士	富永英義
	東京大学名誉教授	工学博士	原島　博
	早稲田大学名誉教授	工学博士	堀内和夫

（五十音順）

電子通信学会教科書委員会

委員長	前長岡技術科学大学長 元東京工業大学長	工学博士	川上正光
副委員長	早稲田大学教授	工学博士	平山　博
	芝浦工業大学学長 東京大学名誉教授	工学博士	柳井久義
幹事長兼 企画委員長	東京工業大学教授	工学博士	岸　源也
幹事	慶応義塾大学教授	工学博士	相磯秀夫
	東京大学教授	工学博士	菅野卓雄
	早稲田大学教授	工学博士	堀内和夫
企画委員	東京大学教授	工学博士	神谷武志
	東京工業大学教授	工学博士	末松安晴
	東京工業大学教授	工学博士	当麻喜弘
	早稲田大学教授	工学博士	富永英義
	東京大学教授	工学博士	宮川　洋

（五十音順）

序

当学会が“電子通信学会大学講座”を企画刊行したのは約20年前のことであった．その当時のわが国の経済状態は，現在からみるとまことに哀れなものであったといわざるを得ない．それが現在のようなかりにも経済大国といわれるようになったことは，全国民の勤勉努力の賜物であることはいうまでもないが，上記大学講座の貢献も大きかったことは，誇ってもよいと思うものである．そのことは37種，総計約100万冊を刊行した事実によって裏付けされよう．

ところで，周知のとおり，電子工学，通信工学の進歩発展はまことに目覚ましいものであるため，さしもの“大学講座”も現状のままでは時代の要請にそぐわないものが多くなり，わが学会としては全面的にこれを新しくすることとした．このような次第で新しく刊行される“大学シリーズ”は従来のとおり電子工学，通信工学の分野は勿論のこと，さらに関連の深い情報工学，電力工学の分野をも包含し，これら最新の学問・技術を特に平易に叙述した学部レベルの教科書を目指し，1冊当りは大学の講義2単位を標準として全62巻を刊行することとした．

当委員会として特に意を用いたことの一つは，これら62巻の著者の選定であって，当該科目を講義した経験があること，また特定の大学に集中しないことなどに十分意を尽したつもりである．

次に修学上の心得を参考までに二，三述べておこう．

① “初心のほどはかたはしより文義を解せんとはすべからず．まず，大抵にさらさらと見て，他の書にうつり，これやかれやと読みては，又さきによみたる書へ立かえりつつ，幾遍も読むうちには，始めに聞えざりし事

も，そろそろと聞ゆるようになりゆくもの也.”本居宣長——初山踏(ういやまぶみ)

② “古人の跡を求めず，古人の求めたる所を求めよ.”芭蕉——風俗文(もん)選

　換言すれば，本に書いてある知識を学ぶのではなく，その元である考え方を自分のものとせよということであろう.

③ “格に入りて格を出でざる時は狭く，又格に入らざる時は邪路にはしる．格に入り格を出でてはじめて自在を得べし.”芭蕉——祖翁口訣(そおうくけつ)

　われわれの場合，格とは学問における定石とみてよいであろう.

④ 教科書で勉強する場合，どこが essential で，どこが trivial かを識別することは極めて大切である.

⑤ “習学これを聞(もん)といい，絶学これを鄰(りん)といい，この二者を過ぐる，これを真過という.”肇(じょう)法師——宝蔵論

　ここで絶学とは，格に入って格を離れたところをいう.

⑥ 常に（i）疑問を多くもつこと，（ii）質問を多くすること，（iii）なるべく多く先生をやり込めること等々を心掛けるべきである.

⑦ 書物の奴隷になってはいけない.

要するに，生産技術を master したわが国のこれからなすべきことは，世界の人々に貢献し喜んでもらえる大きな独創的技術革新をなすことでなければならない.

これからの日本を背負って立つ若い人々よ，このことを念頭において，ただ単に教科書に書いてあることを覚えるだけでなく，考え出す力を養って，独創力を発揮すべく勉強されるよう切望するものである.

昭和55年7月1日

電子通信学会教科書委員会
委員長　川上　正光

改訂にあたって

拙著「電磁理論」の初版第1刷が発行されてから11年が経過し，その後，増刷を重ねること9回におよび，多くの学生諸氏が本書によって電磁理論の基礎を学んでこられた．

その間，世紀は改まり，社会情勢や国際環境も大きく変化した．特に，科学技術の進展には目を見張るものがあった．中でも，情報・通信技術や電子・電気関連工学の技術を応用した科学技術文明の発達は，人類史上かつて例をみなかったほどの，まさに劇的といってもよいような画期的な進歩をとげ，例えば携帯情報端末やインターネットの普及・発展などは21世紀初頭の人類文明を象徴する代表的なものとなりつつある．

このような，いわゆる高度情報社会の到来をはじめ，現代科学技術の実現に決定的な役割を果たしたものは，すべて関連する「ハード」，すなわち「技術」の進歩であった．いかに「ソフトの時代」とはいえ，産業・経済の発展や新しい文明をもたらす基本的な原動力となるものは，けっきょくすべて「ハード」，すなわち「技術」の進歩だったのである．このことは，これまでも，今も，そしてこれからもけっして変わることはないであろう．新しい「ソフト」事業の分野を創出するためにも，まずは「ハード」，すなわち「技術」の発展がなければ話は始まらないのである．

そして，初版の“はしがき”でも述べたように，現在のほとんどすべての機器や装置やシステムには必ず電気関連技術が直接的あるいは間接的に用いられており，電磁理論はそれらすべての電気関連技術の動作原理の基礎を与えているものなのである．そのような意味で，科学技術者にとって「電磁理論」を学ぶ重要性は今後ともけっして減っていくことはないであろう．「電磁理論」によって電磁現象の基本を理解しておくことは，あらゆる分野の科学技術者にとって必須のサイエンス・リテラシーなのである.

そのような状況の中で，今回，本書の改訂を行うこととした主な理由と，その意図するところはつぎのとおりである.

まず第1に，本書の内容をさらに基礎的な事項に限ることとし，やや詳細，ないしは高度に過ぎると思われる部分は削除することとしたことである. 第2に，実際に役立つことをさらに一層重視する観点から，理論的に興味のあるものや，これまで伝統的にとり上げられてきた例題などについても，実用上の応用頻度が低いと思われるものについては思い切って割愛したことである. 第3に，より「読みやすく，使いやすい教科書」とすることを目指し，全編にわたって細部にいたるまで内容を再精査し，検討，改善を加えるとともに，本書を使って下さった先生方からのご意見なども勘案して，理解の流れをさまたげるおそれのある部分などは付録として巻末にまわしたり，講義時間数の制約がある場合には省略して先へ進んでもさしつかえない節を示すなどの工夫を施したことである.

さらに，読者にとってより読みやすいものにするために，字体を初版にくらべて大きくしたり，図面などもすべて新しく書き直してより見やすくするなどの改善を加えた.

しかし，電磁理論を学ぶうえで最も教育的で，かつ最も今日的な教科書となることを目指した初版の基本的な考え方や理論の展開のしかたなどはいささかも変わることなくそのまま踏襲されている. したがって，本書を読まれる読者は，本書にも再掲した初版の“はしがき”をまずご一読いただきたいと思う. この改訂版は初版の“はしがき”でも述べた本書の目的や特徴・性格をさらに一層具現化し，工学系の大学・学部における電磁理論の教科書として，教育的にも実用的にもより優れたものになったと考えている.

電磁理論を応用する電力工学や電子工学，通信工学，情報工学，光・電波工学等々の広汎な工学・技術の各専門分野は本書の各章，各節の内容を基礎として，その上に構築されている. 大学院へ進学されたり，企業等で研究・開発にたずさわるようになられた後も，必要に応じて本書が長く諸兄のお役に立ち得るものであることを願っている．

本書の改訂版が出版されるにあたっては，電子情報通信学会をはじめ多くの方々のお世話になったが，中でも初版以来本書を教科書として長く用いて下さったお一人である大阪大学工学部の塩沢俊之教授からは多くの貴重なご意見をいただいた．また，コロナ社の方々には終始誠意あふれるご協力をたまわった．本書の印刷・校正については著者とコロナ社との共作であるといってもよい．これらの方々に対し深く感謝の意を表する次第である．

平成13年5月1日

熊　谷　信　昭

初版のはしがき

電磁理論は，いわゆる巨視的電磁現象のすべてを統一的に説明する壮大な理論体系であって，現代物理学を支える最も基本的な柱の一つであると同時に，現在の広範な電気関連工学全般の根幹をなす実用上最も重要な柱の一つでもある．

著者は，過去30年近くにわたり，大阪大学工学部において，電気工学科，通信工学科，電子工学科および原子力工学科の学生諸君に対して電磁理論の講義を行ってきた．また，同大学院においても，長年にわたり，電磁界理論特論の講義を担当してきた．さらに，著者自身，大学の卒業研究以来今日まで，一貫して電磁界理論や電磁波工学など，もっぱら電磁理論とその工学的応用に関する研究に従事してきた．

本書は，その間に得たさまざまな教育・研究上の経験をもとに，電磁理論の本質を理解するうえで最もわかりやすく，合理的で，かつ関連技術の新しい研究・開発にも有効に適応できるような工学的応用の基礎となる，実用性の高い電磁理論の教科書となることをめざして執筆したものである．

電磁理論は，1860年代に，イギリスの物理学者マクスウェルによって新しい理論体系としての基礎が与えられ，さらにその後の多年にわたる多くの物理学者や工学者・技術者によるたゆみない研究によって長足の進歩をとげ，昔日の姿を一新して現在にいたっている．本書は，その最も今日的な，新しい形態の電磁理論の構成を示したつもりである．

電磁理論というのは，一般の学生諸君が普通考えておられるよりもはるかに実際上の必要度が高い実用的な学問なのである．事実，現在のほとんどすべての機器や装置やシステムには，いわゆる巨視的電磁現象を応用した技術が，その全部または少なくとも一部に必ず含まれており，電磁理論はそれらの技術のよってたつ最も重要な基礎となっているのである．さらに，例えば最近の先端技術の代表のようにいわれている光ファイバや衛星通信用アンテナなどの特性を解明したり，具体的な設計を行ったりする場合に，われわれが頼れるものとしては電磁理論をおいてほかにはないのである．すなわち，これらの研究・開発や解析・設計などは，すべて電磁理論の知識や理論をもとに行われているのである．そのために，電磁界理論や電磁波論など，電磁理論そのものに関する基礎的研究が現在でも広く世界各国で熱心に続けられており，また，電磁理論を実際の各種の工学的・技術的諸問題に適用するための新しい解析技法なども，日々研究・開発が進められているのである．

学生諸君が，電磁理論のもつ実用上の重要性や有用性をもよく認識されたうえで，その基礎を十分に理解され，独創的な研究や創造的な技術開発に大きく貢献されることを念願している．

本書を著すにあたり，著者の講義を聴講された学生の一人である大阪大学助教授塩沢俊之博士から多くの貴重なご意見・ご討論をいただいた．また，原稿の整理や清書には世良美千代氏にたいへんお世話になった．さらに，本書の出版については電子情報通信学会大学シリーズ特別委員会委員長の岸源也東京工業大学名誉教授に種々ご高配をたまわった．これらの諸氏に対し，深く感謝の意を表する次第である．

平成２年１月１日

熊 谷 信 昭

目　　　　次

4．物質中における電磁界基本法則

5．静　電　界

6. 静　磁　界

7. 電磁系における電力およびエネルギー

8. 時間的に変化する電磁界

9. 電磁系の回路論的取扱い

付録 A ベクトルおよびベクトル界の数学的解析

付録 B ラプラス方程式の解

1. 電磁理論の性格と基本的電磁量の定義

1.1 巨視的電磁現象と電磁理論

本書では，いわゆる**巨視的電磁現象**を対象として，それを統一的に説明する理論体系について述べる．ここで，巨視的電磁現象とは，原子的，量子的な規模の電磁現象の一種の平均として，通常の測定で実際に観測されるような規模の電磁現象のことをいう．これに対して，原子的，量子的な規模のいわゆる**微視的電磁現象**は，原子物理学や量子物理学などが取り扱う分野に属するものであって，本書で述べる**巨視的電磁理論**が対象とする範囲には含まれない．

巨視的電磁理論では，実際の観測事実をすべて矛盾なく満足に説明できるものである限り，理論構成の基礎として，どのような仮定，前提，あるいはモデルを想定してもさしつかえないとする立場をとる．したがって，これらの仮定，前提，ないしはモデルの正当性は，それらを基礎とする理論の全体系から導かれるすべての結論が，巨視的な観測事実と矛盾しないという経験的事実によってのみ保証される．このような立場にたつ理論を**現象論的理論**と呼ぶ．したがってけっきょく，本書で述べる電磁理論は巨視的電磁現象に関する現象論的理論であるということができる．少なくとも現在までのところ，電磁理論と矛盾するような巨視的電磁現象が観測された例は皆無である．その意味で，電磁理論は巨視的な自然現象の理論的記述として，最も完全なものの一つであるということができる．

一方，現在のきわめて広範・多岐にわたる各種の機器や装置やシステムには，そのほとんどすべてのものに巨視的電磁現象を応用した技術が直接的または付随的に必ず含まれており，電磁理論はそれらの技術の動作原理を理解したり，開発・設計を行ったりする場合の最も重要な基礎を与えている．

すなわち，実用上の観点からいえば，電磁理論は現在の電気関連工学のみならず，現代科学技術全般の根幹をなす最も重要な柱の一つであるということができる．

電磁理論を記述するには，大別して二つの方法がある．一つはニュートン力学からひきつがれた**遠隔作用**（action at a distance）の概念にもとづく**クーロンの法則**（Coulomb's law）から出発して，ほぼ歴史的な発展の順序に従って叙述する方法である．もう一つは，ファラデー（M. Faraday）とマクスウェル（J. C. Maxwell）にはじまる**場の概念**（action by a field）にもとづく**マクスウェルの方程式**から出発して，論理的な形で体系的に叙述する方法である．

第一の方法による場合には，通常まず静電界が解説され，ついでさまざまな第二義的な法則や定理がつぎつぎにつけ加えられて，最後に最も基本的な法則であるマクスウェルの方程式にいたるのが普通である．この方法によれば，静電界という，取扱いの最も簡単な特別の場合から始めることができるという利点がある反面，基本的な電磁量の正確な定義や一般的性質の説明などが最終段階に到達するまでできないという大きな欠陥が生じ，また，いろいろな法則の占める地位やその相互関係が理解しにくく，どの法則がより基本的な意義をもつものであるかということもなかなか判然としない．したがって，電磁理論の本質を把握することがむずかしく，理論を体系として見通すことも容易ではない．

これに対して，第二の方法によれば，上述の難点はすべて解消され，電磁理論の整然とした理論体系とその本質を理解することができるようになる．なぜならば，少なくとも巨視的電磁現象に関する限り，最も基本的な法則はマクスウェルの方程式であって，その他の法則や諸関係は，すべてその特別な場合として含まれるか，またはそれから理論的に誘導することができるからである．

また，体系的叙述に接することによって電磁理論の本質を理解することができるようになる結果，電磁現象の広範・多岐にわたる工学的応用においても，電磁理論を適切・有効に用いることができるようになる．実際，具体的に電磁系の特性を解明したり，解析・設計を行ったりする場合に，けっきょく決め手となるのは，すべてマクスウェルの方程式をいかに適切に適用するかということに帰着するからである．

以上の理由から，本書では，まずその前半において最も一般的なマクスウェルの方程式を提示する．ただし，マクスウェルの方程式は力学におけるニュートンの運動方程式などと比べるとはるかに複雑で，かつ直観的ではないので，いきなりマクスウェルの方程式を天下り的に与えることは適当ではない．したがって，本書では，まず前半の四つの章において，基本的な観測事実からマクスウェルの方程式の定式化を行い，その物理的意味と一般的性質とを明らかにする．ついで，後半の5章以下では，マクスウェルの方程式をすべての議論の出発点として，巨視的電磁現象に関する各論的考察を，一貫した統一的理論体系のもとに示す．理論をこのように展開するのが最も合理的であり，かつ教育的であると考えるからである．

巨視的電磁現象には，通常の静止系における電磁現象のほかに，運動系における電磁現象があるが，運動系における電磁現象を正確に記述するためには相対論的な取扱いが必要となる．しかし，実際に相対論的な効果が現れてくるのは，運動系の運動速度が真空中の光速度にきわめて近いような特別の場合に限られる．それで，運動系の電磁現象に関する厳密な相対論的電磁理論についてはほかの適当な著書にゆずり†，本書では対象とする電磁系は観測者に対して静止しているか，または運動していてもその運動速度は真空中の光速度に比べれば十分小さく，事実上相対論的な効果が無視できるような準静止系の場合の電磁現象についてのみ述べる．

† 運動系における相対論的な電磁理論の基礎については，例えば熊谷信昭著「電磁気学基礎論」（オーム社）または熊谷信昭編著「電磁理論特論」（コロナ社）などを参照されたい．

1.2 電荷および電荷密度

電磁現象に関して現在までに行われたさまざまな理論的ならびに実験的考察の結果によれば，**電荷**（electric charge）と呼ばれる物理量の存在を仮定すると，少なくとも巨視的電磁現象に関する限り，すべての観測事実を矛盾なく，合理的に説明することができるようになる．そこで，電磁理論を展開していくにあたって，まず電荷なるものの存在を，その基本的な前提として仮定することにする．

電荷の存在を想定すると，現在までに行われた無数の観測結果から，電荷には少なくともつぎの三つの性質がなければならないことになる．

第一に，電荷には電気的性質の全く相反する 2 種類が存在し，かつ 2 種類しかない．そこで，これを**正電荷**（positive charge）および**負電荷**（negative charge）なる名称で区別し，習慣的に**電子**（electron）のもつ電荷を負と定める．

第二に，電荷には**電荷保存の法則**（law of conservation of charge）と呼ばれる重要な関係が成り立つ．すなわち，現在までに行われたあらゆる観測の結果によれば，少なくともわれわれが求め得る最高の測定精度の範囲内で，例えば正電荷が増加すると，必ずそれと等量，逆符号の負電荷が現れ，逆に一方が減少すると，必ず他方も同時に減少して，けっきょく独立した系内における全電荷の代数和はつねに一定に保たれる．いいかえれば，独立した系内で，正または負のいずれか一方の電荷のみが，単独で生成したり，あるいは消滅したりするというようなことはない．ここで，独立した系というのは，その系の内部と外部との境界を通って電荷の授受や往来がないという意味である．

したがって，例えば，閉曲面によってかこまれたある領域内から，その領域をかこむ表面を通って正電荷が外部へ流出するような場合には，その分だけその領域内の正電荷の量が減少していかなければならない．なぜならば，閉じた領域内で正電荷のみがつぎつぎに生れ出てくるというようなことはないからである．逆に，ある領域内へ外部から正電荷が流入するような場合には，その分だけその領域内の正電荷の量が増加していかなければならない．なぜならば，流入した正電荷の一部または全部が，閉じた領域内であとかたもなく消えてなくなってしまうというようなことはないからである．このような電荷保存の法則は，エネルギー保存の法則とともに，現代物理学における最も重要な保存則の一つである．

第三に，すべての電荷量の絶対値は，少なくとも現在までに行われた通常の観測の測定精度の範囲内では，つねに電子１個のもつ電荷量の絶対値

$$e=1.602\times10^{-19}\quad〔\mathrm{C}〕\tag{1.1}$$

の整数倍となっている．電荷量の単位名をクーロン（coulomb）と呼び，C なる記号で表す．

ところで，われわれが本書で対象としているのは，前節で述べたとおり，これら個々の量子的な電荷の示す作用の一種の平均的な効果として，通常の測定で実際に観測にかかるような規模の電磁現象である．そこで，このような，いわゆる巨視的電磁現象のみを取り扱う電磁理論では，電荷は連続的に分布した連続量であるとみなし，電荷量の微視的，量子的な不連続性は問題にしないことにする．このように，電荷を連続的に分布している連続量であるとみなしても，少なくとも巨視的電磁現象を応用するような実際上の諸問題においては，その不正確さは事実上無視することができる．

電荷を連続量とみなすと，１点 P における**電荷密度**（charge density）をつぎのように定義することができる．すなわち，電荷が分布している領域 V 内の任意の１点 P のまわりの微小な体積 $\varDelta V$ と，微小体積 $\varDelta V$ 内に含まれる全電荷の代数和 $\varDelta q$ との比 $\varDelta q/\varDelta V$ をとり，微小体積 $\varDelta V$ を $\varDelta V$ 内の１点 P のまわりに限りなく縮めていくと，上記の比 $\varDelta q/\varDelta V$ は点 P における単位体積当りの電荷量を表すことになる．このような極限値を，点 P における電荷密度と定義する．すなわち，点 P における電荷密度 ρ は，電荷を連続量とみなすことによって，数学的に次式のように定義することができる．

$$\rho=\lim_{\varDelta V\to 0}\frac{\varDelta q}{\varDelta V}=\frac{dq}{dV}\quad〔\mathrm{C/m^3}〕\tag{1.2}$$

ここで，もしも電荷を不連続量として取り扱えば，上式のような極限値は数学的に定義できない．

このように定義された電荷密度 ρ は，一般には場所と時間の関数である．したがって，任意の領域 V 内に含まれる全電荷量 q は，V 内の各点における電荷密度 ρ を領域 V にわたって体積分することにより

$$q=\int_V \rho dV \qquad \text{〔C〕} \tag{1.3}$$

で与えられる．

最後に，電磁理論において有用な役割を果たす二，三の特殊な電荷分布について述べておこう．

点電荷　空間的な広がりが零であるとみなせるような，無限に小さい1点に集中して存在する電荷を点電荷（point charge）と呼ぶ．実際には，有限の大きさをもちながら，しかもなお，巨視的な尺度ではその大きさを無視できて，1点とみなし得る程度に十分小さな領域内に存在する電荷分布をもって，点電荷とみなすことができる．さらに具体的にいえば，微小な領域内に存在する電荷を，その微小領域の広がりに比べて十分大きな距離をへだてた遠方からみれば，事実上これを点電荷とみなし得ると考えてもよい．

線電荷　太さが零であるとみなせるような，無限に細い線状の電荷を線電荷（line charge）と呼ぶ．実際には，有限の太さをもちながら，しかもなお，巨視的な尺度ではその太さを無視できて，線とみなし得る程度に十分細い柱状の電荷分布をもって，線電荷とみなすことができる．さらに具体的にいえば，微小な太さの柱状の電荷分布を，その太さに比べて十分大きな距離をへだてた遠方からみれば，事実上これを線電荷とみなし得ると考えてもよい．

面電荷　厚さが零であるとみなせるような，無限に薄い層内に分布する電荷を面電荷（surface charge）と呼ぶ．実際には，有限の厚さをもちながら，しかもなお，巨視的な尺度ではその厚さを無視できて，面とみなし得る程度に十分薄い層状の電荷分布をもって，面電荷とみなすことができる．さらに具体的にいえば，微小な厚さの層状の電荷分布を，その厚さに比べて十分大きな距

離をへだてた遠方からみれば，事実上これを面電荷とみなし得ると考えてもよい．

電気双極子　電荷量が等しく，符号が逆で，かつ間隔が零であるとみなせるような，無限に近接した二つの点電荷の対を電気双極子（electric dipole）と呼ぶ．実際には，有限の間隔をもちながら，しかもなお，巨視的な尺度ではその間隔を無視できて，1 点に存在するとみなし得る程度に十分近接した，二つの等量，逆符号の点電荷の対をもって電気双極子とみなすことができる．さらに具体的にいえば，微小な間隔をへだてて存在する二つの等量，逆符号の点電荷の対を，その間隔に比べて十分大きな距離をへだてた遠方からみれば，事実上これを電気双極子とみなし得ると考えてもよい．

1.3 電流および電流密度[†]

電荷が運動する現象を，**電流**（electric current）が流れるという．すなわち，「電荷が運動している」という表現と「電流が流れている」という表現とは全く同義であって，いずれも同じ内容の現象を表す別の表現であるということができる．

電荷の運動方向，すなわち電流の方向を示すために，習慣的に，正電荷の移動する方向を電流の正方向と定める．したがって，負電荷が運動する場合には，負電荷の移動する方向と逆方向が電流の正方向となる．

電流の大きさは，単位時間に移動する電荷の量によってつぎのように定義する．すなわち，任意の時刻 t のまわりの微小な時間 Δt と，微小時間 Δt の間に面 S を横切って移動する全電荷の代数和 Δq との比 $\Delta q/\Delta t$ をとり，1.2 節で述べたように，電荷を連続量であるとみなして，微小時間 Δt を Δt 内の時刻 t のまわりに限りなく縮めていくと，上記の比 $\Delta q/\Delta t$ は時刻 t に面 S を横切って移動する単位時間当りの移動電荷量を表すことになる．このような極限

† ベクトルの取扱いに習熟していない読者は，本節に入る前に，付録 A の A.1 節〜A.3 節を通読されたい．

値を，時刻 t に面 S を通って流れる電流の大きさ，または電流の値と定義する．すなわち，時刻 t に面 S を通って流れる電流の大きさ I は，電荷を連続量とみなすことによって，数学的に次式のように定義することができる．

$$I=\lim_{\Delta t\to 0}\frac{\Delta q}{\Delta t}=\frac{dq}{dt}\qquad \text{〔A〕} \tag{1.4}$$

この場合も，もしも電荷を不連続量として取り扱えば，上式のような極限値は数学的に定義できない．電流の単位名をアンペア（ampere）と呼び，A なる記号で表す．

大きさが電流に直角な単位面積を通って流れる電流の値に等しく，方向が電流の正方向を向くようなベクトルを定義して，これを**電流密度**（current density）と呼ぶ．すなわち，電流が分布している領域内の任意の1点 P を含む，電流に直角な微小面積 ΔS と，ΔS を直角に横切って流れる電流 ΔI との比 $\Delta I/\Delta S$ をとり，前述のように，電荷の移動，すなわち電流の流れを連続量であるとみなして，微小面積 ΔS を ΔS 内の1点 P のまわりに限りなく縮めていくと，上記の比 $\Delta I/\Delta S$ は点 P における単位面積当りの電流の値を表すことになる．したがって，点 P における電流密度の大きさ（絶対値）J は，電荷の移動，すなわち電流を連続量とみなすことによって，数学的に次式のように定義することができる．

$$J=\lim_{\Delta S\to 0}\frac{\Delta I}{\Delta S}=\frac{dI}{dS}\qquad \text{〔A/m}^2\text{〕} \tag{1.5}$$

ただし，J は電流密度ベクトル $\boldsymbol{J}$ の大きさ（絶対値）$|\boldsymbol{J}|$ を表す．したがって，点 P における電流の正方向を向く，大きさ（絶対値）が1であるような単位ベクトルを $\boldsymbol{i}_v$ とすれば，点 P における電流密度 $\boldsymbol{J}$ は，前述の電流密度の定義と付録 *A* の *A.1* 節に示した式（*A.1*）から，次式によって与えられることになる．

$$\boldsymbol{J}=\boldsymbol{i}_v J=\boldsymbol{i}_v\frac{dI}{dS}\qquad \text{〔A/m}^2\text{〕} \tag{1.6}$$

このように定義された電流密度 $\boldsymbol{J}$ は，一般には場所と時間の関数である．そこで，電流の分布する領域内にとった任意の面 S 上の1点における電流密

度を $\boldsymbol{J}$ とすれば，電流密度ベクトル $\boldsymbol{J}$ は，付録 A の $A.2$ 節で述べたベクトルの和の定義から，**図 1.1** に示すように，面 S に垂直な成分 J_n と，面 S に接する成分 J_t とに分解することができる．そのうち，面 S を横切って流れる電流として寄与するのは，面 S に直角な垂直成分 J_n のみである．

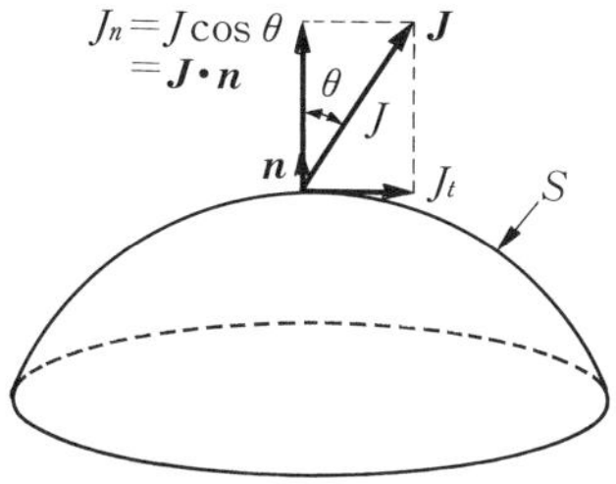

図 1.1 面 S を通って流れる電流

そこで，面 S に垂直で，電流の正方向を向く，大きさ（絶対値）が 1 であるような単位ベクトルを $\boldsymbol{n}$ とすれば，付録 A の $A.3$ 節に示したスカラー積の定義（$A.8$）から，電流密度ベクトル $\boldsymbol{J}$ の面 S に直角な垂直成分（$\boldsymbol{n}$ 方向成分）$J_n=J\cos\theta$ は $\boldsymbol{J}\cdot\boldsymbol{n}$ と書くことができる．したがって，面 S を通って流れる全電流 I は，面 S 上の各点における電流密度の垂直成分 $J_n=\boldsymbol{J}\cdot\boldsymbol{n}$ を面 S にわたって面積分することにより

$$I=\int_S J_n dS=\int_S \boldsymbol{J}\cdot\boldsymbol{n}dS \qquad \text{〔A〕} \tag{1.7}$$

で与えられる．

点 P における電流密度 $\boldsymbol{J}$ は，点 P における運動電荷の電荷密度 ρ とその運動速度 $\boldsymbol{v}$ とによって，つぎのように書き表すこともできる．すなわち，点 P を含む，電荷の運動方向と直角な微小面積を $\varDelta S$ とし，$\varDelta S$ を横切って微小時間 $\varDelta t$ の間に移動する電荷量を $\varDelta q$ とすれば，**図 1.2** からわかるように，移動電荷量 $\varDelta q$ は微小体積 $\varDelta V=v\varDelta t\varDelta S$ 内に含まれる電荷量 $\varDelta q=\rho\varDelta V=\rho v\varDelta t\varDelta S$ で与えられる．ただし，v は微小体積内の移動電荷の平均の運動速度の大きさ，ρ は同じく微小体積内の移動電荷の平均の電荷密度である．これから，点 P を含む微小面積 $\varDelta S$ を通って流れる電流 $\varDelta I$ は，電流の定義（1.4）から

$$\varDelta I=\lim_{\varDelta t\to 0}\frac{\varDelta q}{\varDelta t}=\rho v\varDelta S \tag{1.8}$$

となる．

さらに，微小面積 $\varDelta S$ を $\varDelta S$ 内の 1 点 P のまわりに限りなく縮めていくと，

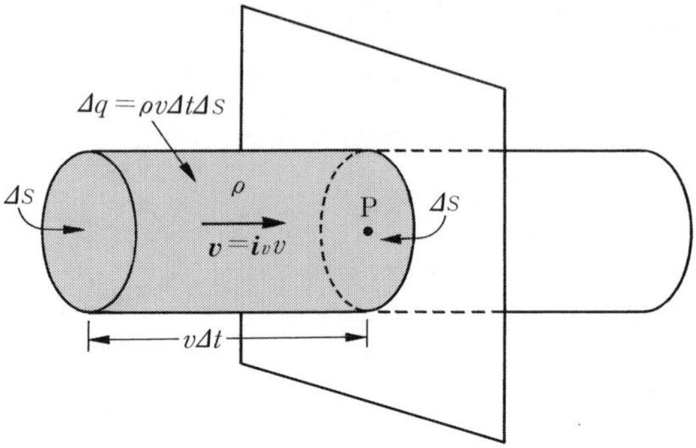

図 *1.2*　点 P を通って流れる電流密度

式（*1.5*）から，点 P における電流密度の大きさが

$$J = \lim_{\Delta S \to 0} \frac{\Delta I}{\Delta S} = \rho v \qquad (1.9)$$

として与えられる．ここで，ρ は点 P における移動電荷の電荷密度，v は同じく点 P における移動電荷の運動速度の大きさである．したがって，点 P における電流の正方向，すなわち移動正電荷の運動方向を示す単位ベクトルを $\boldsymbol{i}_v$ とすれば，式（*1.6*）に示した電流密度の定義から，点 P における電流密度 $\boldsymbol{J}$ が次式によって与えられる．

$$\boldsymbol{J} = \boldsymbol{i}_v J = \boldsymbol{i}_v \rho v \qquad (1.10)$$

ここで，点 P における移動電荷の運動速度ベクトルを $\boldsymbol{v}$ とすれば

$$\boldsymbol{v} = \boldsymbol{i}_v v \qquad (1.11)$$

であるから，式（*1.10*）はけっきょく

$$\boldsymbol{J} = \rho \boldsymbol{v} \qquad (1.12)$$

と書くことができる．

すなわち，点 P における電流密度 $\boldsymbol{J}$ は，点 P における運動電荷の電荷密度 ρ とその運動速度 $\boldsymbol{v}$ とによって，上式のように書き表すことができる．

電流の種類をその物理的な機構によって分類すると，導電電流，分極電流，磁化電流および対流電流の四つに大別することができる．ここで，**導電電流**（conduction current）というのは，物質中の比較的自由に移動できる電荷，

すなわちいわゆる**自由電荷**（free charge）の運動によって生ずる電流のことをいう．これに対して，物質中の原子構造に強く拘束されていて，ごくわずかの変位しかできないような電荷，すなわちいわゆる**束縛電荷**（bound charge）の変位運動によって生ずる電流を**分極電流**（polarization current）と呼ぶ．さらに，物質中の原子構造に含まれている電子の周回運動および電子自身の自転，すなわちいわゆる**スピン**（spin）によって生ずる電流を**磁化電流**（magnetization current）と呼ぶ．

以上のような，物質中の電荷の運動によって生ずる電流に対して，真空中を電荷が移動する結果生ずるような電流は**対流電流**（convection current）と呼ばれている．電荷を帯びた荷電粒子や帯電物体の運動によって生ずる電流なども対流電流の一種である．この意味で，対流電流のことを**携帯電流**と呼ぶこともある．

上に述べた4種類の電流のうち，分極電流および磁化電流は物質に拘束されている束縛電荷の運動によって生ずるものであるという意味で**束縛電流**と呼ぶことができ，これらに対して，導電電流および対流電流は自由電荷の運動によって生ずるものであるという意味から**自由電流**と呼ぶことができる．

一方，電流の種類をその時間依存性によって分類すると，電流の大きさと方向が時間的に一定な電流と，そうでない電流とに大別することができる．そこで，大きさと方向がいずれも時間的に一定な電流を，特に**定常電流**（stationary current）と呼んで，それ以外の電流と区別することにする．定常電流の場合には，電流密度ベクトル $\boldsymbol{J}$ は，その大きさ，方向，ならびに空間的な分布がすべて時間的に一定である．

最後に，電磁理論において有用な役割を果たす二，三の特殊な電流分布について述べておこう．

線電流　太さが零であるとみなせるような，無限に細い線状の電流を線電流（line current）と呼ぶ．実際には，*1.2* 節で述べた線電荷の場合と同様に，有限の太さをもちながら，しかもなお，巨視的な尺度ではその太さを無視できて，線とみなし得る程度に十分細い柱状の電流分布をもって，線電流とみなすことができる．さらに具体的にいえば，微小な太さの柱状の電流分布を，その太さに比べて十分大きな距離をへだてた遠方からみれば，事実上これを線電流とみなし得ると考えてもよい．

面電流　厚さが零であるとみなせるような，無限に薄い層内を流れる電流を面電流（surface current）と呼ぶ．実際には，*1.2* 節で述べた面電荷の場合と同様に，有限の厚さをもちながら，しかもなお，巨視的な尺度ではその厚さを無視できて，面とみなし得る程度に十分薄い層状の電流分布をもって，面電流とみなすことができる．さらに具体的にいえば，微小な厚さの層状の電流分布を，その厚さに比べて十分大きな距離をへだてた遠方からみれば，事実上これを面電流とみなし得ると考えてもよい．

磁気双極子　閉路でかこまれる平面の面積が零であるとみなせるような，無限に小さな閉路を流れるループ電流を磁気双極子（magnetic dipole）と呼ぶ．実際には，有限の面積をもちながら，しかもなお，巨視的な尺度ではその面積を無視できて，1点とみなし得る程度に十分小さい閉路を流れるループ電流をもって磁気双極子とみなすことができる．さらに具体的にいえば，微小な面積をかこむ閉路を流れるループ電流を，その閉路の大きさに比べて十分大きな距離をへだてた遠方からみれば，事実上これを磁気双極子とみなし得ると考えてもよい．

1.4　電界および磁界

真空中に電荷あるいは電流が存在すると，そのまわりの空間がある物理的性質をもつようになる．このような物理的性質の空間的分布を**電場**または**電界**（electric field）および**磁場**または**磁界**（magnetic field）と呼ぶ．電界および磁界をまとめて表現するために**電磁界**（electromagnetic field）と呼ぶこともある．例えば，真空中に時間的に変化しない電荷が静止して分布している場合には，そのまわりの空間に電界が生じ，また時間的に変化しない電流が一定の分布で流れている場合には，そのまわりの空間に磁界が生じる．さらに，時間的に変化する電荷あるいは電流の分布が存在する場合には，そのまわりの空間に電界および磁界の両方が生じる.

観測の結果によれば，電界および磁界の中に存在する電荷には2種類の力が働く．一つは，電荷量に比例し，電荷の運動速度には無関係な力である．もう一つは，電荷量と電荷の運動速度との積に比例し，かつ電荷の運動方向と直角な方向に働く力である.

そこで，真空中の1点Pに，q なる電荷量の点電荷を置いたとき，もしこの点電荷に $\boldsymbol{F}$ なる力が働く場合には，点Pには電荷に影響をおよぼすような物理的性質をもつ場，または界があるものと考え，これを電場または電界と呼ぶ．そして，電界を記述するために

$$\boldsymbol{F}=q\boldsymbol{E} \tag{1.13}$$

で与えられるようなベクトル $\boldsymbol{E}$ を定義し，これを点Pにおける**電界ベクトル**（electric-field vector）または**電界の強さ**（electric-field intensity）と呼ぶ.

上式からわかるとおり，電界内の1点Pに $q=+1\mathrm{C}$ の単位正電荷を置くと，$\boldsymbol{F}=\boldsymbol{E}$ なる力が働く．したがって，1点Pにおける電界の強さというのは，その点に置かれた単位正電荷に働く力として定義されているということもできる.

以上は，電界ベクトル $\boldsymbol{E}$ の最も一般的な定義であるが，電界の強さを式（1.13）によって厳密に定義するためには，つぎのような注意が必要である．すなわち，電界内の1点Pにおける電界の強さというものは，もともと点Pに点電荷が存在しない場合の電界の強さでなければならない．したがって，点Pに置く点電荷の電荷量 q は，原理上，無限に小さいものでなければならない．なぜならば，点電荷を置くことによって，点電荷によって生ずる電界がもとの電界に影響を与え，変形やじょう乱を生ずるようなことがあってはならないからである．実際には，数学的な意味では無限小でない有限の電荷量をもちながら，しかもなお，もとの電界には事実上検知されるほどの影響をおよぼさない程度に十分微小な電荷量であれば，点電荷の存在によるもとの電界の乱れはないものとみなしてよい.

つぎに，真空中の1点Pを $\boldsymbol{v}$ なる速度で移動する，q なる電荷量の運動点電荷に，運動方向と直角な方向に，速度に比例する力 $\boldsymbol{F}$ が働く場合には，点Pには運動電荷に影響をおよぼすような物理的性質をもつ場，または界があるものと考え，これを磁場または磁界と呼ぶ．そして，磁界を記述するために

$$\boldsymbol{F}=q\boldsymbol{v}\times\boldsymbol{B} \tag{1.14}$$

で与えられるようなベクトル $\boldsymbol{B}$ を定義し，これを点Pにおける**磁束密度**(magnetic flux density) と呼ぶ．

上式からわかるとおり，磁界が運動電荷におよぼす力は，付録 A の $A.3$ 節で述べたベクトル積の定義から，**図 *1.3*** に示すように，速度ベクトル $\boldsymbol{v}$ と磁束密度ベクトル $\boldsymbol{B}$ のいずれにも垂直で，右ねじをベクトル $\boldsymbol{v}$ からベクトル $\boldsymbol{B}$ の方向へ，$\boldsymbol{v}$ と $\boldsymbol{B}$ とのなす角の小さいほうを通ってまわすとき，右ねじの進む方向を向く．また，その力の大きさは，同じく付録 A の $A.3$ 節の式 ($A.12$) に示したベクトル積の絶対値の定義から，$qvB\sin\theta$ で与えられ，電荷の運動方向 ($\boldsymbol{v}$ の方向) と $\boldsymbol{B}$ の方向とが直角の場合 ($\theta=\pi/2$ の場合) に最大 (qvB) となり，電荷の運動方向と $\boldsymbol{B}$ の方向とが平行な場合 ($\theta=0$ の場合) には零となる．

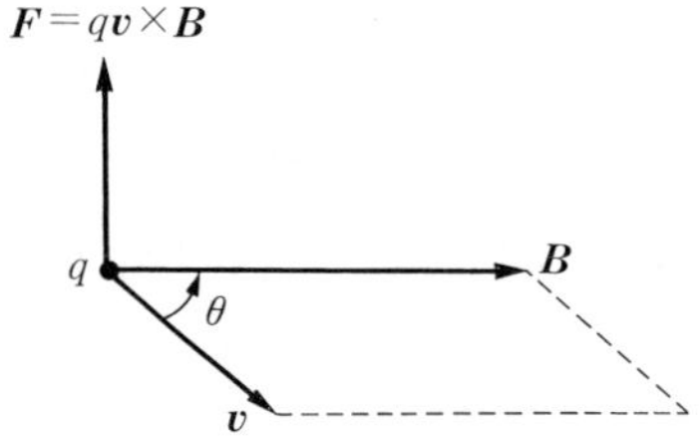

図 *1.3*　磁束密度 $\boldsymbol{B}$ の定義

以上は，磁束密度ベクトル $\boldsymbol{B}$ の最も一般的な定義であるが，この場合にも，磁束密度を式 (*1.14*) によって厳密に定義するためには，電界の強さを定義した場合と同様の注意が必要である．

電界および磁界は，いずれも界内の各点における電界ベクトル $\boldsymbol{E}$ および磁束密度ベクトル $\boldsymbol{B}$ の分布が場所の関数として与えられているようなベクトル界である．したがって，その模様は，付録 A の $A.1$ 節で述べたように，力線によって図的に示すことができる．すなわち，電界内にとった曲線上の各点における接線の方向がその点における電界ベクトル $\boldsymbol{E}$ の方向と一致し，曲線の疎密，すなわち曲線に垂直な単位面積を貫く曲線の数がその点における電界の

強さに比例するように描かれた力線によって，電界の模様を図的に書き表すことができる．このような力線を**電気力線**（electric line of force）と呼んでいる．電界内の1点にはただ一つの大きさと方向とをもつ電界ベクトルが対応しているから，上述の電気力線の定義によって，付録 *A* の *A.1* 節でも述べたように，電界の模様を示す電気力線が互いに交わることはない．

全く同様に，磁界内にとった曲線上の各点における接線の方向がその点における磁束密度ベクトル $\boldsymbol{B}$ の方向と一致し，曲線の疎密，すなわち曲線に垂直な単位面積を貫く曲線の数がその点における磁束密度に比例するように描かれた力線によって，磁界の模様を図的に書き表すことができる．磁界の模様を示す力線の場合にも，上に述べた電気力線の場合と全く同じ理由によって，二つの異なる力線が互いに交わることはない．

電界および磁界は，一般に場所と時間の関数である．すなわち，電磁界内の各点における電界ベクトル $\boldsymbol{E}$ および磁束密度ベクトル $\boldsymbol{B}$ の大きさと方向は，一般に場所ごとに異なっており，また電磁界内の任意の1点における電界ベクトル $\boldsymbol{E}$ および磁束密度ベクトル $\boldsymbol{B}$ の大きさと方向は，一般に時間的にも変化している．そのうち，特に空間的に一様な電界および磁界を**均一電界**（uniform electric field）および**均一磁界**（uniform magnetic field）と呼び，また，特に時間的に変化しない電界および磁界を**静電界**（electrostatic field）および**静磁界**（magnetostatic field）と呼ぶ．

1.5 電荷および電流に働く力

1.4 節の式（*1.13*）および（*1.14*）に示した，電磁界が電荷におよぼす二つの力の合計

$$\boldsymbol{F}=q(\boldsymbol{E}+\boldsymbol{v}\times\boldsymbol{B}) \tag{1.15}$$

を**ローレンツ力**（Lorentz force）と呼ぶ．

上式は電磁量と力学量とを結びつけるきわめて重要な関係式である．

ローレンツ力を表す式（*1.15*）と，よく知られた力学におけるニュートン

の運動の法則から，質量が m，電荷量が q なる荷電粒子の電磁界中における運動方程式は

$$m\frac{d\boldsymbol{v}}{dt}=\boldsymbol{F}=q(\boldsymbol{E}+\boldsymbol{v}\times\boldsymbol{B}) \tag{1.16}$$

で与えられる．

アインシュタイン（A. Einstein）の**特殊相対性理論**（special theory of relativity）によれば，運動物体の質量 m は正確には運動速度の関数となるが，荷電粒子の運動速度が真空中の光速度に比べて十分小さい場合には，式（1.16）をもとに問題を取り扱っても実用上さしつかえない．例えば，真空中の電子の運動を利用する通常の電子装置のような場合には，普通，上述のような相対論的効果は無視することができ，したがってその解析や設計の基礎となる電子の運動方程式は，式（1.16）から，$q=-e$ として

$$\frac{d\boldsymbol{v}}{dt}=-\frac{e}{m}(\boldsymbol{E}+\boldsymbol{v}\times\boldsymbol{B}) \tag{1.17}$$

と書くことができる．

上式で，$e=1.602\times10^{-19}$ C は，式（1.1）に示した電子のもつ電荷量の絶対値である．また，相対論的な効果が無視できる程度の速度で運動している電子の質量は，静止している電子の質量とほとんど等しく，その値は，測定の結果 $m=9.109\times10^{-31}$ kg であることが知られている．したがって，e/m の値は 1.759×10^{11} C/kg となる．このような，電荷と電磁界との相互作用の効果は，各種の電子装置などの動作原理として広く応用されている．

式（1.15）に示したローレンツ力を，ρ なる密度の電荷分布に対して電磁界がおよぼす単位体積当りの力の密度として表すと

$$\boldsymbol{f}=\rho(\boldsymbol{E}+\boldsymbol{v}\times\boldsymbol{B})=\rho\boldsymbol{E}+\boldsymbol{J}\times\boldsymbol{B} \tag{1.18}$$

となる．

ただし

$$\boldsymbol{J}=\rho\boldsymbol{v} \tag{1.19}$$

は，式（1.12）に示したとおり，ρ なる密度の電荷が $\boldsymbol{v}$ なる速度で運動する

結果生ずる電流の密度である．

式（1.18）は式（1.15）に示したローレンツ力を，電荷および電流の分布に対して電磁界が単位体積当りにおよぼすローレンツ力の密度として書き表したものになっている．

式（1.18）からわかるとおり，$\boldsymbol{J}$ なる密度の電流は，磁界によって，単位体積当り $\boldsymbol{J}\times\boldsymbol{B}$ なる力を受ける．したがって，無限に細い，真っすぐな線電流を考え，絶対値が線電流の大きさ I に等しく，方向は線電流の正方向を向くようなベクトルを $\boldsymbol{I}$ と書くと，磁界がこのような線電流の長さ l 当りにおよぼす力は

$$\boldsymbol{F}=l\boldsymbol{I}\times\boldsymbol{B} \tag{1.20}$$

と書き表すことができる．

上式および図 1.4 からわかるように，磁界が直線電流におよぼす力は，ベクトル積の定義から，電流の方向と $\boldsymbol{B}$ の方向のいずれにも垂直で，右ねじをベクトル $\boldsymbol{I}$ からベクトル $\boldsymbol{B}$ の方向へ，$\boldsymbol{I}$ と $\boldsymbol{B}$ とのなす角の小さいほうを通ってまわすとき，右ねじの進む方向を向く．

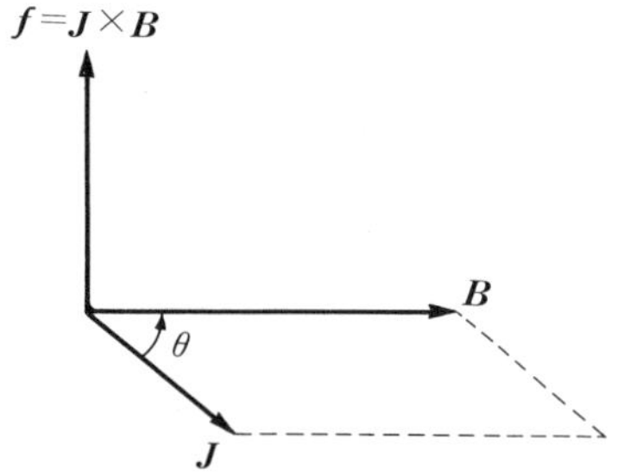

図 1.4　磁界が電流におよぼす力

また，その力の大きさは，ベクトル積の絶対値の定義（A.11）から，$lIB\sin\theta$ で与えられ，電流の方向（$\boldsymbol{I}$ の方向）と $\boldsymbol{B}$ の方向とが直角の場合（$\theta=\pi/2$ の場合）に最大（lIB）となり，電流の方向と $\boldsymbol{B}$ の方向とが平行な場合（$\theta=0$ の場合）には零となる．このような，電流と磁界との相互作用は，電動機や各種の計測器などの動作原理として広く応用されている．

1.6　電気双極子および磁気双極子に働く偶力

前節で述べたように，電界および磁界はそれぞれ電荷および運動電荷，すな

わち電流に対して力をおよぼす．そこで，本節では，その代表的な例として，電磁理論においてきわめて重要な役割を果たす電気双極子および磁気双極子に電界および磁界がおよぼす力について示すことにする．

まず，1.2 節で定義した，近接した二つの等量，逆符号の点電荷の対からなる電気双極子に電界がおよぼす力を求めてみよう．電気双極子を形成する近接した一組の等量，逆符号の点電荷の電荷量をそれぞれ $+q$ および $-q$ とし，その間隔を d とする．ここで

$$\boldsymbol{p}=q\boldsymbol{d} \tag{1.21}$$

なるベクトル量を定義し，これを電気双極子の**電気双極子能率**（electric-dipole moment）または単に**能率**と呼ぶ．

上式で，$\boldsymbol{d}$ は大きさが二つの点電荷間の間隔 d に等しく，方向は $-q$ から $+q$ の方向を向く距離ベクトルである．すなわち，電気双極子能率というのは，その大きさ（絶対値）が $p=qd$ で，方向は $-q$ から $+q$ の方向を向くようなベクトル量として定義される．

$\boldsymbol{p}$ なる能率の電気双極子を電界の強さが $\boldsymbol{E}$ なる電界の中に置くと，電気双極子には電気双極子能率 $\boldsymbol{p}$ の方向を電界 $\boldsymbol{E}$ の方向に向けようとするような回転力が働く．例えば，**図 1.5** のように，均一な静電界 $\boldsymbol{E}$ の中に二つの点電荷の対からなる $\boldsymbol{p}$ なる能率の電気双極子を置いた場合を考えると，$+q$ および $-q$ なる点電荷対には，ローレンツ力を表す式（1.15）から，それぞれ $+q\boldsymbol{E}$ および $-q\boldsymbol{E}$ なる力が働く．これら二つの力は，図 1.5 からわかるように，偶力，すなわちトルク（torque）を形成し，その大きさは，力学における定義から

$$(qE)d\sin\theta=pE\sin\theta \tag{1.22}$$

で与えられる．ただし，θ は均一静電界 $\boldsymbol{E}$ の方向と電気双極子能率 $\boldsymbol{p}$ の方向とのなす角，$p=qd$ は式（1.21）で定義した電気双極子能率 $\boldsymbol{p}$ の大きさ（絶対値）である．すなわち，電気双

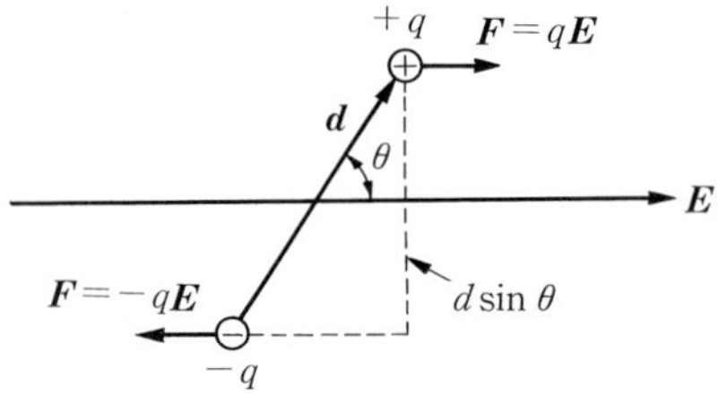

図 1.5　電界が電気双極子におよぼす偶力

極子には，前述のように，電気双極子能率 $\boldsymbol{p}$ の方向を電界 $\boldsymbol{E}$ の方向に向けようとするような上式の大きさのトルクが働く．

電気双極子に働く式（*1.22*）のような大きさのトルクは，ベクトル積の定義を用いて

$$\boldsymbol{T}=\boldsymbol{p}\times\boldsymbol{E} \tag{1.23}$$

と書き表すことができる．

このように，電界が電気双極子におよぼす回転力は電界の強さ $\boldsymbol{E}$ と電気双極子能率 $\boldsymbol{p}$ のみによって定まる．これが，電気双極子を特性づける量として電気双極子能率 $\boldsymbol{p}$ を定義した理由である．

つぎに，*1.8* 節で定義した，微小閉路を流れるループ電流からなる磁気双極子に磁界がおよぼす力を求めてみよう．磁気双極子を形成する微小な閉路を流れるループ電流を I とし，閉路によってかこまれる面の面積を S とする．ここで

$$\boldsymbol{m}=\boldsymbol{n}IS \tag{1.24}$$

なるベクトル量を定義し，これを磁気双極子の**磁気双極子能率**（magnetic-dipole moment）または単に**能率**と呼ぶ．

上式で，$\boldsymbol{n}$ は閉路によってかこまれる面に垂直で，閉路を流れるループ電流 I の方向と右ねじの関係を示す方向を向く単位ベクトルである．すなわち，磁気双極子能率というのは，その大きさ（絶対値）が $m=IS$ で，方向は閉路がかこむ面に垂直で，閉路を流れるループ電流の方向に右ねじをまわすとき右ねじの進む方向を向くようなベクトル量として定義される．

$\boldsymbol{m}$ なる能率の磁気双極子を磁束密度が $\boldsymbol{B}$ なる磁界の中に置くと，磁気双極子には磁気双極子能率 $\boldsymbol{m}$ の方向を磁束密度 $\boldsymbol{B}$ の方向に向けようとするような回転力が働く．例えば，**図 *1.6*** のように，均一な静磁界 $\boldsymbol{B}$ の中に微小方形閉路を流れるループ電流 I からなる $\boldsymbol{m}$ なる能率の磁気双極子を置いた場合を考える．

方形閉路の 2 辺 AB および CD の長さを a，ほかの 2 辺 BC および DA の長さを b とし，方形閉路によってかこまれる平面は紙面に直角であるとすると，

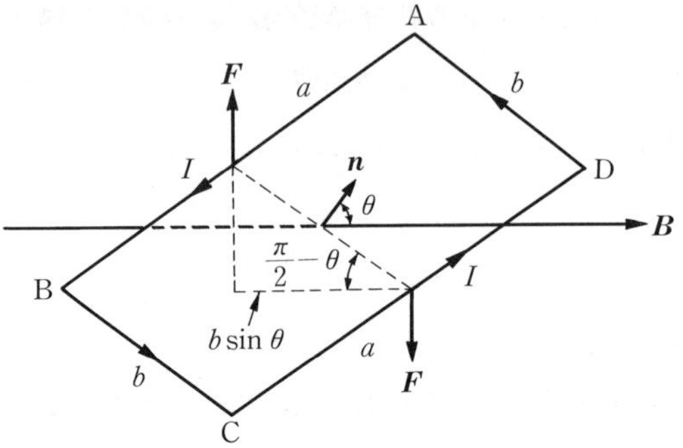

図 1.6　磁界が磁気双極子におよぼす偶力

前節の式 (1.20) から，磁束密度 $\boldsymbol{B}$ と直角な方向に電流の流れる 2 辺 AB および CD には aIB なる大きさの力 $\boldsymbol{F}$ がそれぞれ図 1.6 に示す方向に働く．残りの 2 辺 BC および DA に働く力は，大きさが等しく，方向が反対で，かつ一直線上にあるため，互いに打ち消し合って正味の効果は現れない．したがってけっきょく，磁気双極子には上述の aIB なる大きさの力が偶力として働くことになる．このような偶力，すなわちトルクの大きさは，力学における定義から

$$(aIB)b\sin\theta = mB\sin\theta \tag{1.25}$$

で与えられる．ただし，θ は均一静磁界 $\boldsymbol{B}$ の方向と磁気双極子能率 $\boldsymbol{m}$ の方向とのなす角，$m=Iab$ は式 (1.24) で定義した磁気双極子能率 $\boldsymbol{m}$ の大きさ (絶対値) である．すなわち，磁気双極子には，前述のように，磁気双極子能率 $\boldsymbol{m}$ の方向を磁束密度 $\boldsymbol{B}$ の方向に向けようとするような上式の大きさのトルクが働く．

磁気双極子に働く式 (1.25) のような大きさのトルクは，ベクトル積の定義を用いて

$$\boldsymbol{T} = \boldsymbol{m}\times\boldsymbol{B} \tag{1.26}$$

と書き表すことができる．

上式は，方形閉路が紙面に垂直な特別の場合について求めたが，一般に磁束密度 $\boldsymbol{B}$ と方形閉路との相対関係，すなわち磁束密度 $\boldsymbol{B}$ と磁気双極子能率 $\boldsymbol{m}$

との相対関係が任意の場合にも，以上のような特別の関係の成分に分解して取り扱うことができ，それぞれの回転力成分を合成すると，やはり上式と同じ結果が得られる．また，閉路が方形でない場合にも，任意の形状の微小閉路を流れるループ電流を以上のような電流成分に分解して，全く同様に取り扱うことができる．

このように，磁界が磁気双極子におよぼす回転力は磁束密度 $\boldsymbol{B}$ と磁気双極子能率 $\boldsymbol{m}$ のみによって定まる．これが，磁気双極子を特性づける量として磁気双極子能率 $\boldsymbol{m}$ を定義した理由である．

演　習　問　題

1.1　単位体積当り N 個の電子からなる均一な電子の集団がある．この電子の集団に振動電界 $\boldsymbol{E}=\boldsymbol{E}_0\cos\omega t$ を印加したときに生ずる電流密度 $\boldsymbol{J}$ を求めよ．ただし，電子の質量および電荷をそれぞれ m および $-e$ とする．

1.2　点電荷 q が半径 a の円周上を一定の速度 v で運動しているとき，この点電荷によって生ずる電流の時間平均値 I および磁気双極子能率 $\boldsymbol{m}$ を求めよ．

1.3　図 *1.7* に示すように，間隔 d をへだてた 2 枚の平行平板電極間に一定の電界 $\boldsymbol{E}$ が作られている．陰極 C から 1 個の電子が初速度 0 で出発し，陽極 A に向かって進むとき，外部回路に流れる誘導電流 I を時間の関数として表せ．ただし，電子が陰極を出発する時刻を $t=0$ とする．

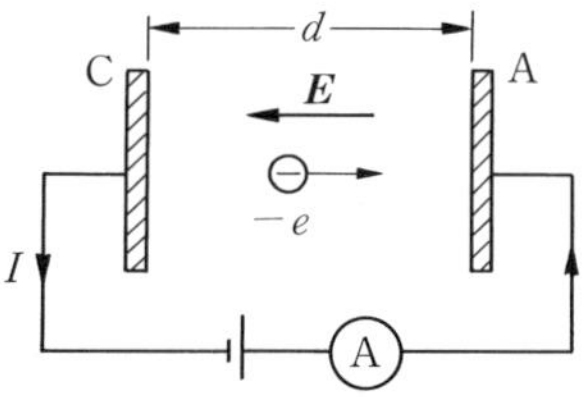

図 *1.7*　運動する電子によって生ずる誘導電流

1.4　均一な静磁界の磁束密度 $\boldsymbol{B}$ の方向と角度 θ をなす方向に，質量 m の点電荷 q が一定の速度 v で入射するとき，この点電荷は $\boldsymbol{B}$ の方向のまわりにらせん運動を行うことを示し，その半径とピッチとを求めよ．また，点電荷 q の符号の正負によって回転方向がどのようになるかを考察せよ．

1.5　質量 m の点電荷 q が原点からの変位 x に比例する弾性力 kx によって原点のまわりに束縛されている．ただし，k は定数である．この点電荷に x 方向の振動電界 $E=E_0\cos\omega t$ を印加すると，点電荷はどのような運動をするか．た

だし，時刻 $t=0$ において点電荷は原点に静止しているものとする．

1.6 質量 m の点電荷 q が原点からの変位に比例する弾性力（比例定数 k）の拘束を受けながら xy 平面内で運動できるものとする．この点電荷に，z 方向を向く，B なる磁束密度の均一な静磁界を印加すると，点電荷はどのような運動をするか．

1.7 均一な静電界 $\boldsymbol{E}$ と $\boldsymbol{B}$ なる磁束密度の均一な静磁界が存在する領域中を質量 m の点電荷 q が運動するとき，この運動は一般につぎの三つの運動の合成として表されることを示せ．

（i） $\boldsymbol{B}$ に平行な等加速度運動

（ii） $\boldsymbol{E}\times\boldsymbol{B}$ の方向の等速度運動

（iii） $\boldsymbol{B}$ の方向のまわりの回転運動

1.8 質量 m の点電荷 q に，z 方向を向く B なる磁束密度の均一な静磁界および y 方向の振動電界 $E=E_0\cos\omega t$ を印加すると，この点電荷はどのような運動をするか．ただし，時刻 $t=0$ において点電荷は原点に静止しているものとする．

2. 真空中における電磁界基本法則

2.1 電荷保存の法則

1.2 節で述べたように，電荷には保存則が成り立つ．すなわち，独立した系内で，正電荷または負電荷のいずれか一方の電荷のみが単独で生成したり，あるいは消滅したりするようなことはない．したがって，例えば任意の閉曲面 S によってかこまれる領域 V 内から，V の表面 S を通って正電荷が V 外へ流出するように場合には，電荷保存の法則によって，V 内の正電荷の量はその分だけ減少しなければならない．このことから，任意の閉曲面 S と，それによってかこまれる領域 V に関して次式が成り立つ．

$$\oint_S \boldsymbol{J}\cdot\boldsymbol{n}dS = -\frac{d}{dt}\int_V \rho dV \tag{2.1}$$

ただし，$\boldsymbol{n}$ は閉曲面 S に垂直で，外方を向く単位ベクトルを表し，積分記号 $\oint_S$ は積分面 S が閉曲面であることを示す．式（*2.1*）の左辺は，式（*1.7*）からわかるように，閉曲面 S を通って外方（$\boldsymbol{n}$ 方向）に流れ出る全電流，すなわち単位時間に閉曲面 S を横切って外方へ出ていく全電荷の量を表している．また，同じく式（*2.1*）の右辺の体積分は，式（*1.3*）からわかるように，閉曲面 S によってかこまれる領域 V 内の全電荷の量を表している．

したがって，例えば式（*2.1*）の左辺の値が正の場合には，差し引き正味，正の電荷量が毎秒閉曲面 S を通って領域 V 外へ流出することを示し，このとき領域 V 内に含まれる全電荷の毎秒当りの変化量は，式（*2.1*）の右辺から負となって，V 内の電荷が式 (2.1) の左辺の値に等しい量だけ毎秒減少することになる．

したがってけっきょく，式 (2.1) は確かに電荷保存の法則を数学的に表現したものになっていることがわかる．電荷保存の法則は電磁理論における最も重要な基本法則の一つである．

2.2 電束および磁束に関するガウスの法則

電界ベクトル $\boldsymbol{E}$ に，**真空の誘電率** (permittivity of vacuum) と呼ばれるスカラー定数 ε_0 をかけたベクトル

$$\boldsymbol{D}=\varepsilon_0\boldsymbol{E} \tag{2.2}$$

を定義して，これを真空中の**電束密度** (electric flux density) と呼ぶ．

上式の定義からわかるとおり，真空中の電束密度 $\boldsymbol{D}$ は電界ベクトル $\boldsymbol{E}$ と方向が同じで，大きさ（絶対値）だけが $\boldsymbol{E}$ の大きさの ε_0 倍であるようなベクトルである．したがって，真空中の電界を記述するためには，電界の強さ $\boldsymbol{E}$ を用いるかわりに，大きさだけがその ε_0 倍であるような電束密度 $\boldsymbol{D}=\varepsilon_0\boldsymbol{E}$ を用いてもよい．真空中における電界の模様を電界ベクトル $\boldsymbol{E}$ の分布を表す電気力線によって図示するかわりに，力線の数だけを比例的に ε_0 倍して，電束密度ベクトル $\boldsymbol{D}$ の分布を表す力線によって図示しても，その模様は全く同じになることはもちろんである．

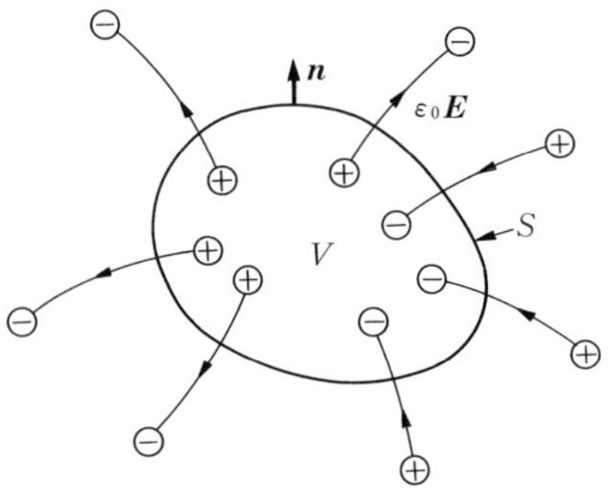

図 2.1　任意の閉曲面 S を通って差引き正味外方へ出ていく電束は，S によってかこまれる領域 V 内の差引き正味の正電荷の量に等しい

電界内にとった任意の面 S を貫く電束密度ベクトル $\boldsymbol{D}$ の合計を，面 S を貫く**電束** (electric flux) と呼ぶ．そこで，**図 2.1** に示すように，電界内にとった任意の閉曲面を S とし，S によってかこまれる領域 V 内にお

ける電荷密度を ρ とすると，閉曲面 S を通って領域 V の外部に出ていく電束の合計と，領域 V 内に含まれる全電荷量との間には

$$\oint_S \varepsilon_0 \boldsymbol{E}\cdot\boldsymbol{n}dS=\int_V \rho dV \tag{2.3}$$

あるいは

$$\oint_S \boldsymbol{D}\cdot\boldsymbol{n}dS=\int_V \rho dV \tag{2.4}$$

なる重要な関係が成り立つ．ただし，$\boldsymbol{n}$ は閉曲面 S に垂直で，外方を向く単位ベクトルである．

式（2.3）あるいは（2.4）の関係は**電束に関するガウスの法則**（Gauss' law for electric flux）と呼ばれている．式（2.3）あるいは（2.4）の左辺の $\varepsilon_0\boldsymbol{E}\cdot\boldsymbol{n}dS$ あるいは $\boldsymbol{D}\cdot\boldsymbol{n}dS$ は閉曲面 S 上の微小面素 dS を貫いて外方へ出ていく電束の量を表すから，式（2.3）あるいは（2.4）の左辺は，閉曲面 S を通って領域 V 内から外方へ出ていく正味の電束の合計を表す．

一方，式（2.3）あるいは（2.4）の右辺は領域 V 内に含まれる正味の全電荷量を表す．したがって，電束に関するガウスの法則は，電界内に任意に選んだ閉曲面 S を通って，差引き正味外方へ出ていく電束の合計が，S によってかこまれる領域 V 内の差引き正味の正電荷量に等しいことを示している．

このことは，図 2.1 に示すように，正電荷が電束密度ベクトル $\varepsilon_0\boldsymbol{E}$ または $\boldsymbol{D}$ の分布を示す力線の始まる**湧出点**（source）となっており，負電荷が力線の終わる**流入点**（sink）となっていることを示している．すなわち，領域 V 内の正電荷（湧出点）と負電荷（流入点）の数の差に等しい電束が，差引き正味 V の表面 S を通って外方へ出ていくことを示している．したがって，もし領域 V 内の負電荷のほうが正電荷よりも多い場合には，差引き正味の負電荷量に等しい電束が，V の表面 S を通って V 内に流入することになる．

一方，磁界内にとった任意の面 S を貫く磁束密度ベクトル $\boldsymbol{B}$ の合計を，面 S を貫く**磁束**（magnetic flux）と呼ぶ．電束に関するガウスの法則に対応して，つぎのような**磁束に関するガウスの法則**（Gauss' law for magnetic flux）

が成り立つ．

$$\oint_S \boldsymbol{B}\cdot\boldsymbol{n}dS=0 \qquad (2.5)$$

ただし，S は磁界内にとった任意の閉曲面，$\boldsymbol{n}$ は閉曲面 S に垂直で外方を向く単位ベクトルである．

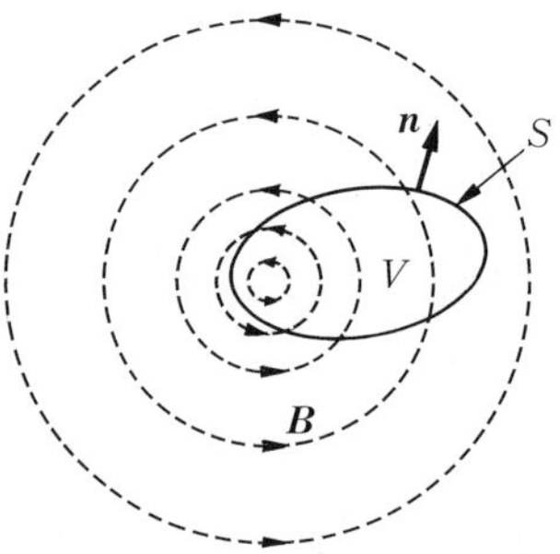

図 2.2　任意の閉曲面 S を通って差引き正味外方へ出ていく磁束の合計はつねに零となる

上式の左辺は閉曲面 S を通って領域 V 内から外方へ出ていく正味の磁束の合計を表す．したがって，磁束に関するガウスの法則は，磁界内に任意に選んだ閉曲面 S を通って，差引き正味外方へ出ていく磁束の合計がつねに零となるべきことを示している．このことは，**図 2.2** のように，磁束密度ベクトル $\boldsymbol{B}$ の分布を示す力線が，力線の始まる湧出点も力線の終わる流入点ももたず，それ自体で閉じた閉曲線となっていることを示している．

2.3　アンペアの周回積分の法則

エルステッド（H.C. Oersted）によって最初に発見され，引き続いて行われたアンペア（A.M. Ampere），ビオ（J.B. Biot），サバール（F. Savart）らの一連の研究によれば，電流が流れていると，その周囲に磁界が発生する．この発見は，電流，すなわち電荷の移動という電気的な現象と，磁界の発生という磁気的な現象との関連を初めて明らかにしたものであって，自然科学史上ならびに電気技術史上きわめて重要な発見であった．

アンペアらの行った詳細な観測の結果によれば，電流によって発生する磁界は，電流の正方向に右ねじを進めようとするとき，右ねじをまわす方向を向く．そして，このような磁界の磁束密度を任意の閉曲線 C に沿って線積分した値は，C を周辺とする面 S を貫いて，C に沿う線積分の方向と右ねじの関係を示す方向に流れる全電流の値に比例する．この関係は，**アンペアの周回積分の法則**（Ampere's circuital law），あるいは単に**アンペアの法則**（Ampere's law）と呼ばれている．アンペアの法則は，数学的につぎのように書き表すことができる．

$$\frac{1}{\mu_0}\oint_C \boldsymbol{B}\cdot d\boldsymbol{l}=\int_S \boldsymbol{J}\cdot\boldsymbol{n}dS \tag{2.6}$$

ただし，μ_0 は**真空の透磁率**（permeability of vacuum）と呼ばれる定数である．また，C は磁界内にとった任意の閉曲線，$d\boldsymbol{l}$ は閉曲線 C に接し，C に沿う線積分の方向を向く無限に小さなベクトル微分線素を表す．

したがって $\boldsymbol{B}\cdot d\boldsymbol{l}$ は，スカラー積の定義から，磁束密度 $\boldsymbol{B}$ の閉曲線 C に接する接線成分（$d\boldsymbol{l}$ 方向成分）B_t と，ベクトル微分線素 $d\boldsymbol{l}$ の大きさ dl との積 $B_t dl$ を表す．積分記号 $\oint_C$ は積分路 C が閉曲線であることを示す．また，面 S は，**図 2.3** に示すような，閉曲線 C を周辺とする面，$\boldsymbol{n}$ はこのような面 S に垂直で，面 S の周辺 C に沿う線積分の方向（$d\boldsymbol{l}$ の方向）に右ねじをまわすとき右ねじの進む方向を向く単位ベクトルである．

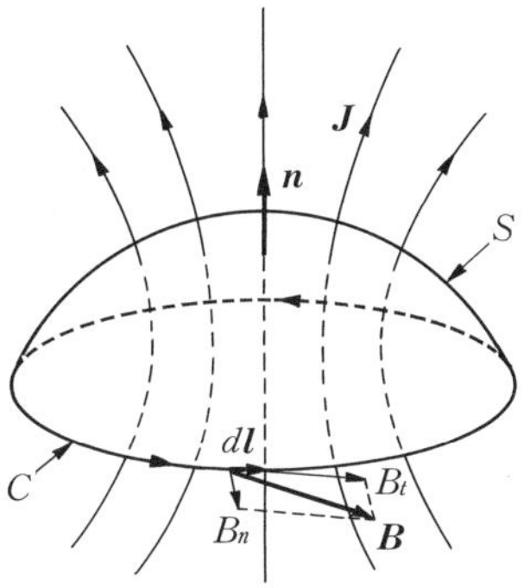

図 2.3　任意の閉曲線 C に接する磁束密度の接線成分と，C を周辺とする面 S を通って流れる電流

さて，式（2.6）の右辺は，式（1.7）に示したとおり，面 S を通って $\boldsymbol{n}$ 方向に流れる全電流を表している．また，同じく式（2.6）の左辺は，閉曲線 C に沿う磁束密度 $\boldsymbol{B}$ の接線成分（$d\boldsymbol{l}$ 方向成分）の線積分の値に比例し，その線積分の方向（$d\boldsymbol{l}$ の方向）は，電流の正方向（$\boldsymbol{n}$ 方向）と右ねじの関係に表されている．したがって，式（2.6）は確かにアンペアの法則を数学的に表現したものになっている．

ここで，真空中における磁界を記述するためのベクトルとして，新たに**磁界ベクトル**（magnetic-field vector）または**磁界の強さ**（magnetic-field intensity）と呼ばれるベクトル $\boldsymbol{H}$ を

$$\boldsymbol{H}=\frac{\boldsymbol{B}}{\mu_0} \tag{2.7}$$

によって定義すると，アンペアの法則（2.6）はつぎのように書き表される．

$$\oint_C \boldsymbol{H}\cdot d\boldsymbol{l}=\int_S \boldsymbol{J}\cdot\boldsymbol{n}dS \tag{2.8}$$

式（2.7）の定義からわかるとおり，真空中の磁界の強さ $\boldsymbol{H}$ は磁束密度 $\boldsymbol{B}$ と方向が同じで，大きさ（絶対値）だけが $\boldsymbol{B}$ の大きさの $1/\mu_0$ 倍であるようなベクトルである．したがって，真空中の磁界を記述するためには，磁束密度 $\boldsymbol{B}$ を用いるかわりに，大きさだけがその $1/\mu_0$ 倍であるような磁界ベクトル $\boldsymbol{H}=(1/\mu_0)\boldsymbol{B}$ を用いてもよい．真空中における磁界の模様を磁束密度 $\boldsymbol{B}$ の分布を表す力線によって図示するかわりに，力線の数だけを比例的に $1/\mu_0$ 倍して，磁界ベクトル $\boldsymbol{H}$ の分布を表す**磁気力線**（magnetic-line of force）によって図示しても，その模様は全く同じになることはもちろんである．

式（2.8）の左辺のような，閉曲線 C に沿う磁界ベクトル $\boldsymbol{H}$ の線積分を，閉曲線 C に沿う**起磁力**（magnetomotive force）と呼ぶこともある．なお，アンペアの法則（2.6）または（2.8）がつねに正しく適用できるのは，時間的に変化しない定常電流と，それによって生ずる静磁界の場合に限られることを特に注意しておこう．時間的に変化する電流と電磁界との間でつねに成り立つべきさらに一般的な法則については 2.5 節で詳しく述べる．

2.4　ファラデーの電磁誘導法則とファラデー・マクスウェルの法則

ファラデー（M. Faraday）によって最初に発見され，引き続いて行われたレンツ（H. F. E. Lentz），ノイマン（F. E. Neumann）らの一連の研究によれば，閉回路を貫く磁束が時間的に変化すると，閉回路に**起電力**（electromotive force）が誘起され，電流が流れる．ここで，起電力とは，単位正電荷を電界および磁界のおよぼす力によって移動させるとき電界および磁界による力がなす仕事のことをいう．この発見は，磁束の時間的変化という磁気的な現象と，電界の発生という電気的な現象との関連を初めて明らかにしたものであって，自然科学史上ならびに電気技術史上きわめて重要な発見であった．

ファラデーらの行った詳細な観測の結果によれば，閉回路に誘起される起電力の大きさは，閉回路を貫く磁束が時間的に変化する割合に等しく，その方向は磁束の変化を補償しようとする方向を向く．ここで，閉回路は一般に静止していても運動していてもよく，また任意の変形を行ってもよい．この関係は，**ファラデーの電磁誘導法則**（Faraday's electromagnetic induction law）と呼ばれている．ファラデーの電磁誘導法則は，数学的につぎのように書き表すことができる．

$$\oint_C \boldsymbol{F}\cdot d\boldsymbol{l} = -\frac{d}{dt}\int_S \boldsymbol{B}\cdot\boldsymbol{n}dS \qquad (2.9)$$

ただし

$$\boldsymbol{F} = \boldsymbol{E} + \boldsymbol{v}\times\boldsymbol{B} \qquad (2.10)$$

である．

式（2.10）に示した $\boldsymbol{F}$ は，式（1.15）からわかるとおり，任意の閉回路 C 上の1点において $q=+1C$ の単位正電荷に電磁界がおよぼす力を表しており，閉回路 C が静止している場合には $\boldsymbol{F}=\boldsymbol{E}$ となり，閉回路 C が速度 $\boldsymbol{v}$ で運動している場合には $\boldsymbol{F}=\boldsymbol{E}+\boldsymbol{v}\times\boldsymbol{B}$ となる．ここで，$\boldsymbol{E}$ は閉回路 C を貫く磁束が時間的に変化することによって生ずる電界を表し，$\boldsymbol{v}\times\boldsymbol{B}$ は密束密度が $\boldsymbol{B}$ なる磁界中を単位正電荷が速度 $\boldsymbol{v}$ で運動するときに受ける力を表している．また，$d\boldsymbol{l}$ は閉回路 C に接し，C に沿う線積分の方向を向く無限に小さなベクトル微分線素を表す．

したがって $\boldsymbol{F}\cdot d\boldsymbol{l}$ は，スカラー積の定義から，電磁的な力 $\boldsymbol{F}$ の閉回路 C に接する接線成分（$d\boldsymbol{l}$ 方向成分）F_t と，ベクトル微分線素 $d\boldsymbol{l}$ の大きさ dl との積 $F_t dl$ を表す．積分記号 $\oint_C$ は積分路が閉曲線であることを示す．また，面 S は，**図 2.4** に示すような，閉回路 C を周辺とする面，$\boldsymbol{n}$ はこのような面 S

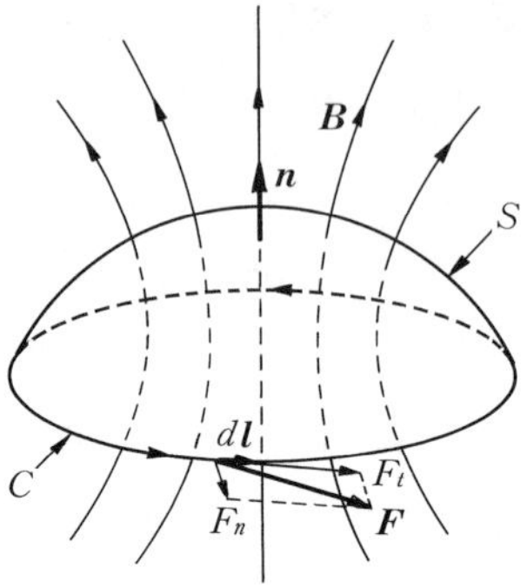

図 2.4　任意の閉曲線 C に接する電磁的な力 $\boldsymbol{F}$ の接線成分と，C を周辺とする面 S を貫く磁束

に垂直で，面 S の周辺 C に沿う線積分の方向（$d\boldsymbol{l}$ の方向）に右ねじをまわすとき右ねじの進む方向を向く単位ベクトルである．

さて，式（2.9）の右辺の面積分は，面 S を $\boldsymbol{n}$ 方向に貫く磁束を表している．したがって，式（2.9）の右辺は，閉回路 C を周辺とする面 S を $\boldsymbol{n}$ 方向に貫く磁束が時間的に減少する割合を表していることになる．

一方，同じく式（2.9）の左辺は，閉回路 C に沿う電磁的な力 $\boldsymbol{F}$ の接線成分（$d\boldsymbol{l}$ 方向成分）の線積分を表している．閉回路に沿って，このような電磁的な力の成分が誘起されると，回路を形成している導線中の自由電荷がこの電磁的な力によって回路に沿って運動し，その結果，閉回路に沿って電流が流れることになるのである．式（2.9）の左辺のような，閉回路 C に沿う単位正電荷に働く電磁的な力 $\boldsymbol{F}$ の線積分は，電磁的な力 $\boldsymbol{F}$ によって単位正電荷を閉回路 C に沿って一周移動させるとき電磁界による力がなす仕事，すなわち先に述べた閉回路 C に沿う起電力を表している．

また，この起電力の方向は閉回路を貫く磁束の変化を補償しようとする方向に表されている．なぜならば，例えば式（2.9）の右辺において，面 S を $\boldsymbol{n}$ 方向に貫く磁束が減少すると，閉回路には左辺に示すような $d\boldsymbol{l}$ 方向を向く起電力が誘起されて $d\boldsymbol{l}$ 方向の電流が流れ，その結果，前節で述べたアンペアの法則によって，電流の方向（$d\boldsymbol{l}$ 方向）と右ねじの関係を示す $\boldsymbol{n}$ 方向を向く磁界が発生して，減少する $\boldsymbol{n}$ 方向の磁束が補償されることになるからである．したがってけっきょく，式（2.9）は確かにファラデーの電磁誘導法則を数学的に表現したものになっていることがわかる．

式（2.9）に示したファラデーの電磁誘導法則は，閉回路 C が静止している場合には

$$\oint_C \boldsymbol{E}\cdot d\boldsymbol{l} = -\frac{d}{dt}\int_S \boldsymbol{B}\cdot\boldsymbol{n}dS \tag{2.11}$$

と書き表すことができる．

この法則は，先に述べたとおり，導線でできた閉回路 C に誘起される起電力と閉回路を貫く磁束の時間的変化とに関して，ファラデーらが実験的に見出したものである．

マクスウェル（J.C. Maxwell）は，このファラデーの電磁誘導法則（2.11）を大幅に拡張解釈して，左辺の線積分の積分路 C は，電磁界内に選んだ全く任意の閉曲線でよいと仮定した．実際，式（2.11）には積分路となる閉回路そのものの特性は全く含まれていない．マクスウェルによれば，式（2.11）の積分路 C は，例えば真空中に勝手に想定した任意の閉曲線であってもよい．すなわち，マクスウェルによれば，「磁束が時間的に変化すると電界が発生する」というのが，電磁誘導現象に関する最も一般的な法則であるということになる．

このように拡張された電磁誘導法則（2.11）を，**ファラデー・マクスウェルの法則**（Faraday-Maxwell's law）と呼ぶ．マクスウェルの行ったこの飛躍的な拡張の正当性は，無数の実験事実によって直接的，間接的に実証されている．ファラデー・マクスウェルの法則は，電磁理論における最も重要な基本法則の一つである．

2.5　アンペア・マクスウェルの法則

2.3 節の式（2.6）に示したように，電流と磁界との関係を示すアンペアの法則は

$$\frac{1}{\mu_0}\oint_C \boldsymbol{B}\cdot d\boldsymbol{l} = \int_S \boldsymbol{J}\cdot\boldsymbol{n}dS \tag{2.12}$$

と書き表すことができる．

この法則は，2.3 節で述べたとおり，時間的に変化しない定常電流と，そ

れによって生ずる静磁界とに関して，アンペアらが実験的に見出したものである．

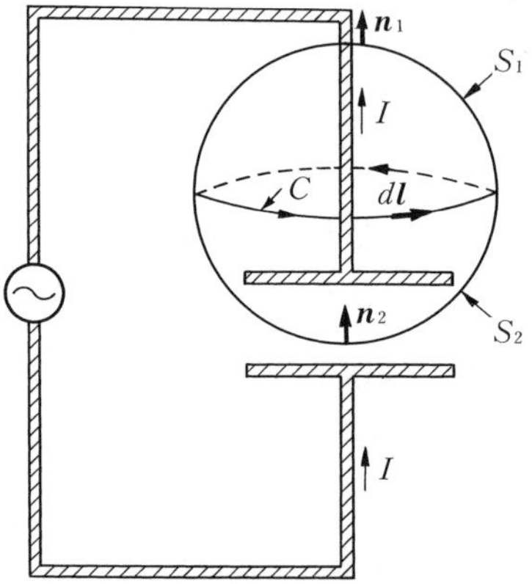

図 2.5　同じ閉曲線 C を周辺とし，導線を横切る面 S_1 と極板間を通る面 S_2

ところで，このアンペアの法則は，このままでは時間的に変化する交流電流や過渡電流などに対しては適用できない．例えば，最も簡単な例として，**図 2.5** のように，平行平板コンデンサを導線によって交流電源に接続した場合を考えてみよう．この場合，この回路に沿って交流電流が流れることはもちろん周知の事実である．

一方，アンペアの法則（2.12）の左辺の値は，積分路である閉曲線 C のとりかたによってのみ定まる．したがって，同じく式（2.12）の右辺の値も，等式の性質上，同じ閉曲線 C を周辺とするものである限り，いかなる任意の面に対してもすべて同じ値であることが数学的に要求される．ところが，同じ閉曲線 C を周辺とする二つの面 S_1 および S_2 を例えば図 2.5 のようにとった場合，面 S_1 は導電電流の流れている導線を横切っているので，式（2.12）の右辺の値は導線中を流れる全電流 I となるのに対して，面 S_2 は電流の存在しない極板間を通っているので，式（2.12）の右辺の値は零となる．すなわち，いまの例の場合，同じ閉曲線 C を周辺とする面であるにもかかわらず，二つの面のとりかたによって式（2.12）の右辺の値が違ってくる．すなわち，前述の数学的な要求が満足されないことになる．

マクスウェルは，いまの例のような場合にも一般的に成立し，数学的に矛盾のない法則にするために，式（2.12）の右辺に電束の時間的変化を表す全く新しい項をつけ加えて，アンペアの法則をつぎのように拡張した．

$$\frac{1}{\mu_0}\oint_C \boldsymbol{B}\cdot d\boldsymbol{l} = \int_S \boldsymbol{J}\cdot\boldsymbol{n}dS + \frac{d}{dt}\int_S \varepsilon_0 \boldsymbol{E}\cdot\boldsymbol{n}dS \qquad (2.13)$$

ただし，上式右辺の第2項の面 S は，第1項と同様に，閉曲線 C を周辺とする任意の面，$\boldsymbol{n}$ はこのような面 S に垂直で，面 S の周辺 C に沿う線積分の方向（$d\boldsymbol{l}$ の方向）に右ねじをまわすとき右ねじの進む方向を向く単位ベクトルである．

さて，式（2.13）の右辺第2項の面積分は，面 S を $\boldsymbol{n}$ 方向に貫く電束を表している．したがって，式（2.13）の右辺第2項は，閉曲線 C を周辺とする面 S を $\boldsymbol{n}$ 方向に貫く電束が時間的に変化する割合を表していることになる．すなわち，マクスウェルによれば，「電流が流れるか，または電束が時間的に変化すると磁界が発生する」というのが，磁界の発生に関する最も一般的な法則であるということになる．

このように拡張された法則（2.13）を，**アンペア・マクスウェルの法則**（Ampere-Maxwell's law）と呼ぶ．電束の時間的変化がないような特別の場合には，アンペア・マクスウェルの法則（2.13）の右辺第2項は零となって，アンペアの法則（2.12）と一致する．すなわち，アンペア・マクスウェルの法則（2.13）は，その特別の場合として，アンペアの法則（2.12）を含んでいる．マクスウェルの行ったこの画期的な拡張の正当性は，無数の実験事実によって直接的，間接的に実証されている．アンペア・マクスウェルの法則は，電磁理論における最も重要な基本法則の一つである．

さて，本節の最初に示した図2.5のような例の場合について，アンペア・マクスウェルの法則（2.13）を適用してみよう．この例の場合，アンペアの法則（2.12）は，数学的な等式としての条件を満足し得ないことはすでに述べたとおりである．

いまの例の場合，導線中を流れる導電電流は交流電流であるから，電流の大きさと方向が時間的に変化している．そこで，例えば導線中を全電流 I が**図2.6**の矢印で示すような方向に流れている瞬間を考えてみよう．電流 I が矢印の方向に流れるということは，1.3節で述べた電流の定義から，電流 I に相当する導線中の自由電子の負電荷 $-q$ が，電流の方向と反対の方向に移動することを意味している．このような電流，すなわち電荷の移動はコンデンサ

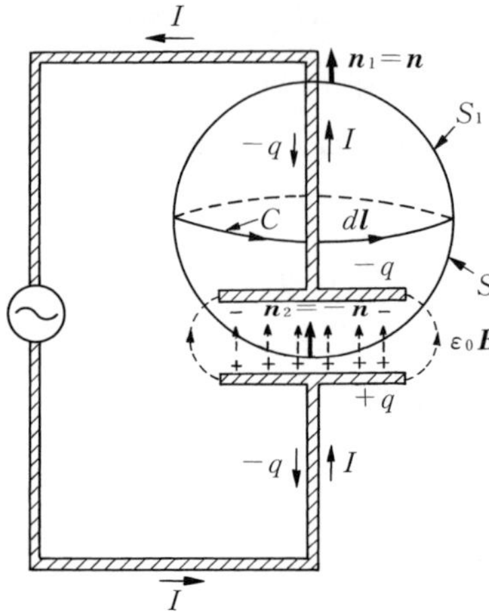

図 2.6　同じ閉曲線 C を周辺とし，導線を横切る面 S_1 と極板間を通る面 S_2 からなる閉曲面

によってせき止められ，その結果，コンデンサの上の極板上には電流 I に相当する負電荷 $-q$ が現れる．

一方，対向する下の極板上には，1.2 節で述べた電荷保存の法則によって，これと等量，逆符号の正電荷 $+q$ が誘導される．いまの場合，電流 I はその大きさと方向が時間的に変化する交流電流であるから，それにともなって上下の極板上に現れる電荷もその大きさと符号が時間的に変化することはもちろんである．

そこで，上の極板上の負電荷 $-q$ を含む閉曲面として，図 2.6 のように，同じ閉曲線 C を周辺とする二つの面 S_1 および S_2 からなる閉曲面 $S=S_1+S_2$ をとり，電束に関するガウスの法則（2.3）を適用すると，前述のように，電束は正電荷から始まって負電荷の方向へ図のように出ていくから，閉曲面 S に関する面積分は極板間を通る面 S_2 についての面積分のみとなり，したがって

$$\int_S \varepsilon_0 \boldsymbol{E}\cdot\boldsymbol{n}dS=-\int_{S_2}\varepsilon_0\boldsymbol{E}\cdot\boldsymbol{n}_2 dS_2=\int_V \rho dV=-q \tag{2.14}$$

となる．ただし，$\boldsymbol{n}_2=-\boldsymbol{n}$ は面 S_2 に垂直で，面 S_2 の周辺 C に沿う線積分の方向と右ねじの関係を示す方向を向く単位ベクトル，$-q$ は閉曲面 S によってかこまれる上の極板上の負電荷量である．

上式から，面 S_2 に関する式（2.13）の右辺第 2 項は，電流の定義式（1.4）を参照して，けっきょく

$$\frac{d}{dt}\int_{S_2}\varepsilon_0\boldsymbol{E}\cdot\boldsymbol{n}_2 dS_2=\frac{dq}{dt}=I \tag{2.15}$$

となる．また，面 S_2 を貫く導電電流密度は零であるから，面 S_2 に関する式

(2.13) の右辺第1項は零となる.

一方, 導線を横切る面 S_1 に関する式 (2.13) の右辺第1項は

$$\int_{S_1} \boldsymbol{J} \cdot \boldsymbol{n}_1 dS_1 = I \tag{2.16}$$

となる. ただし, $\boldsymbol{n}_1$ は面 S_1 に垂直で, 面 S_1 の周辺 C に沿う線積分の方向と右ねじの関係を示す方向を向く単位ベクトル, I は導線中を流れる全電流である. また, 面 S_1 を貫く電束は零であるから, 面 S_1 に関する式 (2.13) の右辺第2項は零となる.

以上の結果, いまの例のような場合, アンペア・マクスウェルの法則 (2.13) の右辺は

$$\frac{1}{\mu_0}\oint_C \boldsymbol{B} \cdot d\boldsymbol{l} = \begin{cases} \int_{S_1} \boldsymbol{J} \cdot \boldsymbol{n}_1 dS_1 + \frac{d}{dt}\int_{S_1} \varepsilon_0 \boldsymbol{E} \cdot \boldsymbol{n}_1 dS_1 = I, \text{ for } S_1 & (2.17) \\ \int_{S_2} \boldsymbol{J} \cdot \boldsymbol{n}_2 dS_2 + \frac{d}{dt}\int_{S_2} \varepsilon_0 \boldsymbol{E} \cdot \boldsymbol{n}_2 dS_2 = I, \text{ for } S_2 & (2.18) \end{cases}$$

となって, 同じ閉曲線 C を周辺とする二つの面 S_1 および S_2 のそれぞれに関して, いずれも同じ値 I となる.

すなわち, コンデンサの極板間では導電電流は零であるが, 式 (2.15) に示したとおり, これと値の等しい電束の時間的変化が存在することになり, けっきょくアンペア・マクスウェルの法則 (2.13) の右辺は, 同じ閉曲線 C を周辺とする任意の面に対してつねに同じ値をもつことになるのである. このように, アンペアの法則 (2.12) の右辺に, 電束の時間的変化の割合を示す新しい項をつけ加えて式 (2.13) のように拡張することにより, アンペアの法則がもつ前述の数学的な不合理が完全に取り除かれることになったのである.

マクスウェルによって新しくつけ加えられた式 (2.13) の右辺第2項は, 磁界を生ずるという意味では第1項の電流と全く同等である. その意味で, この項はしばしば**変位電流** (displacement current) と呼ばれている. “変位” 電流と呼ばれるようになった理由は, マクスウェル自身を含めて, その後長い期間にわたり, 自然界には電磁現象の影響を伝える**エーテル** (ether) と名づけられた一種の物質的な媒質が存在するものと信じられ, 電磁現象を, 例えば

物質中における音波や弾性波の伝搬などと類似の，力学的な説明によって理解しようとしたことに基づいている．

しかし，電荷の移動現象である電流と，電束の時間的変化とは物理的に全く異なる量である．それにもかかわらず，この項が特に変位“電流”と呼ばれるようになったもう一つの理由は，電束の時間的変化を表すこの項を一種の電流であるとみなして，これが導電電流と接続して連続的に流れるものと考えると，図 *2.6* の例のような場合，コンデンサによって導電電流が切断されているにもかかわらず，上下の導線中に同じ電流が流れるという事実を一応形式的に説明することができるようになるからである．

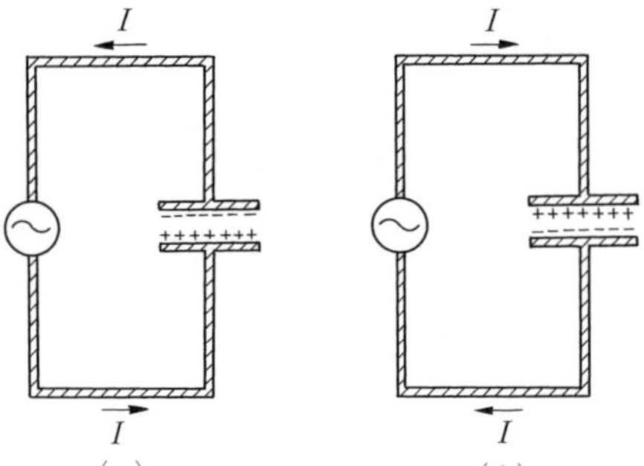

図 *2.7*　コンデンサの極板を両端とする導線中を往復しながら流れる交流電流

しかし，実際には，導電電流は**図 *2.7*** に示すように，その大きさと方向とを周期的に変化しながら，コンデンサの極板を両端とする導線中のみを往復しながら流れているのであって，決して“変位電流”なる電流と接続してコンデンサの極板間をも通って流れているわけではない．そして，導電電流の大きさと方向とが時間的に変化すると，上下の極板上に現れる電荷の量とその符号もそれにしたがって時間的に変化し，その結果，極板間の電束もそれにしたがって時間的に変化することになるのである．

以上の説明からわかるとおり，式（*2.13*）の右辺第 2 項は，第 1 項の電流に対応するものと考えるよりは，ファラデー・マクスウェルの法則（*2.10*）の右辺における磁束の時間的変化に対応するものであると考えるほうが物理的に自然である．マクスウェルによってつけ加えられたこの新しい項は，アンペアの法則のもつ矛盾を取り除いて，それを数学的に完全なものとしたばかりではなく，マクスウェル自身が**電磁波**（electromagnetic wave）の存在を理論的に発見するかぎとなった，きわめて重要な意義を有するものである．

2.6　真空中における電磁界基本方程式の積分表示

前節までに述べたファラデー・マクスウェルの法則（2.11），アンペア・マクスウェルの法則（2.13），電束に関するガウスの法則（2.3），および磁束に関するガウスの法則（2.5）の四つの法則をまとめて，**真空中における電磁界基本方程式の積分表示**と呼ぶ．すなわち

$$\oint_C \boldsymbol{E}\cdot d\boldsymbol{l} = -\frac{d}{dt}\int_S \boldsymbol{B}\cdot\boldsymbol{n}dS \qquad (2.19)$$

$$\frac{1}{\mu_0}\oint_C \boldsymbol{B}\cdot d\boldsymbol{l} = \int_S \boldsymbol{J}\cdot\boldsymbol{n}dS + \frac{d}{dt}\int_S \varepsilon_0\boldsymbol{E}\cdot\boldsymbol{n}dS \qquad (2.20)$$

$$\oint_S \varepsilon_0\boldsymbol{E}\cdot\boldsymbol{n}dS = \int_V \rho dV \qquad (2.21)$$

$$\oint_S \boldsymbol{B}\cdot\boldsymbol{n}dS = 0 \qquad (2.22)$$

なる四つの方程式が真空中における電磁界基本方程式の積分表示と呼ばれているものである．

ここで，式（2.2）および（2.7）で定義した真空中の電束密度 $\boldsymbol{D}=\varepsilon_0\boldsymbol{E}$ および真空中の磁界の強さ $\boldsymbol{H}=\boldsymbol{B}/\mu_0$ を用いて式（2.19）〜（2.22）を書き換えると，けっきょく，**真空中における電磁界基本方程式の積分表示**はつぎのように書き表すことができる．

$$\oint_C \boldsymbol{E}\cdot d\boldsymbol{l} = -\frac{d}{dt}\int_S \boldsymbol{B}\cdot\boldsymbol{n}dS \qquad (2.23)$$

$$\oint_C \boldsymbol{H}\cdot d\boldsymbol{l} = \int_S \boldsymbol{J}\cdot\boldsymbol{n}dS + \frac{d}{dt}\int_S \boldsymbol{D}\cdot\boldsymbol{n}dS \qquad (2.24)$$

$$\oint_S \boldsymbol{D}\cdot\boldsymbol{n}dS = \int_V \rho dV \qquad (2.25)$$

$$\oint_S \boldsymbol{B}\cdot\boldsymbol{n}dS = 0 \qquad (2.26)$$

ただし

$$\boldsymbol{D} = \varepsilon_0\boldsymbol{E} \qquad (2.27)$$

$$\boldsymbol{B} = \mu_0\boldsymbol{H} \qquad (2.28)$$

である．ここで，ε_0 および μ_0 はそれぞれ真空の誘電率および真空の透磁率と呼ばれる定数である．

以上の電磁界基本方程式において，ファラデー・マクスウェルの法則（2.19）または（2.23）およびアンペア・マクスウェルの法則（2.20）または（2.24）における面 S は，電磁界内に任意に選んだ閉曲線 C を周辺とする面，$d\boldsymbol{l}$ は閉曲線 C に接し，C に沿う線積分の方向を向くベクトル微分線素，$\boldsymbol{n}$ は面 S に垂直で，面 S の周辺 C に沿う線積分の方向（$d\boldsymbol{l}$ の方向）と右ねじの関係を示す方向を向く単位ベクトルである．

これに対して，電束に関するガウスの法則（2.21）または（2.25）および磁束に関するガウスの法則（2.22）または（2.26）における面 S は，電磁界内に任意に選んだ閉曲面，V は閉曲面 S によってかこまれる領域，$\boldsymbol{n}$ は閉曲面 S に垂直で，外方を向く単位ベクトルである．

以上に示した電磁界基本方程式の積分表示は，物理的に実在可能な真空中の電磁界がつねに必ず満足しなければならない法則を，電磁界内に任意に選んだ閉曲線やそれを周辺とする面，あるいは閉曲面やそれによってかこまれる領域にわたって成り立つべき関係として書き表したものである．したがって，真空中の電磁界を理論的に解析したり，あるいは電磁系の設計を行ったりするためには，電磁界基本方程式（2.19）～（2.22）または（2.23）～（2.26）をもとに行えばよいことになる．その具体的な取扱いの例については次節で示す．

最後に，上に示した電磁界基本方程式のうち，独立な法則は式（2.19）または（2.23）に示したファラデー・マクスウェルの法則と，式（2.20）または（2.24）に示したアンペア・マクスウェルの法則の二つであって，式（2.21）または（2.25）と，式（2.22）または（2.26）に示した電束および磁束に関するガウスの法則はいずれもこれらの二つの独立な法則から誘導される法則であることを注意しておこう．

すなわち，電束に関するガウスの法則（2.21）または（2.25）はアンペア・マクスウェルの法則（2.20）または（2.24）と電荷保存の法則（2.1）から，また磁束に関するガウスの法則（2.22）または（2.26）はファラデー・

マクスウェルの法則（*2.19*）または（*2.23*）から，それぞれいずれも理論的に導かれる法則であることを示すことができる†.

これまでの議論からわかるように，電磁理論を構成する基礎となる最も基本的な独立の法則は，けっきょく，式（*1.15*）に示したローレンツ力の法則，式（*2.1*）に示した電荷保存の法則，式（*2.11*）または（*2.19*）あるいは（*2.23*）に示したファラデー・マクスウェルの法則，および式（*2.13*）または（*2.20*）あるいは（*2.24*）に示したアンペア・マクスウェルの法則の四つであって，巨視的電磁現象に関するほかのすべての法則や諸関係は，いずれもこれら四つの独立な基本的法則の特別な場合として含まれるか，またはそれから誘導することができることになる.

実際，例えば *2.5* 節でも述べたように，アンペアの法則（*2.6*）はアンペア・マクスウェルの法則（*2.24*）にその特別の場合として含まれており，また電束および磁束に関するガウスの法則（*2.25*）および（*2.26*）は，上述のとおり，それぞれアンペア・マクスウェルの法則（*2.24*）と電荷保存の法則（*2.1*）およびファラデー・マクスウェルの法則（*2.23*）から，いずれも理論的に導くことができるのである.

2.7　電磁界基本方程式の積分表示の応用例

前節で述べたように，物理的に実在可能な電磁界は電磁界基本方程式をすべて満足しなければならない．したがって，例えば電荷または電流の分布が与えられたとき，それらによって生ずる真空中の電磁界を理論的に解析したり，あるいは真空中に希望する電磁界を生ぜしめるために必要な電荷または電流の分布を理論的に求めたりするためには，電磁界基本方程式（*2.19*）〜（*2.22*）または（*2.23*）〜（*2.26*）を連立方程式として解けばよいことになる.

しかし，そのようにして電磁界基本方程式の積分表示をもとに実際に電磁界の解析や電磁系の設計を行う場合には，必要な線積分や面積分などの数学的な

† 付録 *C* または熊谷信昭著「電磁気学基礎論」（オーム社）*2.4* 節および *2.5* 節参照.

計算が少なくとも可能であり，かつできるだけ簡単になるような積分路や積分面を選ばなければならない．逆に，そのような適当な積分路や積分面が得られない限り，電磁界の解析や電磁系の設計を電磁界基本方程式の積分表示から理論的に行うことは，数学的にきわめて困難なものとなるか，または事実上不可能となる．実際にも，少数の簡単な特別の場合を除けば，そのような困難におちいるのが普通であって，一般には，第3章で示すような，積分表示と等価な微分表示によって電磁界の解析や電磁系の設計を行うほうが，数学的な取扱いが有利になる場合が多い．

ただし，重要な特別の例外として，電磁界基本方程式の積分表示がきわめて有効な場合がある．それは，対象とする電磁系が幾何学的な対称性を有する場合である．そのことを，つぎの二つの代表的な例によって示そう．

例 *2.1* 球状の静止電荷分布によって生ずる静電界

半径 a なる球内に ρ なる密度で均一に分布して静止している，時間的に変化しない正電荷によって真空中に生ずる静電界を，電磁界基本方程式の積分表示を用いて求めてみよう．

球の中心を球座標系の原点にとると，電荷分布は球の中心に関して完全に球対称であるから，それによって生ずる電界もまた球対称でなければならない．すなわち，このような電荷分布によって生ずる電界は，球の中心（原点）から半径方向の距離 r のみに依存し，ほかのすべての方向には無関係でなければならない．

原点を中心とする球内に存在する均一な正電荷分布が電気力線の始まる湧出点となっているような電界で，しかも上記のような球対称性をもつ電界としては，半径方向を向く電界しかない．したがって，この場合に生ずる電界は，すべて原点から半径の方向（r 方向）を向く半径方向の成分 E_r のみとなり，かつ，その強さは原点を中心とする任意の半径 r の同心球の球面上では，すべての点で同じ値となる．

そこで，**図 *2.8*** のように，原点を中心とする任意の半径 r の同心球面 S をとり，球面 S と，S によってかこまれる球内の領域 V に対して真空中における電束に関するガウスの法則 (2.21) を適用すると，上述のように，一つの同心球面 S 上では電界の強さは一定であること，同心球面 S に垂直で外方を向く単位ベクトル $\boldsymbol{n}$ は，いまの例の場合，半径方向を向く単位ベクトル $\boldsymbol{i}_r$ となること，および電荷分布は均一であるから電荷密度 ρ は半径 a の球内で一定であること，などから

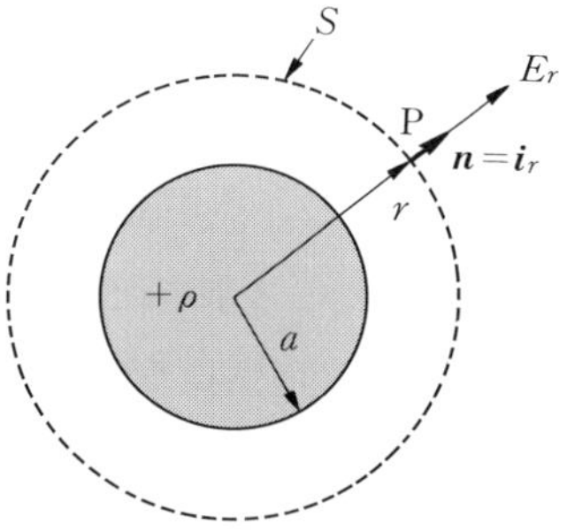

図 2.8 球状の均一な静止電荷分布によって生ずる静電界

$$\varepsilon_0 E_r(4\pi r^2)=\begin{cases}\dfrac{4}{3}\pi r^3\rho, & r<a \quad (2.29)\\[2ex] \dfrac{4}{3}\pi a^3\rho, & r\geqq a \quad (2.30)\end{cases}$$

となる．ただし，$E_r=\boldsymbol{E}\cdot\boldsymbol{i}_r$ は電界の半径方向成分（$\boldsymbol{i}_r$ 方向成分）を表す．

上式から，半径方向の電界 E_r は

$$E_r=\begin{cases}\dfrac{\rho r}{3\varepsilon_0}, & r<a \quad (2.31)\\[2ex] \dfrac{\rho a^3}{3\varepsilon_0 r^2}, & r\geqq a \quad (2.32)\end{cases}$$

となる．

さらに，半径 a なる球内の全電荷量を q とすれば，式 (1.3) から，$q=(4/3)\pi a^3\rho$ であるから，けっきょく求める電界ベクトル $\boldsymbol{E}=\boldsymbol{i}_r E_r$ は次式で与えられる．

$$\boldsymbol{E}=\begin{cases}\boldsymbol{i}_r\dfrac{q}{4\pi\varepsilon_0 a^3}r, & r<a \quad (2.33)\\[2ex] \boldsymbol{i}_r\dfrac{q}{4\pi\varepsilon_0 r^2}, & r\geqq a \quad (2.34)\end{cases}$$

式 (2.33) からわかるとおり，球の内部 ($r<a$) には中心からの距離 r に比例するような電界が生じている．これに対して，球の外部 ($r\geqq a$) の電界は，

式（2.34）からわかるように，球の半径 a に無関係となる．したがって，例えば全電荷 q が球の中心に点電荷として集中して存在する場合と全く同じ結果となる．

このように，点電荷のまわりには，点電荷の電荷量 q に比例し，点電荷からの距離 r の2乗に逆比例する，式（2.34）に示したような電界が半径方向（$\boldsymbol{i}_r$ の方向）に生じている．このような点電荷による電界の模様を電気力線で図示すると，**図 2.9** のようになる．そこで，**図 2.10** のように，このような電界内の任意の1点Pに q' なる電荷量のもう一つの点電荷を置くと，前章の式（1.15）と式（2.34）とから，この点電荷 q' には

$$\boldsymbol{F}=q'\boldsymbol{E}=\boldsymbol{i}_r\frac{qq'}{4\pi\varepsilon_0 r^2} \tag{2.35}$$

なる力が $\boldsymbol{i}_r$ の方向（点電荷 q から点電荷 q' の方向）に働く．ただし，r は二つの点電荷 q および q' の間の距離，$\boldsymbol{i}_r$ は点電荷 q から点電荷 q' の方向を向く単位ベクトルである．

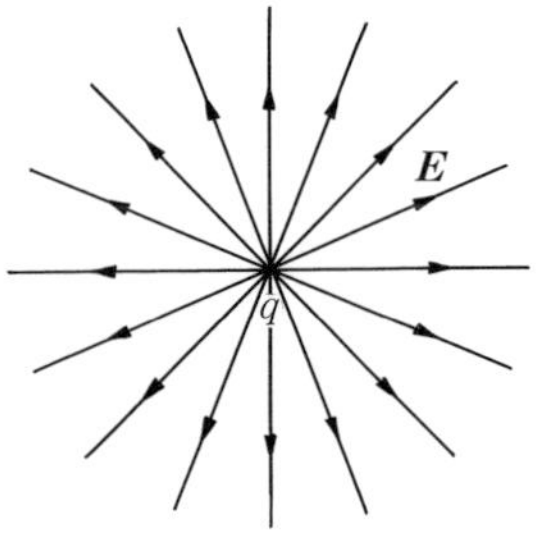

図 2.9　q なる電荷量の点電荷によって生ずる電界の電気力線

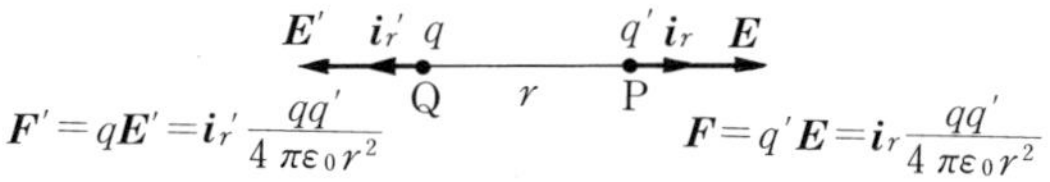

図 2.10　二つの点電荷の間に働く力

さらに，この場合には，点Pに置かれた q' なる電荷量の点電荷によって，それから距離 r 離れた点Qにも式（2.34）と全く同様の形の点電荷電界が生じている．したがって，点Qに存在する q なる電荷量の点電荷にも，式（1.15）から，やはり式（2.35）と同じ大きさの力が点Pから点Qの方向に働く．

このように，二つの同符号の点電荷の間には，それぞれの点電荷の電荷量の積 qq' に比例し，二つの点電荷間の距離 r の 2 乗に逆比例するような，等しい大きさの力が互いに反発する方向に働く．もし，二つの点電荷の符号が異なる場合には，このような力が互いに引き合う方向に働くことは容易にわかる．式（2.33）に示した関係は**クーロンの法則**（Coulomb's law）として知られている．

例 2.2　円柱状の定常電流分布によって生ずる静磁界

半径 a なる無限に長い真っすぐな円柱内を一様な分布で軸方向に流れている，時間的に変化しない $\boldsymbol{J}$ なる密度の定常電流によって真空中に生ずる静磁界を，電磁界基本方程式の積分表示を用いて求めてみよう．

円柱の中心軸を円柱座標系の z 軸にとると，電流分布は円柱の中心軸に関して完全に円柱対称であるから，それによって生ずる磁界もまた円柱対称でなければならない．すなわち，このような電流分布によって生ずる磁界は，円柱の中心軸（z 軸）から半径方向の距離 r のみに依存し，ほかのすべての方向には無関係でなければならない．磁気力線が円柱内を軸方向に流れる定常電流と右ねじの関係を示す方向を向く閉曲線となっているような磁界で，しかも上記のような円柱対称性をもつ磁界としては，円周方向を向く磁界しかない．したがって，この場合に生ずる磁束密度は，すべて z 軸を中心軸とする円周方向（φ 方向）を向く成分 B_φ のみとなり，かつ，その強さは z 軸を中心とする任意の半径 r の同心円の円周上では，すべての点で同じ値となる．

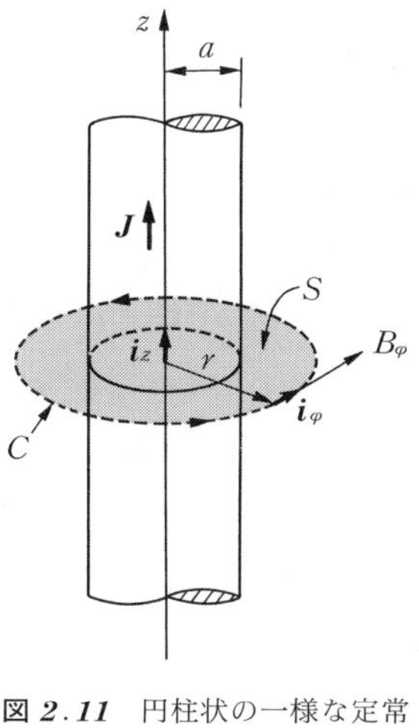

図 2.11　円柱状の一様な定常電流分布によって生ずる静磁界

そこで，**図 2.11** のように，z 軸に直角な任意の平面上に，任意の半径 r の同心円 C をとり，このような同心円 C と，C によってかこまれる

面 S に対して，真空中におけるアンペア・マクスウェルの法則（2.20）を適用する．いまの例の場合，左辺の線積分における $\boldsymbol{dl}$ は，任意の半径 r の同心円 C に接し，電流の方向（z 方向）と右ねじの関係を示す方向（φ 方向）を向く，大きさが dl なるベクトル微分線素である．したがって，同心円 C に接し，φ 方向を向く単位ベクトルを $\boldsymbol{i}_\varphi$ とすれば，$\boldsymbol{dl}=\boldsymbol{i}_\varphi dl$ と書くことができる．

さらに，前述のように，一つの同心円 C 上では磁束密度は一定であること，電流分布は一様であるから電流密度 $\boldsymbol{J}$ は円柱の断面上で一定であること，および系内に含まれる電磁量はすべて時間的に一定であるから右辺第2項の電束の時間的変化を示す項は零となること，などから，アンペア・マクスウェルの法則（2.20）は，いまの例の場合

$$B_\varphi(2\pi r)=\begin{cases}\mu_0\pi r^2 J, & r<a \quad (2.36)\\ \mu_0\pi a^2 J, & r\geqq a \quad (2.37)\end{cases}$$

となる．ただし，$B_\varphi=\boldsymbol{B}\cdot\boldsymbol{i}_\varphi$ は磁束密度の円周方向成分（$\boldsymbol{i}_\varphi$ 方向成分）を表す．また，J は z 軸方向に流れる電流密度 $\boldsymbol{J}$ の大きさ（絶対値）である．

上式から，円周方向の磁束密度成分 B_φ は

$$B_\varphi=\begin{cases}\mu_0\dfrac{Jr}{2}, & r<a \quad (2.38)\\[2ex] \mu_0\dfrac{Ja^2}{2r}, & r\geqq a \quad (2.39)\end{cases}$$

となる．

さらに，半径 a なる円柱内を軸方向に流れる全電流を I とすれば，式（1.7）から，$I=\pi a^2 J$ であるから，けっきょく求める磁束密度ベクトル $\boldsymbol{B}=\boldsymbol{i}_\varphi B_\varphi$ は次式で与えられる．

$$\boldsymbol{B}=\begin{cases}\boldsymbol{i}_\varphi\mu_0\dfrac{I}{2\pi a^2}r, & r<a \quad (2.40)\\[2ex] \boldsymbol{i}_\varphi\mu_0\dfrac{I}{2\pi r}, & r\geqq a \quad (2.41)\end{cases}$$

上式を式（2.7）によって定義した磁界ベクトル $\boldsymbol{H}=\boldsymbol{B}/\mu_0$ を用いて表き表

すと

$$\boldsymbol{H}=\begin{cases}\boldsymbol{i}_\varphi \dfrac{I}{2\pi a^2}r, & r<a \qquad (2.42)\\[2mm] \boldsymbol{i}_\varphi \dfrac{I}{2\pi r}, & r\geqq a \qquad (2.43)\end{cases}$$

となる．

式（2.40）または（2.42）からわかるとおり，円柱の内部（$r<a$）には中心軸からの距離 r に比例するような磁界が生じている．これに対して，円柱の外部（$r\geqq a$）の磁界は，式（2.41）または（2.43）からわかるように，円柱の半径 a に無関係となる．したがって，例えば全電流 I が円柱の中心軸上に線電流として集中して流れている場合と全く同じ結果となる．

このように，直線状の線電流のまわりには，電流の大きさ I に比例し，線電流からの距離 r に逆比例する，式（2.41）または（2.43）に示したような磁界が円周方向（$\boldsymbol{i}_\varphi$ の方向）に生じている．このような線電流による磁界の模様を磁束密度の力線で図示すると，**図 2.12** のようになる．そこで，**図 2.13** のように，このような磁界内に，線電流 I と平行で，I と逆向きの方向に流れるもう一つの線電流 I' を置くと，前章の式（1.20）と式（2.41）とから，この線電流 I' には，長さ l 当り

$$\boldsymbol{F}=\boldsymbol{i}_r\mu_0\frac{II'}{2\pi r}l \tag{2.44}$$

なる力が $\boldsymbol{i}_r$ の方向（線電流 I から線電流 I' の方向）に働く．ただし，r は二

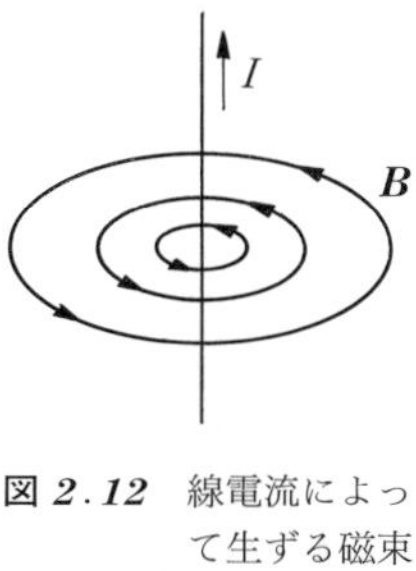

図 2.12　線電流によって生ずる磁束密度の力線

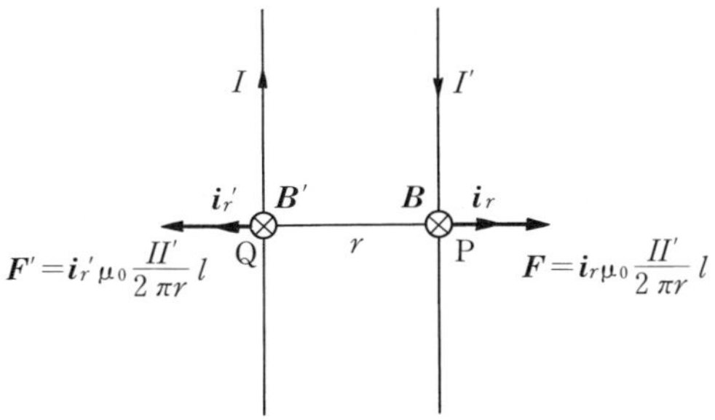

図 2.13　二つの線電流の間に働く力

つの線電流 I および I' の間の垂直距離，$\boldsymbol{i}_r$ は線電流 I から線電流 I' の方向を向く単位ベクトルである．

さらに，この場合には，線電流 I' によって，それから距離 r 離れた線電流 I の存在する位置にも式（2.41）と全く同様の形の磁束密度が生じている．したがって，線電流 I の長さ l 当りにも，式（1.20）から，やはり式（2.44）と同じ大きさの力が線電流 I' から線電流 I の方向に働く．

このように，互いに逆向きに流れる二つの平行な線電流の間には，それぞれの線電流の電流値の積 II' に比例し，二つの線電流の間の垂直距離 r に逆比例するような，等しい大きさの力が互いに反発する方向に働く．もし，二つの線電流の方向が同じ向きの場合には，このような力が互いに引き合う方向に働くことは容易にわかる．

演　習　問　題

2.1　半径 a なる N 巻きの円形コイルに $B=B_0\cos\omega t$ なる磁束密度の振動磁界を印加するとき，このコイルに誘起される起電力を求めよ．ただし，コイルの中心軸と振動磁界の方向とは θ なる角度をなすものとする．

2.2　図 **2.14** に示すように，2 辺の長さがそれぞれ a および b なる方形コイルが，その 1 辺を直線電流 I（一定）と平行な状態に保ちながら，直線電流に垂直な方向に一定の速度 v で遠ざかるとき，このコイルに誘起される起電力を時間の関数として表せ．

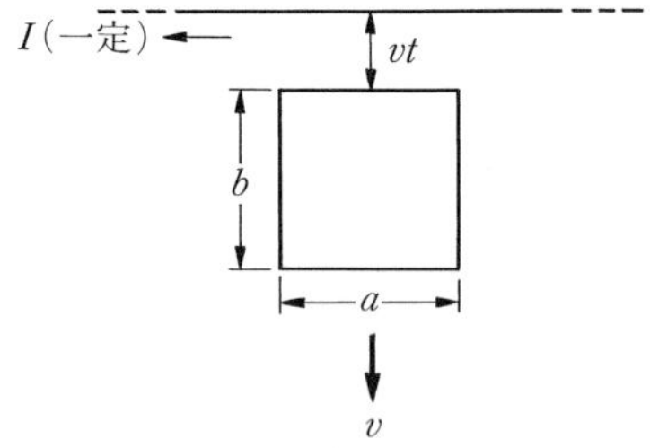

図 **2.14**

2.3　任意形状の閉回路 C が，磁束密度が $\boldsymbol{B}$ なる静磁界中を速度 $\boldsymbol{v}$ で運動するとき，この閉回路に誘起される起電力 V は次式によって与えられることを示せ．

$$V=\oint_C(\boldsymbol{v}\times\boldsymbol{B})\cdot d\boldsymbol{l}$$

2.4　内径 $2a$，外径 $2b$ の無限に長い真っすぐな中空の円筒殻状の電流分布によって，この系の各部に生ずる磁界の磁束密度を求めよ．ただし，電流は一定の密度 J で中空円筒の軸方向に流れているものとする．

2.5　半径 a なる無限に長い真っすぐな円柱内に，一定の密度 ρ で均一に分布する円柱状の静止電荷分布によって生ずる電界を求めよ．

2.6　線電荷密度がそれぞれ λ_1 および λ_2 なる 2 本の無限に長い直線状の線電荷が d なる間隔で平行に置かれているとき，これらの線電荷の単位長当りに働く力を求めよ．

2.7　内側の半径が a，外側の半径が b なる中空の球殻状の電荷分布によって，この系の各部に生ずる電界を求めよ．ただし，電荷密度 ρ は一定であるとする．

2.8　面電荷密度が ξ（一定）なる無限に広い平面状の面電荷分布によって生ずる電界を求めよ．また，このような面電荷分布が d なる間隔で 2 枚平行に置かれているときに生ずる電界を求めよ．

2.9　図 **2.15** に示すように，1 辺の長さが a なる正方形の各頂点に $-q$ なる点電荷があり，またその中心に $+Q$ なる点電荷が置かれている．この点電荷の系が平衡状態にあるためには，点電荷量 Q と q との間にいかなる関係があればよいか．

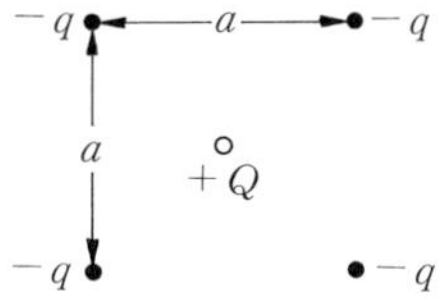

図 **2.15**

2.10　単位長当りの巻数が n なる，無限に長い，半径 a（一定）の真っすぐなソレノイドに一定の電流 I が流れているとき，このソレノイドの内部および外部における磁界の磁束密度を求めよ．

3. 電磁界基本法則の微分表示

3.1 電荷保存の法則の微分表示[†]

前章の 2.6 節で述べたように，実際に電磁界の解析や電磁系の設計などを行う場合に，電磁界基本方程式の積分表示を用いて行おうとすると，対象とする系が幾何学的な対称性を有するような，少数の，簡単な特別の場合を除いて，その取扱いが数学的にきわめて困難なものとなるか，または事実上不可能となるのが普通であって，一般には，積分表示と等価な微分表示によって計算するほうが，数学的な取扱いが有利になる場合が多い．そこで，本章では，前章で示した電磁界基本方程式の積分表示を，それと数学的に等価な微分表示に変換する．そのために，まず本節では，電荷保存の法則の微分表示を導くことにしよう．

電荷保存の法則の積分表示は，2.1 節の式（2.1）に示したとおり

$$\oint_S \boldsymbol{J}\cdot\boldsymbol{n}dS = -\frac{d}{dt}\int_V \rho dV \qquad (3.1)$$

で与えられる．ただし，S は領域 V をかこむ閉曲面，$\boldsymbol{n}$ は閉曲面 S に垂直で，外方を向く単位ベクトルを表す．

上式を，それと等価な微分表示に変換するために，上式の両辺を領域 V の体積 V で割り，その表面 S を領域 V 内の 1 点 P のまわりに縮めていくと，V が零に近づく極限で，左辺の面積分と V との比は，付録 A の $A.7$ 節に示した発散の定義（$A.66$）から，点 P における電流密度ベクトル $\boldsymbol{J}$ の発散 div

† 本章に入る前に，付録 A を精読し，その内容を十分よく理解しておかれたい．

$\boldsymbol{J}$ となる．div $\boldsymbol{J}$ は，付録Aの式（*A.74*）〜（*A.76*）に示したように，ハミルトンの演算子 $\boldsymbol{\nabla}$ を用いて，$\boldsymbol{\nabla}\cdot\boldsymbol{J}$ と書くこともできる．

また，同じく式（*3.1*）の右辺の体積分と V との比は，上記のような極限では，*1.2* 節で述べた電荷密度の定義から，点Pにおける単位体積当りの電荷量，すなわち点Pにおける電荷密度 ρ となる．

したがってけっきょく，式（*3.1*）は

$$\boldsymbol{\nabla}\cdot\boldsymbol{J}=-\frac{\partial\rho}{\partial t} \tag{3.2}$$

となる．上式で，右辺の時間 t に関する微分を偏微分とした理由は，任意の点Pにおける電荷密度 ρ そのものは，一般には時間の関数であると同時に場所の関数でもあるからである．

逆に，式（*3.2*）の両辺を，任意の閉曲面 S によってかこまれる領域 V にわたって体積分し，左辺にガウスの定理（*A.77*）を適用し，右辺の時間 t に関する微分と空間座標に関する積分の演算順序を入れ換えると，直ちに式（*3.1*）が得られる．

式（*3.1*）において時間 t に関する微分を全微分とする理由は，領域 V 内に含まれる全電荷量は時間 t のみの関数だからである．

このように，式（*3.1*）と（*3.2*）とは数学的に互いに変換可能である．すなわち，式（*3.2*）は電荷保存の法則（*3.1*）と数学的に全く等価であって，物理的に同じ内容の法則を，電磁界内の各点各点において成り立つべき関係として微分方程式の形で書き表したものになっている．式（*3.2*）は**連続の方程式**（equation of continuity）と呼ばれることもある．

3.2 真空中における電磁界基本方程式の微分表示

2.6 節の式（*2.19*）〜（*2.22*）に示したとおり，真空中における電磁界基本方程式の積分表示は

$$\oint_C \boldsymbol{E}\cdot d\boldsymbol{l} = -\frac{d}{dt}\int_S \boldsymbol{B}\cdot\boldsymbol{n}dS \tag{3.3}$$

$$\frac{1}{\mu_0}\oint_C \boldsymbol{B}\cdot d\boldsymbol{l} = \int_S \boldsymbol{J}\cdot\boldsymbol{n}dS + \frac{d}{dt}\int_S \varepsilon_0\boldsymbol{E}\cdot\boldsymbol{n}dS \tag{3.4}$$

$$\oint_S \varepsilon_0\boldsymbol{E}\cdot\boldsymbol{n}dS = \int_V \rho dV \tag{3.5}$$

$$\oint_S \boldsymbol{B}\cdot\boldsymbol{n}dS = 0 \tag{3.6}$$

で与えられる．

上式で，式（3.3）および（3.4）は，それぞれファラデー・マクスウェルの法則およびアンペア・マクスウェルの法則をいずれも積分形で書き表したものである．この両式における C はいずれも電磁界内に任意に選んだ閉曲線，S は閉曲線 C を周辺とする面，$d\boldsymbol{l}$ は閉曲線 C に接し，C に沿う線積分の方向を向くベクトル微分線素，$\boldsymbol{n}$ は面 S に垂直で，面 S の周辺 C に沿う線積分の方向（$d\boldsymbol{l}$ の方向）と右ねじの関係を示す方向を向く単位ベクトルを表す．

また，式（3.5）および（3.6）は，それぞれ電束および磁束に関するガウスの法則をいずれも積分形で書き表したものであって，この両式における面 S はいずれも電磁界内に任意に選んだ閉曲面，V は閉曲面 S によってかこまれる領域，$\boldsymbol{n}$ は閉曲面 S に垂直で，外方を向く単位ベクトルを表す．

上に示した電磁界基本方程式の積分表示は，物理的に実在可能な真空中の電磁界がつねに必ず満足しなければならない法則を，電磁界内に任意に選んだ閉曲線やそれを周辺とする面，あるいは閉曲面やそれによってかこまれる領域にわたって成り立つべき関係として，積分形で書き表したものである．

このような電磁界基本方程式の積分表示を，それと等価な微分表示に変換するために，まず式（3.3）および（3.4）の両式の両辺を，閉曲線 C を周辺とする面 S の面積 s で割り，周辺 C を面 S 内の１点 P のまわりに縮めていくと，s が零に近づく極限で，左辺の線積分と s との比は，付録 A の $A.8$ 節に示した回転の定義（$A.92$）から，それぞれ点 P における電界ベクトル $\boldsymbol{E}$ および磁束密度ベクトル $\boldsymbol{B}$ の回転 curl $\boldsymbol{E}$ および curl $\boldsymbol{B}$ の $\boldsymbol{n}$ 方向成分となる．

curl $\boldsymbol{E}$ および curl $\boldsymbol{B}$ は，付録 A の式（A.103）〜（A.105）に示したように，ハミルトンの演算子 $\boldsymbol{\nabla}$ を用いて，それぞれ $\boldsymbol{\nabla}\times\boldsymbol{E}$ および $\boldsymbol{\nabla}\times\boldsymbol{B}$ と書くこともできる．

また，同じく式（3.3）および（3.4）の両式の右辺の面積分と S との比は，上記のような極限では，それぞれ点 P における磁束密度ベクトル $\boldsymbol{B}$，電束密度ベクトル $\varepsilon_0\boldsymbol{E}$ および電流密度ベクトル $\boldsymbol{J}$ の $\boldsymbol{n}$ 方向成分となる．

したがって，式（3.3）および（3.4）の両式から

$$(\boldsymbol{\nabla}\times\boldsymbol{E})\cdot\boldsymbol{n}=-\frac{\partial}{\partial t}(\boldsymbol{B}\cdot\boldsymbol{n}) \tag{3.7}$$

$$\frac{1}{\mu_0}(\boldsymbol{\nabla}\times\boldsymbol{B})\cdot\boldsymbol{n}=\boldsymbol{J}\cdot\boldsymbol{n}+\frac{\partial}{\partial t}(\varepsilon_0\boldsymbol{E}\cdot\boldsymbol{n}) \tag{3.8}$$

なる関係が得られる．上の両式で，右辺の時間 t に関する微分を偏微分とした理由は，任意の点 P における磁束密度 $\boldsymbol{B}$ および電界 $\boldsymbol{E}$ そのものは，いずれも一般には時間の関数であると同時に場所の関数でもあるからである．

式（3.7）および（3.8）の関係が任意の単位ベクトル $\boldsymbol{n}$ に対して成り立つべきことから，けっきょくつぎの 2 式が導かれる．

$$\boldsymbol{\nabla}\times\boldsymbol{E}=-\frac{\partial\boldsymbol{B}}{\partial t} \tag{3.9}$$

$$\frac{1}{\mu_0}\boldsymbol{\nabla}\times\boldsymbol{B}=\boldsymbol{J}+\frac{\partial\varepsilon_0\boldsymbol{E}}{\partial t} \tag{3.10}$$

つぎに，式（3.5）および（3.6）の両式の両辺を，閉曲面 S によってかこまれる領域 V の体積 v で割り，表面 S を領域 V 内の 1 点 P のまわりに縮めていくと，v が零に近づく極限で，左辺の面積分と v との比は，付録 A の A.7 節に示した発散の定義（A.66）から，それぞれ点 P における電束密度ベクトル $\varepsilon_0\boldsymbol{E}$ および磁束密度ベクトル $\boldsymbol{B}$ の発散 div $\varepsilon_0\boldsymbol{E}$ および div $\boldsymbol{B}$ となる．dvi $\varepsilon_0\boldsymbol{E}$ および div $\boldsymbol{B}$ は，付録 A の式（A.74）〜（A.76）に示したように，ハミルトンの演算子 $\boldsymbol{\nabla}$ を用いて，それぞれ $\boldsymbol{\nabla}\cdot\varepsilon_0\boldsymbol{E}$ および $\boldsymbol{\nabla}\cdot\boldsymbol{B}$ と書くこともできる．

また，同じく式（3.5）の右辺の体積分と v との比は，上記のような極限

では，*1.2* 節で述べた電荷密度の定義から，点Pにおける電荷密度 ρ となる．式（*3.6*）の右辺はもちろん零のままである．

したがって，式（*3.5*）および（*3.6*）の両式から，けっきょくつぎの2式が導かれる．

$$\nabla\cdot\varepsilon_0\boldsymbol{E}=\rho \tag{3.11}$$

$$\nabla\cdot\boldsymbol{B}=0 \tag{3.12}$$

以上のようにして，真空中における電磁界基本方程式の積分表示（*3.3*）～（*3.6*）から，つぎの四つの方程式が導かれる．

$$\nabla\times\boldsymbol{E}=-\frac{\partial\boldsymbol{B}}{\partial t} \tag{3.13}$$

$$\frac{1}{\mu_0}\nabla\times\boldsymbol{B}=\boldsymbol{J}+\frac{\partial\varepsilon_0\boldsymbol{E}}{\partial t} \tag{3.14}$$

$$\nabla\cdot\varepsilon_0\boldsymbol{E}=\rho \tag{3.15}$$

$$\nabla\cdot\boldsymbol{B}=0 \tag{3.16}$$

ここで，式（*2.2*）および（*2.7*）で定義した真空中の電束密度 $\boldsymbol{D}=\varepsilon_0\boldsymbol{E}$ および真空中の磁界の強さ $\boldsymbol{H}=\boldsymbol{B}/\mu_0$ を用いて式（*3.13*）～（*3.16*）を書き換えると，けっきょく**真空中における電磁界基本方程式の微分表示**はつぎのように書き表すことができる．

$$\nabla\times\boldsymbol{E}=-\frac{\partial\boldsymbol{B}}{\partial t} \tag{3.17}$$

$$\nabla\times\boldsymbol{H}=\boldsymbol{J}+\frac{\partial\boldsymbol{D}}{\partial t} \tag{3.18}$$

$$\nabla\cdot\boldsymbol{D}=\rho \tag{3.19}$$

$$\nabla\cdot\boldsymbol{B}=0 \tag{3.20}$$

逆に，式（*3.13*）および（*3.14*）の両辺の $\boldsymbol{n}$ 方向成分を，任意の閉曲線 C を周辺とする面 S にわたって面積分し，左辺にストークスの定理（*A.107*）を適用し，右辺の時間 t に関する微分と空間座標に関する積分の演算順序を入れ換えると，直ちに式（*3.3*）および（*3.4*）が得られる．式（*3.3*）および（*3.4*）の両式において時間 t に関する微分を全微分とする理由は，面 S を貫く全磁束および全電束は，いずれも時間 t のみの関数だからである．また，式（3.15）および（3.16）の両辺を，任意の閉曲面 S によってかこまれる領域 V にわたって体積分し，左辺にガウスの定理（A.77）を適用すると，直ちに式（3.5）および（3.6）が得られる．

このように，式（3.13）〜(3.16）と式（3.3）〜(3.6）とは数学的に互いに変換可能である．すなわち，式（3.13）〜(3.16）は真空中における電磁界基本方程式の積分表示（3.3）〜(3.6）と数学的に全く等価であって，物理的に同じ内容の法則を，電磁界内の各点各点において成り立つべき関係として微分方程式の形で書き表したものになっている．

全く同様にして，電磁界基本方程式の微分表示（3.17）〜(3.20）から，これらに対応する積分表示（2.31）〜(2.34）が得られることも容易にわかる．そして，2.6 節でも述べたように，対象とする電磁系が幾何学的な対称性を有するような特別の場合を除くと，一般には積分形で書き表された電磁界基本方程式を用いるよりも，それと等価な微分表示を用いて電磁界の解析や電磁系の設計を行うほうが数学的な取扱いがはるかに簡単になる場合が多い．電磁界基本方程式の微分表示については，次節でさらに詳しく説明する．

3.3 真空中におけるマクスウェルの方程式とその基本的性質

前節で導いた真空中における電磁界基本方程式の微分表示

$$\nabla \times \boldsymbol{E} = -\frac{\partial \boldsymbol{B}}{\partial t} \tag{3.21}$$

$$\nabla \times \boldsymbol{H} = \boldsymbol{J} + \frac{\partial \boldsymbol{D}}{\partial t} \tag{3.22}$$

$$\nabla \cdot \boldsymbol{D} = \rho \tag{3.23}$$

$$\nabla \cdot \boldsymbol{B} = 0 \tag{3.24}$$

を，**真空中におけるマクスウェルの方程式**（Maxwell's equations）と呼ぶ．

式（3.21）はファラデー・マクスウェルの法則（2.23）の微分表示であっ

て，磁束の時間的変化によって電界が生ずることを示している．また，式(3.22)はアンペア・マクスウェルの法則(2.24)の微分表示であって，電束の時間的変化または電流によって磁界が生ずることを示している．2.6節でも述べたとおり，この二つの法則は，電荷保存の法則およびローレンツ力の法則とともに，電磁理論を構成する基礎となる最も重要な法則である．

一方，式(3.23)は電束に関するガウスの法則(2.25)の微分表示であって，電荷が存在すると電界が生ずることを示している．すなわち，付録AのA.7節で述べた発散の定義から，式(3.23)は正電荷が電束密度ベクトルの分布を示す力線の湧出点となっていることを示している．また，式(3.24)は磁束に関するガウス法則(2.26)の微分表示であって，磁界がソレノイダルであることを示している．すなわち，式(3.24)は，付録AのA.7節で述べたとおり，磁束密度ベクトルの分布を示す力線が，湧出点も流入点ももたない閉曲線となっていることを示している．

2.6節でも述べたように，電束に関するガウスの法則(3.23)はアンペア・マクスウェルの法則(3.22)と電荷保存の法則(3.2)から，また磁束に関するガウスの法則(3.24)はファラデー・マクスウェルの法則(3.21)から，それぞれいずれも理論的に導かれる法則である．

式(2.27)および(2.28)に示した $\boldsymbol{D}=\varepsilon_0\boldsymbol{E}$ および $\boldsymbol{B}=\mu_0\boldsymbol{H}$ なる関係を用いて，真空中におけるマクスウェルの方程式(3.21)～(3.24)を電界の強さ $\boldsymbol{E}$ および磁界の強さ $\boldsymbol{H}$ のみによって書き表すと，つぎのようになる．

$$\nabla\times\boldsymbol{E}=-\mu_0\frac{\partial\boldsymbol{H}}{\partial t} \tag{3.25}$$

$$\nabla\times\boldsymbol{H}=\boldsymbol{J}+\varepsilon_0\frac{\partial\boldsymbol{E}}{\partial t} \tag{3.26}$$

$$\nabla\cdot\varepsilon_0\boldsymbol{E}=\rho \tag{3.27}$$

$$\nabla\cdot\mu_0\boldsymbol{H}=0 \tag{3.28}$$

ただし，ε_0 および μ_0 はそれぞれ真空の誘電率および真空の透磁率と呼ばれる定数である．

以上に示したマクスウェルの方程式は，物理的に実在可能な真空中の電磁界がつねに必ず満足しなければならない基本的な法則を，電磁界内の各点各点において成り立つべき関係として，微分方程式の形で書き表したものである．したがって，例えば電荷または電流の分布が与えられたとき，それらによって生ずる真空中の電磁界を理論的に求めたり，あるいは真空中に希望する電磁界を生ぜしめるために必要な電荷または電流の分布を求めたりするためには，マクスウェルの方程式（3.25）～（3.28）をもとに解析あるいは設計すればよいことになる．

その際，マクスウェルの方程式（3.25）～（3.28）は，真空中における電磁界 $\boldsymbol{E}$ および $\boldsymbol{H}$ を一義的に定めるのに必要かつ十分である．なぜならば，付録 A の A.9 節で述べたヘルムホルツの定理から，一般にベクトルはその回転と発散の両方が指定されれば唯一的に定まるという性質がある．ところで，マクスウェルの方程式によれば，電界ベクトル $\boldsymbol{E}$ および磁界ベクトル $\boldsymbol{H}$ の回転はそれぞれ式（3.25）および（3.26）で与えられ，またその発散はそれぞれ式（3.27）および（3.28）によって与えられている．したがってけっきょく，真空中の電磁界ベクトル $\boldsymbol{E}$ および $\boldsymbol{H}$ は，マクスウェルの方程式（3.25）～（3.28）から，数学的に一義的に定められることになる．

ただし，マクスウェルの方程式が電磁界を定めるのに数学的に必要かつ十分であるということは，必ずしもその数学的な解が，すべてそのまま直ちに物理的に実在可能な電磁界を表すという意味ではないことに注意しなければならない．すなわち，マクスウェルの方程式を満足する数学的な解のうち，実際に物理的に意味のあるものだけを選び出すためには，一般に対象とする電磁現象および電磁系に関する時間および空間座標についての具体的な条件が与えられなければならない．

これらの条件は，それぞれ**初期条件**（initial condition）および**境界条件**（boundary condition）と呼ばれている．この二つの条件のうち，時間に関する初期条件は，特定の時刻，例えば時間 t の原点 $t=0$ あるいは $t\to-\infty$ の極限などにおいて電磁界が満足すべき物理的な条件を与えるものである．初期条件は，時間的に変化しない静電磁界や，一定の時間的変化が無限に繰り返されるような**定常状態**（steady state）にある電磁現象を考察する場合には普通問題とならない．

一方，空間座標に関する境界条件は，特定の場所，例えば異なる二つの領域の境界面や対象とする電磁系の境界表面上，あるいは考える領域内に座標の原点や無限遠などを含む場合にはそれらの場所において，電磁界が満足すべき物理的な条件を与えるものである．境界条件については次節でさらに詳しく説明する．

最後に，マクスウェルの方程式がもつ最も顕著な特質についてふれておこう．それは，マクスウェルの方程式から，直ちに電磁的な波動，すなわち電磁波の存在が理論的に導かれることである．このきわめて重要な特質については3.5節で示すことにしよう．

3.4　不連続境界面における境界条件

前節で示したように，マクスウェルの方程式は微分方程式であるから，そこに含まれているすべての電磁量は微分可能な場所と時間の連続関数であることが前提となっている．いいかえれば，マクスウェルの方程式は，電磁量がすべて連続的に変化しているような場合に対してのみ適用することができる．

しかし，例えば二つの異なる領域の境界面などでは，一般に電磁界ベクトルの大きさと方向とが不連続的に変化する．そこで，対象とする領域内に電磁界ベクトルが不連続的に変化するような不連続境界面が含まれている場合には，そのような境界面において電磁界ベクトルが満たすべき条件を，あらかじめ電磁界基本方程式の積分表示から，できるだけ一般的な形で求めておく．これを，**不連続境界面における境界条件**と呼ぶ．すなわち，不連続境界面における境界条件というのは，電磁界基本方程式を特に不連続境界面について表現したものである．したがって，マクスウェルの方程式の数学的な解の中から，このような境界条件を満足するものだけを選び出せば，不連続部を含む全領域にわたって電磁界基本方程式を満足する，物理的に実在可能な電磁界が得られることになる．

そこで，二つの領域1および2の境界面を Z とし，それぞれの領域における電磁界ベクトルが面 Z を境にして不連続的に変化するものとする．このような不連続境界面における境界条件を求めるために，**図 *3.1*** のように，不連続境界面 Z に平行な二つの底面 S_1，S_2 と，面 Z に垂直な高さ d なる側面からなる円筒面 S をとり，このような閉曲面 S に対して電束および磁束に関するガウスの法則の積分表示（*3.5*）および（*3.6*）を適用する．この両式の両辺を円筒の底面 S_1，S_2 の面積 s で割り，まず二つの底面 S_1，S_2 を限りなく面 Z に近づけていった極限，すなわち円筒の高さ d を零に近づけていった極限をとると，両式の左辺の円筒面 S にわたる面積分と s との比のうち，円筒の側面に関する面積分と s との比は，上記のような極限では零となる．

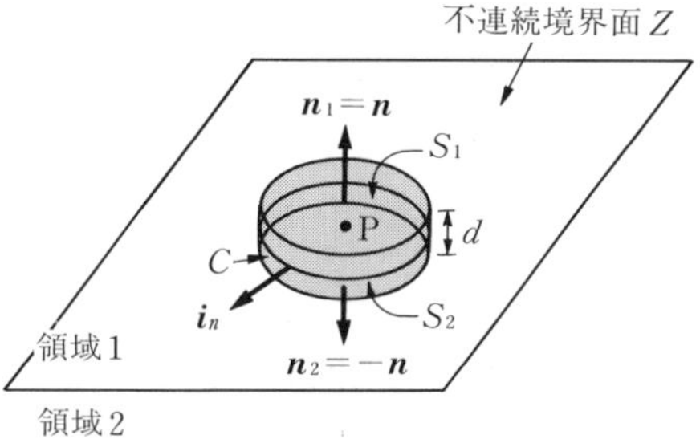

図 *3.1* 不連続境界面 Z に平行な二つの底面 S_1，S_2 と面 Z に垂直な高さ d なる側面からなる円筒面 S

そこで，つぎに，面 Z と円筒の側面との交線 C を面 Z 上の C 内の1点Pのまわりに縮めていった極限，すなわち C によってかこまれる面積 s を零に近づけていった極限をとると，残る二つの底面 S_1，S_2 にわたる面積分と s との比は，このような極限では，それぞれ点Pにおける面 Z の両側の電束密度 $\varepsilon_0\boldsymbol{E}$ および磁束密度 $\boldsymbol{B}$ の面 Z に垂直な成分 $\varepsilon_0\boldsymbol{E}_1\cdot\boldsymbol{n}$，$\varepsilon_0\boldsymbol{E}_2\cdot(-\boldsymbol{n})$ および $\boldsymbol{B}_1\cdot\boldsymbol{n}$，$\boldsymbol{B}_2\cdot(-\boldsymbol{n})$ となる．ただし，$\boldsymbol{n}$ は面 Z に垂直で，領域2から領域1の方向を向く単位ベクトルを表し，$\varepsilon_0\boldsymbol{E}_1$，$\boldsymbol{B}_1$ および $\varepsilon_0\boldsymbol{E}_2$，$\boldsymbol{B}_2$ はそれぞれ点Pに

おける面 Z の両側の，領域1側および領域2側における電束密度ベクトルおよび磁束密度ベクトルを表す．

一方，式（3.5）の右辺は，いまの場合，円筒面 S によってかこまれる領域 V 内に含まれる全電荷を表している．したがって，まず円筒の高さ d を零に近づけていった前述のような極限では，1.2節で定義した面 Z 上の無限に薄い層内に分布する面電荷のみが残り，それと面積 S との比は，面積 S にわたって平均化された単位面積当りの面電荷の密度を表すことになる．

そこで，つぎに，面積 S を零に近づけていった上述のような極限をとると，この比は面 Z 上の点Pにおける単位面積当りの面電荷，すなわち点Pにおける**面電荷密度**（surface charge density）ξ となる．式（3.6）の右辺と面積 S との比は，上記のような極限で，もちろん零である．

以上の結果，面電荷の分布する不連続境界面 Z に関して，式（3.5）および（3.6）の両式から，つぎの条件が導かれる．

$$\boldsymbol{n}\cdot(\varepsilon_0\boldsymbol{E}_1-\varepsilon_0\boldsymbol{E}_2)=\xi \tag{3.29}$$

$$\boldsymbol{n}\cdot(\boldsymbol{B}_1-\boldsymbol{B}_2)=0 \tag{3.30}$$

ただし，$\boldsymbol{n}$ は不連続境界面 Z に垂直で，領域2から領域1の方向を向く単位ベクトルである．

つぎに，**図3.2**のように，不連続境界面に平行な二つの線分 L_1，L_2 と，面 Z に垂直な長さ d なる二つの短辺からなる方形閉路 C をとり，このような閉

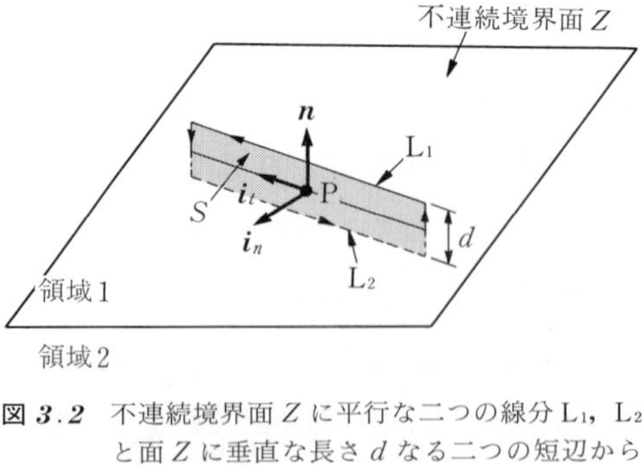

図3.2　不連続境界面 Z に平行な二つの線分 L_1，L_2 と面 Z に垂直な長さ d なる二つの短辺からなる方形閉路 C

路 C に対してファラデー・マクスウェルの法則およびアンペア・マクスウェルの法則の積分表示（3.3）および（3.4）を適用する．この両式の両辺を方形閉路 C の長辺 L_1，L_2 の長さ l で割り，まず二つの長辺 L_1，L_2 を限りなく面 Z に近づけていった極限，すなわち短辺の長さ d を零に近づけていった極限をとると，両式の左辺の方形閉路 C に沿う線積分と l との比のうち，二つの短辺に沿う線積分と l との比は，上記のような極限では零となる．

そこで，つぎに，長辺の長さ l を面 Z 上の C 内の1点Pのまわりに縮めていった極限をとると，残る二つの長辺 L_1，L_2 に沿う線積分と l との比は，このような極限では，それぞれ点Pにおける面 Z の両側の電界ベクトル $\boldsymbol{E}$ および磁界ベクトル $\boldsymbol{B}/\mu_0$ の面 Z に接する接線成分 $\boldsymbol{E}_1\cdot\boldsymbol{i}_t$，$\boldsymbol{E}_2\cdot(-\boldsymbol{i}_t)$ および $(\boldsymbol{B}_1/\mu_0)\cdot\boldsymbol{i}_t$，$(\boldsymbol{B}_2/\mu_0)\cdot(-\boldsymbol{i}_t)$ となる．ただし，$\boldsymbol{i}_t$ は面 Z に接し，L_1 に沿う線積分の方向（L_2 に沿う線積分の方向と逆方向）を向く単位ベクトルである．

一方，式（3.3）の右辺の面積分および式（3.4）の右辺第2項の面積分と l との比は，方形閉路 C の短辺の長さ d および長辺の長さ l を零に近づけて，C によってかこまれる面 S の面積 ld を零に近づけていった上記のような極限では，零となる．また，式（3.4）の右辺第1項は，いまの場合，方形閉路 C を周辺とする面 S を通って流れる全電流を表している．したがって，まず方形閉路の短辺の長さ d を零に近づけていった前述のような極限では，1.4節で定義した面 Z 上の無限に薄い層内に分布する面電流のみが残り，それと長辺の長さ l との比は，長さ l にわたって平均化された単位長当りの面電流の密度の $\boldsymbol{i}_n$ 方向成分を表すことになる．ただし，$\boldsymbol{i}_n$ は面 Z に接し，方形閉路 C によってかこまれる面 S に垂直で，その周辺 C に沿う線積分の方向と右ねじの関係を示す方向を向く単位ベクトルである．

そこで，つぎに，長さ l を零に近づけていった上述のような極限をとると，この比は面 Z 上の点Pにおける単位幅当りの面電流，すなわち点Pにおける**面電流密度**（surface current density）$\boldsymbol{K}$ の $\boldsymbol{i}_n$ 方向成分 $\boldsymbol{i}_n\cdot\boldsymbol{K}$ となる．

以上の結果，面電流の分布する不連続境界面 Z に関して，式（3.3）および（3.4）の両式から，つぎの条件が導かれる．

$$(\boldsymbol{E}_1-\boldsymbol{E}_2)\cdot\boldsymbol{i}_t=0 \tag{3.31}$$

$$(\boldsymbol{B}_1/\mu_0-\boldsymbol{B}_2/\mu_0)\cdot\boldsymbol{i}_t=\boldsymbol{i}_n\cdot\boldsymbol{K} \tag{3.32}$$

ただし，$\boldsymbol{E}_1, \boldsymbol{B}_1/\mu_0$ および $\boldsymbol{E}_2, \boldsymbol{B}_2/\mu_0$ はそれぞれ点 P における面 Z の両側の，領域 1 側および領域 2 側における電界ベクトルおよび磁界ベクトルである．

ところで，方形閉路 C のとりかた，したがって単位ベクトル $\boldsymbol{i}_t$ の方向は，面 Z 上で全く任意である．そこで，図 3.2 のように，面 Z に垂直で，領域 2 から領域 1 の方向を向く単位ベクトルを $\boldsymbol{n}$ とすれば，三つの単位ベクトル $\boldsymbol{i}_t$, $\boldsymbol{i}_n$ および $\boldsymbol{n}$ は互いに直角となり，それらの間には，ベクトル積の定義から

$$\boldsymbol{i}_t=\boldsymbol{i}_n\times\boldsymbol{n} \tag{3.33}$$

なる関係が成り立っている．

この関係を式（3.31）に代入し，スカラー三重積の公式（A.19）を適用すると，式（3.31）は

$$(\boldsymbol{E}_1-\boldsymbol{E}_2)\cdot(\boldsymbol{i}_n\times\boldsymbol{n})=\boldsymbol{i}_n\cdot[\boldsymbol{n}\times(\boldsymbol{E}_1-\boldsymbol{E}_2)]=0 \tag{3.34}$$

となる．

前述のように，単位ベクトル $\boldsymbol{i}_t$ の方向は面 Z 上で全く任意であるから，それと直角な単位ベクトル $\boldsymbol{i}_n$ の方向も面 Z 上で全く任意である．したがって，上式が単位ベクトル $\boldsymbol{i}_n$ の方向にかかわらず成り立つべきことから，けっきょく

$$\boldsymbol{n}\times(\boldsymbol{E}_1-\boldsymbol{E}_2)=0 \tag{3.35}$$

なる関係が得られる．これは，境界条件（3.31）をさらに一般的な形に書き表したものである．

全く同様に，式（3.33）に示した関係を式（3.32）の左辺に代入し，スカラー三重積の公式（A.19）を適用すると，式（3.32）は

$$(\boldsymbol{B}_1/\mu_0-\boldsymbol{B}_2/\mu_0)\cdot(\boldsymbol{i}_n\times\boldsymbol{n})=\boldsymbol{i}_n\cdot[\boldsymbol{n}\times(\boldsymbol{B}_1/\mu_0-\boldsymbol{B}_2/\mu_0)]=\boldsymbol{i}_n\cdot\boldsymbol{K} \tag{3.36}$$

となる．そして，前と全く同様の理由によって，上式が単位ベクトル $\boldsymbol{i}_n$ の方向にかかわらず成り立つべきことから，けっきょく

$$\boldsymbol{n}\times(\boldsymbol{B}_1/\mu_0-\boldsymbol{B}_2/\mu_0)=\boldsymbol{K} \tag{3.37}$$

なる関係が得られる．これは，境界条件（3.32）をさらに一般的な形に書き

表したものである．

以上に求めた四つの関係式

$$\boldsymbol{n}\times(\boldsymbol{E}_1-\boldsymbol{E}_2)=0 \tag{3.38}$$

$$\boldsymbol{n}\times(\boldsymbol{B}_1/\mu_0-\boldsymbol{B}_2/\mu_0)=\boldsymbol{K} \tag{3.39}$$

$$\boldsymbol{n}\cdot(\varepsilon_0\boldsymbol{E}_1-\varepsilon_0\boldsymbol{E}_2)=\xi \tag{3.40}$$

$$\boldsymbol{n}\cdot(\boldsymbol{B}_1-\boldsymbol{B}_2)=0 \tag{3.41}$$

が，不連続境界面において電磁界ベクトルが満足すべき境界条件である．ただし，$\boldsymbol{n}$ は不連続境界面に垂直で，領域 2 から領域 1 の方向を向く単位ベクトル，ξ および $\boldsymbol{K}$ はそれぞれ不連続境界面上の面電荷および面電流の密度である．

式（2.2）および（2.7）で定義した真空中の電束密度 $\boldsymbol{D}=\varepsilon_0\boldsymbol{E}$ および真空中の磁界の強さ $\boldsymbol{H}=\boldsymbol{B}/\mu_0$ を用いて式（3.39）および（3.40）を書き換えると，けっきょく不連続境界面における境界条件はつぎのように書き表すことができる．

$$\boldsymbol{n}\times(\boldsymbol{E}_1-\boldsymbol{E}_2)=0 \tag{3.42}$$

$$\boldsymbol{n}\times(\boldsymbol{H}_1-\boldsymbol{H}_2)=\boldsymbol{K} \tag{3.43}$$

$$\boldsymbol{n}\cdot(\boldsymbol{D}_1-\boldsymbol{D}_2)=\xi \tag{3.44}$$

$$\boldsymbol{n}\cdot(\boldsymbol{B}_1-\boldsymbol{B}_2)=0 \tag{3.45}$$

以上の 4 式を導いた過程から明らかなように，式（3.42）はファラデー・マクスウェルの法則の積分表示（3.3）を特に不連続境界面について一般的に表現したものであって，電界ベクトル $\boldsymbol{E}$ の不連続境界面に接する接線成分は境界面の両側でつねに連続となるべきことを示している．

また，式（3.43）はアンペア・マクスウェルの法則の積分表示（3.4）を特に不連続境界面について一般的に表現したものであって，磁界ベクトル $\boldsymbol{H}$ の不連続境界面に接する接線成分は一般に境界面の両側で不連続となり，その不連続分は境界面上を流れる面電流の密度 $\boldsymbol{K}$ に等しいことを示している．したがって，面電流が存在しないような不連続境界面の場合には，磁界ベクトル $\boldsymbol{H}$ の接線成分も境界面の両側で連続となる．

一方，式（3.44）は電束に関するガウスの法則の積分表示（3.5）を特に不連続境界面について一般的に表現したものであって，電束密度ベクトル $\boldsymbol{D}$ の不連続境界面に直角な垂直成分は一般に境界面の両側で不連続となり，その不連続分は境界面上に分布する面電荷の密度 ξ に等しいことを示している．したがって，面電荷が存在しないような不連続境界面の場合には，電束密度ベクトル $\boldsymbol{D}$ の垂直成分も境界面の両側で連続となる．

また，式（3.45）は磁束に関するガウスの法則の積分表示（3.6）を特に不連続境界面について一般的に表現したものであって，磁束密度ベクトル $\boldsymbol{B}$ の不連続境界面に直角な垂直成分は境界面の両側でつねに連続となるべきことを示している．

最後に，不連続境界面における電磁界ベクトルの垂直成分に対する境界条件は，一般に，接線成分に対する境界条件と独立ではないことを指摘しておこう．なぜならば，接線成分に対する境界条件（3.38）および（3.39）または（3.42）および（3.43）は，前述のように，電磁界基本方程式の積分表示（3.3）および（3.4）から導かれたものであるのに対して，垂直成分に対する境界条件（3.40）および（3.41）または（3.44）および（3.45）は，電磁界基本方程式の積分表示（3.3）および（3.4）の両式から誘導される電磁界基本方程式の積分表示（3.5）および（3.6）から導かれたものだからである．したがって，一般に，接線成分に対する境界条件が満足されていれば，垂直成分に対する境界条件は自動的に満たされていることになる．

ただし，電磁界が時間的に変化しない静電磁界の場合には，電磁界ベクトルの垂直成分と接線成分に対する境界条件は互いに独立であることに注意しなければならない．なぜならば，静電磁界の場合には，電磁界基本方程式の積分表示（3.5）および（3.6）はそれぞれ電磁界基本方程式の積分表示（3.4）および（3.3）とは独立となるからである．

3.5　電磁波および光速度

3.3 節でもふれたように，マクスウェルの方程式がもつ最も顕著な特質は，それから直ちに電磁的な波動，すなわち電磁波の存在が理論的に導かれることである．すなわち，マクスウェルの方程式を連立微分方程式として解くと，理論的に必然の結果として，直ちに空間中を伝搬する波動を表す解が得られる．

そのことを示すために，電荷および電流の存在しない真空の領域におけるマクスウェルの方程式を考えてみよう．この場合には，考える領域内で $\rho=0$ および $\boldsymbol{J}=0$ となり，かつ真空の誘電率 ε_0 および真空の透磁率 μ_0 はいずれも数学的には場所に無関係な定数であることから，真空中におけるマクスウェルの方程式（3.25)～(3.28）はつぎのようになる．

$$\nabla\times\boldsymbol{E}=-\mu_0\frac{\partial\boldsymbol{H}}{\partial t} \tag{3.46}$$

$$\nabla\times\boldsymbol{H}=\varepsilon_0\frac{\partial\boldsymbol{E}}{\partial t} \tag{3.47}$$

$$\nabla\cdot\boldsymbol{E}=0 \tag{3.48}$$

$$\nabla\cdot\boldsymbol{H}=0 \tag{3.49}$$

この場合の電磁界 $\boldsymbol{E}$ および $\boldsymbol{H}$ は，物理的には，いま考えている真空領域の外部またはその領域をかこむ表面（境界面）上に存在する，時間的に変化する電荷または電流の分布，例えば真空中に置かれた導線中またはその表面上を流れる，時間的に変化する電流によって，導線の外部の真空領域に生じているものである．

上式を連立微分方程式として解くために，この四つの方程式から $\boldsymbol{H}$ または $\boldsymbol{E}$ を消去して，電界 $\boldsymbol{E}$ または磁界 $\boldsymbol{H}$ のみに関する微分方程式に分離しよう．そのために，式（3.46）の両辺の回転をとり，右辺の空間座標に関する回転の微分演算と時間に関する微分演算の演算順序を入れ換えて，式（3.47）を代入すると

$$\nabla\times(\nabla\times\boldsymbol{E})=-\mu_0\frac{\partial}{\partial t}(\nabla\times\boldsymbol{H})=-\varepsilon_0\mu_0\frac{\partial^2\boldsymbol{E}}{\partial t^2} \tag{3.50}$$

となる．

さらに，上式左辺を付録 A の式（$A.130$）によって展開し，式（3.48）に示した $\boldsymbol{\nabla}\cdot\boldsymbol{E}=0$ なる関係を代入すると

$$\boldsymbol{\nabla}\times(\boldsymbol{\nabla}\times\boldsymbol{E})=\boldsymbol{\nabla}(\boldsymbol{\nabla}\cdot\boldsymbol{E})-\nabla^2\boldsymbol{E}=-\nabla^2\boldsymbol{E} \tag{3.51}$$

となる．

したがって，式（3.50）は

$$\nabla^2\boldsymbol{E}-\varepsilon_0\mu_0\frac{\partial^2\boldsymbol{E}}{\partial t^2}=0 \tag{3.52}$$

となる．

ここで

$$c=\frac{1}{\sqrt{\varepsilon_0\mu_0}} \tag{3.53}$$

と置くと，式（3.52）は，けっきょく

$$\nabla^2\boldsymbol{E}-\frac{1}{c^2}\frac{\partial^2\boldsymbol{E}}{\partial t^2}=0 \tag{3.54}$$

となる．

このようにして，電界 $\boldsymbol{E}$ のみに関する微分方程式が得られる．全く同様にして，マクスウェルの方程式（3.46）～（3.49）から電界 $\boldsymbol{E}$ を消去すると

$$\nabla^2\boldsymbol{H}-\frac{1}{c^2}\frac{\partial^2\boldsymbol{H}}{\partial t^2}=0 \tag{3.55}$$

となり，磁界 $\boldsymbol{H}$ のみに関する，式（3.54）と全く同じ形の方程式が得られる．

式（3.54）および（3.55）において，∇^2 はラプラスの演算子で，例えば直角座標系の場合には，$\nabla^2\boldsymbol{E}$ および $\nabla^2\boldsymbol{H}$ は，付録 A の式（$A.132$）に示したとおり，それぞれ電界ベクトル $\boldsymbol{E}$ および磁界ベクトル $\boldsymbol{H}$ に $\nabla^2=\partial^2/\partial x^2+\partial^2/\partial y^2+\partial^2/\partial z^2$ なる微分演算をほどこしたものとして与えられる．したがって，例えば電界 $\boldsymbol{E}$ および磁界 $\boldsymbol{H}$ がいずれも xy 面内で一様で，$\partial^2/\partial x^2=\partial^2/\partial y^2=0$ なる場合には，式（3.54）および（3.55）は，それぞれ

$$\frac{\partial^2 \boldsymbol{E}}{\partial z^2}-\frac{1}{c^2}\frac{\partial^2 \boldsymbol{E}}{\partial t^2}=0 \tag{3.56}$$

$$\frac{\partial^2 \boldsymbol{H}}{\partial z^2}-\frac{1}{c^2}\frac{\partial^2 \boldsymbol{H}}{\partial t^2}=0 \tag{3.57}$$

となる．

以上に導いた電界 $\boldsymbol{E}$ および磁界 $\boldsymbol{H}$ のみに関する方程式（3.56）および（3.57）を解けば，求める電磁界が得られることになる．

さて，マクスウェルの方程式（3.46）〜（3.49）から導かれる，上に示した方程式（3.54）および（3.55），あるいは（3.56）および（3.57）は，物理学や工学のいろいろな分野でしばしば現れる，よく知られた**波動方程式**（wave equation）と呼ばれる微分方程式であって，その解は，8.2 節で示すように，c なる速度で伝搬する波動を表す．マクスウェルの方程式から理論的にその存在が導かれるこのような波動を，マクスウェルは**電磁波**（electromagnetic wave）と呼び，光もこのような電磁波の一種であるという**光の電磁波説**を提唱した．

1864 年にマクスウェルによって全く理論的に発見された上述のような電磁波は，それから 24 年後の 1888 年（明治 21 年）に，ヘルツ（H. R. Hertz）によってその存在が実験的に確かめられ，マクスウェルの理論に決定的な支持を与えることになった．また，光の電磁波説も，その後行われた無数の理論的ならびに実験的研究によって，その説の正しいことが認められている．

光の電磁波説によれば，光も電磁波の一種であるから，式（3.53）に示した真空中の電磁波の伝搬速度 $c=1/\sqrt{\varepsilon_0\mu_0}$ は**真空中の光速度**に等しくなければならないことになる．真空中の光速度は測定によってその値を定め得る物理量であって，現在までに行われたさまざまな測定の結果によれば，その値はほぼ

$$c=\frac{1}{\sqrt{\varepsilon_0\mu_0}}=2.998\times10^8 \quad \text{〔m/s〕} \tag{3.58}$$

であることが知られている．

このように，マクスウェルの電磁理論は真空中の光速度 c を理論に特有な

常数として含んでいる．これは，マクスウェルの電磁理論とニュートン（I. Newton）の古典力学との根本的な相違点である．

本節で示したように，電磁波の存在はマクスウェルの方程式から理論的に必然の帰結として自動的に導かれるものである．そして，電磁波の存在が理論的に示されるためには，2.5 節でも述べたように，マクスウェルによって導入された，式（3.26）の右辺第 2 項のような電束の時間的変化を表す項 $\varepsilon_0 \partial \boldsymbol{E}/\partial t$ が必要不可欠のものとして，決定的に重要な役割を果たしていることもわかる．

3.6　電磁理論における単位系と真空の誘電率および透磁率

よく知られているように，力学における物理的諸量の単位は，すべて長さ，質量および時間の三つの独立な基本単位のみを用いて完全に誘導することができる．しかし，電磁理論においては，長さ，質量および時間の力学的な三つの基本単位だけですべての電気磁気的諸量を定めようとすると，物理的性質の全く異なる電磁量，例えば電界の強さ $\boldsymbol{E}$，磁界の強さ $\boldsymbol{H}$，電束密度 $\boldsymbol{D}$，磁束密度 $\boldsymbol{B}$ などがすべて同一の**次元**あるいは**ディメンション**（dimension）をもつようになるという不都合が生じ，しかも多くの電磁量が長さ，質量および時間の各次元 $[L]$，$[M]$ および $[T]$ の分数乗の次元を含むようになるという不自然な結果をまねく．

このような難点は，新たに電磁理論に固有の適当な第 4 番目の独立な基本量を導入することによって解消することができる．この新しい第 4 独立量の選び方は原理的には任意であって，その選び方によっていろいろな単位系ができあがる．

本書では，全章を通じて**国際単位系**（Systéme International d'Unités，略称 SI）を採用する．国際単位系（SI）では，力学的な三つの基本単位として，長さにメートル（meter），質量にキログラム（kilogram），時間に秒（second）をとり，電磁理論に固有の第 4 番目の独立な基本量としては電流を選び，その単位名をアンペア（ampere）と定め，これを一つの独立な次元 $[I]$ とする．

国際単位系（SI）では，すべての電磁量の次元が $[L]$，$[M]$，$[T]$ および $[I]$ の整数乗の次元のみによって表されるようになるほか，電流の単位の大きさを実用単位系における電流の単位の大きさと同じ値に選ぶことによって，工学の分野で古くから用いられてきた volt，ampere，joule，watt などの実用単位の多くがそのまま使えるようになるという実用上の大きな利点もある†．

力学量と電磁量とを結びつける基本的な関係式としては，例えば式（2.42）に示した，真空中に平行に置かれた 2 本の真っすぐな線電流の，長さ l 当りに働く力の大きさを表す式

$$|\boldsymbol{F}|=\mu_0\frac{II'}{2\pi r}l \tag{3.59}$$

がある．ただし，I および I' は，真空中に平行に置かれた，無限に細い 2 本の無限長直線導体のそれぞれに流れる線電流の大きさ，r はそのような二つの線電流の間の垂直距離，μ_0 は真空の透磁率を表す．

そこで，上式を用いて，電磁理論に固有の第 4 番目の独立な基本量として選んだ電流の単位 ampere の大きさを，つぎのように定める．すなわち，真空中に単位距離（$r=1$ m）をへだてて平行に置かれた，2 本の，無限に細い，円形断面の無限長直線導体のそれぞれに流れる，時間的に変化しない，等量，一定な線電流の間に働く，単位長（$l=1$ m）当りの力の大きさが

$$|\boldsymbol{F}|=2\times10^{-7} \quad \text{[N]} \tag{3.60}$$

なるとき，その電流の大きさを 1 ampere と定める．

上式で，N は国際単位系（SI）における力の単位名 newton の略記号である．電流の単位の大きさをこのように定める理由は，前述のように，電流の単位の大きさを実用単位の大きさと一致させるためである．

以上の結果，真空の透磁率 μ_0 の値は，式（3.59）において，$r=1$ m，$l=1$ m，$I=I'=1$ A，$|\boldsymbol{F}|=2\times10^{-7}$ N として

---

† 付録 E 参照．

$$\mu_0=4\pi\times10^{-7}=1.257\times10^{-6}\qquad〔\mathrm{H/m}〕\tag{3.61}$$

となる．

したがって，式（3.58）から，真空の誘電率 ε_0 の値は

$$\varepsilon_0=\frac{1}{\mu_0c^2}=\frac{10^7}{4\pi c^2}=8.854\times10^{-12}\qquad〔\mathrm{F/m}〕\tag{3.62}$$

となる．ただし，$c=1/\sqrt{\varepsilon_0\mu_0}=2.998\times10^8$ m/s は式（3.58）に示した真空中の光速度である．

真空の透磁率 μ_0 の次元は，式（3.59）に示した関係から，$[\mu_0]=[\boldsymbol{F}][r]/[I][I'][l]=[LMT^{-2}I^{-2}]$ となり，これを付録 B の表 $B.2$ に示したインダクタンスの次元 $[L^2MT^{-2}I^{-2}]$ と比較すれば直ちにわかるとおり，μ_0 の単位は henry/meter〔H/m〕で与えられることになる．ただし，henry はインダクタンスの単位名，H はその略記号である．

また，真空の誘電率 ε_0 の次元は，式（3.62）に示した関係から，$[\varepsilon_0]=1/[\mu_0][c^2]=[L^{-3}M^{-1}T^4I^2]$ となり，これを付録 B の表 $B.2$ に示したキャパシタンスの次元 $[L^{-2}M^{-1}T^4I^2]$ と比較すれば直ちにわかるとおり，ε_0 の単位は farad/meter〔F/m〕で与えられることになる．ただし，farad はキャパシタンスの単位名，F はその略記号である．

演　習　問　題

3.1　電荷密度が $\rho=Ae^{-kr}$ によって与えられる球対称の静止電荷分布によって生ずる電界を求めよ．ただし，A および k は定数である．

3.2　$x=0$ と $x=d$ の間の領域に，電荷密度が $\rho(x)$ で与えられるような，無限に広い不均一な平板状の静止電荷分布がある．この系の各部における電界を求めよ．

3.3　軸対称の静磁界の半径方向の磁束密度成分 B_r と，軸方向の磁束密度成分 B_z との間には，対称軸の近傍において

$$B_r=-\frac{1}{2}r\frac{\partial B_z}{\partial z}$$

なる関係が成り立つことを示せ．

3.4 面電荷密度が ξ（一定）の無限に広い平面状の面電荷分布が，$\boldsymbol{v}$ なる速度でその面に平行に運動しているときに生ずる磁界の磁束密度を求めよ．

3.5 問 *2.10* と同じく，単位長当りの巻数が n なる，無限に長い，半径 a（一定）の真っすぐなソレノイドに一定の電流 I が流れているとき，このソレノイドの内部および外部における磁界の磁束密度をマクスウェルの方程式および境界条件を用いて求めよ．

3.6 半径 a の無限に長い円筒面が，一様な面密度 ξ の面電荷を帯びてその軸のまわりに一定の角速度 ω で回転している．このとき，円筒の内部および外部に生ずる磁界の磁束密度を求めよ．

4. 物質中における電磁界基本法則

4.1 物質の電磁的特性

前章までの議論は，主として真空中の電磁現象に関するものであったが，本章では，これに物質と電磁界との相互作用の効果をつけ加え，物質が存在する場合にも成り立つ，さらに一般的な議論に拡張する．物質と電磁界との相互作用は，厳密には微視的な物質構造にまで立ち入って，量子論的あるいは物性物理学的に論ずべき問題である．しかし，巨視的電磁理論の立場では，微視的あるいは量子論的な議論には立ち入らず，物質と電磁界との微視的な相互作用の一種の平均として，通常の測定で実際に観測にかかる程度の規模の現象を適当なモデルによって説明し，これをできるだけ一般的な，測定可能なパラメータによって特徴づける．その意味で，本章の議論は，*1.1* 節で述べたいわゆる巨視的な現象論的理論である．

現象論的理論では，実際の観測事実をすべて矛盾なく満足に説明できるものである限り，理論構成の基礎として，どのような仮定，前提，あるいはモデルを想定してもさしつかえないとする立場をとる．したがって，物質と電磁界との巨視的な相互作用の効果を説明するために想定する物質構造の電磁気学的なモデルの正当性も，そのモデルを基礎とする理論から導かれるすべての結論が，巨視的電磁現象に関する実際の観測事実を十分満足に説明し得るという実験事実の範囲内において保証されるものとする．

さて，現代物理学の知識によれば，物質はすべて原子からなる．原子の構造やその性質に関する厳密な議論は原子物理学あるいは量子物理学の領域に属するが，その最も簡単な古典的モデルによれば，原子は正電荷をもった原子核と，そのまわりを周回運動する，原子核のもつ正電荷量と等量，逆符号の負電荷をもった電子または電子群，あるいは電子雲，とによって構成されているものとみなされている．

個々の物質は，このような原子の適当な組合せとして，それぞれの物質に固有の分子から成っているから，けっきょく，物質中には等量，逆符号の正，負の電荷が含まれていることになる．物質中に含まれるこのような正，負の電荷には，*1.3* 節でも述べたように，物質中を比較的自由に移動することのできる，いわゆる**自由電荷**（free charge）と，原子構造に強く拘束されていて，外力が加わっても原子構造内でごくわずかの変位しかできないような，いわゆる**束縛電荷**（bound charge）との 2 種類がある．

一方，負電荷をもった電子が原子核のまわりを周回運動しているということは，電磁気学的には，電流の定義によって，周回運動の軌道に沿って電子の運動方向と逆向きにループ電流が流れていると表現しても全く等価である．原子の大きさは，巨視的な尺度からみれば，大きさを無視できる程度にきわめて微小なものであるから，このようなループ電流は，*1.3* 節で定義した磁気双極子とみなすことができる．したがって，原子核のまわりを周回する電子の軌道運動によって，*1.6* 節で定義した磁気双極子能率が生ずることになる．このような磁気双極子能率を電子の**軌道磁気能率**（orbital magnetic-dipole moment）と呼んでいる．さらに，現在の量子物理学によれば，電子はその軌道運動とは無関係に，電子自身に固有の磁気双極子能率を有するものと考えられている．この磁気双極子能率は電子の**スピン磁気能率**（spin magnetic-dipole moment）と呼ばれている．

電子の軌道磁気能率やスピン磁気能率などを理論的に厳密に説明するためには，やはり量子物理学的な取扱いが必要となる．したがって，巨視的な現象論的電磁理論の立場では，電子の有するこれらの磁気能率を，電子が電荷や質量を有するのと同様に，電子自身が本来保有する固有の属性であると考えておくことにする．さらに，量子物理学によれば，上述のようなスピン磁気能率は，電子だけではなく，正電荷をもった原子核にも付随していると考えられているが，通常その大きさは電子に付随する上記の二つの磁気能率に比べるとはるかに小さいので，物質と電磁界との巨視的な相互作用を論ずる場合にはその影響を無視してよい．

以上のように，物質はけっきょく，電磁気学的には，真空中に電荷や磁気双極子などが分布している系であるとみなすことができる．微視的には，これらの量子的な電荷や磁気双極子などの近傍の電磁界は複雑な変化をしているであろうが，われわれがここで問題としているのは，それらの一種の平均として，通常の測定で実際に観測にかかる程度の規模の巨視的な性質である．そこで，以下の議論においては，微視的な尺度ではきわめて多数の原子や分子を含む程度に十分大きく，しかもなお巨視的な尺度では，対象とする電磁系の幾何学的な寸法に比べて大きさを無視できる程度に十分微小な領域にわたって平均化された電荷や磁気双極子などの連続的な分布を考え，これらと電磁界との巨視的な相互作用の効果を調べていく．物質をこのようにみなして取り扱うモデルを**連続媒質**（continuous medium）のモデルと呼ぶ．

さてそこで，このような連続媒質のモデルと電磁界との巨視的な相互作用の効果を真空中の電磁界基本方程式につけ加え，真空中の電磁理論を一般に物質中でも成り立つ理論に拡張しよう．その際，物質と電磁界との巨視的な相互作用の効果を，できるだけ一般的な，測定可能なパラメータによって表し，これを物質中の電磁界基本方程式に導入する．このような，物質と電磁界との巨視的な相互作用の効果を特徴づけるパラメータを，**物質定数**（material constant）あるいは**媒質定数**（medium constant）と呼ぶ．

物質の電磁的性質を，上述のような連続媒質のモデルと電磁界との巨視的な相互作用によって大別すると，**導電性**，**誘電性**および**磁性**の三つに分類することができる．このうち，導電性および誘電性は物質と電界との相互作用によるものであり，磁性は物質と磁界との相互作用によるものである．すなわち，物質の導電性というのは，物質中の自由電荷と電界との相互作用によって生ずる性質であって，その結果現れる巨視的な効果が導電電流が流れるという現象である．これに対して，物質中の束縛電荷と電界との相互作用によって生ずる性質が，物質の誘電性と呼ばれているものであって，その結果現れる巨視的な現象を**誘電体分極**（dielectric polarization）と呼ぶ．一方，物質の磁性というのは，物質中の磁気双極子と磁界との相互作用によって生ずる性質であって，その結果現れる巨視的な現象を**磁化**（magnetization）と呼ぶ．

現実のすべての物質は，厳密には，上に述べた導電性，誘電性および磁性の三つの電磁的性質を，程度の差はあれ，すべて同時にそなえている．しかし，実際には，大部分の物質の電磁的特性はこれら三つの性質のうちのいずれかが主要なものとなっていることが多い．

そこで，導電性が特に顕著で，それに比べるとほかの二つの特性は無視できる程度に十分小さいような物質を**導体**（conductor）と呼ぶ．また，誘電性が特に顕著で，それに比べるとほかの二つの特性は無視できる程度に十分小さいような物質を**誘電体**（dielectric material）または**絶縁体**（insulator）と呼ぶ．さらに，磁性が特に顕著で，それに比べるとほかの二つの特性は無視できる程度に十分小さいような物質を**磁性体**（magnetic material）と呼ぶ．導電性，誘電性および磁性の三つの基本的な電磁的性質の二つ，またはすべてを無視できないような物質については，それら二つ，または三つの基本的な性質をそれぞれ同時に考慮しなければならないことになる．

4.2　導体と導電電流

前節で述べたとおり，比較的自由に移動できる自由電荷を含む物質が，いわゆる導体と呼ばれているものである．例えば，金属や電解液のような導電性物質の内部には，原子への所属が定まらなくて，比較的自由に移動できる自由電子や正，負のイオン（ion）などが存在している．普通の状態では，これらの自由電荷は**熱じょう乱**（thermal agitation）によってそれぞれ勝手に不規則な運動をしており，全体としてその速度ベクトルの和は零となっている．このような導体に外部電界が加わると，電界による力によって導体内の自由電荷が加速され，電界と平行な方向の巨視的な速度ベクトルが現れる．このように，外部電界の影響によって導体内の自由電荷が運動する結果生ずるような自由電流が，*1.3* 節でも述べた，いわゆる**導電電流**と呼ばれているものである．

導体内における上述のような自由電荷の運動は，実際にはこれにさからう抵抗力を受け，電界によって加えられる力と平衡して，ある一定の速度になる．抵抗力の生ずる機構の詳細な議論は量子物理学ないしは物性物理学の領域に属する問題であるが，現象論的には，電荷の移動をさまたげようとする，一種の摩擦力に相当するようなものとみなすことができる．このような抵抗力の大きさは，もちろん個々の物質の特性に依存する．

導電性物質として実用上最も重要な金属導体の場合には，その中に含まれる自由電荷は，式（*1.1*）に示したような大きさの負電荷 $-e$ をもつ**自由電子**（free electron）である．このような自由電子のもつ電荷量を，前節で述べたように，微視的な尺度ではきわめて多数の電子を含む程度に十分大きく，しかもなお巨視的な尺度では対象とする電磁系の幾何学的な寸法に比べて大きさを無視できる程度に十分微小な領域 $\varDelta V$ にわたって平均化し，その単位体積当りの負電荷の密度を

$$-\rho_f=\lim_{\varDelta V\to 0}\frac{1}{\varDelta V}\sum_i(-e_i) \tag{4.1}$$

としよう．

導体に外部電界 $\boldsymbol{E}$ が加えられると，このような密度の電荷に対して，式（*1.18*）に示したように，単位体積当り $\boldsymbol{f}=-\rho_f\boldsymbol{E}$ なる密度の力が働く．その結果現れる自由電子の巨視的な速度ベクトルの平均値を，同様にして

$$\boldsymbol{v}=\lim_{\varDelta V\to 0}\frac{1}{\varDelta V}\sum_i\boldsymbol{v}_i \tag{4.2}$$

とする．

このような自由電子の運動に対して，前述のように，その運動をさまたげようとする一種の摩擦力に類似した抵抗力も同時に働くが，その抵抗力の大きさは，普通の状態にある通常の金属導体の場合には，自由電子の運動速度に比例

して増大する．すなわち，比例定数を k とすると，金属導体中を運動する自由電子に働く抵抗力は $k\boldsymbol{v}$ で与えられる．したがって，定常状態では，このような抵抗力 $k\boldsymbol{v}$ と電界による力 $-\rho_f\boldsymbol{E}$ とが平衡して，$k\boldsymbol{v}=-\rho_f\boldsymbol{E}$ となり

$$\boldsymbol{v}=-\frac{\rho_f}{k}\boldsymbol{E} \tag{4.3}$$

なる一定の速度に落ち着く．すなわち，$-\rho_f$ なる密度の自由電子の平均の運動速度 $\boldsymbol{v}$ は加えられた外部電界の強さ $\boldsymbol{E}$ に比例することになる．

以上の結果，金属導体中の定常的な導電電流の密度は，式（1.12）と上式とから

$$\boldsymbol{J}_c=-\rho_f\boldsymbol{v}=\frac{{\rho_f}^2}{k}\boldsymbol{E}=\sigma\boldsymbol{E} \tag{4.4}$$

ただし

$$\sigma=\frac{{\rho_f}^2}{k} \tag{4.5}$$

と書き表される．

ここで，比例定数 σ を，$\boldsymbol{J}_c$ なる密度の導電電流が流れている点における，その導体の**導電率**（conductivity）と呼ぶ．導電率 σ の逆数 $1/\sigma$ は**抵抗率**（resistivity）と呼ばれている．

式（4.4）の関係は**オームの法則**（Ohm's law）と呼ばれている．オームの法則は，上に示したとおり，導電電流の大きさが印加電界の強さに比例するような特別の場合に成り立つ関係であるが，普通の状態にある通常の金属良導体などについては，この法則が，広い範囲にわたってきわめて正確に成り立つことが実験的に確かめられている．しかし，非常に薄い金属薄膜や導電性のあまりよくない物質，例えばある種の**半導体**（semi-conductor）などに対しては必ずしもオームの法則がつねに成り立つとは限らない．また，一般に，二つの物質の接触部ではオームの法則からのずれが大きい．

導電率 σ の値は，一般には，電界 $\boldsymbol{E}$ の強さおよびその方向に依存し，また，同じ物質でも温度，圧力，周波数などによってその値が変化する．例えば金属導体では，普通，高温になると，ほぼ絶対温度 T に逆比例して導電率の

値が減少し，また低温になると，ほぼ T^{-5} に比例して導電率の値が大きくなることが知られている．さらに，ある種の物質では，適当な特定の温度以下になると，導電率の値が事実上無限大（抵抗率の値が零）になることがある．このような現象を**超電導**（super conductivity）と呼んでいる．逆に，電解液や固体の半導体および不完全誘電体（不完全絶縁体）などでは，普通，温度が高くなると導電率の値が大きくなり，絶縁性が劣化する．

4.3　完全導体とその特性

物質内で自由電荷が移動するとき，その運動をさまたげようとする抵抗力が全く存在しないような理想的な物質を想定して，これを**完全導体**（perfect conductor）または**理想導体**（ideal conductor）と呼ぶ．完全導体というのは普通の状態では現実には存在しない理想的なモデルであるが，通常の金属良導体などの場合には，近似的にこれを完全導体とみなして電磁界の解析や電磁系の設計を行っても，それによって生ずる誤差は，多くの場合，実際上ほとんど問題とならない．

多くの電磁系の構成要素として最もしばしば用いられる金属良導体を近似的に完全導体とみなすと，4.8 節で示すとおり，導体表面上における境界条件が一挙に簡単となり，導体を含む多くの電磁系の理論的取扱いが格段に容易になるという実用上の大きな利点がある．金属良導体などを完全導体と仮定して解析や設計を行った結果は，多くの実際上の目的に対してそのまま十分有効な場合が多く，もし必要な場合には，その結果に，導体が厳密には完全導体でないことによって生ずるわずかな効果を補足してそれを補正することにより，実用上十分満足すべき結果が得られる．

このように，完全導体の概念とその特性は，電磁界の解析や電磁系の設計においてきわめて重要な役割を果たすものである．そこで，本節では，完全導体に関するいくつかの基本的な特性について述べておくことにする．

まず，完全導体の内部には電界は存在し得ない．なぜならば，前述のように，完全導体というのは自由電荷の運動をさまたげようとする抵抗力が全く存在しないような理想的な物質である．したがって，前節で述べた導電率の定義から，完全導体の導電率 σ の値は無限大となる．しかし，その結果，式（4.4）に示したオームの法則 $\boldsymbol{J}_c=\sigma\boldsymbol{E}$ から，完全導体中を流れる導電電流の密度が無限大となるのは物理的でない．したがって，完全導体の内部においては $\boldsymbol{E}=0$ とならなければならないことになる．すなわち，完全導体というのは，その内部に電界が存在し得ないような特性をもつ理想的な物質として定義される．

また，完全導体の誘電率および透磁率はいずれも真空の誘電率 ε_0 および真空の透磁率 μ_0 と同じであるとみなす．

このような完全導体では，外部から電荷を与えても，その電荷は完全導体の内部には存在し得ないことになる．なぜならば，上述のように，完全導体の誘電率は真空の誘電率 ε_0 と同じであるとみなされるので，完全導体の内部では，式（3.27）に示したマクスウェルの方程式

$$\nabla\cdot\varepsilon_0\boldsymbol{E}=\rho \tag{4.6}$$

が成り立つ．

ところで，前述のとおり，完全導体の内部には電界は存在し得ないことから，上式の左辺は零となり，したがって右辺の電荷密度 ρ の値も零でなければならないことになる．したがってけっきょく，完全導体の内部には電荷は存在し得ないことになる．この結果，外部から完全導体に与えられた電荷は，完全導体の表面上にのみ，面電荷として，内部の電界が零となるように分布して静止することになる．

完全導体の内部には電界は存在し得ないことから，マクスウェルの方程式（3.25）は，完全導体の内部では

$$\nabla\times\boldsymbol{E}=-\mu_0\frac{\partial\boldsymbol{H}}{\partial t}=0 \tag{4.7}$$

となる．

すなわち，完全導体の内部では $\partial\boldsymbol{H}/\partial t=0$ となり，磁界の強さ $\boldsymbol{H}$ は時間的

に一定でなければならないことになる．これから，完全導体の内部では，かりに磁界が存在し得るとしても，その磁界は時間に無関係な静磁界でなければならないことになる．

4.4 誘電体と分極

4.1 節で述べたとおり，物質の誘電性というのは，物質中に含まれる等量，逆符号の正，負の束縛電荷と電界との相互作用によって生ずる効果のことである．そこで，本節では，物質中に含まれるこのような束縛電荷と電界との巨視的な相互作用についてのみ着目し，その効果を現象論的に説明する．

誘電体中に含まれる等量，逆符号の正，負の束縛電荷の分布には，各分子中でその分布が一致して重なり合い，分子全体としては電気的に中性となっているものと，その分布が一致しておらず，各分子内で正，負の電荷分布が微小間隔をへだてて分かれているものとがある．分子の大きさは，巨視的な尺度からみれば，大きさを無視できる程度にきわめて微小なものであるから，分子内で微小間隔をへだてて分布する等量，逆符号の束縛電荷は，*1.2* 節で定義した電気双極子とみなすことができる．このように，分子自身がもともと電気双極子を形成しているものを**極性分子**（polar molecule）と呼ぶ．

電界中に誘電体を置くと，上述のような束縛電荷または**分子電気双極子**と電界との間に相互作用が起こって，誘電体内の束縛電荷の分布または電気双極子の方向が変化し，その結果，もとの電界が変形される．このような現象が，誘電体の**分極**と呼ばれているものである．

そこでまず，電界が加えられない状態では各分子内に含まれている正電荷および負電荷の分布が一致して重なり合い，全体としては電気的に中性の状態にあったものが，電界による電気力を受けて，正電荷および負電荷の分布が互いに逆方向に変位する結果生ずるような分極現象について考察しよう．誘電体内に含まれている上述のような束縛電荷の分布を，*4.1* 節で述べたように，微視的な尺度では非常に多くの分子を含む程度に十分大きく，しかもなお巨視的な尺度では対象とする電磁系の幾何学的な寸法に比べると大きさを無視できる程度に十分微小な領域 ΔV にわたって平均化し，その単位体積当りの電荷密度をそれぞれ $+\rho_b$ および $-\rho_b$ とする．

このような平均化によって，束縛電荷は誘電体中に連続的に分布している連続電荷分布とみなすことができるようになり，その密度 $+\rho_b$ および $-\rho_b$ はいずれも巨視的な意味での場所の関数となる．

誘電体内における分子の分布密度は，一般には均一であるとは限らないから，上記の束縛電荷密度も，一様な均質媒質の場合を除けば，一般には場所的にその値が異なっている．そして，誘電体内における分子の分布密度が相隣る微小領域 ΔV の間で連続的に変化しているようなところでは，上記のような束縛電荷密度 $+\rho_b$ および $-\rho_b$ は数学的に微分可能な場所の連続関数とみなすことができる．**永久分極物質**を除くと，前述のように，普通の状態（電界が加えられない状態）ではこれら正，負の電荷分布は一致して重なり合い，誘電体内の各点各点における等量，逆符号の正，負の電荷が互いに打ち消し合って，誘電体の内部全体にわたって電気的に中性となっている．

このような誘電体に電界が加えられると，*1.5* 節の式（*1.18*）に示した電界による力を受けて，正電荷は電界の方向に，負電荷は電界と逆方向に変位する．変位が大きくなると原子構造への拘束力も増大するので，実際には原子構造内におけるごくわずかの変位で電界による力と拘束力とが平衡する．

そこで，簡単のために，以下負電荷の分布は固定しており，それに対して正電荷分布のみが相対的に電界の方向へ変位するものと考える．束縛電荷の変位の大きさは，上述のとおり，たかだか原子の大きさの範囲以下の微小なものであるから，このように近似しても，巨視的な分極現象の取扱いでは，その不正確さは事実上無視することができる．

さて，誘電体内で上述のような正電荷分布の変位が起こると，前述のように，誘電体内の電荷分布は一般には場所的に異なっているので，誘電体が均一であるような特別の場合を除いて，一般にはもはや誘電体内の各点各点において正，負の電荷が互いに等量，逆符号で打ち消し合うとは限らなくなる．その結果，誘電体内の各点にはその差に相当する電荷が現れてくる．誘電体分極の結果現れるこのような電荷を**分極電荷**（polarization charge）と呼ぶ．

一方，前に述べた巨視的な意味での微小領域 $\varDelta V$ 内に含まれる各分子中の等量，逆符号の正，負の電荷量をそれぞれ $+q_b$ および $-q_b$ とし，印加電界の力によって正電荷の分布が負電荷の分布に対して相対的に平均として微小距離 $\boldsymbol{d}$ だけ電界の方向に変位するものとすると，微小領域 $\varDelta V$ 内に含まれる各分子は，平均として，式（1.21）で定義した

$$\boldsymbol{p}=q_b\boldsymbol{d} \tag{4.8}$$

なる能率をもった分子電気双極子を形成することになる．

また，単位体積当りに含まれる分子の数を N とすると，前に述べた単位体積当りの電荷密度 ρ_b は

$$\rho_b=Nq_b \tag{4.9}$$

である．

そこで，上述のような微小領域 $\varDelta V$ 内の各分子電気双極子能率の和を求め，それを微小体積 $\varDelta V$ で割ると，微小体積 $\varDelta V$ にわたって平均化された単位体積当りの電気双極子能率の密度が得られる．

したがって，微小体積 $\varDelta V$ を $\varDelta V$ 内の1点Pのまわりに縮めていった極限をとると，上記の量は点Pにおける単位体積当りの電気双極子能率の密度を表すことになる．それを $\boldsymbol{P}$ で表すと

$$\boldsymbol{P}=\lim_{\varDelta V\to 0}\frac{1}{\varDelta V}\sum_{i=1}^{N\varDelta V}\boldsymbol{p}_i=N\boldsymbol{p}=Nq_b\boldsymbol{d}=\rho_b\boldsymbol{d} \tag{4.10}$$

となる．

誘電体分極の結果現れる，上式で与えられるような単位体積当りの電気双極子能率の密度 $\boldsymbol{P}$ を**分極の強さ**，または**分極ベクトル**（polarization vector）と呼ぶ．分極の状態が相隣る微小領域 $\varDelta V$ の間で連続的に変化しているようなところでは，分極ベクトル $\boldsymbol{P}$ は数学的に微分可能な場所の連続関数とみなすことができる．

印加電界による力によって，前述のように，$+\rho_b$ なる密度の正電荷分布が

負電荷の分布に対して相対的に微小距離 $\boldsymbol{d}$ だけ電界の方向に変位するものとすると，誘電体内に考えた微小面素 dS を横切って，差引き正味 $\rho_b \boldsymbol{d}\cdot\boldsymbol{n}dS$ なる量の正電荷が電界の方向に変位することになる．ただし，$\boldsymbol{n}$ は誘電体内に考えた微小面素 dS に垂直で，正電荷の変位する方向を向く単位ベクトルである．したがって，誘電体内に考えた任意の閉曲面を S とすると，閉曲面 S を横切って，差引き正味 S 内から外方へ変位していく正電荷の量は

$$Q=\oint_S \rho_b \boldsymbol{d}\cdot\boldsymbol{n}dS \tag{4.11}$$

で与えられる．ただし，$\boldsymbol{n}$ は閉曲面 S に垂直で，外方を向く単位ベクトルである．

一方，閉曲面 S によってかこまれる領域 V 内には，電界が加えられる前には，等量，逆符号の正，負の束縛電荷が存在し，互いに打ち消し合って電気的に中性となっていたわけであるから，上式で与えられる差引き正味の正電荷が領域 V の外部に変位していった後には，負電荷の分布は固定しているものとしているから

$$Q_p=-\oint_S \rho_b \boldsymbol{d}\cdot\boldsymbol{n}dS=-\oint_S \boldsymbol{P}\cdot\boldsymbol{n}dS \tag{4.12}$$

なる量の負電荷が打ち消されずに残ることになる．これが，前に述べた分極電荷と呼ばれているものである．ただし，$\boldsymbol{P}$ は式（4.10）で定義した分極ベクトルである．

上式の両辺を閉曲面 S によってかこまれる領域 V の体積 V で割り，閉曲面 S を V 内の1点Pのまわりに縮めていった極限をとると

$$\lim_{V\to 0}\frac{Q_p}{V}=-\lim_{V\to 0}\frac{\oint_S \boldsymbol{P}\cdot\boldsymbol{n}dS}{V} \tag{4.13}$$

となる．

上式左辺は点Pにおける単位体積当りの**分極電荷密度**（polarization charge density）ρ_p を表し，右辺は，発散の定義（A. 66）から，$-\mathrm{div}\,\boldsymbol{P}=-\boldsymbol{\nabla}\cdot\boldsymbol{P}$ となる．したがって，分極された誘電体内の各点各点では

$$\rho_p = -\boldsymbol{\nabla}\cdot\boldsymbol{P} \tag{4.14}$$

なる関係が成り立つことになる．

特に，誘電体が均質で，分極が一様であるような特別の場合には，印加電界の力によって誘電体内の正電荷が変位しても，つねにその点の負電荷量の大きさと等しいために打ち消し合って，けっきょく誘電体の内部にはどこにも分極電荷は現れない．実際，誘電体が均質で，誘電体分極によって生ずる単位体積当りの電気双極子能率，すなわち分極ベクトル $\boldsymbol{P}$ が誘電体内の場所に無関係に一定であれば，式（4.14）から，$\rho_p = -\boldsymbol{\nabla}\cdot\boldsymbol{P} = 0$ となる．

誘電体内に加えられる外部電界が時間的に変化する場合には，分極の状態も時間的に変化する．すなわち，電界の力による束縛電荷の変位 $\boldsymbol{d}$ の大きさと方向とが印加電界の大きさと方向とによって時間的に変化し，それにともなって分極ベクトル $\boldsymbol{P} = \rho_b\boldsymbol{d}$ の大きさと方向も時間的に変化する．ただし，束縛電荷の密度 ρ_b の値は個々の物質に固有のものであって，時間的に変化する量ではないから，けっきょく印加電界の時間的変化によって，ρ_b なる密度の束縛電荷が $\boldsymbol{v} = \partial\boldsymbol{d}/\partial t$ なる速度で変位運動を行うことになる．その結果，誘電体内には，式（1.12）および（4.10）から

$$\boldsymbol{J}_p = \rho_b\boldsymbol{v} = \rho_b\frac{\partial\boldsymbol{d}}{\partial t} = \frac{\partial\boldsymbol{P}}{\partial t} \tag{4.15}$$

なる密度の電流が生ずることになる．

1.3 節でも述べたように，束縛電荷の変位運動による上式のような密度の電流を**分極電流**（polarization current）と呼ぶ．**分極電流密度**（polarization current density）$\boldsymbol{J}_p$ と分極電荷密度 ρ_p との間には，式（4.15）および（4.14）から

$$\boldsymbol{\nabla}\cdot\boldsymbol{J}_p = \frac{\partial}{\partial t}\boldsymbol{\nabla}\cdot\boldsymbol{P} = -\frac{\partial\rho_p}{\partial t} \tag{4.16}$$

なる関係が成り立つ．

上式は，自由電流密度 $\boldsymbol{J}_f$ と自由電荷密度 ρ_f との間に成り立つ電荷保存の法則（3.2）と全く同じ形の保存則が，分極電流密度 $\boldsymbol{J}_p$ と分極電荷密度 ρ_p と

の間にも成り立っていることを示している.

つぎに，誘電体分極のもう一つの機構として，誘電体中の各分子がもともと電気双極子能率をもっている極性分子である場合を考えてみよう．普通の状態では，このような極性分子の各分子電気双極子能率は熱じょう乱によって空間的にあらゆる方向に不規則に向いており，全体としてはその能率のベクトル和は零となっている．このような誘電体に電界 $\boldsymbol{E}$ が加えられると，*1.6* 節の式（*1.23*）に示した回転力を受けて，各分子電気双極子が電界の方向に配列するように回転し，熱じょう乱による不規則化の力その他の抵抗力と平衡する.

その結果，全体としてその能率のベクトル和は零でなくなり，巨視的な平均として，印加電界と平行な方向の電気双極子能率が現れる．この場合にも，分極された誘電体中の単位体積当りの電気双極子能率の巨視的な密度は，各分子電気双極子能率 $\boldsymbol{p}$ のベクトル和を巨視的な意味での微小領域 $\varDelta V$ にわたって平均化し

$$\boldsymbol{P}=\lim_{\varDelta V\to 0}\frac{1}{\varDelta V}\sum_i \boldsymbol{p}_i \qquad (4.17)$$

で与えられる.

これは，分極された物質中の各点各点における単位体積当りの電気双極子能率の密度を表すものであるから，前に述べた定義によって，式（*4.10*）の場合と同様に，$\boldsymbol{P}$ を分極の強さ，あるいは分極ベクトルと呼ぶことができる．また，単位体積当りの電気双極子能率の密度（分極ベクトル）が $\boldsymbol{P}$ であるような電気双極子の連続的な分布は，式（*4.14*）で示したのと同じ $\rho_p=-\nabla\cdot\boldsymbol{P}$ なる密度で電荷が連続的に分布していることと同等であることを示すことができる†.

したがってけっきょく，誘電体の分極がいずれの機構によるものとしても，巨視的には，分極によって，一般に誘電体の内部には単位体積当り $\boldsymbol{P}$ なる密度の電気双極子能率，すなわち分極ベクトルが現れ，分極が誘電体の内部で一様（$\boldsymbol{P}$ が場所的に一定）であるような特別の場合を除くと，誘電体の内部に

† 例えば，熊谷信昭著「電磁気学基礎論」（オーム社）*6.4* 節参照.

は一般に式（*4.14*）で与えられるような密度の電荷，すなわち分極電荷が生ずることになる．

以上は，分極の状態が場所的に連続的に変化しているような領域における議論であるが，分極の状態が不連続的に変化するようなところ，例えば異なる2種類の誘電体の境界面や，真空中に置かれた誘電体の表面などでは，一般に分極ベクトル $\boldsymbol{P}$ の大きさと方向が不連続的に変化する．そこで，このような不連続境界面において分極ベクトル $\boldsymbol{P}$ が満たすべき境界条件を求めるために，まず，真空中に置かれた誘電体の表面について考えてみよう．誘電体の分極によって誘電体内部の正電荷の分布が負電荷の分布に対して相対的に微小距離 $\boldsymbol{d}$ だけ変位するわけであるから，誘電体の表面の微小面素 dS を横切って，$\rho_b \boldsymbol{d}\cdot\boldsymbol{n}dS=\boldsymbol{P}\cdot\boldsymbol{n}dS$ なる量の電荷が変位することになる．ただし，$\boldsymbol{n}$ は誘電体の表面に垂直で，誘電体の内部から外部の方向を向く単位ベクトルを表す．

ところで，誘電体内に含まれる電荷は束縛電荷のみであるから，この電荷は誘電体の外部へ出ていくことはできず，したがって誘電体の表面に面電荷としてとどまることになる．このような電荷を**面分極電荷**（surface polarization charge）と呼ぶ．微小面素 dS 上に現れる面分極電荷の量が $\boldsymbol{P}\cdot\boldsymbol{n}dS$ であるから，誘電体の表面の単位面積当りに現れる面分極電荷の量，すなわち**面分極電荷密度**（surface polarization charge density）は $\boldsymbol{P}\cdot\boldsymbol{n}$ となる．

つぎに，分極ベクトルがそれぞれ $\boldsymbol{P}_1$ および $\boldsymbol{P}_2$ で与えられるような，異なる2種類の，分極した誘電体の境界面に現れる面分極電荷の密度を求めよう．異なる2種類の誘電体の境界面に現れる面分極電荷を求めるには，それぞれの誘電体が真空中に置かれている場合にそれらの誘電体の表面に現れる面分極電荷を求め，これらの面分極電荷をたし合わせればよい．

真空中に置かれた，分極ベクトルがそれぞれ $\boldsymbol{P}_1$ および $\boldsymbol{P}_2$ で与えられるような異なる2種類の誘電体の表面には，前述のように，それぞれ $\boldsymbol{P}_1\cdot\boldsymbol{n}_1$ および $\boldsymbol{P}_2\cdot\boldsymbol{n}_2$ なる密度の面分極電荷が現れる．ただし，$\boldsymbol{n}_1$ および $\boldsymbol{n}_2$ はそれぞれの誘電体の表面に垂直で，それぞれの誘電体の内部から外部の方向を向く単位ベクトルである．そこで，分極ベクトルが $\boldsymbol{P}_2$ で与えられるような誘電体の領域

2から，分極ベクトルが $\boldsymbol{P}_1$ で与えられるような誘電体の領域1の方向を向く単位ベクトルを $\boldsymbol{n}$ とすると，$\boldsymbol{n}_1=-\boldsymbol{n}$，$\boldsymbol{n}_2=\boldsymbol{n}$ となり，したがって異なる2種類の誘電体の境界面上に現れる面分極電荷の密度 $\xi_p=\boldsymbol{P}_1\cdot\boldsymbol{n}_1+\boldsymbol{P}_2\cdot\boldsymbol{n}_2$ は，けっきょくつぎのように表されることになる．

$$\xi_p=-\boldsymbol{n}\cdot(\boldsymbol{P}_1-\boldsymbol{P}_2) \tag{4.18}$$

上式からわかるように，分極ベクトル $\boldsymbol{P}$ の不連続境界面に垂直な成分（$\boldsymbol{n}$ 方向成分）の不連続分が境界面上に分布する面分極電荷の密度 ξ_p に等しくなる．

分極ベクトル $\boldsymbol{P}$ が不連続的に変化するような境界面では，分極電流密度 $\boldsymbol{J}_p$ もまた不連続的に変化する．すなわち，式（4.15）および（4.18）から

$$\boldsymbol{n}\cdot(\boldsymbol{J}_{p1}-\boldsymbol{J}_{p2})=\frac{\partial}{\partial t}\boldsymbol{n}\cdot(\boldsymbol{P}_1-\boldsymbol{P}_2)=-\frac{\partial\xi_p}{\partial t} \tag{4.19}$$

なる関係が成り立つ．ただし，$\boldsymbol{n}$ は不連続境界面に垂直で，領域2から領域1の方向を向く単位ベクトル，$\boldsymbol{J}_{p1}$ および $\boldsymbol{J}_{p2}$ はそれぞれ不連続境界面の両側の，領域1側および領域2側における分極電流密度，ξ_p は不連続境界面上における面分極電荷密度である．

最後に，誘電体の性質について二，三の注意をつけ加えておこう．最初に述べたように，誘電体内の電荷はつねに等量，逆符号の正，負の束縛電荷が一対となって原子構造に拘束されており，外部から特に自由電荷を付加しない限り，全体としてその代数和はつねに零となっている．したがって，たとえ分極によって分極電荷や面分極電荷が現れても，それらの代数和は誘電体全体としてはつねに必ず零となっていなければならない．

誘電体によっては，一度分極されると，外部電界を取り去っても，そのまま分極された状態を保つものがある．このような状態にある誘電体を**永久分極**された誘電体と呼ぶ．永久分極された誘電体では，外部電界を取り去った状態でも，単位体積当りの電気双極子能率，すなわち分極ベクトル $\boldsymbol{P}$ は零とならない．

誘電体に加えられる印加電界の強さがある程度以上の大きさになると，印加

電界が束縛電荷におよぼす電気力のほうが，束縛電荷を原子構造内に拘束する力よりも大きくなり，その結果，束縛電荷が原子構造から剝離されて，あたかも自由電荷のごとく，正電荷は電界の方向に，負電荷は電界と逆方向に移動するようになる．すなわち，誘電体（絶縁体）が，瞬間的に，あたかも導体のようになり，誘電体中を電界の方向に電流が流れるという現象が起こる．このような現象を誘電体の**絶縁破壊**（breakdown）と呼ぶ．絶縁破壊が起こる電界の強さは個々の誘電体によって異なることはもちろん，同一の誘電体でも，それが置かれている周囲の温度や湿度などの環境条件，および誘電体の形状や寸法などによっても変化する．

4.5 磁性体と磁化

4.1 節で述べたとおり，物質の磁気的性質は物質内に含まれる磁気双極子と外部磁界との相互作用によって定まる．巨視的電磁理論の立場では，物質内の磁気双極子能率としては，*4.1* 節で述べたように，電子自身に固有のスピン磁気能率と，電子の周回運動によって生ずる軌道磁気能率とを考えればよい．

磁界中に物質を置くと，これらの磁気双極子と磁界との間に相互作用が起こって，物質内の磁気双極子の方向が変化し，その結果，もとの磁界が変形される．このような現象が物質の**磁化**と呼ばれているものである．

一般に，物質の磁気的性質は，磁化の機構によって，**反磁性**（または**逆磁性**）(diamagnetism)，**常磁性**（paramagnetism)，**強磁性**（ferromagnetism)，**反強磁性**（antiferromagnetism）および**フェリ磁性**（ferrimagnetism）の 5 種類に分類することができる．

第一の反磁性は，電子の周回運動によって生ずる軌道磁気能率と磁界との相互作用に由来するものであって，外部印加磁界の方向と逆向きの磁気双極子能率が現れるように磁化される．このような磁化が生ずる理由は，定性的には，ファラデーの電磁誘導法則によって説明することができる．すなわち，*4.1* 節でも述べたとおり，電子の周回運動は，電磁気学的には，周回運動の軌道に沿ってループ電流が流れていることと等価であるから，外部磁界が加えられると，2.4節で述べたファラデーの電磁誘導法則によって，ループを貫く磁束の増加を打ち消すように，外部印加磁界と逆向きの磁界を生ずるようなループ電流が誘導されるものと考えることができる．したがって，このような誘導ループ電流によって生ずる磁気双極子能率の方向は，外部印加磁界の方向と逆向きである．これが，上述のように，この種の磁化を反磁性あるいは逆磁性と呼ぶ理由である．

反磁性の性質はすべての物質に存在するが，実際にはその効果はきわめて弱く，したがって実際的な応用の立場からは，この磁性はほとんど実用上の有用性がない．反磁性のみを示すような物質を**反磁性体**と呼ぶ．反磁性体とみなされる物質の例としては，例えば銅，ビスマス，亜鉛，銀，鉛，水銀などがある．

上述のように，反磁性というのは，物質中に含まれる電子の軌道運動と磁界との相互作用によって生ずる磁性である．これに対して，あとの四つの磁性は電子自身のもっているスピン磁気能率と磁界との相互作用に由来するものであって，いずれも外部印加磁界の方向と同じ方向の磁気双極子能率が増大するように磁化される．すなわち，これらの磁性を示す物質中の分子は，それに属する電子の個々のスピン磁気能率の合成として，一つの磁気双極子能率をもった**分子磁気双極子**となっている．これに対して，反磁性のみを示す物質中の分子はこのような永久磁気双極子能率をもたない．

常磁性を示す物質では，磁界が加えられない状態では，これらの分子磁気双極子が熱じょう乱によって空間的にあらゆる方向に不規則に向いており，全体としてはその磁気双極子能率のベクトル和は零となっている．このような物質に磁界が加えられると，1.6節の式（1.26）に示した回転力を受けて，各分子磁気双極子が磁界の方向に配列するように回転し，熱じょう乱による不規則化の力その他の抵抗力と平衡する．その結果，全体としてその能率のベクトル和は零でなくなり，巨視的な平均として，印加磁界と平行な方向の磁気双極子能率が現れる．したがって，これは前節で述べた分子電気双極子能率をもつ極性分子からなる誘電体の分極の機構ときわめてよく類似している．常磁性を示す物質を**常磁性体**と呼ぶ．しかし，常磁性体の示す磁性は，反磁性と同様，通常比較的弱く，したがって，特別の用途を除くと，一般的にはその磁気的応用については実用上の有用性はほとんどない．

これに反して，強磁性を示す物質では，隣接した分子磁気双極子が互いに強く結合し，**磁区**（domain）と呼ばれる小さな領域内で平行に並んで磁化している．これを**自発磁化**（spontaneous magnetization）と呼んでいる．これらの巨視的な合成として，物質全体として磁性を示し，したがって外部磁界が加えられない状態でも，その磁化が零とならないことがある．これを**残留磁化**（residual magnetization）と呼び，このような状態にある物質を**永久磁化**された物質という．強磁性を示す物質を**強磁性体**と呼ぶ．強磁性体に属する物質の例としては，例えば鉄，ニッケル，コバルトなどがある．

分子磁気双極子能率，いいかえればスピン磁気能率の間の結合が強くても，それらが互いに逆向きの2組に分かれているような場合には互いに打ち消し合って自発磁化は生じない．このような物質を**反強磁性体**と呼ぶ．反強磁性体と磁界との相互作用の効果は比較的弱く，したがってこの磁性も磁気的応用としては実用的には重要性がない．

しかし，もし2組のスピン磁気能率の方向が逆向きでも，その大きさが違っていれば，打ち消されずに，強磁性体の場合と同様，磁区ごとに自発磁化が現れる．このような物質が**フェリ磁性体**と呼ばれているものである．日本で発明され，磁性材料として広く用いられているフェライト（ferrite）などがこのフェリ磁性体に属している．普通，単に**磁性体**と呼ばれているのは強磁性体およびフェリ磁性体のことである．

磁性体に外部磁界が加えられると，分子磁気双極子に式（*1.26*）に示した回転力が働いて，印加磁界と平行な方向の分子磁気双極子能率の成分をもつ磁区がほかの磁区を侵食して大きくなり，その結果，印加磁界の方向を向く磁気双極子能率が増大するように磁化される．磁化された磁性体中の各分子磁気双極子能率 $\boldsymbol{m}$ のベクトル和を巨視的な意味での微小領域 $\varDelta V$ にわたって平均化すると，磁化された磁性体中の単位体積当りの磁気双極子能率の巨視的な密度

は

$$\boldsymbol{M}=\lim_{\Delta V\to 0}\frac{1}{\Delta V}\sum_{i}\boldsymbol{m}_i \tag{4.20}$$

で与えられる．

磁化の結果現れる，上式で与えられるような単位体積当りの磁気双極子能率の密度 $\boldsymbol{M}$ を**磁化の強さ**，または**磁化ベクトル**（magnetization vector）と呼ぶ．磁化の状態が相隣る微小領域 ΔV の間で連続的に変化しているようなところでは，磁化ベクトル $\boldsymbol{M}$ は数学的に微分可能な場所の連続関数とみなすことができる．

ところで，磁性体の巨視的な磁化現象にかかわるのは，前にも述べたように，磁性体中に含まれる電子自身に固有のスピン磁気能率と，電子の周回運動によって生ずる軌道磁気能率である．磁性体中にこれらの磁気能率が存在するということは，現象論的な巨視的電磁理論の立場からは，これらの磁気能率の源となる磁気双極子，すなわち微小ループ電流が磁性体中に存在しているとみなすことと同等である．したがって，これらの磁気能率の合成として現れる物質の磁化は，現象論的には，それと等価な電流の分布に置き換えることができるはずである．

実際，単位体積当りの磁気双極子能率の密度（磁化ベクトル）が $\boldsymbol{M}$ であるような磁気双極子の連続的な分布は

$$\boldsymbol{J}_m=\boldsymbol{\nabla}\times\boldsymbol{M} \tag{4.21}$$

なる密度で電流が分布していることと同等であることを示すことができる†．

このように，磁性体内で場所的に変化する磁化ベクトル $\boldsymbol{M}$ の連続的な分布は，巨視的には，一般に式（4.21）で与えられるような $\boldsymbol{J}_m=\boldsymbol{\nabla}\times\boldsymbol{M}$ なる密度の電流の分布と等価である．式（4.21）で定義されるような密度の電流を**磁化電流**（magnetization current）と呼ぶ．

以上の議論からわかるように，磁性体の巨視的な磁化現象は，磁化ベクトル $\boldsymbol{M}$ の分布をこれと等価な磁化電流の分布に置き換えることによって，現象論

† 付録 D または熊谷信昭，塩澤俊之共著「電磁理論演習」（コロナ社）4.5 節参照．

的に説明することができるようになる．

以上は，磁化の状態が場所的に連続的に変化しているような領域における議論であるが，磁化の状態が不連続的に変化するようなところ，例えば異なる2種類の磁性体の境界面や，真空中に置かれた磁性体の表面などでは，一般に磁化ベクトル $\boldsymbol{M}$ の大きさと方向が不連続的に変化する．そこで，このような不連続境界面において磁化ベクトル $\boldsymbol{M}$ が満たすべき境界条件を求めるために，まず式（4.21）をこれと等価な積分形に書き換えよう．任意の閉曲線 C を周辺とする面を S とし，式（4.21）の両辺を面 S にわたって面積分し，右辺の面積分をストークスの定理（A.107）を用いて閉曲線 C に沿う線積分に書きなおすと，次式が得られる．

$$\int_S \boldsymbol{J}_m \cdot \boldsymbol{n} dS = \oint_C \boldsymbol{M} \cdot d\boldsymbol{l} \qquad (4.22)$$

ただし，$d\boldsymbol{l}$ は閉曲線 C に接し，C に沿う線積分の方向を向くベクトル微分線素を表し，$\boldsymbol{n}$ は閉曲線 C を周辺とする面 S に垂直で，C に沿う線積分の方向（$d\boldsymbol{l}$ の方向）に右ねじをまわすとき右ねじの進む方向を向く単位ベクトルである．

さて，異なる2種類の磁性体1および2の境界面上において磁化ベクトルが満たすべき条件を求めるために，磁性体1と磁性体2の境界面をはさんで，図3.2に示したような，境界面に平行な二つの線分 L_1，L_2 と，境界面に垂直な長さ d なる二つの短辺からなる方形閉路 C をとり，このような閉路 C に対して式（4.22）を適用する．3.4節の場合と同様に，境界面に平行な線分 L_1，L_2 の長さに比べて境界面に垂直な短辺の長さ d を十分小さく保ちながら，方形閉路 C を C によってかこまれる境界面上の1点Pのまわりに縮めていった極限を考えると，式（3.4）から式（3.37）を導いたのと全く同様にして，磁性体1と磁性体2の境界面において磁化ベクトル $\boldsymbol{M}$ が満たすべき境界条件として次式が得られる．

$$\boldsymbol{K}_m = \boldsymbol{n} \times (\boldsymbol{M}_1 - \boldsymbol{M}_2) \qquad (4.23)$$

ただし，$\boldsymbol{K}_m$ は磁性体1と磁性体2の境界面上における**面磁化電流**（surface

magnetization current）の密度，$\boldsymbol{M}_1$ および $\boldsymbol{M}_2$ はそれぞれ境界面の両側の磁性体1側および磁性体2側における磁化ベクトル，$\boldsymbol{n}$ は境界面に垂直で，磁性体2から磁性体1の方向を向く単位ベクトルを表す．特に，磁性体1の側が真空の場合には，上式で $\boldsymbol{M}_1=0$ となるから，磁性体2の表面には $\boldsymbol{K}_m=-\boldsymbol{n}\times\boldsymbol{M}_2=\boldsymbol{M}_2\times\boldsymbol{n}$ なる密度の面磁化電流が現れることになる．

以上の議論からわかるように，磁性体の磁化現象は，現象論的には，真空中に分布する式（*4.21*）で与えられる密度の磁化電流と式（*4.23*）で与えられる密度の面磁化電流を用いて説明することができる．

最後に，磁性体の性質について二，三の注意をつけ加えておこう．磁性体は，一般に，一度磁化されると外部磁界を取り去ってもそのまま磁化された状態を保つ．このような状態にある磁性体を**永久磁化**された磁性体と呼ぶ．永久磁化された磁性体では，外部磁界を取り去った状態でも，単位体積当りの磁気双極子能率，すなわち磁化ベクトル $\boldsymbol{M}$ は零とならない．

外部印加磁界を強くしていき，すべての磁区がその方向に磁化されてしまうと，それ以上磁界を強くしても磁化の程度は変わらなくなる．この現象を**磁気飽和**（magnetic saturation）と呼び，そのときの単位体積当りの磁気双極子能率の大きさを**飽和磁化**（saturation magnetization）と呼んでいる．飽和磁化は磁性材料の特性を示す実用上重要な特性値である．

印加磁界の強さやその方向を時間的に変化させると，磁区の境界，すなわち**磁壁**（magnetic-wall）の移動が直ちに追随できずに遅れを生ずることがある．これが，**履歴**あるいは**ヒステリシス**（hysteresis）と呼ばれている現象の生ずる理由であると考えられている．

常温で強磁性を示す物質でも高温では常磁性体となる．その理由は，温度が高くなると，熱じょう乱による不規則化の影響が大きくなって，磁区の形成をさまたげるようになるからである．逆に，常温では常磁性体である物質でも，低温になると強磁性体となる．これらの臨界温度を**キューリー温度**（Curie temperature）という．キューリー温度も，飽和磁化と同様に，磁性材料を実際に利用する場合に留意すべき重要な特性値である．

4.6　物質中におけるマクスウェルの方程式

前節までに述べたように，物質は巨視的な現象論的電磁理論の観点からみれば，真空中に電荷や電気双極子や磁気双極子などが分布した系であるとみなすことができる．したがって，物質中におけるマクスウェルの方程式は，前節までに求めたこれらの量を真空中における電磁界基本方程式に取り入れることによって導くことができる．

すなわち，まず 4.4 節で述べたように，物質中には分極によって分極電荷が現れる．この分極電荷は，電界を生ずる源としては自由電荷と全く同等である．また，同じく 4.4 節で述べたように，物質中には分極電荷の運動によって分極電流が現れる．この分極電流は，磁界を生ずる源としては自由電荷の運動に基づく自由電流と全く同等である．さらに，物質中には，4.5 節で示したように，磁化によって磁化電流が現れるものと考えることができるが，この磁化電流も，磁界を生ずる源としては自由電流と全く同等であるとみなすことができる．

したがって，3.2 節の式（3.13）～（3.16）に示した真空中の電磁界基本方程式における電荷密度 ρ および電流密度 $\boldsymbol{J}$ は，物質中においては，一般に，それぞれ自由電荷密度 ρ_f と分極電荷密度 ρ_p および自由電流密度 $\boldsymbol{J}_f$ と分極電流密度 $\boldsymbol{J}_p$ ならびに磁化電流密度 $\boldsymbol{J}_m$ から成ることになる．すなわち，物質中においては，一般に

$$\rho=\rho_f+\rho_p=\rho_f-\boldsymbol{\nabla}\cdot\boldsymbol{P} \tag{4.24}$$

$$\boldsymbol{J}=\boldsymbol{J}_f+\boldsymbol{J}_p+\boldsymbol{J}_m=\boldsymbol{J}_f+\frac{\partial\boldsymbol{P}}{\partial t}+\boldsymbol{\nabla}\times\boldsymbol{M} \tag{4.25}$$

としなければならない．ただし，ρ_p は式（4.14）に示した分極電荷密度，$\boldsymbol{J}_p$ は式（4.15）に示した分極電流密度，$\boldsymbol{P}$ は式（4.10）あるいは（4.17）で定義した分極ベクトル，$\boldsymbol{J}_m$ は式（4.21）に示した磁化電流密度，$\boldsymbol{M}$ は式（4.20）で定義した磁化ベクトルである．

ρ_f と $\boldsymbol{J}_f$ および ρ_p と $\boldsymbol{J}_p$ との間には，それぞれ式（3.2）および（4.16）に

示したような保存則が成り立っていること，および磁化電流に対しては，式（4.21）および付録 A の式（A.112）から，$\nabla\cdot\boldsymbol{J}_m=\nabla\cdot(\nabla\times\boldsymbol{M})=0$ なる関係が成り立つことから，上式で与えられるこれらの和 ρ と $\boldsymbol{J}$ との間にも

$$\nabla\cdot\boldsymbol{J}=\nabla\cdot(\boldsymbol{J}_f+\boldsymbol{J}_p+\boldsymbol{J}_m)=-\frac{\partial}{\partial t}(\rho_f+\rho_p)=-\frac{\partial\rho}{\partial t} \tag{4.26}$$

なる保存則が成り立つことがわかる．

以上の結果，真空中における電磁界基本方程式（3.13）〜（3.16）は，物質中においてはつぎのようになる．

$$\nabla\times\boldsymbol{E}=-\frac{\partial\boldsymbol{B}}{\partial t} \tag{4.27}$$

$$\frac{1}{\mu_0}\nabla\times\boldsymbol{B}=\boldsymbol{J}_f+\boldsymbol{J}_p+\boldsymbol{J}_m+\frac{\partial\varepsilon_0\boldsymbol{E}}{\partial t}=\boldsymbol{J}_f+\frac{\partial\varepsilon_0\boldsymbol{E}}{\partial t}+\frac{\partial\boldsymbol{P}}{\partial t}+\nabla\times\boldsymbol{M} \tag{4.28}$$

$$\nabla\cdot\varepsilon_0\boldsymbol{E}=\rho_f+\rho_p=\rho_f-\nabla\cdot\boldsymbol{P} \tag{4.29}$$

$$\nabla\cdot\boldsymbol{B}=0 \tag{4.30}$$

これらの方程式を真空中における電磁界基本方程式（3.17）〜（3.20）と同じ形に書き表すために，式（2.2）および（2.7）で定義した真空中の電束密度 $\boldsymbol{D}=\varepsilon_0\boldsymbol{E}$ および真空中の磁界の強さ $\boldsymbol{H}=\boldsymbol{B}/\mu_0$ を，それぞれつぎのように拡張する．

$$\boldsymbol{D}=\varepsilon_0\boldsymbol{E}+\boldsymbol{P} \tag{4.31}$$

$$\boldsymbol{H}=\frac{\boldsymbol{B}}{\mu_0}-\boldsymbol{M} \tag{4.32}$$

物質中における電束密度 $\boldsymbol{D}$ および磁界の強さ $\boldsymbol{H}$ を式（4.31）および（4.32）のように定義すると，式（4.27）〜（4.30）はそれぞれつぎのようになる．

$$\nabla\times\boldsymbol{E}=-\frac{\partial\boldsymbol{B}}{\partial t} \tag{4.33}$$

$$\nabla\times\boldsymbol{H}=\boldsymbol{J}_f+\frac{\partial\boldsymbol{D}}{\partial t} \tag{4.34}$$

$$\nabla\cdot\boldsymbol{D}=\rho_f \tag{4.35}$$

$$\nabla\cdot\boldsymbol{B}=0 \tag{4.36}$$

以上に示した四つの方程式は，3.2 節の式（3.17）〜（3.20）に示した真空中における電磁界基本方程式の微分表示と形式的には全く同じ形であって，式（4.33）は物質中におけるファラデー・マクスウェルの法則を表し，式（4.34）は物質中におけるアンペア・マクスウェルの法則を表している．また，式（4.35）および（4.36）はそれぞれ物質中における電束および磁束に関するガウスの法則を表している．これら四つの微分方程式が**物質中におけるマクスウェルの方程式**であって，真空中におけるマクスウェルの方程式（3.21）〜（3.24）を一般に物質中でも成り立つように拡張したものである．この場合，物質と電磁界との相互作用の結果現れる分極および磁化の効果は，式（4.31）および（4.32）に示した定義から明らかなように，いずれもそれぞれ電束密度 $\boldsymbol{D}$ および磁界の強さ $\boldsymbol{H}$ の中にくり込まれている．

真空中においては，分極も磁化も生じないから，分極ベクトル $\boldsymbol{P}$ および磁化ベクトル $\boldsymbol{M}$ はすべて零となり，したがって電束密度 $\boldsymbol{D}$ および磁界の強さ $\boldsymbol{H}$ は，真空中ではそれぞれ $\boldsymbol{D}=\varepsilon_0\boldsymbol{E}$ および $\boldsymbol{H}=\boldsymbol{B}/\mu_0$ となって，式（2.2）および（2.7）に示した真空中における電束密度および磁界の強さの定義と一致する．したがって，式（4.33）〜（4.36）は，真空中においては，それぞれ真空中におけるマクスウェルの方程式（3.21）〜（3.24）または（3.25）〜（3.28）と一致する．

以上に導いた物質中におけるマクスウェルの方程式は，物質中において物理的に実在可能なすべての電磁界がつねに満足すべき電磁界基本法則を，物質中の各点各点において成り立つべき法則として，微分方程式の形で書き表したものである．このような電磁界基本方程式の微分表示と数学的に全く等価な積分表示は，3.2 節で述べた真空中の場合と全く同様に，式（4.33）および（4.34）の両辺を任意の閉曲線 C を周辺とする面 S にわたって面積分して，それぞれの左辺にストークスの定理（A.107）を適用し，また式（4.35）および（4.36）の両辺を任意の閉曲面 S によってかこまれる領域 V にわたって体積分して，それぞれの左辺にガウスの定理（A.77）を適用することによって，直ちにつぎのように導かれる．

$$\oint_C \boldsymbol{E}\cdot d\boldsymbol{l} \;=-\frac{d}{dt}\int_S \boldsymbol{B}\cdot\boldsymbol{n}dS \tag{4.37}$$

$$\oint_C \boldsymbol{H}\cdot d\boldsymbol{l} \;=\int_S \boldsymbol{J}_f\cdot\boldsymbol{n}dS+\frac{d}{dt}\int_S \boldsymbol{D}\cdot\boldsymbol{n}dS \tag{4.38}$$

$$\oint_S \boldsymbol{D}\cdot\boldsymbol{n}dS=\int_V \rho_f dV \tag{4.39}$$

$$\oint_S \boldsymbol{B}\cdot\boldsymbol{n}dS=0 \tag{4.40}$$

上に示した四つの方程式が**物質中における電磁界基本方程式の積分表示**であって，それぞれ真空中における電磁界基本方程式の積分表示（2.23)〜(2.26）を物質中においても成り立つように拡張したものになっている．

真空中の場合には，前述のように電束密度 $\boldsymbol{D}$ および磁界の強さ $\boldsymbol{H}$ はそれぞれ $\boldsymbol{D}=\varepsilon_0\boldsymbol{E}$ および $\boldsymbol{H}=\boldsymbol{B}/\mu_0$ となり，したがって式（4.37)〜(4.40）はいずれも真空中における電磁界基本方程式の積分表示（2.19)〜(2.22）と一致する．

4.7　構成関係式と物質定数

一般に，物質中の導電電流密度 $\boldsymbol{J}_C$，分極ベクトル $\boldsymbol{P}$，および磁化ベクトル $\boldsymbol{M}$ は，それぞれ物質中の電界または磁界，あるいはその両方の関数となる．したがって，式（4.31）および（4.32）に示した関係から，物質中におけるマクスウェルの方程式（4.33)〜(4.36）は，一般に，四つの電磁界ベクトル $\boldsymbol{E}$，$\boldsymbol{B}$，$\boldsymbol{D}$ および $\boldsymbol{H}$ を未知量として含む連立ベクトル微分方程式となる．

ところで，2.6 節および 3.3 節でも述べたように，マクスウェルの方程式（4.33)〜(4.36）のうち，電束に関するガウスの法則（4.35）はアンペア・マクスウェルの法則（4.34）と電荷保存の法則（3.2）とから，また磁束に関するガウスの法則（4.36）はファラデー・マクスウェルの法則（4.33）から，それぞれ理論的に誘導することができる関係式である．すなわち，物質中におけるマクスウェルの方程式（4.33)〜(4.36）の中で，独立な方程式は式（4.

33）と（4.34）の二つしかないのである．したがって，式（4.33）〜（4.36）のような形のままのマクスウェルの方程式のみによって，実際に物質中における四つの電磁界ベクトル $\boldsymbol{E}$，$\boldsymbol{B}$，$\boldsymbol{D}$ および $\boldsymbol{H}$ を一義的に求めることはできず，物質中の電磁界を一義的に決定するためには，マクスウェルの方程式（4.33）〜（4.36）に加えて，さらにこれらの電磁界ベクトルの間の関係を示す，少なくとも二つ以上の関係式が与えられることが必要となる．そのような関係式は**構成関係式**（constitutive relations）と呼ばれている．本節では，物質中の電磁界を実際に決定するために必要な，上述のような構成関係式について述べる．

物質中の導電電流密度 $\boldsymbol{J}_c$，分極ベクトル $\boldsymbol{P}$，および磁化ベクトル $\boldsymbol{M}$ と電磁界との関係は，個々の物質によって異なることはもちろんのこと，同じ物質中でも，一般には，電磁界の方向や，強さや，その時間的変化の割合，さらには温度や圧力などによっても変化し，また物質中の場所によっても変わる．

そのうち，特に導電電流密度 $\boldsymbol{J}_c$ や，分極ベクトル $\boldsymbol{P}$，磁化ベクトル $\boldsymbol{M}$ と電磁界との関係が，物質中の電界 $\boldsymbol{E}$ または磁界 $\boldsymbol{H}$ の方向に無関係な場合には，その物質を**等方性**（isotropic）であるという．等方性の物質では，一般に $\boldsymbol{J}_c$ と $\boldsymbol{E}$ の方向，$\boldsymbol{P}$ と $\boldsymbol{E}$ の方向，および $\boldsymbol{M}$ と $\boldsymbol{H}$ の方向がそれぞれ一致し，したがって，その関係は印加電磁界の方向にはかかわりなく，任意の方向に加えられた電界 $\boldsymbol{E}$ または磁界 $\boldsymbol{H}$ と $\boldsymbol{J}_c$，$\boldsymbol{P}$ または $\boldsymbol{M}$ との間のスカラー的な関数関係として表すことができる．

また，$\boldsymbol{J}_c$，$\boldsymbol{P}$ および $\boldsymbol{M}$ の値が電界 $\boldsymbol{E}$ あるいは磁界 $\boldsymbol{H}$ の大きさ（強さ）に直線的に比例するような特別の場合には，それらの物質は**線形**（linear）であるという．

さらに，同じ $\boldsymbol{E}$ あるいは $\boldsymbol{H}$ の値に対して，$\boldsymbol{J}_c$，$\boldsymbol{P}$ および $\boldsymbol{M}$ の値が物質中の場所に無関係に一定であるような特別の場合には，それらの物質は**均質**（homogeneous）であるという．

また，ある種の誘電体および磁性体では，$\boldsymbol{P}$ または $\boldsymbol{M}$ の値が，それまでに加えられていた電界 $\boldsymbol{E}$ または磁界 $\boldsymbol{H}$ の大きさや方向の時間的経過に依存することがある．このような現象が，4.5 節でも述べた**履歴**あるいは**ヒステリシス**と呼ばれているものである．

最も簡単な，ヒステリシスのない線形，等方性物質の場合には，$\boldsymbol{J}_c$，$\boldsymbol{P}$ および $\boldsymbol{M}$ は $\boldsymbol{E}$ あるいは $\boldsymbol{H}$ に直線的に比例するスカラー的な線形関係によって表される．すなわち，例えば線形，等方な導体中では，導電電流密度 $\boldsymbol{J}_c$ の方向は電界 $\boldsymbol{E}$ の方向と一致し，またその大きさは電界 $\boldsymbol{E}$ の強さに直線的に比例することになる．このような線形関係を

$$\boldsymbol{J}_c = \sigma \boldsymbol{E} \tag{4.41}$$

と表し，比例定数 σ を，4.2 節でも述べたとおり，その物質のその点における**導電率**と呼ぶ．

上式は 4.2 節の式（4.4）に示した**オームの法則**である．導体が線形，等方で，しかも均質な場合には，導電率 σ の値は電界 $\boldsymbol{E}$ の大きさと方向に無関係であるばかりではなく，場所にも無関係な定数となる．

線形，等方な誘電体および磁性体中では，$\boldsymbol{P}$ および $\boldsymbol{M}$ の方向はそれぞれ電界 $\boldsymbol{E}$ および磁界 $\boldsymbol{H}$ の方向と一致し，また，その大きさはそれぞれ $\boldsymbol{E}$ および $\boldsymbol{H}$ の強さに直線的に比例する．このような線形関係を，それぞれ

$$\boldsymbol{P} = \varepsilon_0 \chi_e \boldsymbol{E} \tag{4.42}$$

$$\boldsymbol{M} = \chi_m \boldsymbol{H} \tag{4.43}$$

と表し，比例定数 χ_e を**分極率**（electric susceptibility），同じく χ_m を**磁化率**（magnetic susceptibility）と呼ぶ．ただし，ε_0 は真空の誘電率を表す定数である．

式（4.42）のような線形関係が成り立つ場合には，式（4.31）で定義した物質中の電束密度 $\boldsymbol{D}$ は

$$\boldsymbol{D} = \varepsilon_0 \boldsymbol{E} + \boldsymbol{P} = \varepsilon_0 (1 + \chi_e) \boldsymbol{E} = \varepsilon \boldsymbol{E} \tag{4.44}$$

なる形に書くことができる．ここで，比例定数

$$\varepsilon = \varepsilon_0 (1 + \chi_e) = \varepsilon_0 \varepsilon_r \tag{4.45}$$

を，その物質のその点における**誘電率**（permittivity または dielectric constant）と呼び

$$\varepsilon_r=\frac{\varepsilon}{\varepsilon_0}=1+\chi_e \tag{4.46}$$

を，その物質のその点における**比誘電率**（specific permittivity または specific dielectric constant）と呼ぶ．

以上の結果，ヒステリシスのない線形，等方な誘電体の分極ベクトル $\boldsymbol{P}$ は，誘電率 ε を用いて

$$\boldsymbol{P}=(\varepsilon-\varepsilon_0)\boldsymbol{E} \tag{4.47}$$

と書くこともできる．

全く同様に，式（4.43）のような線形関係が成り立つ場合には，式（4.32）で定義した物質中の磁界の強さ $\boldsymbol{H}$ と磁束密度 $\boldsymbol{B}$ との関係は

$$\boldsymbol{B}=\mu_0\boldsymbol{H}+\mu_0\boldsymbol{M}=\mu_0(1+\chi_m)\boldsymbol{H}=\mu\boldsymbol{H} \tag{4.48}$$

なる形に書くことができる．ただし，μ_0 は真空の透磁率を表す定数である．ここで，比例定数

$$\mu=\mu_0(1+\chi_m)=\mu_0\mu_r \tag{4.49}$$

を，その物質のその点における**透磁率**（permeability）と呼び

$$\mu_r=\frac{\mu}{\mu_0}=1+\chi_m \tag{4.50}$$

を，その物質のその点における**比透磁率**（specific permeability）と呼ぶ．

以上の結果，ヒステリシスのない線形，等方な磁性体の磁化ベクトル $\boldsymbol{M}$ は，透磁率 μ を用いて

$$\mu_0\boldsymbol{M}=(\mu-\mu_0)\boldsymbol{H} \tag{4.51}$$

と書くこともできる．

上式を式（4.47）と比べてみると，磁性体の磁化ベクトル $\boldsymbol{M}$ の μ_0 倍が誘電体の分極ベクトル $\boldsymbol{P}$ に対応していることがわかる．

以上の諸関係からわかるように，誘電率 ε の値が大きい物質というのは，物理的には分極の生じやすい物質であることを意味し，透磁率 μ の値が大きい物質というのは，物理的には磁化の生じやすい物質であることを意味している．物質が線形，等方で，しかも均質な場合には，誘電率 ε および透磁率 μ

の値は電界 $\boldsymbol{E}$ または磁界 $\boldsymbol{H}$ の大きさと方向に無関係であるばかりではなく，場所にも無関係な定数となる．電界または磁界が加えられても分極や磁化が全く生じないか，あるいは，たとえ生ずるとしてもそれらが事実上無視できる程度に十分小さいような物質の場合には，$\boldsymbol{P}=0$，$\boldsymbol{M}=0$ とみなすことができ，したがって $\varepsilon=\varepsilon_0$，$\mu=\mu_0$ となって，その物質は誘電的および磁気的には真空と全く同等となる．

ある種の物質では，以上のような等方性物質の場合と異なり，$\boldsymbol{J}_c$，$\boldsymbol{P}$ および $\boldsymbol{M}$ が電界 $\boldsymbol{E}$ あるいは磁界 $\boldsymbol{H}$ の方向に依存することがある．そのような物質を**異方性**（anisotropic）であるという．**異方性物質**（anisotropic material）の場合には，一般に $\boldsymbol{J}_c$，$\boldsymbol{P}$ および $\boldsymbol{M}$ の方向と $\boldsymbol{E}$ または $\boldsymbol{H}$ の方向とが一致しない．したがって，導電電流密度 $\boldsymbol{J}_c$，電束密度 $\boldsymbol{D}$ および磁束密度 $\boldsymbol{B}$ と電界 $\boldsymbol{E}$ あるいは磁界 $\boldsymbol{H}$ との関係は，たとえ物質が線形であっても，σ，ε，μ などのスカラー定数を用いて，簡単に $\boldsymbol{J}_c=\sigma\boldsymbol{E}$，$\boldsymbol{D}=\varepsilon\boldsymbol{E}$，$\boldsymbol{B}=\mu\boldsymbol{H}$ などと書き表すことはできなくなる†．

以上のような，電磁界ベクトル $\boldsymbol{E}$ または $\boldsymbol{H}$ と導電電流密度 $\boldsymbol{J}_c$，電束密度 $\boldsymbol{D}$，および磁束密度 $\boldsymbol{B}$ との間の現象論的な関数関係を示す方程式が，本節の初めに述べた構成関係式と呼ばれているものである．また，物質の導電性，誘電性および磁性の程度を示すスカラー量 σ，ε および μ などが，*4.1* 節で述べた物質定数あるいは媒質定数と呼ばれているものである．

これらの物質定数は，一般には温度や圧力などによってその値が変化するほか，物質中の場所によってもその値が変わる．さらに，印加電磁界が時間的に変化する場合には，一般に $\boldsymbol{J}_c$，$\boldsymbol{P}$ および $\boldsymbol{M}$ が電界 $\boldsymbol{E}$ または磁界 $\boldsymbol{H}$ の時間的変化の割合に依存し，その結果，σ，ε，μ などの値も $\boldsymbol{E}$ または $\boldsymbol{H}$ の時間的変化の割合によって違ってくる．例えば，電磁界が正弦的な時間変化をする場合には，σ，ε，μ などの値は周波数の関数となる．

このような，電磁界の時間的変化の割合，例えば周波数による物質定数の値

† 異方性物質の導電率，誘電率，透磁率などについては，例えば熊谷信昭著「電磁気学基礎論」（オーム社）*6.8* 節参照．

の変化を無視できないような物質を**分散性**（dispersive）であるという．逆に，取り扱う周波数範囲内で物質の示す電磁的特性が周波数に無関係であるとみなし得るような場合には，その物質をその周波数範囲内で**非分散性**（nondispersive）であるという．

このように，物質定数は実際には温度，圧力，周波数などの複雑な関数であって，その定量的，数値的な値をすべての物質について理論的に厳密に求めることは，一般には，事実上不可能である．したがって，物質と電磁界との巨視的な相互作用の効果を示すこれらの物質定数の実際の値は，温度，圧力，周波数などをパラメータとして，個々の具体的な物質について測定によって定めなければならない．

本書では，以下，特にことわらない限り，対象とする電磁系内に含まれる物質はすべてヒステリシスがなく，線形，等方，均質で，かつ非分散性であるとする†．

4.8　異なる物質の境界面における境界条件

4.6 節で導いた物質中におけるマクスウェルの方程式は，真空中におけるマクスウェルの方程式と同様に，含まれているすべての電磁量が微分可能な場所と時間の連続関数とみなせるような場合に対してのみ適用することができる．しかし，一般に異なる二つの物質の境界面などでは $\boldsymbol{E}$，$\boldsymbol{B}$，$\boldsymbol{D}$，$\boldsymbol{H}$ などの電磁界ベクトルの大きさと方向が不連続的に変化する．したがって，対象とする領域内にそのような不連続部を含む場合には，*3.4* 節で行ったのと同様にして，不連続部において電磁界ベクトルが満たすべき条件，すなわち境界条件をあらかじめ電磁界基本方程式の積分表示からできるだけ一般的な形で求めておき，マクスウェルの方程式の数学的な解の中からこのような境界条件を満足するものだけを選び出せば，不連続部を含む全領域にわたって電磁界基本方

† 異方性媒質中の電磁界や不均質媒質中の電磁界の取扱いについては，例えば熊谷信昭編著「電磁理論特論」（コロナ社）第1章参照．

程式を満足する物理的に実在可能な電磁界が得られることになる．

不連続境界面における境界条件を電磁界基本方程式の積分表示から導く手順は 3.4 節で行った真空中の場合と全く同様である．すなわち，真空中における電磁界基本方程式の積分表示（3.3），（3.4）および（3.5），（3.6）から，それぞれ電磁界ベクトルの接線成分および垂直成分に対する境界条件（3.42），（3.43）および（3.44），（3.45）を導いたのと全く同様にして，物質中における電磁界基本方程式の積分表示（3.37），（3.38）および（4.39），（4.40）から，二つの異なる媒質の境界面上における電磁界ベクトルの接線成分および垂直成分に対する境界条件が，それぞれつぎのように導かれる．

$$\boldsymbol{n}\times(\boldsymbol{E}_1-\boldsymbol{E}_2)=0 \tag{4.52}$$

$$\boldsymbol{n}\times(\boldsymbol{H}_1-\boldsymbol{H}_2)=\boldsymbol{K}_f \tag{4.53}$$

$$\boldsymbol{n}\cdot(\boldsymbol{D}_1-\boldsymbol{D}_2)=\xi_f \tag{4.54}$$

$$\boldsymbol{n}\cdot(\boldsymbol{B}_1-\boldsymbol{B}_2)=0 \tag{4.55}$$

ただし，$\boldsymbol{n}$ は不連続境界面に垂直で，媒質 2 から媒質 1 の方向を向く単位ベクトルを表し，$\boldsymbol{E}_1$，$\boldsymbol{H}_1$ および $\boldsymbol{E}_2$，$\boldsymbol{H}_2$ はそれぞれ不連続境界面の両側の，媒質 1 側および媒質 2 側における電磁界ベクトルを表す．ξ_f および $\boldsymbol{K}_f$ はそれぞれ不連続境界面上の自由面電荷密度および自由面電流密度である．

媒質が線形で，かつ等方性の場合には，電束密度 $\boldsymbol{D}$ および磁束密度 $\boldsymbol{B}$ は，前節の式（4.44）および（4.48）に示したとおり

$$\boldsymbol{D}=\varepsilon\boldsymbol{E} \tag{4.56}$$

$$\boldsymbol{B}=\mu\boldsymbol{H} \tag{4.57}$$

と書き表されるから，式（4.54）および（4.55）に示した境界条件を，媒質 1 および媒質 2 がいずれも線形，等方な場合について具体的に書き表すと，それぞれつぎのようになる．

$$\boldsymbol{n}\cdot(\varepsilon_1\boldsymbol{E}_1-\varepsilon_2\boldsymbol{E}_2)=\xi_f \tag{4.58}$$

$$\boldsymbol{n}\cdot(\mu_1\boldsymbol{H}_1-\mu_2\boldsymbol{H}_2)=0 \tag{4.59}$$

ただし，ε_1，μ_1 および ε_2，μ_2 はそれぞれ線形，等方な媒質 1 および媒質 2 の誘電率および透磁率である．

媒質1および媒質2がいずれも**非導電性**の媒質である場合，すなわち媒質1および媒質2がいずれも電気的には完全絶縁体である場合には，境界面上の自由面電流密度 $\boldsymbol{K}_f$ は零となる．また，このような境界面上では，特に外部から面電荷を付加するような特別のことをしない限り，一般に自由面電荷密度 ξ_f も零となる．したがって，二つの線形，等方な**非導電性物質**の境界面における境界条件はつぎのようになる．

$$\boldsymbol{n}\times(\boldsymbol{E}_1-\boldsymbol{E}_2)=0 \tag{4.60}$$

$$\boldsymbol{n}\times(\boldsymbol{H}_1-\boldsymbol{H}_2)=0 \tag{4.61}$$

$$\boldsymbol{n}\cdot(\varepsilon_1\boldsymbol{E}_1-\varepsilon_2\boldsymbol{E}_2)=0 \tag{4.62}$$

$$\boldsymbol{n}\cdot(\mu_1\boldsymbol{H}_1-\mu_2\boldsymbol{H}_2)=0 \tag{4.63}$$

つぎに，実用上きわめて重要な，完全導体の表面上における境界条件を示しておこう．4.3節で述べたように，完全導体の内部には，静磁界を除いて一般に電磁界は存在し得ないので，例えば完全導体の内部を領域2，外部の線形，等方な媒質を領域1とすれば，静磁界を除いて，$\boldsymbol{E}_2=0$，$\boldsymbol{H}_2=0$ である．したがって，完全導体表面における領域1側（線形，等方な媒質中）の電磁界ベクトルをそれぞれ $\boldsymbol{E}_1=\boldsymbol{E}$，$\boldsymbol{H}_1=\boldsymbol{H}$ とすると，それらの接線成分に対する境界条件は，式（4.52）および（4.53）から，それぞれ

$$\boldsymbol{n}\times\boldsymbol{E}=0 \tag{4.64}$$

$$\boldsymbol{n}\times\boldsymbol{H}=\boldsymbol{K}_f \tag{4.65}$$

となり，同じく垂直成分に対する境界条件は，式（4.58）および（4.59）から，それぞれ

$$\boldsymbol{n}\cdot\varepsilon\boldsymbol{E}=\xi_f \tag{4.66}$$

$$\boldsymbol{n}\cdot\mu\boldsymbol{H}=0 \tag{4.67}$$

となる．ただし，$\boldsymbol{n}$ は完全導体の表面に垂直で，完全導体の内部（領域2）から外部の媒質（領域1）の方向を向く単位ベクトル，ε および μ は，それぞれ完全導体の外部の線形，等方な媒質の誘電率および透磁率である．

以上に示した境界条件（4.64）～（4.67）からわかるとおり，完全導体の表面上では，電界はその接線成分が零となり，磁界はその垂直成分が零となる．

そして，磁界の接線成分は完全導体表面上をそれと直角な方向に流れる自由面電流の密度 $\boldsymbol{K}_f$ に等しく，電界の垂直成分は完全導体表面上における自由面電荷の密度 ξ_f の $1/\varepsilon$ に等しい．

4.9　線形，等方な物質中の電磁界

線形で，かつ等方性の物質中における電束密度 $\boldsymbol{D}$ および磁束密度 $\boldsymbol{B}$ は，前節の式（4.56）および（4.57）に示したとおり，$\boldsymbol{D}=\varepsilon\boldsymbol{E}$ および $\boldsymbol{B}=\mu\boldsymbol{H}$ と書き表される．ただし，ε および μ はそれぞれ線形，等方な物質の誘電率および透磁率であって，いずれも電界 $\boldsymbol{E}$ および磁界 $\boldsymbol{H}$ の大きさおよび方向に無関係なスカラー量である．また，本節以降の議論では，物質はすべて非分散性であるとする．すなわち，ε や μ などの物質定数は電磁界の時間的変化の割合にも無関係であるとする．構成関係式（4.56）および（4.57）を物質中におけるマクスウェルの方程式（4.33）〜（4.36）に代入すると，線形，等方でかつ非分散性の物質中におけるマクスウェルの方程式はつぎのようになる．

$$\nabla\times\boldsymbol{E}=-\mu\frac{\partial\boldsymbol{H}}{\partial t} \tag{4.68}$$

$$\nabla\times\boldsymbol{H}=\boldsymbol{J}+\varepsilon\frac{\partial\boldsymbol{E}}{\partial t} \tag{4.69}$$

$$\nabla\cdot\varepsilon\boldsymbol{E}=\rho \tag{4.70}$$

$$\nabla\cdot\mu\boldsymbol{H}=0 \tag{4.71}$$

また，これと等価な積分表示は，構成関係式（4.56）および（4.57）を物質中における電磁界基本方程式の積分表示（4.37）〜（4.40）に代入して

$$\oint_C\boldsymbol{E}\cdot d\boldsymbol{l}=-\frac{d}{dt}\int_S\mu\boldsymbol{H}\cdot\boldsymbol{n}dS \tag{4.72}$$

$$\oint_C\boldsymbol{H}\cdot d\boldsymbol{l}=\int_S\boldsymbol{J}\cdot\boldsymbol{n}dS+\frac{d}{dt}\int_S\varepsilon\boldsymbol{E}\cdot\boldsymbol{n}dS \tag{4.73}$$

$$\oint_S\varepsilon\boldsymbol{E}\cdot\boldsymbol{n}dS=\int_V\rho dV \tag{4.74}$$

$$\oint_S\mu\boldsymbol{H}\cdot\boldsymbol{n}dS=0 \tag{4.75}$$

となる．

以上の場合，物質と電磁界との相互作用の結果現れる分極および磁化の効果は，式（4.44）および（4.48）の定義から明らかなように，いずれもそれぞれ誘電率 ε および透磁率 μ の中にくり込まれている．したがって，本節以降では，自由成分であることを示す ρ_f，$\boldsymbol{J}_f$ などの添字 f は，特にそれを明示する必要がある場合を除き，省略する．

物質が線形，等方，非分散性で，しかも均質な場合には，誘電率 ε および透磁率 μ は場所にも無関係な定数となる．したがって，マクスウェルの方程式（4.68）～（4.71）およびその積分表示（4.72）～（4.75）は ε，μ のかわりに真空の誘電率 ε_0 および真空の透磁率 μ_0（いずれも定数）の入った真空中におけるマクスウェルの方程式（3.25）～（3.28）およびその積分表示と数学的に全く同じものとなる．その結果，線形，等方，均質な非分散性媒質中の電磁界の解析結果は，単に ε，μ のかわりに ε_0，μ_0 を代入するだけで，真空中の電磁界に対してもそのまま適用できることになる．逆に，真空中の電磁界に関するすべての議論は，単に ε_0，μ_0 のかわりに ε，μ を代入するだけで，線形，等方，均質な非分散性媒質中でもそのまま成り立つことになる．

演　習　問　題

4.1　図 4.1 のように，真空中に置かれた，y および z 方向には一様で厚さが d なる誘電体平板が，x 方向に加えられた電界によって分極され

$$\boldsymbol{P}=\boldsymbol{i}_x\left(P_0+\frac{P_d-P_0}{d}x\right)\sin\omega t$$

なる分極ベクトルが生じているものとする．ただし，P_0 および P_d はそれぞれ誘電体平板の両端面 $x=0$ および $x=d$ における分極ベクトル $\boldsymbol{P}$ の大きさを表す定数である．このような分極誘電体平板について，つぎの諸量を求めよ．

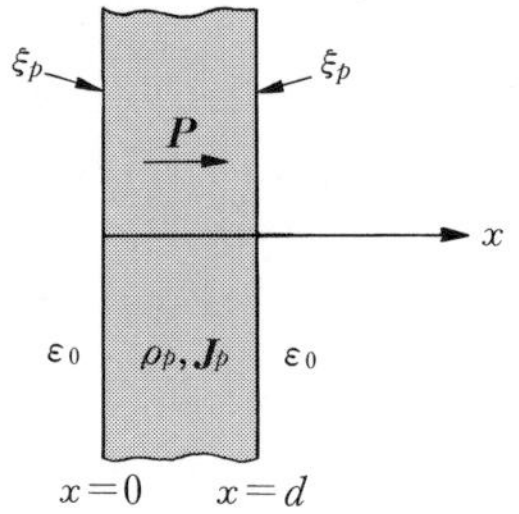

図 4.1　誘電体平板の分極

（i）　誘電体平板の内部に現れる分極電荷の密度 ρ_p

（ii）　誘電体平板の両端面 $x=0$ および $x=d$ に現れる面分極電荷の密度

$\xi_p(o)$ および $\xi_p(d)$

(iii) 誘電体平板の内部に生ずる分極電流の密度 $\boldsymbol{J}_p$

(iv) 分極によって生ずる分極電荷量と面分極電荷量の総計

4.2 問 *4.1* において，分極が $\boldsymbol{P}=\boldsymbol{i}_x P_0$ なる一定の平等分極の場合について，問 *4.1* と同じつぎの諸量を求めよ．

(i) 誘電体平板の内部に現れる分極電荷の密度 ρ_p

(ii) 誘電体平板の両端面 $x=0$ および $x=d$ に現れる面分極電荷の密度 $\xi_p(0)$ および $\xi_p(d)$

(iii) 誘電体平板の内部に生ずる分極電流の密度 $\boldsymbol{J}_p$

(iv) 分極によって生ずる分極電荷量と面分極電荷量の総計

4.3 半径 a なる完全導体球が内径 a，外径 b，誘電率 ε の誘電体球殻によってつつまれている．完全導体球に Q なる電荷を与えるとき，この系の各部における電界分布および誘電体球殻の表面 $r=a$ と $r=b$ に現れる面分極電荷の密度 $\xi_p(a)$ および $\xi_p(b)$ を求めよ．

4.4 誘電率が ε_1，導電率が σ_1 なる媒質 1 と，誘電率が ε_2，導電率が σ_2 なる媒質 2 の境界面を横切って $\boldsymbol{J}$ なる密度の定常電流が流れているとき，この境界面に現れる自由電荷の密度を求めよ．

4.5 図 ***4.2*** のように，誘電率 ε および誘磁率 μ の値が不連続的に変化する，二つの異なる線形，等方，均質な非導電性媒質の境界面上で，**屈折の法則**（law of refraction）と呼ばれるつぎの関係が成り立つことを示せ．

$$\frac{\tan\theta_1}{\tan\theta_2}=\frac{\varepsilon_1}{\varepsilon_2},\quad \frac{\tan\theta_1}{\tan\theta_2}=\frac{\mu_1}{\mu_2}$$

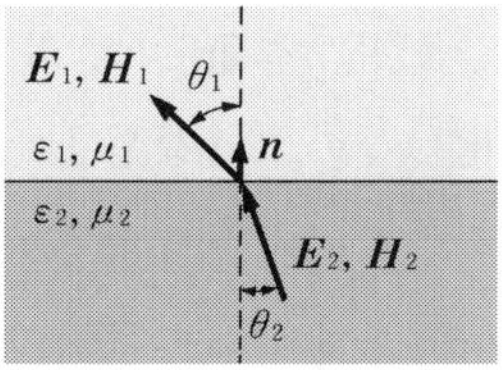

図 ***4.2*** 二つの媒質の境界面における屈折の法則

4.6 導電率が σ_1 および σ_2 なる二つの導体の境界面における導電電流に対する屈折の法則を求めよ．

4.7 厚さ d の無限に広い磁性体平板が，この平板に垂直な方向に一様に磁化されて $\boldsymbol{M}$ なる大きさの磁化ベクトルが生じているとき，この平板の内部および外部における磁界および磁束密度を求めよ．また，磁性体平板と平行に磁化されている場合はどうか．

5. 静　電　界

5.1　静止電荷分布による静電界

本章では，時間的に変化しない静電界の基本的性質と，その理論的取扱いの技法などについて述べる．なお，本章の議論では，対象とする系内に含まれる物質はすべて線形，等方，均質であるとする．すなわち，誘電率 ε は電界の強さ，方向および場所などに無関係な定数であるとする．したがって，本章の議論は，4.9 節でも述べたように，単に誘電率 ε を真空の誘電率 ε_0 に置きかえるだけで，真空中の静電界に対してもすべてそのまま成り立つことになる．

まず，本節では，電荷の量や符号およびその空間的な分布などが時間的に変化しないような静止電荷によって生ずる静電界の基本的な性質について述べる．このような静電界は，線形，等方な物質中のマクスウェルの方程式（4.68）および（4.70）から，時間的な変化を示す項を零（$\partial/\partial t=0$）として

$$\nabla \times \boldsymbol{E}=0 \tag{5.1}$$

$$\nabla \cdot \varepsilon \boldsymbol{E}=\rho \tag{5.2}$$

を満足しなければならない．ここで，電界ベクトル $\boldsymbol{E}$ および電荷密度 ρ は，静電界の場合，いずれも時間 t に無関係な，空間座標のみの関数である．

前述のように，系に含まれる媒質が均質な場合には誘電率 ε は場所にも無関係な定数であるから，式（5.2）は

$$\nabla \cdot \boldsymbol{E}=\frac{\rho}{\varepsilon} \tag{5.3}$$

と書くこともできる．

さて，式（5.1）は静電界が保存的なベクトル界であることを示し，式（5.2）または（5.3）は静止電荷分布が静電界の源であることを示している．静電界を特徴づける式（5.1）は，付録 A の式（A.110）に示したとおり，スカラー・ポテンシャル ϕ を用いて

$$\boldsymbol{E} = -\boldsymbol{\nabla}\phi \tag{5.4}$$

と書き表すことがつねに可能である．なぜならば，付録 A の式（A.109）に示したとおり，$\boldsymbol{\nabla}\times(\boldsymbol{\nabla}\phi)=0$ なる関係が恒等的に成り立つからである．すなわち，式（5.4）は静電界が保存的 ($\boldsymbol{\nabla}\times\boldsymbol{E}=0$) であることを示すマクスウェルの方程式（5.1）と数学的に全く等価である．

式（5.4）の右辺の符号は正にしても数学的には全く同等であるが，静電界の理論においては，習慣に従い，ポテンシャルの値が減少していく方向を電界ベクトル $\boldsymbol{E}$ の正方向とするために，式（5.4）の右辺には負符号をつけた負こう配をとる．すなわち，電界ベクトル $\boldsymbol{E}$ の正方向はスカラー・ポテンシャルの値の高いほうから低いほうを向くものとする．

このようなスカラー・ポテンシャル ϕ を静電界の**電位**（electric potential）ともいう．静電界 $\boldsymbol{E}$ は時間 t に無関係な，空間座標のみの関数であるから，静電界の電位 ϕ も，もちろん時間 t に無関係な，空間座標のみの関数である．

静電界内の任意の 1 点に $q=+1\mathrm{C}$ の単位正電荷を置くと，式（1.15）に示したローレンツ力によって，$\boldsymbol{F}=\boldsymbol{E}$ なる力が電界ベクトル $\boldsymbol{E}$ の方向に働く．したがって，もし電荷が自由に移動できるものであれば，このような静電界の力によって単位正電荷が動かされ，静電界は仕事をしたことになる．すなわち，静電界はその界内の各点に，上述のような仕事をする能力，いいかえればエネルギーを保有していることになる．

例えば，1 点 Q に存在する q なる電荷量の静止点電荷によって，そこから距離 r 離れた任意の点 P に生ずる静電界は，式（2.34）を求めた場合と全く同様に，点電荷の存在する点 Q を中心とする半径 r の球面に電束に関するガウスの法則の積分表示（4.74）を適用して

$$\boldsymbol{E}=\boldsymbol{i}_r\frac{q}{4\pi\varepsilon r^2} \tag{5.5}$$

で与えられる．ただし，$\boldsymbol{i}_r$ は点電荷の存在する点Qから電界を求めている点Pの方向を向く半径方向の単位ベクトルである．

このような点電荷電界内の任意の1点P($r=r$)に+1Cの単位正電荷を置くと，前述のとおり，$\boldsymbol{F}=\boldsymbol{E}=\boldsymbol{i}_r\,q/4\pi\varepsilon r^2$ なる力が電界の方向（$\boldsymbol{i}_r$ の方向）に働く．したがって，もし単位正電荷が自由に移動できるものであれば，このような点電荷電界の力によって，単位正電荷は電界の方向（$\boldsymbol{i}_r$ 方向）に点Pから無限遠まで動かされ，その際，電界は

$$\int_P^\infty \boldsymbol{E}\cdot d\boldsymbol{l}=\int_r^\infty \boldsymbol{E}\cdot\boldsymbol{i}_r\,dr=\frac{q}{4\pi\varepsilon}\int_r^\infty\frac{1}{r^2}\,dr=\frac{q}{4\pi\varepsilon r} \tag{5.6}$$

なる仕事をすることになる．ただし，$d\boldsymbol{l}=\boldsymbol{i}_r\,dr$ は半径方向を向くベクトル微分線素である．すなわち，静止点電荷による静電界は，その界内の各点に上式で与えられるだけの仕事をなす能力，いいかえればエネルギーを保有している．

一方，式（5.6）の左辺に式（5.4）を代入し，点電荷電界 $\boldsymbol{E}$，したがってその電位 ϕ は r のみの関数であることから，球座標系における ϕ のこう配 $\nabla\phi$ は，付録Aの式（A.59）から，$\boldsymbol{i}_r\,\partial\phi/\partial r$ となることを考慮すると

$$\int_P^\infty \boldsymbol{E}\cdot d\boldsymbol{l}=-\int_P^\infty \nabla\phi\cdot d\boldsymbol{l}=-\int_P^\infty\frac{\partial\phi}{\partial r}dr=\phi(P)-\phi(\infty) \tag{5.7}$$

となる．ただし，$\phi(P)$ および $\phi(\infty)$ は，それぞれ点P($r=r$)および無限遠($r\to\infty$)における電位を表す．

したがって，無限遠における電位 $\phi(\infty)$ を基準にとって，これを零電位($\phi(\infty)=0$)とすれば，けっきょく式（5.6）および（5.7）から

$$\phi(P)=\int_P^\infty \boldsymbol{E}\cdot d\boldsymbol{l}=\frac{q}{4\pi\varepsilon r} \tag{5.8}$$

なる関係が得られる．

上式の右辺は，式（5.6）で述べたように，点電荷電界内の任意の1点P($r=r$)が保有するエネルギーであるから，静電界内の任意の1点Pにおける電

位 $\phi(P)$ というのは，物理的にはその点におけるエネルギー準位を表すものであるということがわかる．

点電荷電界内の任意の 2 点 $P_1(r_1)$ および $P_2(r_2)$ における電位をそれぞれ $\phi(P_1)$ および $\phi(P_2)$ とすれば，式（5.8）から，点 P_1 と点 P_2 の電位の差，すなわち P_1，P_2 間の**電位差**（potential difference）は

$$\phi(P_1)-\phi(P_2)=\int_{P_1}^{\infty}\boldsymbol{E}\cdot d\boldsymbol{l}-\int_{P_2}^{\infty}\boldsymbol{E}\cdot d\boldsymbol{l}$$
$$=\int_{P_1}^{P_2}\boldsymbol{E}\cdot d\boldsymbol{l}=\frac{q}{4\pi\varepsilon}\left(\frac{1}{r_1}-\frac{1}{r_2}\right) \quad (5.9)$$

となる．

図 5.1 のように，$r_1<r_2$ ならば

$$\phi(P_1)>\phi(P_2) \quad (5.10)$$

である．このとき，点 P_1 は点 P_2 より電位が高いという．

前述のように，式（5.4）の右辺に負荷号をつけた理由は，この例の場合のように，電位の高いほう（点 P_1）から電位の低いほう（点 P_2）を向く方向を電界ベクトル $\boldsymbol{E}$ の正方向とするためである．式（5.9）からわかるとおり，2 点 P_1，P_2 間の電位差というのは，物理的には電界の力によって +1 C の単位正電荷を点 P_1 から点 P_2 まで移動させるときに電界のなす仕事を表している．

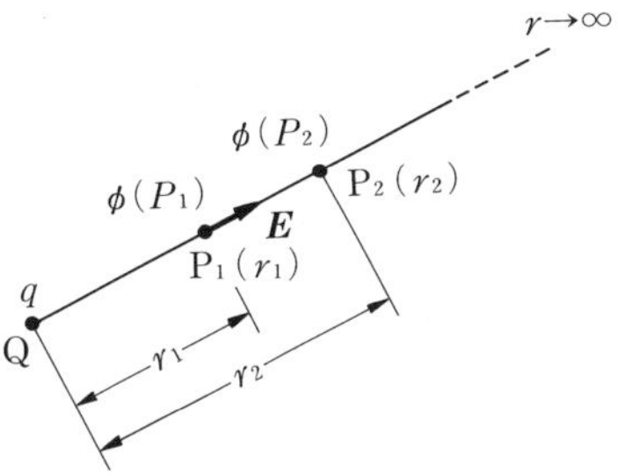

図 5.1　点電荷による静電界内の 2 点 $P_1(r_1)$ および $P_2(r_2)$ における電位 $\phi(P_1)$ および $\phi(P_2)$

もし，点 P_2 における電位 $\phi(P_2)$ を基準にとって，これを零電位（$\phi(P_2)=0$）とすれば，点 P_2 の電位（零電位）に対する点 P_1 の電位は，式（5.9）から

$$\phi(P_1)=\int_{P_1}^{P_2}\boldsymbol{E}\cdot d\boldsymbol{l}=\frac{q}{4\pi\varepsilon}\left(\frac{1}{r_1}-\frac{1}{r_2}\right) \quad (5.11)$$

となる．

これに対して，無限遠（$r_2\to\infty$）の電位 $\phi(\infty)$ を基準にとって，これを零電位としたときの点 P_1 の電位（5.8）を**絶対電位**（absolute potential）という

こともある．実用上は大地の電位を基準にとって，これを零電位とすることが多い．大地の電位を基準（零）電位とした場合の任意の点Pにおける電位は**対地電位**と呼ばれている．このように，電位というのは，基準の選び方によってその値を任意に表すことのできる相対的な量である．

しかし，基準さえ定めれば，静電界内のすべての点の電位は，基準電位に対する値として，唯一的に定まる．したがって，静電界内の任意の2点P_1，P_2間の電位差も，2点P_1およびP_2の位置のみによって唯一的に定まることになる．このことから，式（5.9）の線積分の値も積分路の両端P_1およびP_2の位置のみによって唯一的に定まり，途中の積分路の選び方には無関係でなければならないことになる．静電界が有する上述の性質から，付録Aの$A.6$節でも示したように，静電界内にとった任意の閉曲線Cに関して

$$\oint_C \boldsymbol{E}\cdot d\boldsymbol{l}=0 \qquad (5.12)$$

なる関係が成り立つ．

このことは，式（5.4）から，付録Aの式（A.64）に示したとおり

$$\oint_C \boldsymbol{E}\cdot d\boldsymbol{l}=-\oint_C \nabla\phi\cdot d\boldsymbol{l}=0 \qquad (5.13)$$

となることからも明らかである．

上式は，静電界が任意の閉曲線Cに沿って+1Cの単位正電荷を一周させてもとの位置へもどしたとき，静電界のなした仕事は差引き零となって，エネルギーは増減することなく静電界内に保存されることを示している．これが，付録Aの$A.9$節でも述べたように，$\nabla\times\boldsymbol{E}=0$なる特性をもつベクトル界を**保存的な界**と呼ぶ理由である．

qなる電荷量の静止点電荷によって，そこから距離r離れた任意の点Pに生ずる静電界の電位は，無限遠の電位を基準（零）電位とすると，式（5.8）で与えられるから，一般にN個の点電荷分布によって任意の1点Pに生ずる静電界の電位は，前述のように系が線形であることから，各点電荷によって点Pに生ずる電位の重ね合せとして

$$\phi=\frac{1}{4\pi\varepsilon}\sum_{i=1}^{N}\frac{q_i}{r_i} \tag{5.14}$$

と表すことができる．ただし，r_i は各点電荷 q_i が存在する点から電位を求めている点 P までの距離である．

上式を，さらに一般的に，任意の連続的な電荷分布によって点 P に生ずる電位の場合に拡張すると，点 Q に存在する微小電荷 dq によって点 P に生ずる電位の重ね合せとして

$$\phi=\frac{1}{4\pi\varepsilon}\int\frac{dq}{r} \tag{5.15}$$

と書くことができる．

例えば，領域 V 内の単位体積当りの電荷密度が ρ なる電荷分布に対しては，$dq=\rho dV$ であるから，式 (5.15) は

$$\phi=\frac{1}{4\pi\varepsilon}\int_V\frac{\rho}{r}dV \tag{5.16}$$

となる．

また，面 S 上の単位面積当りの面電荷密度が ξ なる面電荷分布に対しては，$dq=\xi dS$ であるから，式 (5.15) は

$$\phi=\frac{1}{4\pi\varepsilon}\int_s\frac{\xi}{r}dS \tag{5.17}$$

となる．

さらに，線 L 上の単位長当りの線電荷密度が λ なる線電荷分布に対しては，$dq=\lambda dl$ であるから，式 (5.15) は

$$\phi=\frac{1}{4\pi\varepsilon}\int_L\frac{\lambda}{r}dl \tag{5.18}$$

となる．

したがって，これら各種の静止電荷分布によって任意の 1 点 P に生ずる電位は，一般に，これらの各電位の重ね合せとして与えられる．ただし，以上の諸式における積分は，いずれも電荷の分布をすべてその中に包含するような体積，面，または線について，電荷の存在する点 Q の座標 x_Q，y_Q，z_Q に関して行うものである．

点Pにおける電位 ϕ がわかれば，その点の電界の強さ $\boldsymbol{E}$ は，式（5.4）から，$\boldsymbol{E}=-\nabla\phi$ として，空間座標に関するこう配の微分演算によって直ちに求まる．その際，こう配の微分演算は電界を求めている点Pの座標 x，y，z に関して行うものであることはもちろんである．これに対して，式（5.16）〜(5.18）の積分は，上述のとおり，すべて電荷が存在する点Qの座標 x_Q，y_Q，z_Q に関して行うものである．実際，電位 ϕ はそれを求めている点Pの座標 x，y，z のみの関数であり，ρ，ξ，λ などの静止電荷密度はすべて電荷の存在する点Qの座標 x_Q，y_Q，z_Q のみの関数である．ただし，r は電荷の存在する点Qと電位を求めている点Pとの間の距離であるから，点Pと点Qの両方の座標の関数である．

以上のことを考慮すると，例えば式（5.16）で与えられる電位 ϕ に対応する点Pの電界 $\boldsymbol{E}$ を式（5.4）から求める場合，点Pの座標に関するこう配の微分演算と，点Qの座標に関する積分の計算順序を入れ換えて

$$\boldsymbol{E}=-\nabla\phi=-\frac{1}{4\pi\varepsilon}\int_V \rho\left(\nabla_P\frac{1}{r}\right)dV \tag{5.19}$$

とすることができる．

上式で，$\nabla_P(1/r)$ は点Pにおけるこう配の微分演算を表し，付録 A の式（A.122）に示したとおり

$$\nabla_P\left(\frac{1}{r}\right)=-\boldsymbol{i}_r\frac{1}{r^2} \tag{5.20}$$

であるから，式（5.19）はけっきょく

$$\boldsymbol{E}=\frac{1}{4\pi\varepsilon}\int_V \boldsymbol{i}_r\frac{\rho}{r^2}dV \tag{5.21}$$

となる．ただし，$\boldsymbol{i}_r$ は電荷の存在する点Qから電界を求めている点Pの方向を向く単位ベクトルである．

式（5.17）および（5.18）で表される電位に対応する電界も，上と全く同様にして，それぞれ

$$\boldsymbol{E}=\frac{1}{4\pi\varepsilon}\int_S \boldsymbol{i}_r\frac{\xi}{r^2}dS \tag{5.22}$$

$$\boldsymbol{E}=\frac{1}{4\pi\varepsilon}\int_L \boldsymbol{i}_r \frac{\lambda}{r^2}dl \tag{5.23}$$

となる．

また，N 個の点電荷分布による電位（5.14）に対応する電界は，1個の点電荷による電界（5.5）を参照して

$$\boldsymbol{E}=\frac{1}{4\pi\varepsilon}\sum_{i=1}^{N}\boldsymbol{i}_r \frac{q_i}{r_i^2} \tag{5.24}$$

となる．

したがって，これら各種の静止電荷分布によって任意の1点Pに生ずる静電界は，一般に，これらの電界のベクトル和として与えられる．

5.2 ラプラスおよびポアソンの方程式

前節で示したとおり，静電界を定めるマクスウェルの方程式は式（5.1）および（5.2）または（5.3）で与えられる．一方，静電界が保存的（$\nabla\times\boldsymbol{E}=0$）であることを示す式（5.1）は，式（5.4）に示したように，スカラー・ポテンシャル（電位）ϕ の負こう配として $\boldsymbol{E}=-\nabla\phi$ と書き表すことと等価である．

したがって，このような静電界の発散は

$$\nabla\cdot\boldsymbol{E}=-\nabla\cdot\nabla\phi=-\nabla^2\phi \tag{5.25}$$

となる．

上式と式（5.3）とから，直ちに

$$\nabla^2\phi=-\frac{\rho}{\varepsilon} \tag{5.26}$$

なる関係が導かれる．ここで，∇^2 はラプラスの演算子であって，例えば直角座標系の場合には，付録 A の式（A.81）に示したとおり

$$\nabla^2\phi=\frac{\partial^2\phi}{\partial x^2}+\frac{\partial^2\phi}{\partial y^2}+\frac{\partial^2\phi}{\partial z^2} \tag{5.27}$$

である．

式（5.26）は，ρ なる密度で静止電荷が分布する領域において電位 ϕ が満足すべき微分方程式を与えている．この微分方程式を**ポアソンの方程式**（Poisson's equation）と呼ぶ．ポアソンの方程式（5.26）は，これを導いた上述の過程から明らかなとおり，静電界が満足すべきマクスウェルの方程式（5.1）および（5.2）または（5.3）と数学的に全く等価である．

ポアソンの方程式（5.26）において，特に $\rho=0$ なる場合には

$$\nabla^2\phi=0 \tag{5.28}$$

となる．

上式は，電荷が存在しない領域において電位 ϕ が満足すべき微分方程式を与えている．この微分方程式を**ラプラスの方程式**（Laplace's equation）と呼ぶ．ラプラスの方程式（5.28）は，電荷の存在しない領域（$\rho=0$）における静電界を定めるマクスウェルの方程式

$$\boldsymbol{\nabla}\times\boldsymbol{E}=0 \tag{5.29}$$

$$\boldsymbol{\nabla}\cdot\varepsilon\boldsymbol{E}=0 \tag{5.30}$$

と数学的に全く等価である．

電荷が存在しない領域における電位または電界は，物理的には，その領域の外部またはその領域をかこむ表面（境界面）上に分布している電荷によって生ずるものである．

上述のように，ラプラスおよびポアソンの方程式は，マクスウェルの方程式と同様に，物理的に実在可能な静電界が満足すべき条件をスカラー・ポテンシャル（電位）ϕ を用いて表現したものである．したがって，静電界を解析したり，希望する静電界系を設計したりする場合，マクスウェルの方程式をもとに直接電界 $\boldsymbol{E}$ を取り扱うかわりに，ラプラスまたはポアソンの方程式から電位 ϕ を求めても，得られる結果は完全に同じものとなる．電位 ϕ がわかれば，電界 $\boldsymbol{E}$ は，式（5.4）から，$\boldsymbol{E}=-\boldsymbol{\nabla}\phi$ として，空間座標に関するこう配の微分演算によって直ちに求まる．

このように，上述の二つの方法は数学的に全く等価であって，与えられた個々の問題によって都合のよいほうを用いればよい．実際には，スカラー量で

ある電位 ϕ を用いて問題を取り扱う方法のほうが，電界ベクトル $\boldsymbol{E}$ を直接取り扱う方法よりも一般に数学的な取扱いがより簡単になる場合が多い．

電位 ϕ を用いて静電界を解析したり，希望する静電界系を設計したりする場合には，電荷の分布している領域に対してはポアソンの方程式を，電荷分布を含まない領域に対してはラプラスの方程式を，それぞれ与えられた境界条件のもとで解く問題となる．ところで，ポアソンの方程式（5.26）は線形の微分方程式であるから，その解は式（5.26）を満足する特解と，右辺を零と置いたラプラスの方程式（5.28）を満足する解との和によって与えられる．すなわち，ρ なる密度で電荷が分布している領域 V 内でポアソンの方程式を満足する特解を ϕ'，同じ領域 V 内でラプラスの方程式を満足する解を ϕ'' とすれば，それらの和

$$\phi=\phi'+\phi'' \tag{5.31}$$

もまた領域 V 内のすべての点でポアソンの方程式を満足する．なぜならば，上述のように，$\nabla^2\phi'=-\rho/\varepsilon$，$\nabla^2\phi''=0$ であるから

$$\nabla^2\phi=\nabla^2\phi'+\nabla^2\phi''=\nabla^2\phi'=-\frac{\rho}{\varepsilon} \tag{5.32}$$

となるからである．

したがって，領域 V 内でポアソンの方程式を満足する一般解は，ポアソンの方程式を満足する特解に，同じ領域 V 内でラプラスの方程式を満足する関数群をつけ加えていけば求められる．

ポアソンの方程式（5.26）の特解は，前節の式（5.16）に示した電位

$$\phi'=\frac{1}{4\pi\varepsilon}\int_V\frac{\rho}{r}dV \tag{5.33}$$

で与えられる．なぜならば，上式の電位は，これを求めた過程から明らかなように，ポアソンの方程式と数学的に全く等価なマクスウェルの方程式およびその積分表示から導かれたものだからである．したがって，マクスウェルの方程式およびその積分表示を満足する上式の電位が，マクスウェルの方程式と数学的に等価な別の表現であるポアソンの方程式を満足するものであることは明ら

かである†．

以上の結果，けっきょく領域 V 内におけるポアソンの方程式のすべての解は，一般につぎの形に書くことができる．

$$\phi=\frac{1}{4\pi\varepsilon}\int_V\frac{\rho}{r}dV+\phi'' \tag{5.34}$$

ただし，ϕ'' は同じ領域 V 内におけるラプラスの方程式（5.28）の解である．したがって，電荷の分布する領域 V 内で物理的に実在可能な静電界を定めるには，領域 V 内でポアソンの方程式を満足する特解を求め，もしその特解だけでは境界条件が満足されない場合には，同じ領域 V 内でラプラスの方程式を満足する関数群 ϕ'' の中から適当なものを適当な数だけ選んでポアソンの方程式の特解につけ加え，それらの和によって与えられた境界条件が満足されるようにすればよいことになる．

電荷分布を含まない領域に対しては，ラプラスの方程式を満足する解の中から境界条件を満足するものだけを選び出せばよい．この場合も，もし一つの解だけでは境界条件が満足されない場合には，ラプラスの方程式を満足する解の中から適当なものを適当な数だけ選んで，それらの和によって与えられた境界条件が満足されるようにすればよい．ラプラスの方程式の解については付録 B に示してある．

5.3　電位に対する境界条件

4.8 節で示したように，誘電率の値がそれぞれ ε_1 および ε_2 なる二つの媒質の境界面で電界ベクトル $\boldsymbol{E}$ が満足すべき境界条件は，一般に式（4.52）および（4.58）で与えられる．

ところで，式（5.4）および付録 A の式（A.50）から

$$\boldsymbol{n}\cdot\boldsymbol{E}=-\boldsymbol{n}\cdot\boldsymbol{\nabla}\phi=-\frac{\partial\phi}{\partial n} \tag{5.35}$$

† 式（5.33）がポアソンの方程式（5.26）を満足する特解であることを示す直接的な数学的証明については，例えば熊谷信昭著「電磁気学基礎論」（オーム社）5.9 節を参照されたい．

である．ただし，$\boldsymbol{n}$ は不連続境界面に垂直で，領域 2 から領域 1 の方向を向く単位ベクトル，$\partial/\partial n$ は不連続境界面に垂直で，領域 2 から領域 1 の方向を向く法線方向（$\boldsymbol{n}$ 方向）の微分を表す．したがって，不連続境界面に直角な垂直成分に対する境界条件（4.58）は，電位 ϕ を用いて

$$-\varepsilon_1\frac{\partial\phi_1}{\partial n}+\varepsilon_2\frac{\partial\phi_2}{\partial n}=\xi \tag{5.36}$$

と書くことができる．ただし，ξ は不連続境界面上の面電荷密度，ϕ_1 および ϕ_2 は不連続境界面の両側の，領域 1 側および領域 2 側における電位である．

4.8 節でも述べたように，二つの媒質がいずれも非導電性媒質の場合には，一般には境界面上に面電荷は存在せず，したがって境界条件（5.36）は，$\xi=0$ として

$$\varepsilon_1\frac{\partial\phi_1}{\partial n}=\varepsilon_2\frac{\partial\phi_2}{\partial n} \tag{5.37}$$

となる．

一方，不連続境界面に接する任意の単位ベクトルを $\boldsymbol{i}_t$ とすると，式（5.4）および付録 A の式（A.50）から，式（5.35）の場合と同様に

$$\boldsymbol{i}_t\cdot\boldsymbol{E}=-\boldsymbol{i}_t\cdot\boldsymbol{\nabla}\phi=-\frac{\partial\phi}{\partial t} \tag{5.38}$$

である．ただし，$\partial/\partial t$ は不連続境界面に接する接線方向（$\boldsymbol{i}_t$ 方向）の微分を表す．

したがって，電界の接線成分が連続となるべきことを示す境界条件（4.52）は，電位 ϕ を用いて

$$\frac{\partial\phi_1}{\partial t}=\frac{\partial\phi_2}{\partial t} \tag{5.39}$$

と書くことができる．ここで，ϕ_1 および ϕ_2 は不連続境界面の両側の，領域 1 側および領域 2 側における電位である．

上式から

$$\phi_1=\phi_2+\text{constant} \tag{5.40}$$

なる関係が得られる．ただし，上式右辺の第 2 項は積分定数である．

この積分定数の値は，二つの媒質1および2が等しいような特別の場合に $\phi_1=\phi_2$ となるべきことより，零としなければならない．したがってけっきょく，式（5.40）は

$$\phi_1=\phi_2 \tag{5.41}$$

となる．

以上に求めた式（5.36）または（5.37）および式（5.41）が不連続境界面において電位 ϕ の満足すべき境界条件である．式（5.41）に示したとおり，電位 ϕ は不連続境界面の両側にわたって連続となる．

特に，実用上重要な完全導体表面上で電位 ϕ が満足すべき境界条件はつぎのようになる．完全導体というのは，4.3 節で述べたように，その内部または表面上で電荷を移動させるとき，なんらの抵抗も受けないような理想的な物体のことである．このように，完全導体の内部またはその表面上では電荷を移動させるのになんらの仕事も要しないから，完全導体の内部およびその表面上は，前節で述べた電位の定義によって，すべて等電位である．したがって，完全導体の表面は一つの等電位面となっている．また，完全導体の内部では電位が一定（ϕ＝定数）であるから，$\boldsymbol{E}=-\nabla\phi=0$ である．すなわち，4.3 節でも述べたとおり，完全導体の内部には電界は存在し得ない．

したがって，例えば完全導体の内部を領域2，外部を領域1とすれば，上述のように $\boldsymbol{E}_2=0$，すなわち $\phi_2=\phi_c$（一定）であるから，完全導体の表面上における境界条件は，式（5.41）および（5.36）から，$\partial\phi_2/\partial n=0$，$\phi_1=\phi$ として

$$\phi=\phi_c \tag{5.42}$$

$$\frac{\partial\phi}{\partial n}=-\frac{\xi}{\varepsilon} \tag{5.43}$$

となる．ただし，ϕ_c は完全導体の電位（一定），$\partial\phi/\partial n$ は完全導体表面上の領域1側における電位の垂直こう配，ξ は完全導体表面上の面電荷密度，ε は完全導体の外部の領域1側の媒質の誘電率である．

上の両式は，それぞれ完全導体表面上における電界の接線成分および垂直成

分に対する境界条件（*4.64*）および（*4.66*）を，いずれも電位 ϕ を用いて表したものである．

5.4　電位の一般的性質

5.2 節で述べたように，静電界を理論的に解析したり，静電界系を設計したりするには，マクスウェルの方程式と境界条件とを用いて直接電界ベクトル $\boldsymbol{E}$ を取り扱うかわりに，そのスカラー・ポテンシャル，すなわち電位 ϕ に着目して，境界条件を満足するラプラスまたはポアソンの方程式の解を求めてもよい．しかし，実際には，与えられた領域の境界条件を満足するようなこれらの微分方程式の解が解析的に厳密に求まるのは，数学的な理由から，少数の簡単な特別の場合に限られる．そのため，多くの場合，適当な近似解を求めることが必要となる．

また，過去長い期間にわたる研究の結果，いくつかの特殊な問題に対しては特殊な技法が考案されている．例えば，対象とする系の幾何学的な対称性に着目して鏡像の原理を適用する**鏡像法**（method of images）や，適当な座標変換によって，より計算の容易な領域に変換する**等角写像**の方法（method of conformal transformations）を適用するなどの特殊な技法を用いると有効な場合もある．さらに，最近では，電子計算機を用いて精度の良い近似解を数値的に求める各種の**計算機援用解析**（computer-aided analysis）や**計算機援用設計**（computer-aided design）の手法なども研究，開発されている．

以上のいずれの場合においても，求める電位の一般的な物理的性質を十分理解しておくことは，解の概略的な模様を予測するうえにおいても，適当な近似を導入するうえにおいても，さらにはまた，求めた解の正誤を大局的・物理的に判断するうえにおいても，きわめて有効である．そこで，本節では，実際に静電界の問題を取り扱う場合に重要な，電位が有する一般的性質をまとめて列記しておくことにする．

1. 静電界内における電位の分布は，付録 A の $A.1$ 節で述べたスカラー界の典型的な例である．スカラー界の模様は $A.1$ 節で定義した等位面によって図的に示すことができる．静電界における電位の等位面を**等電位面**（equipotential surface）とも呼ぶ．すなわち，静電界内にとった曲面上の各点における電位の値がすべて一定値に等しいような曲面群（等位面群）が等電位面である．等電位面の定義から明らかなように，二つの相隣る等電位面の間の垂直距離が小さいところほど，等電位面間の電位が変化する割合，すなわち電界の強さが大きい．

静電界内の1点にはただ一つの電位の値が対応しているから，$A.1$ 節で述べたように，等電位面が互いに交わることはない．

また，等電位面は必ず電気力線と直交している．すなわち，等電位面上では電界ベクトル $\boldsymbol{E}$ の等電位面に接する接線成分は必ず零となり，垂直成分のみとなっている．なぜならば，等電位面上では，その面上の任意の1点 $\mathrm{P_1}$ からほかの点 $\mathrm{P_2}$ まで $+1\,\mathrm{C}$ の単位正電荷を移動させるために電界がなす仕事，すなわち同じ等電位面上の任意の2点 $\mathrm{P_1}$，$\mathrm{P_2}$ 間の電位差は，等電位面の定義によって，零となっていなければならない．したがって，同じ等電位面上のきわめて近接した任意の2点を $\mathrm{P_1}$，$\mathrm{P_2}$ とし，2点 $\mathrm{P_1}$，$\mathrm{P_2}$ を結ぶ等電位面上の微小距離ベクトルを $\boldsymbol{\varDelta l}$ とすると

$$\phi(P_1)-\phi(P_2)=\boldsymbol{E}\cdot\boldsymbol{\varDelta l}=0 \qquad (5.44)$$

となる．ただし $\boldsymbol{E}\cdot\boldsymbol{\varDelta l}$ は等電位面上の微小距離ベクトル $\boldsymbol{\varDelta l}$ の大きさ $\varDelta l$ と，電界ベクトル $\boldsymbol{E}$ の等電位面上の接線成分（$\boldsymbol{\varDelta l}$ 方向の成分）E_t との積 $E_t\varDelta l$ を表す．したがって，上式から，等電位面に接する電界の接線成分 E_t は零でなければならないことがわかる．

実際，前節で述べたように，例えば完全導体の表面は一つの等電位面であって，したがってその表面上では，境界条件（4.64）に示したとおり，電界の接線成分は零となり，垂直成分のみとなっている．そして，1.4節で定義したように，電気力線というのは，その線上の各点における接線の方向がその点における電界ベクトル $\boldsymbol{E}$ の方向を向くように描かれるものであるから，けっ

きょく，前述のように，等電位面と電気力線とは必ず直交していなければならないことになる．

2．領域 V 内でラプラスの方程式を満足する電位 ϕ は，V 内で極大値または極小値をとり得ない．なぜならば，電位 ϕ が極大または極小となる点では，空間座標に関する ϕ の二次微係数がすべて負，またはすべて正とならなければならない．しかるに，ラプラスの方程式は式（5.27）に示したように，$\nabla^2\phi=\partial^2\phi/\partial x^2+\partial^2\phi/\partial y^2+\partial^2\phi/\partial z^2=0$ であるから，ラプラスの方程式を満足する電位 ϕ は領域 V 内で極大または極小とならない．

上述の性質から，例えば完全導体によってかこまれた，電荷の存在しない，中空の領域 V 内には静電界は存在し得ないことが結論される．なぜならば，前項でも述べたとおり，完全導体の内部およびその表面上はすべて等電位であって，かつ上述の性質から，V 内の電位には極値がない．したがってけっきょく，このような中空完全導体の全領域にわたって電位 ϕ は一定でなければならないことになり，電界は $\boldsymbol{E}=-\nabla\phi=0$ となる．すなわち，完全導体によってかこまれた，電荷の存在しない中空の空胴内には静電界は存在し得ないことになる．

3．領域 V 内でラプラスまたはポアソンの方程式を満足する電位は，その領域をかこむ表面 S 上の電位が与えられれば唯一的に定まる．なぜならば，もし，領域 V 内ではラプラスまたはポアソンの方程式を満足し，かつ V の表面 S 上では与えられた電位に等しいような二つの異なる電位 ϕ_1，ϕ_2 があるものとすれば，ラプラスおよびポアソンの方程式の線形性から，その差 $\phi=\phi_1-\phi_2$ もまた同じ領域 V 内でラプラスの方程式を満足しなければならない．すなわち

$$\nabla^2\phi=\nabla^2\phi_1-\nabla^2\phi_2=0,\quad \text{in } V \tag{5.45}$$

である．

また，領域 V をかこむ表面 S 上では，ϕ_1，ϕ_2 はいずれも与えられた電位

に等しくなければならないから

$$\phi=\phi_1-\phi_2=0, \quad \text{on } S \tag{5.46}$$

である.

そこで，上に示した二つの関係式（5.45）および（5.46）を，付録 A の式（A.90）に示したグリーンの定理に代入すると

$$\int_V |\nabla\phi|^2 dV=0 \tag{5.47}$$

となる.

上式の被積分関数の値は正または零であるから，上式が成り立つためには被積分関数そのものが零でなければならない．すなわち，$\nabla\phi=0$ でなければならない．したがって

$$\phi=\phi_1-\phi_2=\text{constant} \tag{5.48}$$

である.

しかるに，表面 S 上では式（5.46）に示したとおり $\phi_1-\phi_2=0$ でなければならないから，上式右辺の積分定数は零としなければならない．したがって，$\phi_1=\phi_2$ となる．すなわち，二つの異なる電位 ϕ_1，ϕ_2 が存在するものと仮定しても，それらはけっきょく等しくなければならないことになる.

したがってけっきょく，最初に述べたとおり，領域 V 内でラプラスまたはポアソンの方程式を満足する電位は，その領域をかこむ表面 S 上の電位が与えられれば唯一的に定まることになる.

4. 領域 V 内でラプラスまたはポアソンの方程式を満足する電位は，その領域をかこむ表面 S 上の電位の垂直こう配 $\partial\phi/\partial n$ が与えられれば，定数の差を除いて，唯一的に定まる．なぜならば，もし領域 V 内ではラプラスまたはポアソンの方程式を満足し，かつ V の表面 S 上ではその垂直こう配が与えられた垂直こう配に等しいような二つの異なる電位 ϕ_1，ϕ_2 があるものとすれば，前項の場合と同様に，その差 $\phi=\phi_1-\phi_2$ もまた同じ領域 V 内でラプラスの方程式を満足しなければならない．すなわち

$$\nabla^2\phi=\nabla^2\phi_1-\nabla^2\phi_2=0, \quad \text{in } V \tag{5.49}$$

である．

また，領域 V をかこむ表面 S 上では，ϕ_1，ϕ_2 の垂直こう配 $\partial\phi_1/\partial n$ および $\partial\phi_2/\partial n$ はいずれも与えられた垂直こう配に等しくなければならないから

$$\frac{\partial\phi}{\partial n}=\boldsymbol{n}\cdot\boldsymbol{\nabla}\phi=\boldsymbol{n}\cdot\boldsymbol{\nabla}\phi_1-\boldsymbol{n}\cdot\boldsymbol{\nabla}\phi_2=0, \quad \text{on } S \tag{5.50}$$

である．

そこで，上に示した二つの関係式（5.49）および（5.50）を，付録 A の式（A.90）に示したグリーンの定理に代入すると，前項の場合と全く同様に

$$\int_V |\boldsymbol{\nabla}\phi|^2 dV=0 \tag{5.51}$$

となる．

上式の被積分関数の値は正または零であるから，上式が成り立つためには被積分関数そのものが零でなければならない．すなわち，$\boldsymbol{\nabla}\phi=0$ でなければならない．したがって

$$\phi=\phi_1-\phi_2=\text{constant} \tag{5.52}$$

となる．すなわち，ϕ_1 と ϕ_2 は，異なるとしても，その違いは定数の差にすぎない．

したがってけっきょく，最初に述べたとおり，領域 V 内でラプラスまたはポアソンの方程式を満足する電位は，その領域をかこむ表面 S 上の電位の垂直こう配が与えられれば，定数の差を除いて，唯一的に定まることになる．

もし，領域 V をかこむ表面 S が面電荷の分布する完全導体であれば，完全導体の表面 S 上における電位の垂直こう配 $\partial\phi/\partial n$ は，前節の式（5.43）に示したとおり，導体表面上の面電荷密度 ξ に比例する．したがって，上述の結果はつぎのように表現することもできる．すなわち，領域 V 内でラプラスまたはポアソンの方程式を満足する電位は，その領域をかこむ完全導体表面上の面電荷分布が与えられれば，定数の差を除いて，唯一的に定まる．

しかし，もともと電位というものは，5.1 節で述べたとおり，その基準の選

び方によって定数の差だけ任意に増減することのできる自由度をもった，相対的な量である．すなわち，電位というものは，もともと定数の差を除いて定められる量なのである．したがって，上述のいずれの場合においても，得られる電位に定数の差があり得るということは，単に電位分布を表す各点の電位の値に共通の一定値を付加し得るというだけのことであって，電位分布の模様，いいかえれば静電界の模様そのものはすべての解について完全に同一である．

実際，電位の値に定数の差があったとしても，その電界分布は $\boldsymbol{E}=-\nabla\phi$ で与えられ，したがってその模様は ϕ および（ϕ+定数）のすべての解について完全に同一となることは明らかである．

5.5 電気双極子による静電界[†]

静止電荷分布によって生ずる静電界の最も簡単な例は，*2.7* 節の例 *2.1* で示した，静止点電荷によって生ずる点電荷電界である．本節では，静止電荷分布によって生ずる静電界のもう一つの代表的な例として，無限に近接した等量，逆符号の二つの点電荷の対からなる電気双極子によって生ずる静電界を求めてみよう．

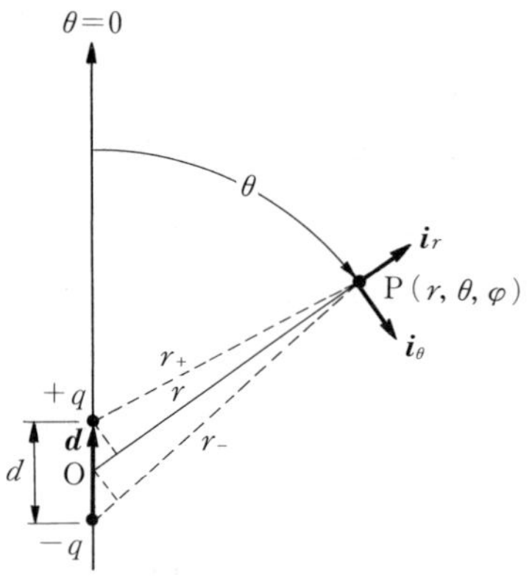

図 *5.2* 無限に近接した等量，逆符号の二つの点電荷の対によって形成される電気双極子

図 *5.2* のように，近接した1組の点電荷の対を考え，その電荷量をそれぞれ $+q$ および $-q$ とし，間隔を d とする．点電荷対の中心を球座標系の原点にとり，座標 θ の基準軸（$\theta=0$ の方向）を図のように定める．原点からの距離 r が点電荷間の間隔 d に比べて十分大きいような遠方の点Pからみれば，この点電荷対は，*1.2* 節で定義したとおり，原点に存在する電気

† 本節は省略して先へ進んでもさしつかえない．

双極子とみなすことができる．そこで，$+q$ および $-q$ なる正，負の点電荷から点 P までの距離をそれぞれ r_+ および r_- とすれば

$$r_+=r-\frac{d}{2}\cos\theta$$
$$r_-=r+\frac{d}{2}\cos\theta \qquad (5.53)$$

と書くことができる．なぜならば，前述のように，二つの点電荷間の間隔 d は，原点から点 P までの距離 r に比べると十分小さく，したがって，それぞれの点電荷と点 P とを結ぶ直線は，原点 O と点 P とを結ぶ直線とほとんど平行であるとみなすことができるからである．したがって，このような点電荷対によって，原点から距離 r 離れた点 P に生ずる電位 ϕ は，式（5.14）から

$$\phi=\frac{1}{4\pi\varepsilon}\left(\frac{q}{r_+}-\frac{q}{r_-}\right)=\frac{1}{4\pi\varepsilon}\frac{qd\cos\theta}{r^2-\left(\dfrac{d}{2}\right)^2\cos^2\theta} \qquad (5.54)$$

で与えられる．

1.2 節で述べたように，電気双極子というのは $d/r\rightarrow 0$ の極限として定義されるものであるから，上式右辺の分母の $(d/2)^2\cos^2\theta$ を r^2 に比べて省略すると

$$\phi=\frac{qd\cos\theta}{4\pi\varepsilon r^2}=\frac{p\cos\theta}{4\pi\varepsilon r^2} \qquad (5.55)$$

となる．ただし，$p=qd$ は式（1.21）で定義した電気双極子能率 $\boldsymbol{p}=q\boldsymbol{d}$ の大きさ（絶対値）である．

電気双極子能率というのは，定義によって，$-q$ から $+q$ の方向を向く $p=qd$ なる大きさのベクトルである．そこで，θ の基準方向（$\theta=0$ の方向）を向く単位ベクトルを $\boldsymbol{i}_0$ とすれば，**図 5.3** からわかるとおり，単位ベクトル $\boldsymbol{i}_0$ は，球座標系を用いて

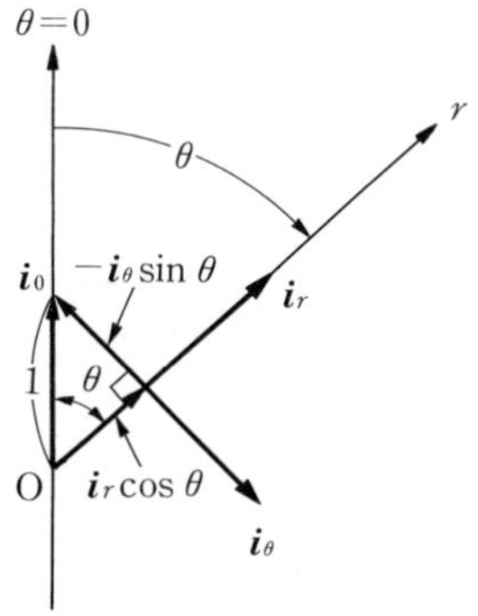

図 5.3　θ の基準方向を向く単位ベクトル $\boldsymbol{i}_0$ は，大きさが $\cos\theta$ で $\boldsymbol{i}_r$ の方向を向くベクトル $\boldsymbol{i}_r\cos\theta$ と，大きさが $\sin\theta$ で $-\boldsymbol{i}_\theta$ の方向を向くベクトル $-\boldsymbol{i}_\theta\sin\theta$ との和に等しい．

$$\boldsymbol{i}_0=\boldsymbol{i}_r\cos\theta-\boldsymbol{i}_\theta\sin\theta \tag{5.56}$$

と表されるから，いまの場合，電気双極子能率 $\boldsymbol{p}$ は

$$\boldsymbol{p}=\boldsymbol{i}_0 p=p(\boldsymbol{i}_r\cos\theta-\boldsymbol{i}_\theta\sin\theta) \tag{5.57}$$

と書ける．ただし，$\boldsymbol{i}_r$ および $\boldsymbol{i}_\theta$ は，それぞれ r 方向および θ 方向を向く単位ベクトルである．

ここで，$\boldsymbol{i}_r\cdot\boldsymbol{i}_r=1$，$\boldsymbol{i}_\theta\cdot\boldsymbol{i}_r=0$ なることを考慮すると，上式から $\boldsymbol{p}\cdot\boldsymbol{i}_r=p\cos\theta$ であるから，式（5.55）は，けっきょく，つぎのように書き表すことができる．

$$\phi=\frac{p\cos\theta}{4\pi\varepsilon r^2}=\frac{\boldsymbol{p}\cdot\boldsymbol{i}_r}{4\pi\varepsilon r^2} \tag{5.58}$$

上式が，原点に存在する $\boldsymbol{p}$ なる能率の電気双極子によって，原点から距離 r 離れた点 P に生ずる静電界の電位である．

このような双極子電位に対応する点 P の双極子電界は，式（5.4）から，付録 A の式（A.55）に示した球座標系におけるこう配の微分演算によって

$$\boldsymbol{E}=-\boldsymbol{\nabla}\phi=\frac{p}{4\pi\varepsilon r^3}(\boldsymbol{i}_r 2\cos\theta+\boldsymbol{i}_\theta\sin\theta) \tag{5.59}$$

となる．

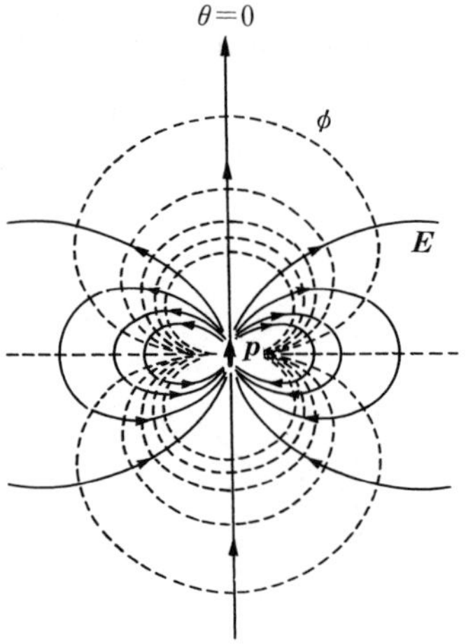

図 5.4　電気双極子による電界の模様を示す電気力線（実線）および等電位線（点線）

図 5.4 の実線は上式で与えられる双極子電界の電気力線を表し，同じく点線は式（5.58）で与えられる双極子電位の等電位線を示したものである．等電位面は，図の等電位線を座標 θ の基準軸（$\theta=0$ の方向）を軸としてそのまわりに回転したときにできる曲面となる．

5.6　静電界の境界値問題†

本節では，静電界の境界値問題の解析例として，同軸円筒導体間の電位ならびに電界の分布を求めてみよう．

図 5.5 に示すような，内部導体の半径が a，外部導体の内側半径が b で，軸方向には一様な同軸円筒導体系を考える．二つの同軸円筒導体はいずれも完全導体であるとし，それらによってかこまれる中空部分の領域は誘電率 ε なる線形，等方，均質な無損失媒質によって満たされているものとする．同軸円筒導体系の中心軸を円柱座標系の z 軸にとる．外部導体の電位を基準にとってこれを零電位とし，これに対して内部導体の電位は V（定数）なる一定の電位に保たれているものとする．すなわち，電位 ϕ は $r=b$ で $\phi=0$，$r=a$ で $\phi=V$ であるとする．

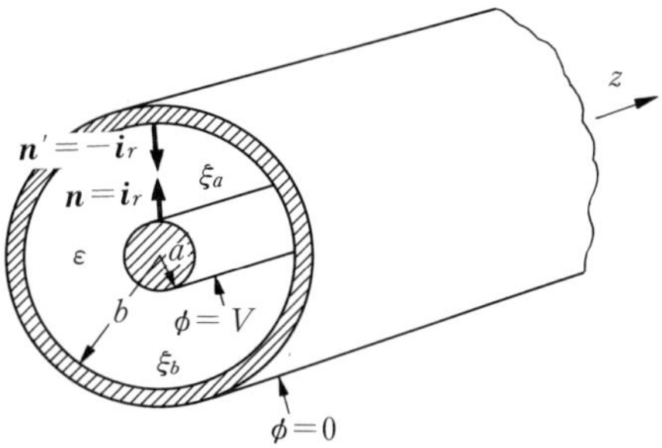

図 5.5　面電荷の分布する同軸円筒導体

このような同軸円筒導体間の中空部分（$a<r<b$）における電位ならびに静電界の分布を求める問題を考える．いまの例の場合，考える中空領域内には電荷は存在せず，かつ対象としている系は軸方向（z 方向）に一様で，しかも中心軸（z 軸）に関して円柱対称であるから，電位 ϕ は付録 B の式（B.39）に示した一次元の円柱座標系におけるラプラスの方程式

$$\nabla^2\phi=\frac{d^2\phi}{dr^2}+\frac{1}{r}\frac{d\phi}{dr}=0 \tag{5.60}$$

によって定められ，したがってその解は，式（B.40）に示したとおり

$$\phi=A\ln\frac{B}{r} \tag{5.61}$$

† 本節は省略して先へ進んでもさしつかえない．

で与えられる．ただし，A および B はいずれも境界条件から定まる任意定数である．

まず，前述の境界条件から，$r=b$ で $\phi(b)=0$ とならなければならない．これから，任意定数 B は $B=b$ となる．さらに，$r=a$ におけるもう一つの境界条件 $\phi(a)=V$ を適用すると，任意定数 A は $A=V/\ln(b/a)$ となる．したがってけっきょく，式（5.61）は

$$\phi=\frac{V}{\ln\frac{b}{a}}\ln\frac{b}{r} \tag{5.62}$$

となる．

上式で与えられる電位は，考える中空領域内でラプラスの方程式（5.60）を満足し，かつ，その領域をかこむ表面上では，それぞれ与えられた電位 $\phi(a)=V$ および $\phi(b)=0$ に等しい．したがって，5.4 節の 3. で述べた解の唯一性により，求める電位は式（5.62）ただ一つであって，これ以外の電位は存在しない．

電位 ϕ は，完全導体表面上では，5.2 節で示した境界条件（5.42）および（5.43）を満足していなければならない．そのうち，境界条件（5.42）は，いまの例の場合，$\phi(b)=\phi_c=0\,(r=b)$ および $\phi(a)=\phi_c=V\,(r=a)$ として，すでに示したとおり，すべて満足されている．もう一つの境界条件（5.43）は，いまの例の場合，$(\partial\phi/\partial r)_{r=a}=-\xi_a/\varepsilon$ および $(-\partial\phi/\partial r)_{r=b}=-\xi_b/\varepsilon$ となり，これから，内部導体の表面 $r=a$ および外部導体の内側表面 $r=b$ には，それぞれ

$$\xi_a=\frac{\varepsilon V}{a\ln\frac{b}{a}},\qquad r=a \tag{5.63}$$

$$\xi_b=-\frac{\varepsilon V}{b\ln\frac{b}{a}},\quad r=b \tag{5.64}$$

なる密度の面電荷が分布していることになる．

したがって，内部導体の表面 $r=a$ には，軸方向に単位長当り

$$q = 2\pi a \xi_a = \frac{2\pi\varepsilon V}{\ln\dfrac{b}{a}} \tag{5.65}$$

なる電荷量の面電荷が分布し，外部導体の内側表面 $r=b$ にはこれと等量，逆符号の面電荷が分布していることになる．

上式から，$V/\ln(b/a)=q/2\pi\varepsilon$ であるから，式（5.62）に示した電位 ϕ は

$$\phi = \frac{q}{2\pi\varepsilon}\ln\frac{b}{r} \tag{5.66}$$

と書くこともできる．

上式の電位に対応する静電界は，式（5.4）および付録 A の式（A.54）から

$$\boldsymbol{E} = -\nabla\phi = -\boldsymbol{i}_r\frac{\partial\phi}{\partial r} = \boldsymbol{i}_r\frac{q}{2\pi\varepsilon r} \tag{5.67}$$

となる．ただし，$\boldsymbol{i}_r$ は半径方向を向く単位ベクトルである．この電界の模様を電気力線によって図示すると**図 5.6** のようになる．

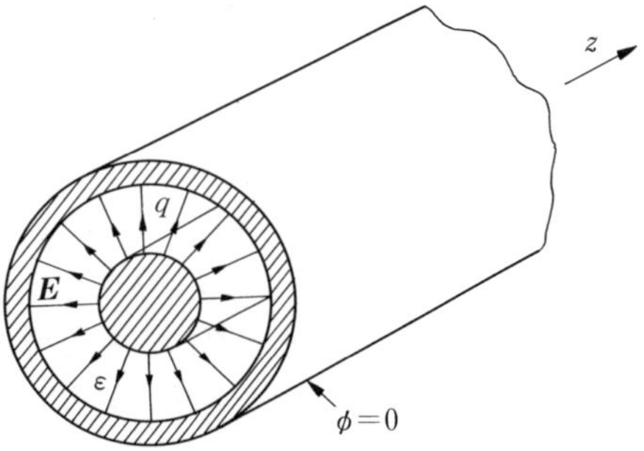

図 5.6　面電荷の分布する同軸円筒導体間の静電界

このような同軸円筒導体系の外部（$r>b$）には全く電界が生じない．このことは，内部導体の表面上および外部導体の内側表面上に分布する面電荷が，上述のように等量，逆符号のため，外部導体の内側半径 b よりも大きな半径 $r>b$ の同軸円筒面 S をとると，S によってかこまれる領域 V 内に含まれる全電荷は零となり，したがって面 S を貫いて外方（半径方向）へ出ていく電界は零となることから明らかである．

演　習　問　題

5.1　半径 a なる円板状の，面電荷密度が ξ なる均一な面電荷分布の中心軸上における電位および電界を求めよ．特に十分遠方におけるこれらの値はどうなるか．

5.2　半径が a および b（ただし $a<b$）なる同心球面があり，半径 a の球面上には q なる電荷が，また半径 b の球面上には $-q$ なる電荷がそれぞれ一様に分布して静止しているものとすると，これらの同心球面間の電位差はいくらになるか．ただし，二つの同心球面間の空間は誘電率が ε なる誘電体によって満たされているものとする．

5.3　電位分布が球座標系を用いて $qe^{-kr}/4\pi\varepsilon_0 r$ と表されるとき，このような電位分布を生ずる電荷分布の密度 ρ を求めよ．ただし，q および k は定数である．

5.4　領域 V 内に分布する ρ なる密度の静止電荷によって，領域 V 外の任意の点に生ずるスカラー・ポテンシャル ϕ は

$$\phi=\frac{1}{4\pi\varepsilon}\int_V\frac{\rho}{r}dV$$

によって与えられる．ただし，r は静止電荷の分布する領域 V 内の任意の点からスカラー・ポテンシャル ϕ を求めている点までの距離を表す．このとき，$\boldsymbol{E}=-\boldsymbol{\nabla}\phi$ によって与えられる静電界 $\boldsymbol{E}$ が $\boldsymbol{\nabla}\times\boldsymbol{E}=0$ なる関係を満足する保存的なベクトル界であることを示せ．

5.5　n 個の導体からなる系において，それぞれの導体に $Q_1, Q_2, \cdots, Q_n$ なる電荷を与えたとき，各導体の電位が $\phi_1, \phi_2, \cdots, \phi_n$ になったとする．つぎに $Q_1', Q_2', \cdots, Q_n'$ なる電荷を与えると，電位はそれぞれ，$\phi_1', \phi_2', \cdots, \phi_n'$ に変わったとする．このとき

$$\sum_{k=1}^{n}Q_k\phi_k'=\sum_{k=1}^{n}Q_k'\phi_k$$

なる関係が成り立つことを示せ．

5.6　$x<0$ および $y<0$ の部分は導体によって占められており，$x>0$ かつ $y>0$ の部分は真空であるとする．真空の部分における任意の点 (a, b, 0) に点電荷 q を置くとき，この点電荷によって生ずる電界および導体表面上に誘起される面電荷の密度を求めよ．

5.7　2枚の無限に広い平行な導体平板の一方の電位は 0，他方の電位は V に保

たれており，これらの導体平板の間には $\rho_0(x/d)$ なる密度の電荷が分布している．ただし，ρ_0 は定数，d は導体平板間の間隔，x は電位が 0 の導体平板を基準としたときの任意の点の座標を表す．このとき，点 x における電位および電界，ならびに各導体平板に誘起される面電荷の密度を求めよ．

5.8 真空中の均一な静電界 E_0 の中に，この電界に垂直に半径 a なる無限に長い真っすぐな完全導体円柱を置いたとき，この導体円柱の外部における電界 $\boldsymbol{E}$ および導体円柱の表面に誘起される面電荷の密度 ξ を求めよ．

5.9 真空中の均一な静電界 E_0 の中に，この電界に垂直に半径 a，誘電率 ε なる無限に長い真っすぐな誘電体円柱を置いたとき，この誘電体円柱の分極によって新たに生ずる電界の分布を求めよ．

5.10 真空中の均一な静電界 E_0 の中に，半径 a なる完全導体球を置いたとき，この導体球の外部における電界 $\boldsymbol{E}$ および導体球の表面に誘起される面電荷の密度 ξ を求めよ．

5.11 真空中の均一な静電界 E_0 の中に，半径 a，誘電率 ε なる誘電体球を置いたとき，この誘電体球の分極によって新たに生ずる電界の分布を求めよ．

6. 静　磁　界

6.1 定常電流分布による静磁界

本章では，時間的に変化しない静磁界の基本的性質と，その理論的取扱いの技法などについて述べる．なお，本章の議論では，前章の場合と同様，対象とする系内に含まれる物質はすべて線形，等方，均質であるとする．すなわち，透磁率 μ は磁界の強さ，方向および場所などに無関係な定数であるとする．したがって，本章の議論は，*4.9* 節でも述べたように，単に透磁率 μ を真空の透磁率 μ_0 に置きかえるだけで，真空中の静磁界に対してもすべてそのまま成り立つことになる．

まず，本節では，電流の大きさや方向およびその空間的な分布などが時間的に変化しないような定常電流によって生ずる静磁界の基本的な性質について述べる．このような静磁界は線形，等方な物質中のマクスウェルの方程式（*4.69*）および（*4.71*）から，時間的な変化を示す項を零（$\partial/\partial t=0$）として

$$\nabla\times\boldsymbol{H}=\boldsymbol{J} \tag{6.1}$$

$$\nabla\cdot\mu\boldsymbol{H}=0 \tag{6.2}$$

を満足しなければならない．ここで，磁界ベクトル $\boldsymbol{H}$ および電流密度ベクトル $\boldsymbol{J}$ は，静磁界の場合，いずれも時間 t に無関係な，空間座標のみの関数である．また，前述のように，系に含まれる媒質が均質な場合には透磁率 μ は場所にも無関係な定数となる．

定常電流の場合には，たとえ電流を形成する電荷の移動が生じていても，その移動は完全に定常的（一定）であるから，けっきょく空間的な電荷分布には

時間的な変化は現れず，したがってすべての点で $\partial\rho/\partial t=0$ である．これから，式（3.2）に示した電荷保存の法則は，定常電流の場合には

$$\nabla\cdot\boldsymbol{J}=0 \tag{6.3}$$

となる．すなわち，定常電流の密度 $\boldsymbol{J}$ はその発散が零となるようなソレノイダルなベクトルである．したがって，付録 A の $A.7$ 節で述べたように，定常電流の分布を示す流線は湧出点も流入点ももたず，それ自体で閉じた閉曲線となっている．

さて，式（6.1）は定常電流分布が静磁界の源であることを示し，式（6.2）は一般に磁界がソレノイダルなベクトル界であることを示している．磁界を特徴づける式（6.2）は，付録 A の式（A.113）に示したとおり，ベクトル・ポテンシャル $\boldsymbol{A}$ を用いて

$$\mu\boldsymbol{H}=\nabla\times\boldsymbol{A} \tag{6.4}$$

と書き表すことがつねに可能である．なぜならば，式（A.112）に示したとおり，$\nabla\cdot(\nabla\times\boldsymbol{A})=0$ なる関係が恒等的に成り立つからである．すなわち，式（6.4）は磁界がソレノイダル（$\nabla\cdot\mu\boldsymbol{H}=0$）であることを示すマクスウェルの方程式（6.2）と数学的に全く等価である．

式（6.4）の右辺の符号は負にしても数学的には全く同等であるが，静磁界の理論においては，習慣に従い，式（6.4）のように定める．静磁界 $\boldsymbol{H}$ は時間 t に無関係な，空間座標のみの関数であるから，静磁界のベクトル・ポテンシャル $\boldsymbol{A}$ も，もちろん時間 t に無関係な，空間座標のみの関数である．

上述のように，式（6.2）はベクトル・ポテンシャル $\boldsymbol{A}$ を用いて式（6.4）のように書き表すことができるから，式（6.1）は，媒質が均質な場合，すなわち透磁率 μ が場所に無関係な定数となる場合には

$$\nabla\times\mu\boldsymbol{H}=\nabla\times(\nabla\times\boldsymbol{A})=\mu\boldsymbol{J} \tag{6.5}$$

と書くことができる．さらに，付録 A の式（A.130）に示した関係を用いると，上式は

$$\nabla(\nabla\cdot\boldsymbol{A})-\nabla^2\boldsymbol{A}=\mu\boldsymbol{J} \tag{6.6}$$

となる．

ところで，付録 A の $A.9$ 節で述べたとおり，一般に任意のベクトル $\boldsymbol{A}$ はその回転 $\nabla\times\boldsymbol{A}$ の値が指定されただけでは唯一的に定まらない．なぜならば，式（$A.109$）に示した性質（$\nabla\times(\nabla V)=0$）から，ベクトル $\boldsymbol{A}$ に ∇V なる保存的な任意のベクトルをつけ加えても，その回転は，式（$A.115$）に示したとおり，$\nabla\times(\boldsymbol{A}+\nabla V)=\nabla\times\boldsymbol{A}+\nabla\times(\nabla V)=\nabla\times\boldsymbol{A}$ となって変わらないからである．すなわち，ベクトルの回転が与えられただけでは，一般にそのベクトルは一義的には定まらず，∇V なる保存的なほかの任意のベクトルを付加し得るだけの自由度，あるいは不定性が残される．したがって，静磁界のベクトル・ポテンシャル $\boldsymbol{A}$ も，その回転を式（6.4）で指定しただけでは一義的に定義されたことにならない．

これに対して，$A.9$ 節で述べたヘルムホルツの定理によって，任意のベクトルはその回転と発散の両方がともに指定されれば唯一的に定まる．したがって，ベクトル・ポテンシャルの場合も，これを一義的に定義するためには，その回転を式（6.4）で与えると同時に，その発散をも定めなければならない．

ベクトル・ポテンシャル $\boldsymbol{A}$ の発散をどのように定めるかは任意であって，その回転（6.4）とは無関係に，独立に指定することができる．そこで，静磁界の理論においては，以下の議論に便利なように，ベクトル・ポテンシャル $\boldsymbol{A}$ の発散を

$$\nabla\cdot\boldsymbol{A}=0 \tag{6.7}$$

と定める．

静磁界のベクトル・ポテンシャル $\boldsymbol{A}$ の発散を上式のように定める理由は，このようにすると，すぐ後で示すように，ベクトル・ポテンシャル $\boldsymbol{A}$ が満たすべき方程式が，静止電荷分布による静電界のスカラー・ポテンシャル（電位）ϕ が満たすべき方程式と数学的に類似の形になるからである．

静磁界のベクトル・ポテンシャル $\boldsymbol{A}$ を以上のように定義すると，式（6.6）は，式（6.7）の条件から

$$\nabla^2\boldsymbol{A}=-\mu\boldsymbol{J} \tag{6.8}$$

となる．ここで，∇^2 はラプラスの演算子であって，例えば直角座標系の場合

には，付録 A の式（A.132）に示したとおり

$$\nabla^2 \boldsymbol{A} = \boldsymbol{i}_x \nabla^2 A_x + \boldsymbol{i}_y \nabla^2 A_y + \boldsymbol{i}_z \nabla^2 A_z \tag{6.9}$$

である．

式（6.8）は，$\boldsymbol{J}$ なる密度で定常電流が分布する領域においてベクトル・ポテンシャル $\boldsymbol{A}$ が満足すべき微分方程式を与えている．このベクトル微分方程式を**ベクトル・ポアソン方程式**（vector Poisson equation）と呼ぶ．ベクトル・ポアソン方程式（6.8）は，これを導いた上述の過程から明らかなとおり，式（6.7）の条件のもとで，静磁界が満足すべきマクスウェルの方程式（6.1）および（6.2）と数学的に全く等価である．

ベクトル・ポアソン方程式（6.8）において，特に $\boldsymbol{J}=0$ なる場合には

$$\nabla^2 \boldsymbol{A} = 0 \tag{6.10}$$

となる．

上式は，電流が存在しない領域においてベクトル・ポテンシャル $\boldsymbol{A}$ が満足すべき微分方程式を与えている．このベクトル微分方程式を**ベクトル・ラプラス方程式**（vector Laplace equation）と呼ぶ．ベクトル・ラプラス方程式（6.10）は，式（6.7）の条件のもとで，電流の存在しない領域（$\boldsymbol{J}=0$）における静磁界を定めるマクスウェルの方程式

$$\boldsymbol{\nabla} \times \boldsymbol{H} = 0 \tag{6.11}$$

$$\boldsymbol{\nabla} \cdot \mu \boldsymbol{H} = 0 \tag{6.12}$$

と数学的に全く等価である．

電流が存在しない領域におけるベクトル・ポテンシャルまたは磁界は，物理的には，その領域の外部またはその領域をかこむ表面（境界面）上に分布している電流によって生ずるものである．

上述のように，ベクトル・ラプラス方程式およびベクトル・ポアソン方程式は，マクスウェルの方程式と同様に，物理的に実在可能な静磁界が満足すべき条件をベクトル・ポテンシャル $\boldsymbol{A}$ を用いて表現したものである．したがって，静磁界を解析したり，希望する静磁界系を設計したりする場合，マクスウェルの方程式をもとに直接磁界 $\boldsymbol{H}$ を取り扱うかわりに，ベクトル・ラプラス方程

式またはベクトル・ポアソン方程式からベクトル・ポテンシャル $\boldsymbol{A}$ を求めても，得られる結果は完全に同じものとなる．ベクトル・ポテンシャル $\boldsymbol{A}$ がわかれば，磁界 $\boldsymbol{H}$ は，式（6.4）から，$\boldsymbol{H}=(1/\mu)\nabla\times\boldsymbol{A}$ として，空間座標に関する回転の微分演算によって直ちに求まる．このように，上述の二つの方法は数学的に全く等価であって，与えられた個々の問題によって都合のよいほうを用いればよい．

ベクトル・ポテンシャル $\boldsymbol{A}$ を用いて静磁界を解析したり，希望する静磁界系を設計したりする場合には，電流の分布している領域に対してはベクトル・ポアソン方程式を，電流分布を含まない領域に対してはベクトル・ラプラス方程式を，それぞれ与えられた境界条件のもとで解く問題となる．ところで，ベクトル・ポアソン方程式（6.8）およびベクトル・ラプラス方程式（6.10）を，静電界の電位 ϕ に対するポアソンの方程式（5.26）およびラプラスの方程式（5.28）と比べてみると，それぞれの方程式は数学的に類似の形をしていることがわかる．実際，例えばベクトル・ポアソン方程式（6.8）の x 成分は，式（6.9）を参照して

$$\nabla^2 A_x = -\mu J_x \tag{6.13}$$

となり，これを式（5.26）に示した静電界の電位 ϕ に対するポアソンの方程式と比べてみると，系に含まれる媒質が線形，等方，均質な場合には $1/\varepsilon$ と μ はいずれも数学的には単なる定数にすぎないから，この両式は数学的に全く同じ形である．y および z 成分についても全く同様の関係が成り立つ．

また，ベクトル・ラプラス方程式（6.10）の x 成分も，同じく式（6.9）を参照して

$$\nabla^2 A_x = 0 \tag{6.14}$$

となり，これを式（5.28）に示した静電界の電位 ϕ に対するラプラスの方程式と比べてみると，両式は数学的に全く同じ形である．y および z 成分についても全く同様の関係が成り立つ．

このように，ベクトル・ポアソン方程式およびベクトル・ラプラス方程式は，それぞれ静電界の電位 ϕ に対するポアソンの方程式およびラプラスの方

程式と数学的に完全に同じ形のスカラー微分方程式に分解することができる．したがって，例えば式（6.13）の特解は，式（5.33）に示したポアソンの方程式の特解を参照し，定数 $1/\varepsilon$ が μ に対応することを考慮すると

$$A_x = \frac{\mu}{4\pi}\int_V \frac{J_x}{r} dV \tag{6.15}$$

で与えられることがわかる．y および z 成分についても，その特解は上式と全く同じ形になる．

したがって，ベクトル・ポアソン方程式（6.8）の特解は，これらのベクトル和として

$$\boldsymbol{A} = \frac{\mu}{4\pi}\int_V \frac{\boldsymbol{J}}{r} dV \tag{6.16}$$

と書くことができる．ただし，r は電流の存在する点 Q からベクトル・ポテンシャル $\boldsymbol{A}$ を求めている点 P までの距離である．また，上式の積分は，電流の分布をすべてその中に包含するような領域にわたって，電流の存在する点 Q の座標 x_Q，y_Q，z_Q に関して行うものである．

もし，電流が面 S 上に分布する，単位幅当り $\boldsymbol{K}$ なる密度の面電流の場合には，式（6.16）は

$$\boldsymbol{A} = \frac{\mu}{4\pi}\int_S \frac{\boldsymbol{K}}{r} dS \tag{6.17}$$

となる．

さらに，もし電流が線 L 上を流れる，I なる大きさの線電流 $\boldsymbol{I}$ の場合には，式（6.16）は

$$\boldsymbol{A} = \frac{\mu}{4\pi}\int_L \frac{\boldsymbol{I}}{r} dl \tag{6.18}$$

となる．

したがって，これら各種の定常電流分布によって任意の1点 P に生ずるベクトル・ポテンシャルは，一般に，これらの各ベクトル・ポテンシャルのベクトル的な重ね合せとして与えられる．ただし，以上の諸式における積分は，いずれも電流の分布をすべてその中に包含するような体積，面，または線につい

て，電流の存在する点 Q の座標 x_Q，y_Q，z_Q に関して行うものである．

点 P におけるベクトル・ポテンシャル $\boldsymbol{A}$ がわかれば，その点の磁界の強さ $\boldsymbol{H}$ は，式（6.4）から，$\boldsymbol{H}=(1/\mu)\boldsymbol{\nabla}\times\boldsymbol{A}$ として，空間座標に関する回転の微分演算によって直ちに求まる．その際，回転の微分演算は磁界を求めている点 P の座標 x，y，z に関して行うものであることはもちろんである．これに対して，式（6.16）〜（6.18）の積分は，上述のとおり，すべて電流が存在する点 Q の座標 x_Q，y_Q，z_Q に関して行うものである．実際，ベクトル・ポテンシャル $\boldsymbol{A}$ はそれを求めている点 P の座標 x，y，z のみの関数であり $\boldsymbol{J}$，$\boldsymbol{K}$，$\boldsymbol{I}$ などの定常電流密度はすべて電流の存在する点 Q の座標 x_Q，y_Q，z_Q のみの関数である．ただし，r は電流の存在する点 Q とベクトル・ポテンシャルを求めている点 P との間の距離であるから，点 P と点 Q の両方の座標の関数である．

以上のことを考慮すると，例えば式（6.16）で与えられるベクトル・ポテンシャル $\boldsymbol{A}$ に対応する点 P の磁界 $\boldsymbol{H}$ を式（6.4）から求める場合，点 P の座標に関する回転の微分演算と，点 Q の座標に関する積分の計算順序を入れ換えて

$$\boldsymbol{H}=\frac{1}{\mu}\boldsymbol{\nabla}\times\boldsymbol{A}=\frac{1}{4\pi}\int_V\left(\boldsymbol{\nabla}_P\times\frac{\boldsymbol{J}}{r}\right)dV \tag{6.19}$$

とすることができる．

上式で，$\boldsymbol{\nabla}_P\times(\boldsymbol{J}/r)$ は点 P における回転の微分演算を表し，付録 A の式（A.106）に示したとおり

$$\boldsymbol{\nabla}_P\times\left(\frac{\boldsymbol{J}}{r}\right)=\boldsymbol{\nabla}_P\left(\frac{1}{r}\right)\times\boldsymbol{J}+\frac{1}{r}(\boldsymbol{\nabla}_P\times\boldsymbol{J}) \tag{6.20}$$

と展開することができる．式（6.20）において，電流密度 $\boldsymbol{J}$ は前述のように点 P の座標の関数ではないから，右辺第 2 項の点 P の座標に関する $\boldsymbol{J}$ の回転 $\boldsymbol{\nabla}_P\times\boldsymbol{J}$ は零となる．

また，付録 A の式（A.122）に示したとおり，$\boldsymbol{\nabla}_P(1/r)=-\boldsymbol{i}_r/r^2$ であるから，式（6.20）は

$$\nabla_P \times \left(\frac{\boldsymbol{J}}{r}\right) = \nabla_P \left(\frac{1}{r}\right) \times \boldsymbol{J} = -\frac{\boldsymbol{i}_r \times \boldsymbol{J}}{r^2} = \frac{\boldsymbol{J} \times \boldsymbol{i}_r}{r^2} \tag{6.21}$$

と書くことができる．

したがってけっきょく，式（6.19）は

$$\boldsymbol{H} = \frac{1}{4\pi}\int_V \frac{\boldsymbol{J} \times \boldsymbol{i}_r}{r^2} dV \tag{6.22}$$

となる．ただし，$\boldsymbol{i}_r$ は電流の存在する点 Q から磁界を求めている点 P の方向を向く単位ベクトルである．

式（6.17）および（6.18）で表されるベクトル・ポテンシャルに対応する磁界も，上と全く同様にして，それぞれ

$$\boldsymbol{H} = \frac{1}{4\pi}\int_S \frac{\boldsymbol{K} \times \boldsymbol{i}_r}{r^2} dS \tag{6.23}$$

$$\boldsymbol{H} = \frac{1}{4\pi}\int_L \frac{\boldsymbol{I} \times \boldsymbol{i}_r}{r^2} dl \tag{6.24}$$

となる．

したがって，これら各種の定常電流分布によって任意の 1 点 P に生ずる静磁界は，一般に，これらの磁界のベクトル和として与えられる．

線電流によって生ずる磁界を表す式（6.24）は，線電流によって点 P に生ずる磁界 $\boldsymbol{H}$ が，線 L 上の点 Q における微小電流要素 $\boldsymbol{I}dl = \boldsymbol{i}_l I dl$ によって点 P に生ずる微小磁界

$$d\boldsymbol{H} = \frac{\boldsymbol{I} \times \boldsymbol{i}_r}{4\pi r^2} dl = \frac{Idl}{4\pi r^2}(\boldsymbol{i}_l \times \boldsymbol{i}_r) \tag{6.25}$$

の和（積分）によって与えられることを示している．ただし，$\boldsymbol{i}_l$ は線電流の流れている線 L 上の点 Q で線 L に接し，線電流の方向を向く単位ベクトル，$\boldsymbol{i}_r$ は線 L 上の点 Q から磁界を求めている点 P の方向を向く単位ベクトル，r は同じく線 L 上の点 Q から磁界を求めている点 P までの距離である．

微小電流要素によって点 P に生ずる微小磁界 $d\boldsymbol{H}$ の方向は，式（6.25）から明らかなとおり，ベクトル積の定義によって，二つの単位ベクトル $\boldsymbol{i}_l$ と $\boldsymbol{i}_r$ の両方に垂直で，$\boldsymbol{i}_l$ から $\boldsymbol{i}_r$ の方向に右ねじをまわすとき右ねじの進む方向を向く．また，**図 6.1** に示すように，$\boldsymbol{i}_l$ と $\boldsymbol{i}_r$ とのなす角を θ とすれば，同じ

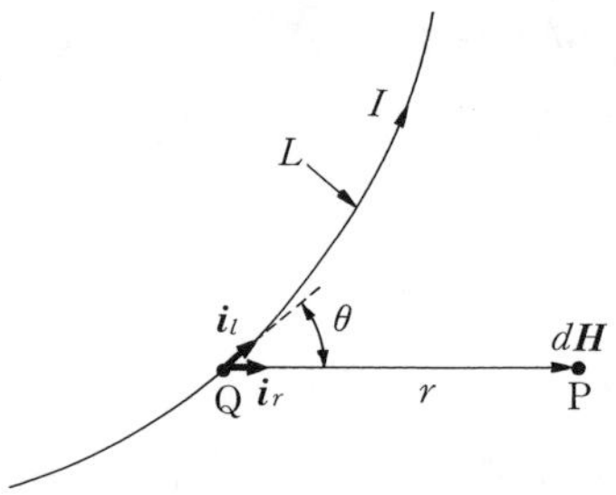

図 6.1　線 L 上の点Qにおける微小線電流要素によって距離 r 離れた点Pに生ずる微小磁界 $d\boldsymbol{H}$

くベクトル積の定義から，$\boldsymbol{i}_l \times \boldsymbol{i}_r$ の絶対値は $\sin\theta$ であるから，式（6.25）に示した微小電流要素による微小磁界 $d\boldsymbol{H}$ の大きさ（絶対値）は

$$|d\boldsymbol{H}| = \frac{Idl}{4\pi r^2}\sin\theta \qquad (6.26)$$

と書き表すことができる．

式（6.25）または（6.26）は**ビオ・サバールの法則**（Biot-Savart's law）と呼ばれている．ビオ・サバールの法則は，微小電流要素によって点Pに生ずる式（6.25）または（6.26）で与えられるような微小磁界を線電流の全長にわたってよせ集めることによって，点Pの磁界が求められることを示している．ただし，ビオ・サバールの法則から点Pの磁界が上述のようにして求められるのは，線電流が大きさも方向も時間的に変化しないような定常電流の場合に限られることに注意しなければならない．

6.2　ベクトル・ポテンシャルおよび磁位の一般的性質

前節の式（6.8）に示したベクトル・ポアソン方程式は線形の微分方程式であるから，その解は式（6.8）を満足する特解（6.16）と，式（6.8）の右辺を零と置いたベクトル・ラプラス方程式（6.10）を満足する解との和によって，一般につぎの形に書くことができる．

$$\boldsymbol{A} = \frac{\mu}{4\pi}\int_V \frac{\boldsymbol{J}}{r}dV + \boldsymbol{A}'' \qquad (6.27)$$

ただし，上式右辺の第1項は領域 V 内におけるベクトル・ポアソン方程式（6.8）の特解，同じく第2項の $\boldsymbol{A}''$ は同じ領域 V 内におけるベクトル・ラプラス方程式（6.10）の解である．

ベクトル・ポアソン方程式の特解である上式右辺の第1項に対応する磁界

は，前節の式（6.22）で与えられる．

一方，ベクトル・ラプラス方程式（6.10）は，前節で述べたとおり，式（6.7）の条件のもとで，電流の存在しない領域（$\boldsymbol{J}=0$）における静磁界を定めるマクスウェルの方程式（6.11）および（6.12）と数学的に全く等価である．したがって，ベクトル・ラプラス方程式（6.10）の解 $\boldsymbol{A}''$ に対応する磁界はこの両式を満足するものでなければならないことはもちろんである．

ところで，式（6.11）および（6.12）の両式は，電荷の存在しない領域（$\rho=0$）における静電界を定めるマクスウェルの方程式（5.29）および（5.30）と全く同じ形である．したがって，このような静磁界は，静電界の場合の式（5.4）と同様に，スカラー・ポテンシャル ϕ_m を用いて

$$\boldsymbol{H}=-\nabla\phi_m \tag{6.28}$$

と書き表すことができる．

上式を式（6.12）に代入すると，5.2節に示した静電界の場合と全く同様に，スカラー・ポテンシャル ϕ_m が満たすべき方程式として，直ちに

$$\nabla^2\phi_m=0 \tag{6.29}$$

なるラプラスの方程式が導かれる．

以上の結果，けっきょく領域 V 内でベクトル・ポアソン方程式を満足するベクトル・ポテンシャル（6.27）に対応する磁界 $\boldsymbol{H}$ は，一般に，つぎの形に書くことができる．

$$\boldsymbol{H}=\frac{1}{4\pi}\int_V\frac{\boldsymbol{J}\times\boldsymbol{i}_r}{r^2}dV-\nabla\phi_m \tag{6.30}$$

ただし，ϕ_m は同じ領域 V 内におけるラプラスの方程式（6.29）の解である．

したがって，電流の分布する領域 V 内で物理的に実在可能な静磁界を定めるには，静電界の場合と同様に，領域 V 内でベクトル・ポアソン方程式を満足する特解に対応する磁界を求め，もしそれだけでは境界条件が満足されない場合には，同じ領域 V 内でラプラスの方程式を満足する関数群 ϕ_m の中から適当なものを適当な数だけ選んで式（6.30）のようにつけ加え，それらの和によって与えられた境界条件が満足されるようにすればよいことになる．

電流分布を含まない領域に対しては，境界条件を満足するラプラスの方程式（6.29）の解 ϕ_m を用いて，求める磁界が式（6.28）に示したように $\boldsymbol{H}=-\boldsymbol{\nabla}\phi_m$ として与えられることになる．これは，電荷分布を含まない領域における静電界が，境界条件を満足するラプラスの方程式の解 ϕ を用いて，$\boldsymbol{E}=-\boldsymbol{\nabla}\phi$ として与えられることと対応している．この意味で，静電界のスカラー・ポテンシャル ϕ を電位と呼ぶのに対応して，静磁界のスカラー・ポテンシャル ϕ_m を**磁位**（magnetic potential）と呼ぶこともある．

しかし，静電界の電位 ϕ と静磁界の磁位 ϕ_m との間には，つぎのような重大な相違点がある．それは，静電界の電位 ϕ が場所の一価関数であるのに対して，静磁界の磁位 ϕ_m は，特別の制限条件を加えない限り，一般に場所の多価関数になるという点である．

すなわち，静電界の場合には，5.1節で述べたとおり，零電位の基準さえ定めれば静電界内のすべての点の電位は唯一的に定まり，任意の1点にはただ一つの電位の値が対応することになる．このように，静電界の電位 ϕ が場所の一価関数となるのは，静電界が界内のあらゆる点でつねに必ず保存的（$\boldsymbol{\nabla}\times\boldsymbol{E}=0$）であることに由来している．実際，このことから，静電界内にとった任意の閉曲線 C に沿って静電界 $\boldsymbol{E}$ を一周線積分した値は，式（5.12）に示したとおり零となり，これから静電界内の任意の1点 P_1 の電位 $\phi(P_1)$ が，零電位の基準点として選んだ点 P_2 の電位 $\phi(P_2)=0$ との間の電位差として，式（5.11）に示したとおり，2点 P_1，P_2 を結ぶ途中の積分路の選び方に関係なく，P_1 および P_2 の位置のみによって唯一的に定まることになるのである．

これに対して，定常電流によって生ずる静磁界の場合には，式（6.1）に示したとおり，一般には $\boldsymbol{\nabla}\times\boldsymbol{H}=\boldsymbol{J}$ であって，電流の存在しない部分においてのみ $\boldsymbol{\nabla}\times\boldsymbol{H}=0$ となっているにすぎない．したがって，式（6.1）の両辺を任意の閉曲線 C によってかこまれる面 S について面積分し，左辺にストークスの定理（A.107）を適用すると

$$\int_S(\boldsymbol{\nabla}\times\boldsymbol{H})\cdot\boldsymbol{n}dS=\oint_c\boldsymbol{H}\cdot d\boldsymbol{l}=\int_s\boldsymbol{J}\cdot\boldsymbol{n}dS \qquad (6.31)$$

となって，もし閉曲線 C によってかこまれる面 S を貫いて電流が流れている場合には，上式の右辺は一般に零とならない．

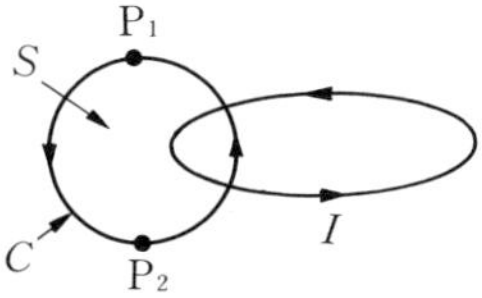

（a）　電流 I の流れる閉回路と鎖交する閉曲線 C

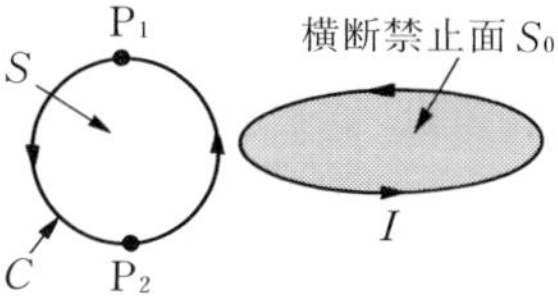

（b）　電流 I の流れる閉回路と鎖交しない閉曲線 C

図 6.2

そこで，例えば**図 6.2** のように，任意の閉回路を流れる定常電流 I によって生じている静磁界を考え，電位の場合と同様に，任意の点，例えば点 P_2 を磁位の基準点にとって，その点の磁位 $\phi_m(P_2)$ の値を零と定めると，このような静磁界内のほかの任意の点 P_1 の磁位 $\phi_m(P_1)$ は，基準点 P_2 の基準（零）磁位と点 P_1 の磁位との磁位差として与えられるはずである．

しかし，基準点 P_2 から P_1 を経て再び P_2 まで，図 6.2(a)に示すような閉曲線 C に沿って矢印の方向に磁界 $\boldsymbol{H}$ を一周線積分すると，式（6.31）から，その値は C を周辺とする面 S を貫く全電流 I となる．すなわち，最初に零と定めた基準点 P_2 の磁位の値が I となってしまう．もしも，基準点 P_2 から P_1 を経て再び P_2 まで，閉曲線 C に沿って矢印の方向と逆方向に一周線積分すると，その値は $-I$ となる．

このように，一般に，電流 I と鎖交する任意の閉曲線 C 上の各点の磁位は，一周線積分するごとに，その値が I だけ増加または減少する．すなわち，最初に述べたとおり，定常電流によって生ずる静磁界内の任意の 1 点の磁位は，一般には，唯一的には定まらず，I の整数倍だけ異なる，場所の多価関数になってしまうという性質がある．

このように，定常電流による静磁界の磁位が一般に多価性をもつという不都合は，考える領域に適当な制限条件をもうけて，静磁界内にとったいかなる任意の閉曲線も電流と鎖交しないようにすることによって取り除くことができる．例えば，いまの例の場合，図 6.2(b)のように，電流 I の流れている閉回路を周辺とする任意の面 S_0 によって空間を区分することにし，いかなる線も

面 S_0 を横断することはできないものと約束すると，電流の存在しない領域内に選んだいかなる任意の閉曲線も電流と鎖交せず，したがって式（6.31）の右辺は式（5.12）と全く同様につねに零となり，その結果，基準点 P_2 に対する任意の点 P_1 の磁位 $\phi_m(P_1)$ の値が，電位の場合と全く同様に，唯一的に定められることになる．

このように，磁位 ϕ_m を場所の一価関数として定義するためには，考える領域に対して上述のような条件をもうけなければならない．このことは，電位 ϕ に比べて磁位 ϕ_m の一般性を著しく損うことになることはいなめない．しかし，その領域内にとったいかなる任意の閉曲線も電流と鎖交しないような領域に対しては，磁位 ϕ_m を導入することによって，よく知られているラプラスの方程式の解を静磁界の場合に適用することができるようになるなど，電位 ϕ を用いる静電界の理論的取扱いと非常に良い類似性をもつようになり，静電界の解析手法や解析結果の多くがそのまま類推的に援用できるようになるという実用上の大きな利点が得られる．

6.3　ベクトル・ポテンシャルおよび磁位に対する境界条件†

4.8 節で示したように，透磁率の値がそれぞれ μ_1 および μ_2 なる二つの媒質の境界面で磁界ベクトル $\boldsymbol{H}$ が満足すべき境界条件は，一般に式（4.59）および（4.65）で与えられる．

ところで，静磁界の垂直成分に対する境界条件（4.65）は，静電界の垂直成分に対する境界条件（4.64）において面電荷の存在しない $\xi_f=0$ なる場合と全く同じ形である．したがって，境界条件（4.64）から電位に対する境界条件（5.37）を導いたのと全く同様にして，境界条件（4.65）は，磁位 ϕ_m を用いて

$$\mu_1\frac{\partial\phi_{m1}}{\partial n}=\mu_2\frac{\partial\phi_{m2}}{\partial n} \tag{6.32}$$

† 本節は省略して先へ進んでもさしつかえない．

と書くことができる．ただし，ϕ_{m1} および ϕ_{m2} は不連続境界面の両側の，領域1側および領域2側における磁位である．

ところで，磁位 ϕ_m が場所の一価関数として定義できるためには，前述のように，適当な制限条件をもうけて，その領域内にとったいかなる任意の閉曲線も電流と鎖交しないようにしなければならないから，自由面電流の分布しているような不連続境界面にまたがって磁位 ϕ_m の値を論ずることはできない．したがって，磁位 ϕ_m に対する境界条件としては，自由面電流が存在しないような不連続境界面についてのみ考えればよい．

自由面電流が存在しないような不連続境界面の場合には，静磁界の接線成分に対する境界条件（4.59）は，$\boldsymbol{K}_f=0$ として，静電界の接線成分に対する境界条件（4.58）と全く同じ形になる．したがって，境界条件（4.58）から電位 ϕ に対する境界条件（5.41）を導いたのと全く同様にして，境界条件（4.59）は，$\boldsymbol{K}_f=0$ として，磁位 ϕ_m を用いて

$$\phi_{m1}=\phi_{m2} \tag{6.33}$$

と書くことができる．

以上に求めた式（6.32）および（6.33）が，自由面電流の存在しない不連続境界面において磁位 ϕ_m が満足すべき境界条件である．式（6.33）に示したとおり，磁位 ϕ_m は自由面電流が存在しないような不連続境界面の両側にわたって連続となる．

つぎに，不連続境界面におけるベクトル・ポテンシャル $\boldsymbol{A}$ に対する境界条件を求めよう．式（6.4）に示した $\boldsymbol{H}=1/\mu(\nabla\times\boldsymbol{A})$ なる関係を用いると，不連続境界面において磁界 $\boldsymbol{H}$ が満足すべき境界条件（4.53）および（4.59）から，ベクトル・ポテンシャル $\boldsymbol{A}$ に対する境界条件として

$$\boldsymbol{n}\times\frac{1}{\mu_1}(\nabla\times\boldsymbol{A}_1)-\boldsymbol{n}\times\frac{1}{\mu_2}(\nabla\times\boldsymbol{A}_2)=\boldsymbol{K}_f \tag{6.34}$$

$$\boldsymbol{A}_1=\boldsymbol{A}_2 \tag{6.35}$$

が導かれる†．ただし，$\boldsymbol{A}_1$ および $\boldsymbol{A}_2$ は不連続境界面の両側の，領域1側およ

† 式（6.35）の誘導については，例えば熊谷信昭著「電磁気学基礎論」（オーム社）5.5節参照．

び領域2側におけるベクトル・ポテンシャル，$\boldsymbol{n}$ は不連続境界面に垂直で，領域2から領域1の方向を向く単位ベクトル，$\boldsymbol{K}_f$ は不連続境界面上の自由面電流密度である．

4.8 節でも述べたように，二つの媒質がいずれも非導電性媒質の場合には，境界面上に自由面電流は存在せず，したがって境界条件（*6.34*）は，$\boldsymbol{K}_f=0$ として

$$\boldsymbol{n}\times\frac{1}{\mu_1}(\nabla\times\boldsymbol{A}_1)=\boldsymbol{n}\times\frac{1}{\mu_2}(\nabla\times\boldsymbol{A}_2) \tag{6.36}$$

となる．

以上に求めた式（*6.34*），（*6.35*），または（*6.36*）が不連続境界面においてベクトル・ポテンシャル $\boldsymbol{A}$ が満足すべき境界条件である．

特に，実用上重要な完全導体表面上でベクトル・ポテンシャル $\boldsymbol{A}$ が満足すべき境界条件はつぎのようになる．すなわち，*4.3* 節で述べたように，完全導体の内部には，静磁界を除いて，電磁界は存在し得ず，したがって，なんらかの方法によって特に静磁界を存在せしめない限り，一般には完全導体内部の電磁界は零と考えてよい．したがって，完全導体表面上でベクトル・ポテンシャル $\boldsymbol{A}$ が満足すべき境界条件は，一般に，完全導体の内部を領域2，外部を領域1として，式（*4.65*）および（*4.67*）に式（*6.4*）の関係 $\boldsymbol{H}=1/\mu(\nabla\times\boldsymbol{A})$ を代入し

$$\boldsymbol{n}\times\frac{1}{\mu}(\nabla\times\boldsymbol{A})=\boldsymbol{K}_f \tag{6.37}$$

$$\boldsymbol{n}\cdot(\nabla\times\boldsymbol{A})=0 \tag{6.38}$$

となる．ただし，$\boldsymbol{n}$ は完全導体の表面に垂直で，完全導体の内部（領域2）から外部の領域1の方向を向く単位ベクトル，$\boldsymbol{A}$ は完全導体表面上の領域1側におけるベクトル・ポテンシャルである．

6.4 磁気双極子による静磁界†

定常電流分布によって生ずる静磁界の最も簡単な例は，2.7 節の例 2.2 で示した，無限に長い真っすぐな直線状の線電流によって生ずる静磁界である．本節では，定常電流分布によって生ずる静磁界のもう一つの代表的な例として，無限に小さい閉路を流れるループ電流によって形成される磁気双極子によって生ずる静磁界を求めてみよう．

図 6.3 のように，半径 a なる円形の微小閉路 C を考え，閉路を流れる定常電流の大きさを I とし，閉路のかこむ面積 πa^2 を S とする．円形閉路の中心を球座標系の原点にとり，座標 θ の基準軸（$\theta=0$ の方向）を図のように定める．原点からの距離 r が閉路の半径 a に比べて十分大きいような遠方の点 P からみれば，このループ電流は，1.3 節で定義したとおり，原点に存在する磁気双極子とみなすことができる．そこで，円形閉路 C 上の点 Q において C に接し，φ 方向を向く単位ベクトルを $\boldsymbol{i}_{\varphi Q}$ とすれば，円形閉路 C に沿って φ 方向に流れる I なる大きさのループ電流 $\boldsymbol{I}=\boldsymbol{i}_{\varphi Q}I$ によって，原点から距離 r 離れた点 P に生ずるベクトル・ポテンシャル $\boldsymbol{A}$ は，式 (6.18) から

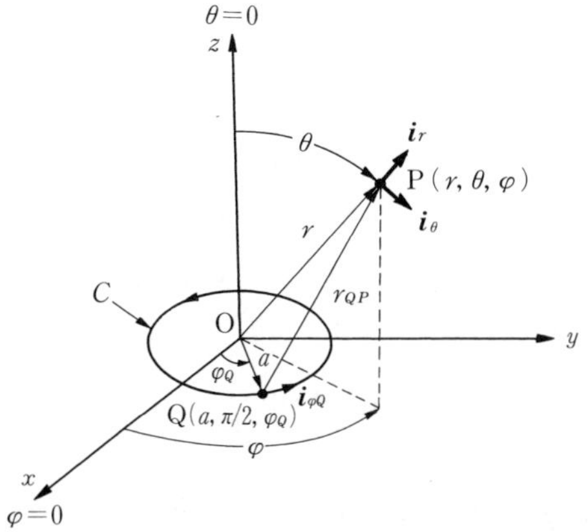

図 6.3 無限に小さな円形閉路を流れるループ電流によって形成される磁気双極子

† 本節は省略して先へ進んでもさしつかえない．

$$\boldsymbol{A}=\frac{\mu}{4\pi}\oint_C \frac{\boldsymbol{I}}{r_{QP}}dl=\frac{\mu I}{4\pi}\oint_C \frac{\boldsymbol{i}_{\varphi Q}}{r_{QP}}dl \tag{6.39}$$

で与えられる．ただし，dl は円形閉路 C 上の点Qにおける微分線素，r_{QP} は点Qからベクトル・ポテンシャル $\boldsymbol{A}$ を求めている点Pまでの距離を表す．

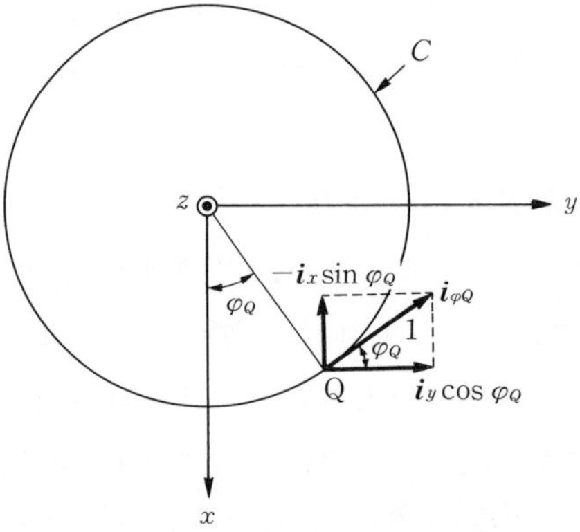

図 6.4　円形閉路 C に接する φ_Q 方向の単位ベクトル $\boldsymbol{i}_{\varphi Q}$ は，大きさが $\cos\varphi_Q$ で $\boldsymbol{i}_y$ の方向を向くベクトル $\boldsymbol{i}_y\cos\varphi_Q$ と，大きさが $\sin\varphi_Q$ で $-\boldsymbol{i}_x$ の方向を向くベクトル $-\boldsymbol{i}_x\sin\varphi_Q$ との和に等しい．

ところで，式（6.39）の積分は，付録 **A** の *A.4* 節でも注意したように，被積分関数を直角座標系の各座標軸方向の成分に分解して計算しなければならない．そこで，円形閉路 C 上の点Qにおける φ 方向の単位ベクトル $\boldsymbol{i}_{\varphi Q}$ を，θ の基準方向を z 軸とし，φ の基準方向を x 軸とする図 6.3 に示すような直角座標系の各座標軸方向の成分に分解すると，**図 6.4** からわかるとおり

$$\boldsymbol{i}_{\varphi Q}=-\boldsymbol{i}_x\sin\varphi_Q+\boldsymbol{i}_y\cos\varphi_Q \tag{6.40}$$

と表される．

また，点Pの座標 (r, θ, φ) を図 6.3 に示すような直角座標系の座標 (x, y, z) によって表すと，付録 A の式（$A.31$）に示したとおり

$$x=r\sin\theta\cos\varphi,\quad y=r\sin\theta\sin\varphi,\quad z=r\cos\theta \tag{6.41}$$

となり，点Qの座標 $(a, \pi/2, \varphi_Q)$ を同じく直角座標系の座標 (x_Q, y_Q, z_Q) によって表すと，上式において $r=a$，$\theta=\pi/2$，$\varphi=\varphi_Q$ として

$$x_Q=a\cos\varphi_Q,\quad y_Q=a\sin\varphi_Q,\quad z_Q=0 \tag{6.42}$$

となる．

したがって，点Qから点Pまでの距離 r_{QP} は

$$r_{QP}=\sqrt{(x-x_Q)^2+(y-y_Q)^2+(z-z_Q)^2}$$
$$=r\left(1+\frac{a^2}{r^2}-\frac{2ax}{r^2}\cos\varphi_Q-\frac{2ay}{r^2}\sin\varphi_Q\right)^{1/2} \qquad (6.43)$$

と表される．ただし

$$r=\sqrt{x^2+y^2+z^2} \qquad (6.44)$$

は原点Oから点Pまでの距離を表す．

1.3 節で述べたように，磁気双極子というのは $a/r\to 0$ の極限として定義されるものであるから，式（*6.43*）の逆数を二項定理によって展開し，a/r の二次以上の項を1に比べて省略すると

$$\frac{1}{r_{QP}}=\frac{1}{r}\left(1+\frac{a^2}{r^2}-\frac{2ax}{r^2}\cos\varphi_Q-\frac{2ay}{r^2}\sin\varphi_Q\right)^{-1/2}$$
$$=\frac{1}{r}\left(1+\frac{ax}{r^2}\cos\varphi_Q+\frac{ay}{r^2}\sin\varphi_Q\right) \qquad (6.45)$$

となる．

上式ならびに式（*6.40*）を式（*6.39*）に代入し，$dl=ad\varphi_Q$ であること，および a，r，x および y はいずれも電流の流れている点Qの座標 φ_Q には無関係であることを考慮して項別に積分すると，点Pにおけるベクトル・ポテンシャル $\boldsymbol{A}$ がつぎのように求まる．

$$\boldsymbol{A}=\frac{\mu I}{4\pi}\oint_C\frac{\boldsymbol{i}_{\varphi Q}}{r_{QP}}dl$$
$$=\frac{\mu Ia}{4\pi r}\int_0^{2\pi}\left(1+\frac{ax}{r^2}\cos\varphi_Q+\frac{ay}{r^2}\sin\varphi_Q\right)(-\boldsymbol{i}_x\sin\varphi_Q+\boldsymbol{i}_y\cos\varphi_Q)d\varphi_Q$$
$$=\frac{\mu I\pi a^2}{4\pi r^3}(-\boldsymbol{i}_x y+\boldsymbol{i}_y x) \qquad (6.46)$$

上に求めたベクトル・ポテンシャルを再び球座標系で表すために，右辺の x および y に式（*6.41*）を代入すると

$$\boldsymbol{A}=\boldsymbol{i}_\varphi\frac{\mu I\pi a^2\sin\theta}{4\pi r^2}=\boldsymbol{i}_\varphi\frac{\mu m\sin\theta}{4\pi r^2} \qquad (6.47)$$

となる．ただし

$$\boldsymbol{i}_\varphi=-\boldsymbol{i}_x\sin\varphi+\boldsymbol{i}_y\cos\varphi \qquad (6.48)$$

は，式（6.40）に示した点Qにおける φ 方向の単位ベクトル $\boldsymbol{i}_{\varphi Q}$ と全く同様に，点Pにおける φ 方向の単位ベクトルを表している．また，$m=I\pi a^2=IS$ は式（1.24）で定義した磁気双極子能率 $\boldsymbol{m}$ の大きさ（絶対値）である．

磁気双極子能率というのは，定義によって，電流 I の方向と右ねじの関係を示す方向を向く $m=IS$ なる大きさのベクトルであるから，いまの場合，θ の基準方向（$\theta=0$ の方向）を向く単位ベクトルを $\boldsymbol{i}_0$ とすれば，式（5.56）を用いて，磁気双極子能率 $\boldsymbol{m}$ は

$$\boldsymbol{m}=\boldsymbol{i}_0 m=m(\boldsymbol{i}_r\cos\theta-\boldsymbol{i}_\theta\sin\theta) \tag{6.49}$$

と書ける．ただし，$\boldsymbol{i}_r$ および $\boldsymbol{i}_\theta$ はそれぞれ r 方向および θ 方向を向く単位ベクトルである．ここで，$\boldsymbol{i}_r\times\boldsymbol{i}_r=0$，$-\boldsymbol{i}_\theta\times\boldsymbol{i}_r=\boldsymbol{i}_\varphi$ なることを考慮すると，上式から $\boldsymbol{m}\times\boldsymbol{i}_r=\boldsymbol{i}_\varphi m\sin\theta$ となるから，式（6.47）はけっきょくつぎのように書き表すことができる．

$$\boldsymbol{A}=\boldsymbol{i}_\varphi\frac{\mu m\sin\theta}{4\pi r^2}=\frac{\mu}{4\pi r^2}(\boldsymbol{m}\times\boldsymbol{i}_r) \tag{6.50}$$

上式が，原点に存在する $\boldsymbol{m}$ なる能率の磁気双極子によって，原点から距離 r 離れた点Pに生ずる静磁界のベクトル・ポテンシャルである．

このようなベクトル・ポテンシャルに対応する点Pの双極子磁界は，式（6.4）から，付録Aの式（A.105）に示した球座標系における回転の微分演算によって

$$\boldsymbol{H}=\frac{1}{\mu}\nabla\times\boldsymbol{A}=\frac{m}{4\pi r^3}(\boldsymbol{i}_r 2\cos\theta+\boldsymbol{i}_\theta\sin\theta) \tag{6.51}$$

となる．

式（6.51）で与えられる双極子磁界を式（5.59）に示した双極子電界と比較してみると，磁気双極子能率の大きさ m の μ 倍が電気双極子能率の大きさ p に対応する以外は，両者の間に完全な対称性が成り立っていることがわかる．したがって，その界分布はどちらも完全に同じとなり，上式で与えられる双極子磁界を磁気力線で表したものは，双極子電界を電気力線で表した図5.4の実線と完全に一致する．

6.5 磁性体と磁荷

自由電流の存在しない磁性体中における静磁界を記述するマクスウェルの方程式を最も一般的な形で書くと，式（4.34）および（4.36）から

$$\nabla\times\boldsymbol{H}=0 \tag{6.52}$$

$$\nabla\cdot\boldsymbol{B}=0 \tag{6.53}$$

となる．

式（4.32）に示した関係 $\boldsymbol{B}=\mu_0\boldsymbol{H}+\mu_0\boldsymbol{M}$ を用いて式（6.53）を書きかえると

$$\nabla\cdot\mu_0\boldsymbol{H}=-\nabla\cdot\mu_0\boldsymbol{M} \tag{6•54}$$

なる関係が得られる．

ここで

$$\rho_m=-\nabla\cdot\mu_0\boldsymbol{M} \tag{6.55}$$

と置くと，式（6.54）は

$$\nabla\cdot\mu_0\boldsymbol{H}=\rho_m \tag{6.56}$$

となる．

上に示した磁性体中における静磁界を記述するマクスウェルの方程式（6.52）および（6.56）と誘電体中における静電界を記述するマクスウェルの方程式（5.1）および（5.2）とを比較するとわかるとおり，これらの方程式は数学的に全く同じ形をしている．すなわち，式（6.52）および（6.56）において $\boldsymbol{H}$ を $\boldsymbol{E}$ に，μ_0 を ε に，ρ_m を ρ に置きかえると，式（5.1）および（5.2）が得られる．

したがって，その密度が式（6.55）で定義されるような量を静電界の場合の電荷に対応させると，磁性体中の静磁界を誘電体中の静電界と類推的に対応させながら論ずることができるようになる．

すなわち，電荷に対応させるこのような量を**磁荷**（magnetic charge）と呼ぶことにすれば，式（6.56）から，磁性体中における磁界 $\boldsymbol{H}$ は真空中に分布する ρ_m なる密度の磁荷によって生ずるものと考えることができることにな

る．ただし，磁荷なる量は，上述のように，磁性体中における磁気的現象を誘電体中における電気的現象と対応させながら現象論的に記述するために導入された仮想的なものであるから，電荷の場合と異なり，磁荷には自由電荷に対応するような自由磁荷なるものは存在しないことに注意しなければならない．

上述のように，自由電流の存在しない磁性体中における静磁界を記述するマクスウェルの方程式（6.52）および（6.56）は，静電界を記述するマクスウエルの方程式（5.1）および（5.2）と類似の形をしているので，その解は，静電界の場合と類似に，電位 ϕ に対応する磁位 ϕ_m を用いて

$$\boldsymbol{H} = -\nabla\phi_m \tag{6.57}$$

と表すことができる．

分極ベクトル $\boldsymbol{P}$ の値がそれぞれ $\boldsymbol{P}_1$ および $\boldsymbol{P}_2$ で与えられるような，異なる2種類の，分極した誘電体の境界面上には，4.4節の式（4.18）に示したような密度の面分極電荷が現れる．一方，式（6.55）と，これに対応する，分極した誘電体中の分極電荷密度 ρ_p を表す式（4.19）とを比べてみるとわかるとおり，$\mu_0\boldsymbol{M}$ が誘電体の場合の分極ベクトル $\boldsymbol{P}$ に対応している．このことは，式（4.51）と関連して，4.7節でも述べたとおりである．したがって，前述の誘電体の場合からの類推的な対応から，磁化ベクトル $\boldsymbol{M}$ の値がそれぞれ $\boldsymbol{M}_1$ および $\boldsymbol{M}_2$ で与えられるような，異なる2種類の，磁化した磁性体の境界面上には，式（4.18）に対応して

$$\xi_m = -\boldsymbol{n}\cdot(\mu_0\boldsymbol{M}_1 - \mu_0\boldsymbol{M}_2) \tag{6.58}$$

なる密度の**面磁荷**（surface magnetic charge）が現れることになる．ただし，$\boldsymbol{n}$ は不連続境界面に垂直で，領域2から領域1の方向を向く単位ベクトルである．

以上のように，物質の磁性の源として磁荷なる量を想定し，磁性体の磁化を，それと等価な磁荷の分布に置きかえたものを，磁性体の**磁荷モデル**と呼ぶ．これに対して，4.5節で示したように，物質の磁性の源はすべて電流であると考え，磁性体の磁化を，それと等価な電流の分布に置きかえたものを，磁性体の**電流モデル**と呼ぶ．本節で示したように，磁荷なる量を導入し，物質

の磁化を磁荷モデルによって取り扱うと，電界と磁界との対応関係の対称性が良くなるほか，磁性体中における静磁界の解析などを行う場合に，誘電体中における静電界の解析手法や解析結果がそのまま類推的に使えるようになるという実用上の利点もある．

6.6　静磁界の境界値問題[†]

本節では，静磁界の境界値問題の解析例として，同軸円筒導体間のベクトル・ポテンシャルならびに磁界の分布を求めてみよう．

図 6.5 に示すような，内部導体の半径が a，外部導体の内側半径が b で，軸方向には一様な同軸円筒導体系を考える．二つの円軸円筒導体はいずれも完全導体であるとし，それらによってかこまれる中空部分の領域は透磁率 μ なる線形，等方，均質な無損失媒質によって満たされているものとする．同軸円筒導体系の中心軸を円柱座標系の z 軸にとる．内部導体の表面（$r=a$）上には，円周方向の単位幅当り

$$\boldsymbol{K}_a = \boldsymbol{i}_z K_a \tag{6.59}$$

なる密度の面電流が均一に分布して，軸方向（$+z$ 方向）に流れているものとする．ただし，$K_a = |\boldsymbol{K}_a|$ は内部導体の表面上を軸方向（$+z$ 方向）に流れる面電流密度の大きさ，$\boldsymbol{i}_z$ は z 軸（中心軸）の正方向を向く単位ベクトルであ

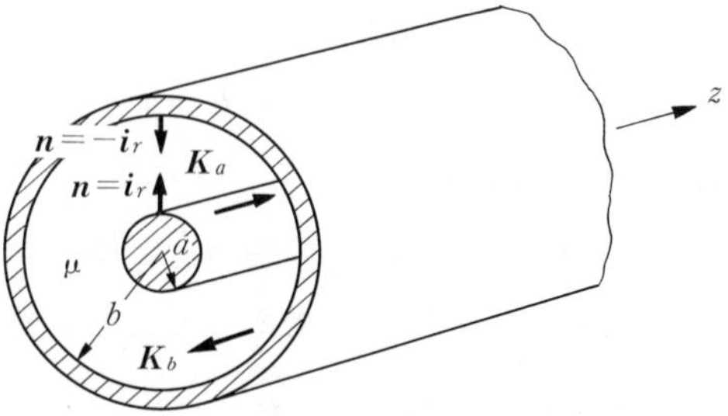

図 6.5　面電流の流れる円軸円筒導体

† 本節は省略して先へ進んでもさしつかえない．

る.

このような同軸円筒導体間の中空部分（$a<r<b$）に生ずるベクトル・ポテンシャルならびに静磁界の分布を求める問題を考える．いまの例の場合，考える中空領域内には電流は存在しないから，ベクトル・ポテンシャル $\boldsymbol{A}$ は式（6.10）に示したベクトル・ラプラス方程式 $\nabla^2\boldsymbol{A}=0$ を満足しなければならない.

ところで，内部導体の表面上を流れる面電流は軸方向成分（z 方向成分）のみであるから，それによって生ずるベクトル・ポテンシャル $\boldsymbol{A}$ は，式（6.17）からもわかるとおり，z 方向成分 A_z のみとなる．したがって，ベクトル・ラプラス方程式 $\nabla^2\boldsymbol{A}=0$ はスカラー・ラプラス方程式 $\nabla^2 A_z=0$ となる．さらに，いまの例の場合，対象としている系は軸方向（z 方向）に一様で，しかも中心軸（z 軸）に関して円柱対称であるから，ベクトル・ポテンシャルの z 方向成分 A_z が満足すべきラプラスの方程式 $\nabla^2 A_z=0$ は，付録 B の式（B.39）に示した一次元の円柱座標系におけるラプラスの方程式

$$\nabla^2 A_z=\frac{d^2 A_z}{dr^2}+\frac{1}{r}\frac{dA_z}{dr}=0 \tag{6.60}$$

となり，したがってその解は，式（B.40）に示したとおり

$$A_z=A\ln\frac{B}{r} \tag{6.61}$$

で与えられる．ただし，A および B はいずれも境界条件から定まる任意定数である.

まず，外部導体の内側表面 $r=b$ におけるベクトル・ポテンシャルを基準にとって，その値を零とすれば，任意定数 B は $B=b$ となる.

一方，内部導体の表面 $r=a$ においてベクトル・ポテンシャルが満足すべき境界条件は，式（6.37）から，いまの例の場合，導体表面に垂直な単位ベクトル $\boldsymbol{n}$ は半径方向を向く単位ベクトル $\boldsymbol{i}_r$ であることを考慮すると

$$\boldsymbol{i}_r\times\frac{1}{\mu}(\boldsymbol{\nabla}\times\boldsymbol{A})_{r=a}=\boldsymbol{K}_a \tag{6.62}$$

となる．付録 A に示した円柱座標系における回転の微分演算（A.104）から，

$A_r = A_\varphi = 0$，$\partial/\partial\varphi = \partial/\partial z = 0$ として，$(\boldsymbol{\nabla}\times\boldsymbol{A})_{r=a} = \boldsymbol{i}_\varphi A/a$ となり，さらに $\boldsymbol{i}_r \times \boldsymbol{i}_\varphi = \boldsymbol{i}_z$ であることから，上式左辺は $\boldsymbol{i}_z A/\mu a$ となる．したがって，上式右辺に式（6.59）を代入すると，任意定数 A は $A = \mu a K_a$ となる．

以上の結果，式（6.61）は

$$A_z = \mu a K_a \ln\frac{b}{r} \tag{6•63}$$

となる．

内部導体の表面上を $+z$ 方向に流れる全電流を I とすれば，$I = 2\pi a K_a$ であるから，式（6.63）は

$$A_z = \frac{\mu I}{2\pi}\ln\frac{b}{r} \tag{6.64}$$

と書くこともできる．したがってけっきょく，求めるベクトル・ポテンシャル $\boldsymbol{A}$ は

$$\boldsymbol{A} = \boldsymbol{i}_z A_z = \boldsymbol{i}_z\frac{\mu I}{2\pi}\ln\frac{b}{r} \tag{6.65}$$

となる．

上式のベクトル・ポテンシャルに対応する静磁界は，式（6.4）および付録 A の式（A.104）から

$$\boldsymbol{H} = \frac{1}{\mu}\boldsymbol{\nabla}\times\boldsymbol{A} = \frac{1}{\mu}\left(-\boldsymbol{i}_\varphi\frac{\partial A_z}{\partial r}\right) = \boldsymbol{i}_\varphi\frac{I}{2\pi r} \tag{6.66}$$

となる．ただし，$\boldsymbol{i}_\varphi$ は円周方向を向く単位ベクトルである．この磁界の模様を磁気力線で図示すると**図 6.6** のようになる．

上に求めた磁界 $\boldsymbol{H}$ は，外部導体の内側表面 $r=b$ において境界条件（4.65）および（4.67）を満足していなければならない．そのうち，境界条件（4.67）は，磁界 $\boldsymbol{H}$ が導体表面に接する接線成分（φ 方向成分）のみであることから，自動的に満足されている．もう一つの境界条件（4.65）は，いまの例の場合，外部導体の内側表面 $r=b$ に垂直な単位ベクトル $\boldsymbol{n}$ が $\boldsymbol{n} = -\boldsymbol{i}_r$ であることを考慮すると

$$(-\boldsymbol{i}_r\times\boldsymbol{H})_{r=b} = -\boldsymbol{i}_z\frac{I}{2\pi b} = -\boldsymbol{i}_z K_b = \boldsymbol{K}_b \tag{6.67}$$

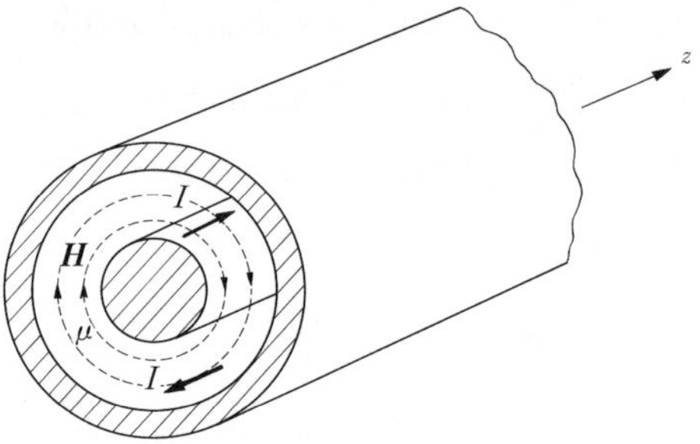

図 6.6　面電流の流れる同軸円筒導体間の静磁界

となる．ただし，$K_b = I/2\pi b$ である．

上式からわかるように，外部導体の内側表面上には，$-z$ 方向に，円周方向の単位幅当り $K_b = I/2\pi b$ なる密度の面電流が流れていなければならないことになる．したがって，外部導体の内側表面上を $-z$ 方向に流れる全電流の大きさは $2\pi b K_b = I$ となって，内部導体の表面上を $+z$ 方向に流れる全電流の大きさ I と等しい．すなわち，いまの例の場合，内部導体の表面 $r=a$ と外部導体の内側表面 $r=b$ には，いずれも I なる大きさの等量の電流が互いに逆向きに流れていることになる．

このような同軸円筒導体系の外部（$r>b$）には全く磁界が生じない．このことは，内部導体の表面上および外部導体の内側表面上を流れる面電流が，上述のように大きさが等しく方向が逆向きのため，外部導体の内側半径 b よりも大きな半径 $r>b$ の同心円 C をとると，C によってかこまれる面 S を貫く全電流は二つの面電流が互いに打ち消し合って零となることから明らかである．

演　習　問　題

6.1　任意の断面形状をもつ無限に長い真っすぐなソレノイドに一定の電流 I が流れているとき，このソレノイドの内部および外部における磁界を求めよ．ただし，ソレノイドの単位長当りの巻数を n とする．

6.2　長さ L の直線電流 I によって生ずるベクトル・ポテンシャルを求め，これを用いて，直線電流に垂直で，その中点を通る平面内における磁界を求めよ．特に，$L\to\infty$ のときの磁界の値はどうなるか．

6.3　半径 a なる円形電流 I の中心軸上における磁界を求めよ．

6.4　問 6.3 の結果を用いて，半径 a，長さ L なる円形断面のソレノイドの中心軸上における磁界を求めよ．ただし，ソレノイドの単位長当りの巻数を n，ソレノイドに流れる電流を I とする．

6.5　半径が a および b（ただし $a<b$）なる同軸円筒面の間を一定の密度 J の電流が周方向に流れているとき，この電流分布によって生ずる磁界を求めよ．

6.6　領域 V 内にある $\boldsymbol{J}$ なる密度の定常電流分布によって，領域 V 外の任意の点に生ずるベクトル・ポテンシャル $\boldsymbol{A}$ は

$$\boldsymbol{A}=\frac{\mu}{4\pi}\int_V \frac{\boldsymbol{J}}{r}dV$$

によって与えられる．ただし，r は電流の分布する領域内の任意の点からベクトル・ポテンシャル $\boldsymbol{A}$ を求めている点までの距離を表す．このとき，$\boldsymbol{H}=(1/\mu)\nabla\times\boldsymbol{A}$ によって与えられる静磁界が $\nabla\cdot\boldsymbol{H}=0$ なる関係を満足するソレノイダルなベクトル界であることを示せ．

6.7　面電荷密度が ξ なる，一様に帯電した半径 a の円板が中心軸のまわりに角速度 ω で回転しているとき，この円板の中心軸上における磁界を求めよ．ただし，円板の厚さは無視できるものとする．

6.8　軸方向に一様に磁化された半径 a，長さ l なる棒磁石の軸上における磁界の強さを求めよ．ただし，磁化によって生ずる磁化ベクトルの大きさを M とする．

6.9　真空中に，一定の方向に一様に磁化された半径 a なる磁性体球を置いたとき，磁性体球の外部および内部における静磁界を求めよ．ただし，磁化によって生ずる磁化ベクトルの大きさを M とする．

7. 電磁系における電力およびエネルギー

7.1 電磁エネルギーおよび電力

1.5 節でも述べたように，電磁界は電荷および電流に対して力をおよぼす．したがって，例えば電荷を帯びた荷電粒子や電流の流れている導線などが自由に運動できる場合には，電磁界はこれらに力をおよぼして，その運動の状態を変化させる．すなわち，電磁界はそのような仕事をなす能力，いいかえればエネルギーを保有していることになる．また，このような，電磁界と電荷または電流などとの相互作用の結果，電磁界が保有するエネルギーとほかの形態のエネルギー，例えば力学的なエネルギーや熱エネルギーなどとの間で，エネルギーの相互変換が行われることになる．そのような場合の基本的な前提は，もちろんエネルギー保存の法則である．

例えば，電界が運動荷電粒子に力をおよぼし，その結果，荷電粒子が加速されるような場合には，その荷電粒子のもつ力学的な運動のエネルギーが増加し，その分だけ電界の保有する電気的なエネルギーが減少する．逆に，電界との相互作用によって運動荷電粒子が減速されるような場合には，その荷電粒子のもつ力学的な運動のエネルギーが減少し，その分だけ電界の保有する電気的なエネルギーが増加する．すなわち，これらの場合には，運動荷電粒子の保有する力学的な運動のエネルギーと電界の保有する電気的なエネルギーとの間でエネルギーの授受が行われることになる．また，導体中の自由電荷に電界が力をおよぼし，自由電荷が運動して導電電流が流れるような場合には，電界のエネルギーが導体中を運動する自由電荷の運動エネルギーとして与えられ，その運動エネルギーが導体の抵抗力によって失われて，けっきょく導体中の熱エネルギーに変換される．すなわち，この場合には，電界の保有する電気的なエネルギーが熱エネルギーの形態に変換されることになる．

電磁界が単位時間になす仕事，すなわち単位時間当りの仕事率を**電力**（electric power）または単に**パワー**（power）と呼び，単位体積当りに蓄えられる電磁界のエネルギーを**電磁エネルギー密度**（electromagnetic energy density）と呼ぶ．

本章では，まず電磁エネルギーおよび電力の間に成り立つ重要な関係式を導き，電磁系におけるエネルギー保存の関係を明らかにする．ついで，工学的に重要な電気的エネルギーと力学的あるいは機械的エネルギーとの間の各種の具体的なエネルギー変換方式の基本原理について述べる．

エネルギーの観点から電磁界および電磁系の特性を調べることは，理論的にも実用的にもきわめて重要である．すなわち，本章の議論によって，電磁界の物理的な性質がよりいっそう明らかになるとともに，その結果は，例えば回路理論における諸法則や回路定数，インピーダンスなどの諸概念の物理的な意味を理解するうえでも決定的に重要な役割を果たす．また，工学的には，電磁エネルギーあるいは電力の伝送を行う各種の伝送系や，前述のような力学的あるいは機械的エネルギーと電磁エネルギーとの間の相互変換に関する各種の電気機器，電子装置などの動作原理を物理的に理解したり，それらを解析あるいは設計したりする場合の基礎を与えることになる．

7.2 電磁系におけるエネルギー保存則

本節では，まず電磁系における電磁エネルギーおよび電力の流れの方向を示す重要な基本的関係式を導き，電磁系におけるエネルギー保存の関係を明らかにする．前章までの場合と同様に，系に含まれる媒質はすべて線形，等方でかつ非分散性であるとすると，電磁界ベクトル $\boldsymbol{E}$ および $\boldsymbol{H}$ は，4.9 節の式（4.68）および（4.69）に示したマクスウェルの方程式

$$\nabla\times\boldsymbol{E}=-\mu\frac{\partial\boldsymbol{H}}{\partial t}\tag{7.1}$$

$$\nabla\times\boldsymbol{H}=\boldsymbol{J}+\varepsilon\frac{\partial\boldsymbol{E}}{\partial t}\tag{7.2}$$

を満足しなければならない．ここで，媒質の誘電率 ε および透磁率 μ はいずれも電磁界の強さ，方向および時間的変化の割合に無関係なスカラー量である．

式（7.1）の両辺に $\boldsymbol{H}$ を，式（7.2）の両辺に $\boldsymbol{E}$ を，それぞれスカラー的にかけると

$$\boldsymbol{H}\cdot(\nabla\times\boldsymbol{E})=-\mu\boldsymbol{H}\cdot\frac{\partial\boldsymbol{H}}{\partial t}\tag{7.3}$$

$$\boldsymbol{E}\cdot(\nabla\times\boldsymbol{H})=\boldsymbol{E}\cdot\boldsymbol{J}+\varepsilon\boldsymbol{E}\cdot\frac{\partial\boldsymbol{E}}{\partial t}\tag{7.4}$$

となる．したがって

$$\boldsymbol{E}\cdot(\nabla\times\boldsymbol{H})-\boldsymbol{H}\cdot(\nabla\times\boldsymbol{E})=\boldsymbol{E}\cdot\boldsymbol{J}+\varepsilon\boldsymbol{E}\cdot\frac{\partial\boldsymbol{E}}{\partial t}+\mu\boldsymbol{H}\cdot\frac{\partial\boldsymbol{H}}{\partial t}\tag{7.5}$$

なる関係が成り立つ．

さらに，上式左辺を付録 A の式（A.124）に示したベクトル関係式

$$\nabla\cdot(\boldsymbol{E}\times\boldsymbol{H})=\boldsymbol{H}\cdot(\nabla\times\boldsymbol{E})-\boldsymbol{E}\cdot(\nabla\times\boldsymbol{H})\tag{7.6}$$

を用いて書き直すと

$$-\nabla\cdot(\boldsymbol{E}\times\boldsymbol{H})=\boldsymbol{E}\cdot\boldsymbol{J}+\varepsilon\boldsymbol{E}\cdot\frac{\partial\boldsymbol{E}}{\partial t}+\mu\boldsymbol{H}\cdot\frac{\partial\boldsymbol{H}}{\partial t}\tag{7.7}$$

となる．ここで

$$w_e=\frac{1}{2}\varepsilon(\boldsymbol{E}\cdot\boldsymbol{E})=\frac{1}{2}\varepsilon|\boldsymbol{E}|^2\tag{7.8}$$

$$w_m=\frac{1}{2}\mu(\boldsymbol{H}\cdot\boldsymbol{H})=\frac{1}{2}\mu|\boldsymbol{H}|^2\tag{7.9}$$

なるスカラー量 w_e および w_m を定義すると

$$\frac{\partial w_e}{\partial t}=\frac{1}{2}\varepsilon\frac{\partial}{\partial t}(\boldsymbol{E}\cdot\boldsymbol{E})=\frac{1}{2}\varepsilon\left(\frac{\partial\boldsymbol{E}}{\partial t}\cdot\boldsymbol{E}+\boldsymbol{E}\cdot\frac{\partial\boldsymbol{E}}{\partial t}\right)=\varepsilon\boldsymbol{E}\cdot\frac{\partial\boldsymbol{E}}{\partial t}\tag{7.10}$$

$$\frac{\partial w_m}{\partial t}=\frac{1}{2}\mu\frac{\partial}{\partial t}(\boldsymbol{H}\cdot\boldsymbol{H})=\frac{1}{2}\mu\left(\frac{\partial\boldsymbol{H}}{\partial t}\cdot\boldsymbol{H}+\boldsymbol{H}\cdot\frac{\partial\boldsymbol{H}}{\partial t}\right)=\mu\boldsymbol{H}\cdot\frac{\partial\boldsymbol{H}}{\partial t}\tag{7.11}$$

である．

式（7.10）および（7.11）の関係を式（7.7）の右辺に代入し，さらに

$$\boldsymbol{S}=\boldsymbol{E}\times\boldsymbol{H} \tag{7.12}$$

なるベクトル量 $\boldsymbol{S}$ を定義して式（7.7）の左辺に代入すると，けっきょく式（7.7）はつぎのように書くことができる．

$$-\nabla\cdot\boldsymbol{S}=\boldsymbol{E}\cdot\boldsymbol{J}+\frac{\partial}{\partial t}(w_e+w_m) \tag{7.13}$$

上式の両辺を任意の閉曲面 S によってかこまれる領域 V にわたって体積分し，左辺にガウスの定理（A.77）を適用すると

$$-\oint_s \boldsymbol{S}\cdot\boldsymbol{n}dS=\int_V(\boldsymbol{E}\cdot\boldsymbol{J})dV+\frac{d}{dt}\int_V(w_e+w_m)dV \tag{7.14}$$

となる．ただし，$\boldsymbol{n}$ は閉曲面 S に垂直で，外方を向く単位ベクトルである．式（7.14）の関係は**ポインティングの定理**（Poynting's theorem）と呼ばれている．式（7.13）は式（7.14）と数学的に等価なポインティングの定理の微分表示である．

ポインティングの定理が示す物理的な意味を，その積分表示（7.14）によって考えてみよう．まず，式（7.14）の右辺第1項の $\boldsymbol{E}\cdot\boldsymbol{J}$ は，自由電荷を運動させるために電界が運動自由電荷に毎秒供給する単位体積当りの電力の密度を表している．実際，電界から運動電荷に毎秒供給される単位体積当りの電力の密度は，式（1.18）に示した ρ なる密度の電荷に働く単位体積当りの力の密度 $\boldsymbol{f}=\rho\boldsymbol{E}$ と，それによって単位時間に電荷が移動する距離，すなわち電荷の移動速度 $\boldsymbol{v}$ とによって

$$\boldsymbol{f}\cdot\boldsymbol{v}=\rho\boldsymbol{E}\cdot\boldsymbol{v}=\boldsymbol{E}\cdot\rho\boldsymbol{v}=\boldsymbol{E}\cdot\boldsymbol{J} \tag{7.15}$$

で与えられる．ただし，$\boldsymbol{J}=\rho\boldsymbol{v}$ は式（1.12）に示した電流密度である．上式の符号が負になる場合には，逆に電界が運動電荷から毎秒吸収する単位体積当りの電力の密度を表すことになる．

例えば，電流が線形，等方な導体中の導電電流である場合には，式（4.41）に示したオームの法則 $\boldsymbol{J}_c=\sigma\boldsymbol{E}$ から

$$p_d = \boldsymbol{E}\cdot\boldsymbol{J}_c = \boldsymbol{E}\cdot\sigma\boldsymbol{E} = \sigma\boldsymbol{E}\cdot\boldsymbol{E} = \sigma|\boldsymbol{E}|^2 \tag{7.16}$$

となる．これは，電界のエネルギーが導体中の運動自由電荷に与えられ，その運動エネルギーが導体の抵抗力によって失われて，けっきょく導体中の熱エネルギーに毎秒変換される単位体積当りの**消費電力**（dissipation power）の密度を表す．これが**導体損失**（conductor loss）あるいは**ジュール損失**（Joule's loss）と呼ばれているものである．したがって

$$P_d = \int_V p_d dV = \int_V (\boldsymbol{E}\cdot\boldsymbol{J}_c) dV = \int_V \sigma|\boldsymbol{E}|^2 dV \tag{7.17}$$

は，領域 V 内で**ジュール熱**（Joule's heat）として毎秒失われる全消費電力を表すことになる．

また，例えば電流が真空中の荷電粒子の運動によって生ずる対流電流である場合には，$\boldsymbol{E}\cdot\boldsymbol{J}$ の符号が正であれば荷電粒子を運動させるために電界が毎秒供給する単位体積当りの電力の密度を表し，負であればその逆を表す．

さらに，例えば電流が適当な外部力（外部起電力）によって供給されている**電源電流**である場合には，**電源電流密度**を $\boldsymbol{J}_s$ として

$$p_s = -\boldsymbol{E}\cdot\boldsymbol{J}_s \tag{7.18}$$

となる．上式は，外部力によって毎秒供給される単位体積当りの**電源電力**（source power）の密度を表す．

つぎに，式（*7.14*）の右辺第2項に含まれる二つのスカラー量 $w_e = (1/2)\varepsilon|\boldsymbol{E}|^2$ および $w_m = (1/2)\mu|\boldsymbol{H}|^2$ は，付録 E の表 $E.2$ に示すとおり，いずれもその次元が単位体積当りのエネルギー密度となっており，その単位も Joule/m³ で与えられている．そこで，w_e および w_m をそれぞれ電界および磁界に蓄えられる単位体積当りのエネルギー密度を表すものと解釈することにすると

$$W_e = \int_V w_e dV = \int_V \frac{1}{2}\varepsilon|\boldsymbol{E}|^2 dV \tag{7.19}$$

$$W_m = \int_V w_m dV = \int_V \frac{1}{2}\mu|\boldsymbol{H}|^2 dV \tag{7.20}$$

は，それぞれ領域 V 内の電界および磁界に蓄えられる電気的および磁気的な

全エネルギーを表すものと考えることができる．

最後に，式（7.14）の左辺に含まれるベクトル $\boldsymbol{S}=\boldsymbol{E}\times\boldsymbol{H}$ は，付録 E の表 E.2 に示すとおり，その次元が単位面積当りの電力となっており，その単位も watt/m² で与えられている．そこで，ベクトル $\boldsymbol{S}$ を単位面積を通って運ばれる**電力の流れの密度**（power-flow density）を表すものと解釈することにすると

$$P=-\oint \boldsymbol{S}\cdot\boldsymbol{n}dS \qquad (7.21)$$

は，領域 V をかこむ表面 S を通って，V 内に（$-\boldsymbol{n}$ 方向に）毎秒流入する全電力を表すものと考えることができる．ただし，$\boldsymbol{n}$ は領域 V をかこむ閉曲面 S に垂直で，外方を向く単位ベクトルを表す．このようなベクトル $\boldsymbol{S}=\boldsymbol{E}\times\boldsymbol{H}$ を**ポインティング・ベクトル**（Poynting's vector）と呼んでいる．

以上の結果，系内に電源を含む場合には，式（7.18）を考慮して，ポインティングの定理（7.14）は，さらに具体的に

$$-\oint_S \boldsymbol{S}\cdot\boldsymbol{n}dS-\int_V(\boldsymbol{E}\cdot\boldsymbol{J}_s)dV=\int_V(\boldsymbol{E}\cdot\boldsymbol{J})dV+\frac{d}{dt}\int_V(w_e+w_m)dV \qquad (7.22)$$

と書くこともできる．この場合には，上式右辺第1項の $\boldsymbol{J}$ は，電源電流密度 $\boldsymbol{J}_s$ を除く，自由電荷の運動によって生ずる導電電流および対流電流の密度を表す．

式（7.22）の各項をそれぞれ以上のように解釈すると，ポインティングの定理（7.22）は，領域 V 内で自由電荷を運動させるために電界が毎秒消費する電力（右辺第1項）と，V 内の電磁界に蓄えられる電磁エネルギーが毎秒増加する割合（右辺第2項）との合計に等しいだけの電力が，V をかこむ表面 S を通って毎秒 V 内に流入する電力（左辺第1項）と，領域 V 内に含まれる電源で発生される電源電力（左辺第2項）とによって供給されるべきことを示している．

特に，電源や対流電流などを含まない**線形，受動電磁系**に対しては，ポインティングの定理（7.22）は，$\boldsymbol{E}\cdot\boldsymbol{J}_s=0$ となること，および式（7.17），（7.

19）および（7.20）に示した関係から

$$-\oint_S \boldsymbol{S}\cdot\boldsymbol{n}dS=\int_V \sigma|\boldsymbol{E}|^2 dV+\frac{d}{dt}\int_V\left(\frac{1}{2}\varepsilon|\boldsymbol{E}|^2+\frac{1}{2}\mu|\boldsymbol{H}|^2\right)dV \qquad (7.23)$$

となる．

上式は，線形，受動電磁系をかこむ任意の閉曲面 S を通って毎秒系内に流入する電力（左辺）が，一部は系内の導体中で熱エネルギーに変換され，ジュール熱となって毎秒失われる消費電力（右辺第1項）となり，残りは系内の電磁エネルギーの毎秒の増加分（右辺第2項）となって系内に蓄積されていくことを示している．

以上のように，ポインティングの定理は，電磁系におけるエネルギーの保存関係を表現したものであるとみなすことができる．ポインティング（J. H. Poynting）によって最初に導かれたこの定理は，電磁系におけるエネルギー保存の関係と，電力の流れの方向とを知るうえできわめて有用な関係式である．

7.3　静電界に蓄えられるエネルギー

前節の式（7.19）からわかるとおり，電界に蓄えられる全エネルギーは

$$W_e=\int_V \frac{1}{2}\varepsilon|\boldsymbol{E}|^2 dV \qquad (7.24)$$

で与えられる．ただし，上式右辺の体積分は電界が広がる全空間にわたる体積分を表す．上式は線形，等方でかつ非分散性の媒質中において任意の電界に蓄えられる電気的な全エネルギーを表す一般的な表現式である．

特に，電界が時間的に変化しない静電界の場合には，式（5.1）から，電界は保存的（$\boldsymbol{\nabla}\times\boldsymbol{E}=0$）であるから，式（5.4）に示したとおり，スカラー・ポテンシャル（電位）ϕ を用いて

$$\boldsymbol{E}=-\boldsymbol{\nabla}\phi \qquad (7.25)$$

と書き表すことができる．

したがって，原点を中心とする半径 r なる球内の電界に蓄えられるエネルギーを考えると，電界が静電界の場合には

$$\int_V \frac{1}{2}\varepsilon|\boldsymbol{E}|^2 dV = \int_V \frac{1}{2}\varepsilon\boldsymbol{E}\cdot\boldsymbol{E}dV = -\int_V \frac{1}{2}\varepsilon\boldsymbol{E}\cdot\nabla\phi dV \tag{7.26}$$

と書くことができる．ただし，体積分は半径 r なる球内の領域 V について行う．

一方，電位 ϕ とベクトル $\varepsilon\boldsymbol{E}$ との積 $\phi\varepsilon\boldsymbol{E}$ の発散 $\nabla\cdot(\phi\varepsilon\boldsymbol{E})$ を付録 A の式（A.84）に示したベクトル関係式によって展開すると

$$\nabla\cdot(\phi\varepsilon\boldsymbol{E}) = \varepsilon\boldsymbol{E}\cdot\nabla\phi + \phi\nabla\cdot\varepsilon\boldsymbol{E} \tag{7.27}$$

あるいは

$$-\varepsilon\boldsymbol{E}\cdot\nabla\phi = \phi\nabla\cdot\varepsilon\boldsymbol{E} - \nabla\cdot(\phi\varepsilon\boldsymbol{E}) \tag{7.28}$$

なる関係が得られる．

さらに，上式右辺の第 1 項に，式（5.2）に示した

$$\nabla\cdot\varepsilon\boldsymbol{E} = \rho \tag{7.29}$$

なる関係を代入すると

$$-\varepsilon\boldsymbol{E}\cdot\nabla\phi = \phi\rho - \nabla\cdot(\phi\varepsilon\boldsymbol{E}) \tag{7.30}$$

となる．

上式の関係を式（7.26）の右辺に代入すると

$$\int_V \frac{1}{2}\varepsilon|\boldsymbol{E}|^2 dV = \int_V \frac{1}{2}\phi\rho dV - \int_V \frac{1}{2}\nabla\cdot(\phi\varepsilon\boldsymbol{E})dV \tag{7.31}$$

となる．

ところで，球の半径 r を無限大に近づけて，体積分の領域を全空間に広げると，上式右辺の第 2 項は以下に示すとおり零となる．すなわち，上式の右辺第 2 項の体積分にガウスの定理（A.77）を適用すると

$$\int_V \frac{1}{2}\nabla\cdot(\phi\varepsilon\boldsymbol{E})dV = \oint_S \frac{1}{2}\phi\varepsilon\boldsymbol{E}\cdot\boldsymbol{n}dS \tag{7.32}$$

となる．ただし，閉曲面 S は半径 r の球面，$\boldsymbol{n}$ はこのような球面 S に垂直で，外方を向く単位ベクトルを表す．

ここで，電荷は原点から有限の距離内に分布しているものとすると，原点か

ら十分離れた遠方では，静電界の電位 ϕ は少なくとも式（5.8）に示した点電荷電界の電位と同じ速さ，すなわち少なくとも $1/r$ に比例する速さで零に近づき，同じく静電界の強さ $\boldsymbol{E}$ も少なくとも式（5.5）に示した点電荷電界と同じ速さ，すなわち少なくとも $1/r^2$ に比例する速さで零に近づく†．したがって，式（7.32）の右辺の被積分関数 $\phi\varepsilon\boldsymbol{E}$ は，無限遠において，少なくとも $1/r^3$ に比例する速さで零に近づくことになる．

これに対して，球の表面は r^2 に比例する速さでしか無限大に近づかないから，けっきょく球の半径 r を無限大に近づけて，体積分の領域を全空間に広げると，式（7.32）の右辺，したがって式（7.31）の右辺第2項は，少なくとも $1/r$ に比例する速さで零となる．

一方，このような極限では，式（7.31）の左辺は，式（7.24）に示したとおり，静電界に蓄えられる全エネルギー W_e となる．

以上の結果，式（7.31）の全空間にわたる体積分から

$$W_e = \oint \frac{1}{2}\phi\rho dV \tag{7.33}$$

なる関係が導かれる．上式は，静電界に蓄えられる全エネルギーを，電荷密度 ρ と，それが存在する場所の電位 ϕ とによって表したものである．

7.4　静磁界に蓄えられるエネルギー

7.2節の式（7.20）からわかるとおり，磁界に蓄えられる全エネルギーは

$$W_m = \int_V \frac{1}{2}\mu|\boldsymbol{H}|^2 dV \tag{7.34}$$

で与えられる．ただし，上式右辺の体積分は磁界が広がる全空間にわたる体積分を表す．上式は線形，等方でかつ非分散性の媒質中において任意の磁界に蓄えられる磁気的な全エネルギーを表す一般的な表現式である．

ところで，式（6.2）から，磁界はソレノイダル（$\nabla\cdot\mu\boldsymbol{H}=0$）であるから，

† この理由の厳密な証明については，例えば熊谷信昭著「電磁気学基礎論」（オーム社）5.10節を参照されたい．

式（6.4）に示したとおり，ベクトル・ポテンシャル $\boldsymbol{A}$ を用いて

$$\mu \boldsymbol{H} = \nabla \times \boldsymbol{A} \tag{7.35}$$

と書き表すことができる．

したがって，原点を中心とする半径 r なる球内の磁界に蓄えられるエネルギーを考えると

$$\int_V \frac{1}{2}\mu|\boldsymbol{H}|^2 dV = \int_V \frac{1}{2}\mu \boldsymbol{H}\cdot\boldsymbol{H} dV = \int_V \frac{1}{2}(\nabla \times \boldsymbol{A})\cdot\boldsymbol{H} dV \tag{7.36}$$

と書くことができる．ただし，体積分は半径 r なる球内の領域 V について行う．

一方，ベクトル・ポテンシャル $\boldsymbol{A}$ と磁界ベクトル $\boldsymbol{H}$ とのベクトル積 $\boldsymbol{A}\times\boldsymbol{H}$ の発散 $\nabla\cdot(\boldsymbol{A}\times\boldsymbol{H})$ を付録 A の式（A.124）に示したベクトル関係式によって展開すると

$$\nabla\cdot(\boldsymbol{A}\times\boldsymbol{H}) = \boldsymbol{H}\cdot(\nabla\times\boldsymbol{A}) - \boldsymbol{A}\cdot(\nabla\times\boldsymbol{H}) \tag{7.37}$$

あるいは

$$(\nabla\times\boldsymbol{A})\cdot\boldsymbol{H} = \boldsymbol{A}\cdot(\nabla\times\boldsymbol{H}) + \nabla\cdot(\boldsymbol{A}\times\boldsymbol{H}) \tag{7.38}$$

なる関係が得られる．

特に，磁界が時間的に変化しない静磁界の場合には，式（6.1）に示したとおり

$$\nabla\times\boldsymbol{H} = \boldsymbol{J} \tag{7.39}$$

なる関係が成り立たなければならないから，式（7.38）は，右辺第1項に上式を代入して

$$(\nabla\times\boldsymbol{A})\cdot\boldsymbol{H} = \boldsymbol{A}\cdot\boldsymbol{J} + \nabla\cdot(\boldsymbol{A}\times\boldsymbol{H}) \tag{7.40}$$

となる．

上式の関係を式（7.36）の右辺に代入すると

$$\int_V \frac{1}{2}\mu|\boldsymbol{H}|^2 dV = \int_V \frac{1}{2}\boldsymbol{A}\cdot\boldsymbol{J} dV + \int_V \frac{1}{2}\nabla\cdot(\boldsymbol{A}\times\boldsymbol{H}) dV \tag{7.41}$$

となる．

ところで，球の半径 r を無限大に近づけて，体積分の領域を全空間に広げ

ると，上式右辺の第2項は以下に示すとおり零となる．すなわち，上式の右辺第2項の体積分にガウスの定理（A.77）を適用すると

$$\int_V \frac{1}{2}\nabla\cdot(\boldsymbol{A}\times\boldsymbol{H})dV=\oint_S \frac{1}{2}(\boldsymbol{A}\times\boldsymbol{H})\cdot\boldsymbol{n}dS \tag{7.42}$$

となる．ただし，閉曲面 S は半径 r の球面，$\boldsymbol{n}$ はこのような球面 S に垂直で，外方を向く単位ベクトルを表す．

ここで，電流は原点から有限の距離内に分布しているものとすると，原点から十分離れた遠方では，静磁界のベクトル・ポテンシャル $\boldsymbol{A}$ は少なくとも式（6.50）に示した磁気双極子磁界のベクトル・ポテンシャルと同じ速さ，すなわち少なくとも $1/r^2$ に比例する速さで零に近づき，同じく静磁界の強さ $\boldsymbol{H}$ も少なくとも式（6.51）に示した磁気双極子磁界と同じ速さ，すなわち少なくとも $1/r^3$ に比例する速さで零に近づく†．したがって，式（7.42）の右辺の被積分関数 $\boldsymbol{A}\times\boldsymbol{H}$ は，無限遠において，少なくとも $1/r^5$ に比例する速さで零に近づくことになる．

これに対して，球の表面積は r^2 に比例する速さでしか無限大に近づかないから，けっきょく球の半径 r を無限大に近づけて，体積分の領域を全空間に広げると，式（7.42）の右辺，したがって式（7.41）の右辺第2項は，少なくとも $1/r^3$ に比例する速さで零となる．

一方，このような極限では，式（7.41）の左辺は，式（7.34）に示したとおり，静磁界に蓄えられる全エネルギー W_m となる．

以上の結果，式（7.41）の全空間にわたる体積分から

$$W_m=\oint \frac{1}{2}\boldsymbol{A}\cdot\boldsymbol{J}dV \tag{7.43}$$

なる関係が導かれる．

上式は，静磁界に蓄えられる全エネルギーを，電流密度 $\boldsymbol{J}$ と，それが存在する場所のベクトル・ポテンシャル $\boldsymbol{A}$ とによって表したものであって，静電界の場合の式（7.33）に対応するものである．

† この理由の厳密な証明については，例えば熊谷信昭著「電磁気学基礎論」（オーム社）5.11節を参照されたい．

7.5 ポインティングの定理と電力の流れの方向

本節では，ポインティングの定理によって示される電力の流れの方向と電磁系におけるエネルギー関係を，最も簡単な線形，等方，均質な導体からなる定常電流系の場合を例にとって示そう．

図 7.1 に示すような，真空中に置かれた半径 a，導電率 σ なる線形，等方，均質な導体円柱に，$\boldsymbol{E}=\boldsymbol{i}_z E_0$ なる強さ E_0（一定）の均一電界を導体円柱の軸方向に加えた場合を考える．この均一電界は，適当な外部起電力，例えば直流電圧源によって形成されているものとする．導体円柱の中心軸を円柱座標系の z 軸にとると，導体円柱に沿って軸方向に長さ l だけ離れた 2 点 P_1，P_2 間の電位差（電圧）は，式（5.9）から，$\boldsymbol{i}_z\cdot\boldsymbol{i}_z=1$ なることを考慮して

$$V=\int_{\mathrm{P}_1}^{\mathrm{P}_2}\boldsymbol{E}\cdot d\boldsymbol{l}=\int_{\mathrm{P}_1}^{\mathrm{P}_2}\boldsymbol{i}_z E_0\cdot\boldsymbol{i}_z dz=\int_{\mathrm{P}_1}^{\mathrm{P}_2}E_0 dz=E_0 l \qquad (7.44)$$

で与えられる．ただし，$d\boldsymbol{l}=\boldsymbol{i}_z dz$ は z 方向を向くベクトル微分線素である．したがって，均一電界 $\boldsymbol{E}$ は

$$\boldsymbol{E}=\boldsymbol{i}_z E_0=\boldsymbol{i}_z\frac{V}{l} \qquad (7.45)$$

と書くことができる．

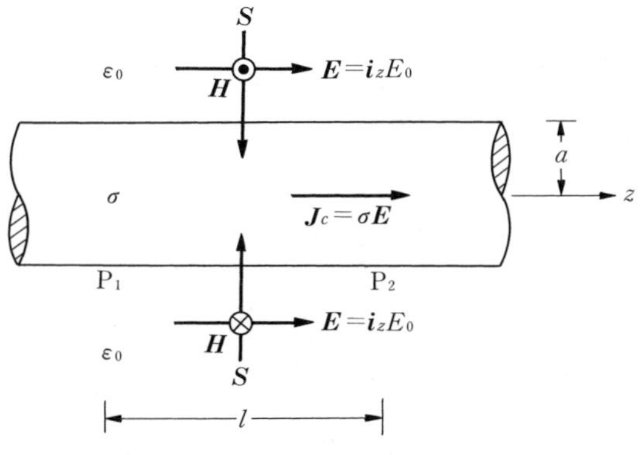

図 7.1 導体円柱の軸方向に流れる導電電流とポインティング・ベクトル $\boldsymbol{S}$ の方向

また，外部起電力によるこのような均一電界の力によって，導体円柱内を軸方向に流れる，時間的に変化しない定常的な導電電流の密度は，式（4.41）に示したオームの法則から

$$\boldsymbol{J}_c=\sigma\boldsymbol{E}=\boldsymbol{i}_z\sigma\frac{V}{l} \tag{7.46}$$

となる．

したがって，半径 a なる導体円柱内を一様な分布で軸方向に流れる全電流 I は

$$I=\pi a^2|\boldsymbol{J}_c|=\frac{\sigma\pi a^2}{l}V=\frac{V}{R}=GV \tag{7.47}$$

と表される．ただし

$$R=\frac{1}{G}=\frac{l}{\sigma\pi a^2}=\frac{l}{\sigma S} \tag{7.48}$$

である．上式で与えられる比例定数 R および G は，それぞれ，導電率が σ，断面積が $S=\pi a^2$，長さが l なる導体円柱の**抵抗**（resistance）および**コンダクタンス**（conductance）を表す．式（7.47）は導電電流密度 $\boldsymbol{J}_c$ と電界の強さ $\boldsymbol{E}$ および導電率 σ によって書き表されたオームの法則（4.41）または（7.46）を，全電流 I と電位差（電圧）V および抵抗 R またはコンダクタンス G によって書き表したものである．

このような定常電流によって，導体円柱の外部の真空中に生ずる磁界 $\boldsymbol{H}$ は，式（2.43）から

$$\boldsymbol{H}=\boldsymbol{i}_\varphi\frac{I}{2\pi r},\quad r\geqq a \tag{7.49}$$

で与えられる．

したがって，式（7.12）で定義したポインティング・ベクトル $\boldsymbol{S}$ は，式（7.45）および（7.49）から

$$\boldsymbol{S}=\boldsymbol{E}\times\boldsymbol{H}=-\boldsymbol{i}_r\frac{VI}{2\pi rl},\quad r\geqq a \tag{7.50}$$

となる．

上式からわかるとおり，ポインティング・ベクトルの方向，すなわち電力の

流れの方向は $-\boldsymbol{i}_r$ 方向を向く．すなわち，いまの例の場合，電力は円柱の中心軸に向かって半径方向に流れることになる．このように，電力の移動する方向は，一般に，電流の流れの方向（いまの例の場合，軸方向）と必ずしも一致しないことに注意しなければならない．

いまの例の場合，対象としている系は線形，受動で，かつ系内の電磁的諸量に時間的変化はないから，ポインティングの定理（7.23）の右辺第2項は零となる．したがって，このような系をかこむ閉曲面 S として，z 軸を中心軸とする半径 $r(r \geqq a)$，長さ l なる円筒の側面と，中心軸（z 軸）に垂直な二つの底面からなる円筒面をとると，このような円筒面 S を通って，S によってかこまれる領域 V 内に流入する全電力 P は，式（7.23）の左辺に式（7.50）を代入し，$\boldsymbol{i}_r \cdot \boldsymbol{i}_r = 1$ なることを考慮すると

$$P = -\int_S \boldsymbol{S} \cdot \boldsymbol{i}_r dS = 2\pi r l |\boldsymbol{S}| = VI = RI^2 \qquad (7.51)$$

となる．

一方，ポインティング定理（7.23）の右辺は，前述のように第1項のみであるから，式（7.45）を代入すると，導電率 σ が有限の値をもつのは導体円柱の内部のみであることから

$$P_d = \int_V \sigma |\boldsymbol{E}|^2 dV = \sigma \left(\frac{V}{l}\right)^2 \pi a^2 l = VI = RI^2 \qquad (7.52)$$

となり，確かにポインティングの定理の左辺（7.51）と等しくなる．これは，領域 V 内の導体中でジュール熱に変換される全消費電力を表す．すなわち，$r \geqq a$ なる円筒面を通って半径方向に内側（中心軸の方向）に向かう全電力 P は，円筒面によってかこまれる領域内に含まれる導体円柱の内部でジュール熱となって消費される全消費電力 P_d に等しい．この電力は，最初に述べたとおり，均一電界 $\boldsymbol{E}$ を形成するために，すなわち定常電流 I を流すために，加えられている外部起電力によって供給されているものであって，この外部起電力を含む系全体にわたってエネルギー保存の法則が成り立っていることはもちろんである．

7.6　電気的エネルギーと力学的エネルギーとの相互変換

よく知られているとおり，エネルギーには電磁的なエネルギーのほかに，力学的（あるいは機械的）エネルギーや化学的エネルギー，熱エネルギーなどの種々の形態がある．これらのエネルギーは，一つの形態からほかの形態へ，可逆的または非可逆的に変換することができる．したがって，電磁エネルギーとほかの形態のエネルギーとの間の相互変換にも，例えば化学的エネルギーや光エネルギーと電磁エネルギーとの間のエネルギー変換など，いろいろな過程のものが存在する．それらの中で，巨視的電磁理論が取り扱う範囲に含まれるエネルギー変換として主要なものは，電磁エネルギーと力学的（あるいは機械的）エネルギーとの間の相互変換である．

電磁エネルギーと力学的（あるいは機械的）エネルギーとの間の，いわゆる**電気-機械エネルギー変換**（electromechanical energy conversion）の基礎となる主要な法則については，すでにファラデーの電磁誘導法則やローレンツ力の法則などとして，前節までに述べられている．そこで，本節では，電気-機械エネルギー変換の最も基本的な具体例として，電子の運動エネルギーと電気的エネルギーとの間の相互変換の模様について考察する．

図 *7.2* に示すように，電子が通過できる程度の微小な小孔を中心にもつ，2枚の十分広い平行導体円板間に $-x$ 方向を向く静電界 $\boldsymbol{E}=-\boldsymbol{i}_x E_x$ を作り，小孔を通して電子を左側から右側へ $+x$ 方向に通過させる場合を考える．小孔による電界の乱れは無視できる程度にわずかなものであるとして，平行導体円板間の電界 $\boldsymbol{E}$ は一様であると仮定する．電子の電荷量を $-e$，質量を m とすると，平行導体円板間の電界中における電子の運動方程式は，*1.5* 節の式（*1.16*）か

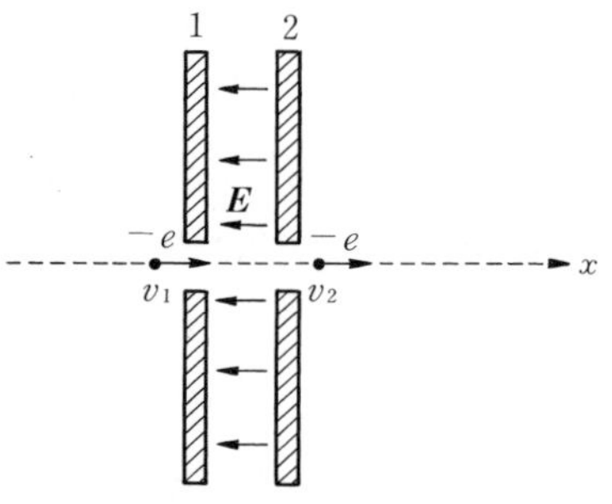

図 *7.2*　小孔を通って平行導体円板間の静電界中を x 方向に通過する電子

ら

$$m\frac{d\boldsymbol{v}}{dt}=\boldsymbol{F}=-e\boldsymbol{E} \tag{7.53}$$

で与えられる．ただし，電子の運動速度 $\boldsymbol{v}=\boldsymbol{i}_x v$ の大きさ v は光速度 c に比べて十分小さいものとして，相対論的な効果は無視している．

上式からわかるとおり，電子は静電界 $\boldsymbol{E}=-\boldsymbol{i}_x E_x$ によって $\boldsymbol{F}=-e\boldsymbol{E}=\boldsymbol{i}_x eE_x$ なる力を受け，$+x$ 方向（$\boldsymbol{i}_x$ の方向）に加速される．このとき，電界のなす仕事は，電界 $\boldsymbol{E}$ が静電界であることから，電位 ϕ を用いて $\boldsymbol{E}=-\nabla\phi=-\boldsymbol{i}_x\partial\phi/\partial x$ と書けることを考慮すると

$$\int_1^2 \boldsymbol{F}\cdot d\boldsymbol{l}=-e\int_1^2 \boldsymbol{E}\cdot d\boldsymbol{l}=e\int_1^2 \nabla\phi\cdot\boldsymbol{i}_x dx=e\int_1^2 \frac{\partial\phi}{\partial x}dx=e(\phi_2-\phi_1)=eV \tag{7.54}$$

となる．ただし，$d\boldsymbol{l}=\boldsymbol{i}_x dx$ は x 方向を向くベクトル微分線素，$V=\phi_2-\phi_1$ は二つの平行導体円板 1，2 間の電位差（電圧）である．

一方，この仕事量はまた，式（7.53）から，$\boldsymbol{v}\cdot d\boldsymbol{v}=\boldsymbol{i}_x v\cdot\boldsymbol{i}_x dv=vdv$ なることを考慮して

$$\int_1^2 \boldsymbol{F}\cdot d\boldsymbol{l}=m\int_1^2 \frac{d\boldsymbol{v}}{dt}\cdot d\boldsymbol{l}=m\int_1^2 \frac{d\boldsymbol{l}}{dt}\cdot d\boldsymbol{v}=m\int_1^2 \boldsymbol{v}\cdot d\boldsymbol{v}=m\int_1^2 vdv=\frac{1}{2}m({v_2}^2-{v_1}^2) \tag{7.55}$$

と書くこともできる．ただし，v_1 および v_2 はそれぞれ 2 枚の平行導体円板間の加速電界領域への入口と出口における電子の運動速度の大きさである．

式（7.54）および（7.55）から

$$eV=\frac{1}{2}m({v_2}^2-{v_1}^2) \tag{7.56}$$

なる関係が成り立つ．すなわち，電子を加速するために電界がなした仕事（左辺）は電子の運動エネルギーの増加分（右辺）に等しくなる．

以上とは逆に，電子が導体円板 2 の小孔に右側から左側へ速度 v_2 で入射し，2 枚の平行導体円板間を $-x$ 方向に通過する場合を考えると，電子が導体円板 1 の小孔に達したときにはその速度は v_1 まで減速されて，電子は式（7.56）

の右辺で与えられる分だけその運動エネルギーを失い，この電子の失ったエネルギーは電気的エネルギー（左辺）に変換されることになる．

特に，初速度が零の電子が V なる電位差の電界によって加速されたときに得る速度 v は，式（7.56）から，$v_1=0$，$v_2=v$，$e=1.602\times10^{-19}$ C，$m=9.109\times10^{-31}$ kg として

$$v=\sqrt{\frac{2eV}{m}}=5.93\times10^{5}V^{1/2}\quad\text{〔m/s〕}\tag{7.57}$$

となる．

例えば，$V=1\,000$ V の場合には $v=1.87\times10^{7}$ m/s となる．この速度は，光速度 $c=2.998\times10^{8}$ m/s と比べると $v/c\cong0.06$，すなわち約6%にすぎず，したがって相対論的な効果を無視しても，その誤差は実用上問題とならない程度に小さくなる．また，$V=1$ V の電位差によって電子が得るエネルギーは，同じく式（7.56）から，$eV=1.602\times10^{-19}$ J となる．この値は電子工学の分野などでしばしばエネルギーの単位として用いられることがあり，**電子ボルト**（electron volt）と呼ばれている．

7.7　発電機および電動機の動作原理

本節では，電気-機械エネルギー変換の最も基本的なもう一つの具体例として，**発電機**（generator）および**電動機**（motor）の動作原理について述べる．まず，**図 7.3** に示すように，y 方向を向く $\boldsymbol{B}=\boldsymbol{i}_yB$ なる磁束密度の均一な静磁界の中に，可動辺 AD をもつ方形コイル ABCD を，コイル面が静磁界と垂直になるように置いた場合を考える．コイル導体の一辺（可動辺）AD は両端部 A および D でコイル導体と完全接触させたまま，外部の適当は機械力によって x 方向に一定の速度 $\boldsymbol{v}=\boldsymbol{i}_xv$ で摺動させるものとする．簡単のために，コイル導体は完全導体であるとし，また，導体の運動速度 $\boldsymbol{v}$ の大きさ v は光速度 c に比べれば十分小さいものとする．

この場合，方形コイルには，以下に示すとおり起電力が誘起されることにな

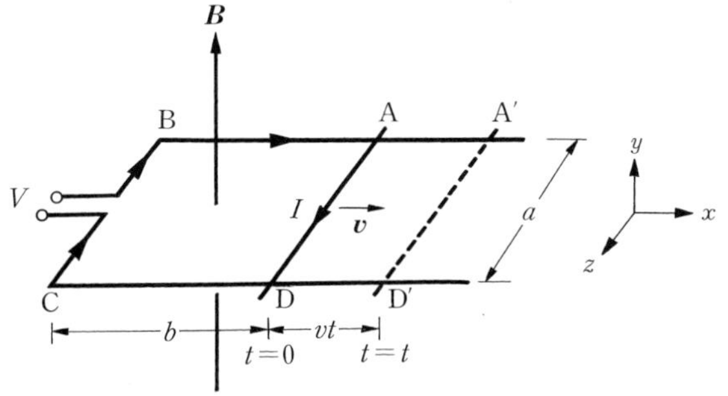

図 7.3　運動起電力と直流発電機の原理

るが，その誘起起電力の大きさは，ファラデーの電磁誘導法則（2.9）から，つぎのように求めることができる．すなわち，まず，ファラデーの電磁誘導法則（2.9）の左辺における線積分の方向を図 7.3 に示した方形コイルに沿う矢印のような方向に選ぶと，コイル導体を周辺とする面 S に垂直で，面 S の周辺に沿う線積分の方向（矢印の方向）と右ねじの関係を示す方向を向く式（2.9）の右辺の単位ベクトル $\boldsymbol{n}$ は，均一静磁界の磁束密度 $\boldsymbol{B}=\boldsymbol{i}_yB$ の方向と反対の方向（$-y$ 方向）を向く単位ベクトル $-\boldsymbol{i}_y$ となる．したがって，コイル面 S を貫く磁束 Φ は

$$\Phi=\int_S \boldsymbol{B}\cdot\boldsymbol{n}dS=\int_S(\boldsymbol{i}_yB)\cdot(-\boldsymbol{i}_y)dS=-\int_S BdS=-a(b+vt)B \qquad (7.58)$$

と表すことができる．ただし，B は均一静磁界の磁束密度 $\boldsymbol{B}$ の大きさ（絶対値，一定），a は摺動導体 AD の長さ，b は時刻 $t=0$ における AB および CD の長さである．

したがって，方形コイルに誘起される起電力 V をファラデーの電磁誘導法則（2.9）の右辺から計算すると

$$V=-\frac{d}{dt}\int_S \boldsymbol{B}\cdot\boldsymbol{n}dS=-\frac{d\Phi}{dt}=avB \qquad (7.59)$$

となる．

一方，ローレンツ力の法則（1.15）によると，$\boldsymbol{B}=\boldsymbol{i}_yB$ なる磁界中を $\boldsymbol{v}=$

$\boldsymbol{i}_x v$ なる速度で x 方向に移動する摺動導体 AD 中の自由電子には

$$\boldsymbol{F}_e = -e\boldsymbol{v}\times\boldsymbol{B} = -e(\boldsymbol{i}_x v)\times(\boldsymbol{i}_y B) = -\boldsymbol{i}_z evB \tag{7.60}$$

なる力が $-z$ 方向に働く．すなわち，摺動導体 AD 中の単位正電荷当りには

$$\boldsymbol{F} = -\frac{\boldsymbol{F}_e}{e} = \boldsymbol{i}_z vB \tag{7.61}$$

なる力が $+z$ 方向に働く．方形コイルの可動辺 AD 以外の静止した各辺の導体中における電荷には力は働かない．

したがって，方形コイルに誘起される起電力 V をファラデーの電磁誘導法則（2.9）の左辺から計算すると，方形コイルに沿う起電力は，2.4 節で述べた起電力の定義から，単位正電荷に働く電磁力（ローレンツ力）によって単位正電荷を方形コイルに沿って一周させるときに電磁力によってなされる仕事量として定義されるから，コイル端子には

$$V = \oint_C \boldsymbol{F}\cdot d\boldsymbol{l} = \int_A^D (\boldsymbol{i}_z vB)\cdot\boldsymbol{i}_z dz = avB \tag{7.62}$$

なる起電力が誘起されることになる．この結果は，コイルを貫く磁束の時間的変化から，ファラデーの電磁誘導法則（2.9）の右辺によって求めた起電力（7.59）と全く同じである．

このように，一般に磁界中を導体が運動すると，導体中に起電力が誘起される．このような起電力を**運動起電力**（motional electromotive force）と呼ぶこともある．式（7.59）または（7.62）からわかるとおり，誘起（運動）起電力の大きさ V は，運動導体の長さ a，運動導体の運動速度 v，および直流磁界の磁束密度 B が大きいほど大きくなる．

上述のような機構によって起電力を発生させるのが**直流発電機**（D. C. generator）の最も簡単な原理である．図 7.3 の場合，コイルの端子間に抵抗 R の負荷をつなぐと，このような起電力によって，式（7.47）に示したように，$I = V/R$ なる直流電流がコイルに沿って矢印の方向に流れることになる．長さ a なる摺動導体 AD 中を $+z$ 方向に流れるような電流 I は，磁束密度が $\boldsymbol{B} = \boldsymbol{i}_y B$ なる磁界によって，式（1.20）に示したように

$$\boldsymbol{F}=a\boldsymbol{I}\times\boldsymbol{B}=a(\boldsymbol{i}_zI)\times(\boldsymbol{i}_yB)=-\boldsymbol{i}_xaIB \tag{7.63}$$

なる力を $-x$ 方向に受ける．

したがって，このような力にさからって摺動導体 AD を一定の速度 $\boldsymbol{v}$ で $+x$ 方向に移動させていくためには，これと大きさが等しく，方向が逆向きの機械的（力学的）な力

$$|\boldsymbol{F}|=F=aIB \tag{7.64}$$

を $+x$ 方向に加えなければならない．このような外部機械力 $F=aIB$ によって摺動導体 AD が t 秒間に距離 vt だけ移動させられたとき，外部機械力がなした仕事は

$$Fvt=avBIt \tag{7.65}$$

となる．

一方，その間に負荷抵抗 R には誘起（運動）起電力 V によって電流 I が流れ，式（7.52）に示したように，毎秒 VI なる電力が消費されている．したがって，t 秒間に負荷抵抗 R に供給され，ジュール熱となって消費される電気的なエネルギーは，式（7.62）から

$$VIt=avBIt \tag{7.66}$$

となる．この値は，同じく t 秒間に外部機械力がなした仕事（7.65）と等しい．すなわち，外部機械力によって供給された機械的エネルギー（7.65）は，ほかの種々の原因にもとづく損失を無視すると，すべて電気的エネルギー（7.66）に変換され，さらに負荷抵抗中で熱エネルギーとなって消費されることになる．

もし逆に，コイル導体の端子に外部起電力 V を接続して，図 7.3 に示した矢印と逆向きの電流 I を流すと，式（1.20）から，式（7.64）に示した大きさの力が摺動導体 AD に働いて，$+x$ 方向に移動するであろう．したがって，この場合には電気的エネルギーが機械的エネルギーに変換されることになる．これは，**電動機**の最も簡単な原理である．

つぎに，**図 7.4**(*a*)に示すように，2 辺の長さがそれぞれ a および b なる方形のコイル ABCD を，磁束密度が $\boldsymbol{B}$ なる均一な静磁界の中に，コイルの軸が

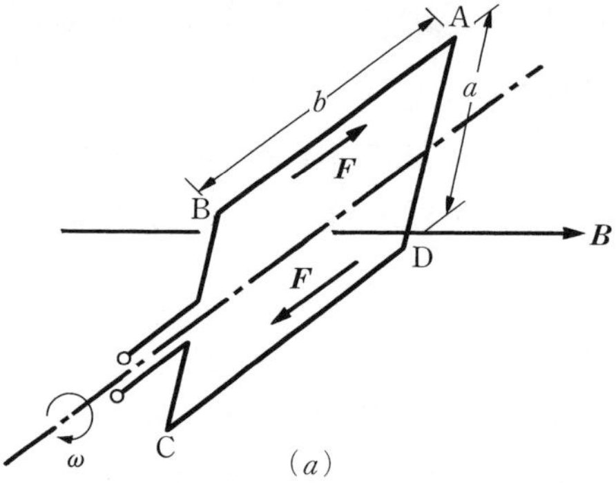

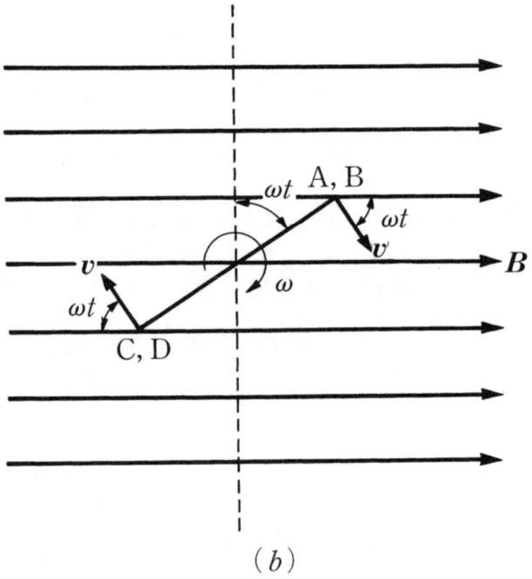

図 7.4　交流発電機および回転電動機の原理

静磁界 $\boldsymbol{B}$ の方向と垂直になるように置き，このコイルを，適当な外部の機械力によって，その軸のまわりに一定の角速度 ω で回転させている場合を考えてみよう．ただし，コイルの回転（運動）速度は光速度 c に比べれば十分小さいものとする．

この場合にも，図 7.3 の場合と同様に，方形コイルには，以下に示すとおり起電力が誘起されることになるが，その誘起起電力の大きさは，ファラデーの電磁誘導法則（2.9）から，つぎのように求めることができる．すなわち，まず，ファラデーの電磁誘導法則（2.9）の右辺から方形コイルに誘起される起電力を求めると，任意の瞬間 t にコイルを貫く磁束 Φ は，図 7.4 の（a）および（b）を参照して

$$\Phi=\int_S \boldsymbol{B}\cdot\boldsymbol{n}dS=abB\cos\omega t \qquad (7.67)$$

となるから，コイル端子には

$$V=-\frac{d}{dt}\int_S \boldsymbol{B}\cdot\boldsymbol{n}dS=-\frac{d\Phi}{dt}=ab\omega B\sin\omega t \qquad (7.68)$$

なる起電力が発生することになる．

一方，ファラデーの電磁誘導法則（2.9）の左辺から，コイルに誘起される起電力を，コイル導体中の電荷に働く電磁力（ローレンツ力）によって単位正

電荷をコイルに沿って一周させるときに電磁力によってなされる仕事量として求めることもできる．すなわち，いまの例の場合，図 7.4(b)からわかるように，コイル導体の 2 辺 AB および CD が $\boldsymbol{B}$ なる磁束密度の磁界中をいずれも $v=(a/2)\omega$ なる速度で運動していることになるから，導体 AB および CD 中の自由電子には式（7.60）に示したのと全く同様のローレンツ力 $\boldsymbol{F}_e=-e\boldsymbol{v}\times\boldsymbol{B}$ が働く．したがって，導体 AB および CD 中の単位正電荷当りには，式（7.61）に示したのと全く同様の力 $\boldsymbol{F}=-\boldsymbol{F}_e/e=\boldsymbol{v}\times\boldsymbol{B}$ が働くことになる．

この力の強さは，導体の運動速度 $\boldsymbol{v}$ と磁束速度 $\boldsymbol{B}$ とのなす角が ωt であることから，いずれも

$$|\boldsymbol{F}|=F=|\boldsymbol{v}\times\boldsymbol{B}|=\frac{a}{2}\omega B\sin\omega t \tag{7.69}$$

となり，かつその方向は導体 AB と CD とでは互いに逆向きとなる．したがって，コイル導体の 2 辺 AB および CD に沿って合計 $2Fb$ なる運動起電力が発生することになる．ただし，b はコイル導体の 2 辺 AB および CD の長さである．コイル導体のほかの 2 辺 AD および BC 中の自由電子に働く力は，いずれもコイル導体と直角な方向を向いているため，導体に沿って電子を移動させる起電力とはならない．

したがって，けっきょく，コイル導体に誘起される起電力は，2 辺 AB および CD に沿って誘起される運動起電力 $2Fb$ のみとなり，その値は，式（7.69）から

$$V=2Fb=ab\omega B\sin\omega t \tag{7.70}$$

で与えられる．この結果は，コイルを貫く磁束の時間的変化から，ファラデーの電磁誘導法則（2.9）の右辺によって求めた起電力（7.68）と全く同じである．

$ab\omega B$ は定数であるから，これを V_m とおけば，式（7.68）および（7.70）に示した起電力は，いずれも

$$V=V_m\sin\omega t \tag{7.71}$$

となる．ただし，$V_m=ab\omega B$ である．起電力の最大値 V_m の値は，コイルの

面積 ab，コイルの回転角速度 ω，および直流磁界の磁束密度 B が大きいほど大きくなる．コイルの巻数を N 巻にすれば，起電力の最大値 V_m はさらに N 倍になる．

上述のような機構によって，機械的なエネルギーを電気的なエネルギーに変換し，正弦的な時間変化をする起電力を発生させるのが**交流発電機**（A.C. generator）の最も簡単な原理である．

もし逆に，磁束密度が $\boldsymbol{B}$ なる均一静磁界の中に図 7.4 のようなコイルを置き，コイル端子に外部起電力 V を接続してコイル導体に電流 I を流すと，1.6 節の図 1.6 の場合と全く同様に，コイルには回転力が働いて，電気的エネルギーが機械的エネルギーに変換される．これが，**（回転）電動機**の最も簡単な原理である．

演 習 問 題

7.1 真空中に置かれた，半径 a の導体球に電荷 Q を与えるとき，この電荷によって生ずる電界に蓄えられるエネルギーを求めよ．

7.2 ρ なる密度の電荷が半径 a の球内に一様に分布して静止しているとき，この静止電荷分布によって生ずる電界に蓄えられるエネルギーを求めよ．ただし，球の内部および外部はいずれも真空であるとする．

7.3 半径 r_1 の導体球に電荷 Q_1 を，また半径 r_2 の導体球に電荷 Q_2 を与え，これらの導体球を距離 d を隔てて真空中に置くとき，この系に蓄えられる静電エネルギーを求めよ．ただし，球の半径 r_1, r_2 は間隔 d に比べて十分小さいものとする．

7.4 真空中に置かれた，分極ベクトルの大きさが P なる一様に分極した半径 a の誘電体球によって生ずる電界に蓄えられるエネルギーを求めよ．

7.5 図 7.5 に示すように，表面積が S なる 2 枚の平行平板電極の間に誘電率が $\varepsilon_1, \varepsilon_2$，導電率が σ_1, σ_2，厚さが d_1, d_2 なる二つの媒質を挿入し，電圧 V を印加

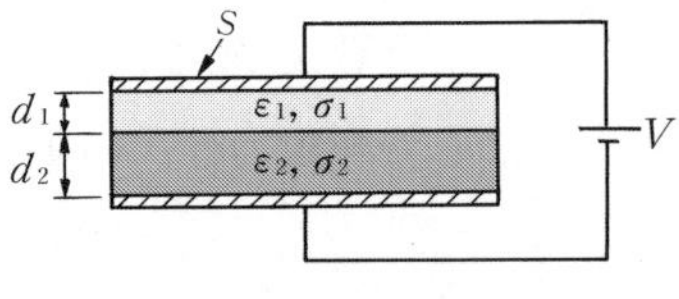

図 7.5　誘電体中における蓄積電気エネルギーと消費電力

する．このとき，電極間に蓄えられる電気的エネルギー W_e と毎秒消費される電力 P_d を求めよ．ただし，端部における電界の乱れは無視できるものとする．

7.6　厚さ d の無限に広い磁性体平板が，この平板に垂直な方向に，磁化ベクトルの大きさが M となるように一様に磁化されているとき，この平板の単位面積当りに蓄えられる磁気的エネルギーはいくらか．

7.7　真空中に置かれた，磁化ベクトルの大きさが M なる，一様に磁化された半径 a の磁性体球によって生ずる磁界に蓄えられるエネルギーを求めよ．

7.8　**図 7.6** に示すように，内径 a，外径 b，高さ l の同軸円筒状の磁気コアに巻線が一様に N 回巻かれたトロイド形コイルがある．このコイルに電流 I が流れているとき，コイルに蓄えられる磁気的エネルギーを求めよ．ただし，磁気コアの透磁率を μ とする．

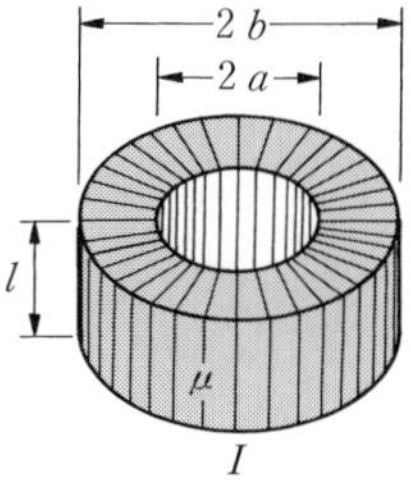

図 7.6　トロイド形コイルに蓄えられる磁気的エネルギー

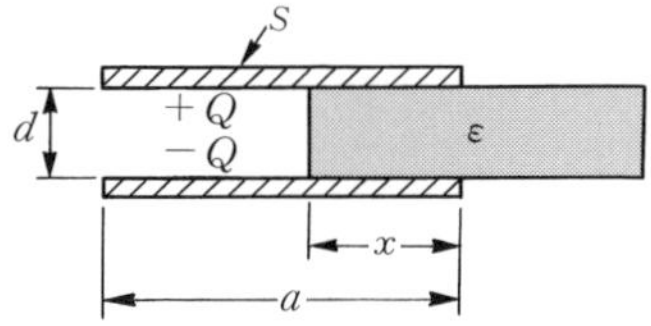

図 7.7　平行導体平板の間に挿入された誘電体に働く力

7.9　**図 7.7** に示すように，表面積が S なる 2 枚の平行導体平板にそれぞれ $+Q$ および $-Q$ の電荷が与えられている．この平行導体平板の間に誘電率 ε の誘電体を挿入すると，この誘電体にはいかなる力が働くか．ただし，導体平板の間隔 d は，導体平板の幅 a に比べて十分小さいものとする．

7.10　線形，等方な無損失誘電体と，原点から有限の距離内に存在する完全導体およびその表面上に分布する有限の密度の静止電荷からなる系を考えると，このような系における電界が保有する電気的なエネルギーは，電界が時間的に変化しない静電界の場合に最小となる．**トムソンの定理**（Thomson's theorem）と呼ばれるこの関係が成り立つことを一般的に証明せよ．

7.11　内部導体の半径が a，外部導体の内側半径が b で，軸方向には一様な同軸円筒導体系がある．内部導体の表面上および外部導体の内側表面上にそれぞれ軸方向に単位長当り $+q$ および $-q$ なる等量，逆符号の面電荷が均一に分布して静止しているとき，このような同軸円筒導体系の軸方向に単位長当りに蓄えられる電気的エネルギーを求めよ．ただし，内部導体と外部導体とによってかこまれる中空部分は誘電率 ε なる線形，等方，均質な媒質によって満たされているものとする．

7.12　内部導体の半径が a，外部導体の内側半径が b で，軸方向には一様な同軸円筒導体系がある．内部導体の表面上および外部導体の内側表面上にそれぞれ I なる等量，逆向きの面電流が均一に分布して軸方向に流れているとき，このような同軸円筒導体系の軸方向に単位長当りに蓄えられる磁気的エネルギーを求めよ．ただし，内部導体と外部導体とによってかこまれる中空部分は透磁率 μ なる線形，等方，均質な媒質によって満たされているものとする．

8. 時間的に変化する電磁界

8.1 時間的に変化する電磁界の基本的性質

本章では，時間的に変化する電磁現象の基本的性質と，その理論的取扱いの基礎について述べる．以下，本章では，前章までの場合と同様に，系に含まれる媒質はすべて線形，等方，均質で，かつ非分散性であるとする．このように仮定するおもな理由は，媒質の非線形性，異方性，不均質性および分散性のいずれか一つを考慮に入れるだけでも，理論的な取扱いは一挙に複雑，困難なものとなるか，あるいは事実上厳密な理論的・数学的解析が不可能となり，その結果，時間的に変化する電磁現象の基本的な性質を明らかにするという本章の目的にそぐわなくなるからである．

実際にも，われわれが実用上の目的で工学的な解析や設計を行う場合，対象とする電磁系は，少なくとも取り扱う電磁界の強度内や周波数範囲内で，実用上十分よい近似で，線形でかつ非分散性であるとみなし得るような場合が大部分である．また，対象とする電磁系内に不均質または異方性の媒質を含むような場合はきわめて特殊な目的をもった特別の場合に限られる．したがって，通常の工学的な目的に対しては，対象とする電磁系は線形，等方，均質で，かつ非分散性であるとみなして取り扱い得るような場合が普通である†.

そのような場合のマクスウェルの方程式は，*4.9* 節の式 (*4.68*)～(*4.71*) に示したとおり

† 異方性媒質，不均質媒質，または分散性媒質中における電磁界の取扱いの基礎については，例えば熊谷信昭編著「電磁理論特論」(コロナ社) などを参照されたい．

$$\nabla \times \boldsymbol{E} = -\mu \frac{\partial \boldsymbol{H}}{\partial t} \tag{8.1}$$

$$\nabla \times \boldsymbol{H} = \boldsymbol{J} + \varepsilon \frac{\partial \boldsymbol{E}}{\partial t} \tag{8.2}$$

$$\nabla \cdot \varepsilon \boldsymbol{E} = \rho \tag{8.3}$$

$$\nabla \cdot \mu \boldsymbol{H} = 0 \tag{8.4}$$

で与えられる．媒質が均質な場合には媒質定数 ε および μ は定数となるから，式（8.1)～(8.4）は真空中におけるマクスウェルの方程式（3.25)～(3.28）と数学的に全く同じものとなる．

マクスウェルの方程式（8.1)～(8.4）から明らかなとおり，時間的に変化する電磁界では，電界および磁界がそれぞれの時間的変化を通じて互いに結合され，一方の変化が他方の源となる．すなわち，時間的に変化しない静電界や静磁界の場合と異なり，電界 $\boldsymbol{E}$ および磁界 $\boldsymbol{H}$ は互いに独立ではなくなる．したがって，時間的に変化する電磁界を理論的に取り扱う問題は，与えられた初期条件と境界条件のもとでマクスウェルの方程式（8.1)～(8.4）を連立微分方程式として解く問題となる．

そこで，本章では，まず時間的に変化する電磁界を定めるマクスウェルの方程式がもつ最も重要な基本的特質として，マクスウェルの方程式を連立微分方程式として解くことによって，直ちに電磁波の存在が理論的に導かれることを示す．ついで，実用上最も重要な，正弦的時間変化をする電磁界を取り扱うきわめて有用な解析手法について述べ，その具体的な適用例を示す．

8.2　自由空間中の電磁波

本節では，マクスウェルの方程式を連立微分方程式として解くことによって，直ちに電磁波の存在が理論的に導かれることを示す．簡単のため，電荷および電流を含まない，無限に広がる境界のない線形，等方，均質な無損失の**自由空間**（free space）中におけるマクスウェルの方程式について考える．この場合には，考える領域内で $\rho=0$, $\boldsymbol{J}=0$ であり，かつ誘電率 ε および透磁率 μ はいずれも場所に無関係な定数であることから，マクスウェルの方程式（8.1)～(8.4) はつぎのようになる．

$$\nabla\times\boldsymbol{E}=-\mu\frac{\partial\boldsymbol{H}}{\partial t} \tag{8.5}$$

$$\nabla\times\boldsymbol{H}=\varepsilon\frac{\partial\boldsymbol{E}}{\partial t} \tag{8.6}$$

$$\nabla\cdot\boldsymbol{E}=0 \tag{8.7}$$

$$\nabla\cdot\boldsymbol{H}=0 \tag{8.8}$$

この場合の電磁界 $\boldsymbol{E}$ および $\boldsymbol{H}$ は，物理的には，いま考えている自由空間以外の部分に存在する時間的に変化する電荷または電流の分布，例えば導線中を流れる時間的に変化する電流によって，導線の内部を除く，導線の外部の無限に広がる自由空間中に生じているものである．

上式を連立微分方程式として解くために，3.5 節で行ったのと全く同様に，この四つの方程式から $\boldsymbol{H}$ または $\boldsymbol{E}$ を消去して，電界 $\boldsymbol{E}$ または磁界 $\boldsymbol{H}$ のみに関する微分方程式に分離しよう．そのために，式（8.5）の両辺の回転をとり，右辺の空間座標に関する回転の微分演算と時間に関する微分演算の演算順序を入れ換えて，式（8.6）を代入すると

$$\nabla\times(\nabla\times\boldsymbol{E})=-\mu\frac{\partial}{\partial t}(\nabla\times\boldsymbol{H})=-\varepsilon\mu\frac{\partial^2\boldsymbol{E}}{\partial t^2} \tag{8.9}$$

となる．

さらに，上式左辺を付録 A の式（A.130）によって展開し，式（8.7）に示した $\nabla\cdot\boldsymbol{E}=0$ なる関係を代入すると

$$\nabla\times(\nabla\times\boldsymbol{E})=\nabla(\nabla\cdot\boldsymbol{E})-\nabla^2\boldsymbol{E}=-\nabla^2\boldsymbol{E} \tag{8.10}$$

となる．

したがって，けっきょく式（8.9）は

$$\nabla^2\boldsymbol{E}-\frac{1}{v^2}\frac{\partial^2\boldsymbol{E}}{\partial t^2}=0 \tag{8.11}$$

となる．ここで

$$v=\frac{1}{\sqrt{\varepsilon\mu}} \tag{8.12}$$

である．

このようにして，電界 $\boldsymbol{E}$ のみに関する微分方程式が得られる．全く同様にして，マクスウェルの方程式（8.5）〜（8.8）から電界 $\boldsymbol{E}$ を消去すると

$$\nabla^2\boldsymbol{H}-\frac{1}{v^2}\frac{\partial^2\boldsymbol{H}}{\partial t^2}=0 \tag{8.13}$$

となり，磁界 $\boldsymbol{H}$ のみに関する，式（8.11）と全く同じ形の方程式が得られる．

式（8.11）および（8.13）において，∇^2 はラプラスの演算子で，例えば直角座標系の場合には，$\nabla^2\boldsymbol{E}$ および $\nabla^2\boldsymbol{H}$ は，付録 A の式（A.132）に示したとおり，それぞれ

$$\nabla^2\boldsymbol{E}=\frac{\partial^2\boldsymbol{E}}{\partial x^2}+\frac{\partial^2\boldsymbol{E}}{\partial y^2}+\frac{\partial^2\boldsymbol{E}}{\partial z^2} \tag{8.14}$$

$$\nabla^2\boldsymbol{H}=\frac{\partial^2\boldsymbol{H}}{\partial x^2}+\frac{\partial^2\boldsymbol{H}}{\partial y^2}+\frac{\partial^2\boldsymbol{H}}{\partial z^2} \tag{8.15}$$

と書くことができる．

以上に導いた電界 $\boldsymbol{E}$ および磁界 $\boldsymbol{H}$ のみに関する方程式（8.11）および（8.13）を解けば，求める電磁界が得られる．ただし，この両式を満足する $\boldsymbol{E}$ および $\boldsymbol{H}$ は，前節で述べたように，互いに独立なものではなく，マクスウェルの方程式（8.5）および（8.6）によって互いに結びつけられている．したがって，$\boldsymbol{E}$ または $\boldsymbol{H}$ のいずれか一方を式（8.11）または（8.13）から求めれば，他方はマクスウェルの方程式から自動的に定まることになる．

さて，マクスウェルの方程式（8.5）〜（8.8）から導かれる，上に示した $\boldsymbol{E}$ および $\boldsymbol{H}$ に関する微分方程式（8.11）および（8.13）は，3.5 節でも述べたように，物理学や工学のいろいろな分野でしばしば現れる，よく知られた波動方程式と呼ばれる微分方程式であって，その解は v なる速度で伝搬する波動を表す．そのことを示すために，例えば電磁界は xy 面内で一様で，かつ電界は x 方向の成分 E_x のみからなるような場合を考えると，波動方程式（8.

11）は，式（8.14）を参照し，$\partial^2/\partial x^2=\partial^2/\partial y^2=0$，$E_y=E_z=0$ として

$$\frac{\partial^2 E_x}{\partial z^2}-\frac{1}{v^2}\frac{\partial^2 E_x}{\partial t^2}=0 \tag{8.16}$$

となる．

また，この場合，マクスウェルの方程式（8.5）の左辺は，$\partial/\partial x=\partial/\partial y=0$，$E_y=E_z=0$ であることから，$\boldsymbol{\nabla}\times\boldsymbol{E}=\boldsymbol{i}_y\partial E_x/\partial z$ なる y 方向成分のみとなる．したがって，同じく式（8.5）の右辺の磁界 $\boldsymbol{H}$ も y 方向の成分 H_y のみからなるものでなければならないことが自動的に定まる．したがって，波動方程式（8.13）は，式（8.15）を参照し，$\partial^2/\partial x^2=\partial^2/\partial y^2=0$，$H_x=H_z=0$ として

$$\frac{\partial^2 H_y}{\partial z^2}-\frac{1}{v^2}\frac{\partial^2 H_y}{\partial t^2}=0 \tag{8.17}$$

となる．

式（8.16）および（8.17）は，電界および磁界がそれぞれ x 方向の成分 E_x および y 方向の成分 H_y のみからなり，かつその空間的な変化は z 方向にのみ生じているような特別の場合における一次元の波動方程式を表している．

波動方程式（8.16）は

$$E_x(z,\,t)=E_+\left(t-\frac{z}{v}\right) \tag{8.18}$$

なる関数 E_+ によって満足されることがわかる．なぜならば

$$u=t-\frac{z}{v} \tag{8.19}$$

とおいて，$E_x(z,\,t)=E_+(u)$ を時間 t について偏微分すると

$$\frac{\partial E_x}{\partial t}=\frac{\partial E_+}{\partial u}\frac{\partial u}{\partial t}=\frac{\partial E_+}{\partial u} \tag{8.20}$$

$$\frac{\partial^2 E_x}{\partial t^2}=\frac{\partial}{\partial u}\left(\frac{\partial E_+}{\partial u}\right)\frac{\partial u}{\partial t}=\frac{\partial^2 E_+}{\partial u^2} \tag{8.21}$$

となり，同じく z について偏微分すると

$$\frac{\partial E_x}{\partial z}=\frac{\partial E_+}{\partial u}\frac{\partial u}{\partial z}=-\frac{1}{v}\frac{\partial E_+}{\partial u} \tag{8.22}$$

$$\frac{\partial^2 E_x}{\partial z^2}=-\frac{1}{v}\frac{\partial}{\partial u}\left(\frac{\partial E_+}{\partial u}\right)\frac{\partial u}{\partial z}=\frac{1}{v^2}\frac{\partial^2 E_+}{\partial u^2} \tag{8.23}$$

となる．したがって，式（8.23）の右辺に式（8.21）を代入すると

$$\frac{\partial^2 E_x}{\partial z^2}=\frac{1}{v^2}\frac{\partial^2 E_x}{\partial t^2} \tag{8.24}$$

となり，波動方程式（8.16）が満足されていることがわかる．

全く同様にして

$$E_x(z,t)=E_-\left(t+\frac{z}{v}\right) \tag{8.25}$$

なる関数 E_- もまた，波動方程式（8.16）を満足する解であることを確かめることができる．

波動方程式（8.16）は線形の偏微分方程式であるから，式（8.18）および（8.25）に示した二つの関数 $E_+(t-z/v)$ および $E_-(t+z/v)$ の和もまた波動方程式（8.16）を満足する．したがってけっきょく，波動方程式（8.16）の解は，一般に

$$E_x(z,t)=E_+\left(t-\frac{z}{v}\right)+E_-\left(t+\frac{z}{v}\right) \tag{8.26}$$

で与えられることになる．

全く同様にして，波動方程式（8.17）の解も

$$H_y(z,t)=H_+\left(t-\frac{z}{v}\right)+H_-\left(t+\frac{z}{v}\right) \tag{8.27}$$

で与えられることがわかる．

ところで，式（8.26）および（8.27）の右辺第1項の値は，変数 $(t-z/v)$ の値が同じであれば，もちろん同じ値になる．したがって，時間の経過，すなわち t の値の増加とともに z の値も同時に増加して，$(t-z/v)$ の値が一定に保たれていれば，$E_+(t-z/v)$ および $H_+(t-z/v)$ の値もまた一定に保たれることになる．さらに正確にいえば，時刻 t における $E_+(t-z/v)$ および $H_+(t-z/v)$ は，dt 秒後の時刻 $(t+dt)$ においても，もし

$$(t+dt)-\frac{(z+dz)}{v}=t-\frac{z}{v} \tag{8.28}$$

すなわち

$$dz=vdt \tag{8.29}$$

となっていれば，その値は変わらない．このことは，任意の時刻 t における $E_+(t-z/v)$ および $H_+(t-z/v)$，すなわち電界および磁界の分布が，時間の経過とともに，その形を不変に保ちながら，$+z$ 方向へ $v=dz/dt$ なる速度で移動することを意味している．すなわち，式（8.26）および（8.27）の右辺第1項で与えられる解は，v なる速度で z の正方向に伝搬する波動を表していることがわかる．

全く同様にして，式（8.26）および（8.27）の右辺第2項で与えられる解は，v なる速度で z の負方向に伝搬する波動を表していることを示すことができる．

以上のように，一般に式（8.11）あるいは（8.13）に示したような形で書き表される波動方程式の解は，v なる速度で伝搬する波動を表す．このような，電磁界の波動的な伝搬現象が3.5節でも述べた電磁波と呼ばれているものである．

式（8.12）に示した自由空間中における電磁波の伝搬速度 v は，媒質が真空の場合には，ε および μ をそれぞれ真空の誘電率 ε_0 および真空の透磁率 μ_0 として

$$v=\frac{1}{\sqrt{\varepsilon_0\mu_0}}=c \tag{8.30}$$

となる．すなわち，3.5節でも述べたように，マクスウェルによって提唱された光の電磁波説によれば，光も電磁波の一種であるから，真空中を伝搬する電磁波の伝搬速度 v は真空中の光速度 c に等しくなければならないことになる．

本節で示したような，電界および磁界がいずれも伝搬方向に直角な横面内の成分のみからなっているような電磁波を **TEM 波**（Transverse Electro-Magnetic Wave）という．特に，本節の場合のように，電界および磁界がいずれも伝搬方向（z 方向）に直角な横平面内（xy 平面内）の成分のみからなっているような TEM 波は**平面波**（plane wave）と呼ばれている．

8.3　正弦的な時間変化をする電磁界とその複素解析法

時間的に変化する電磁界のうち，特に時間に関して正弦的な変化をする電磁界を**正弦的振動電磁界**と呼ぶ．実用上の目的で実際の発振器や発電機によって発生される時間的に変化する電磁界の多くは，正弦的振動電磁界である．また，任意の時間変化する電磁界も，原理的には，フーリエ解析によって知られているとおり，いろいろな周波数で正弦的な時間変化をする多数の正弦的振動電磁界の合成と考えることができる．したがって，正弦的な時間変化をする電磁現象の解析は，理論的にも実用的にもきわめて重要である．

そこで，本節では，正弦的な時間変化をする電磁現象の取扱いを著しく簡単にする**複素解析法**（complex analysis）と呼ばれる実用上きわめて有用な解析手法について説明することにしよう．

まず，例えば一定の角周波数 ω と位相角 θ で正弦的な時間変化をしている電界ベクトル $\boldsymbol{E}(x, y, z, t)$ の x 成分 $E_x(x, y, z, t)=E_m\cos(\omega t+\theta)$ を考えると，付録 B の式（$B.13$）に示した関係を用いて

$$
\begin{aligned}
E_x(x, y, z, t)&=E_m\cos(\omega t+\theta)=\mathrm{Re}[E_m e^{j(\omega t+\theta)}]=\mathrm{Re}[E_m e^{j\theta}\,e^{j\omega t}]\\
&=\mathrm{Re}[E_m(\cos\theta+j\sin\theta)e^{j\omega t}]=\mathrm{Re}[(E_r+jE_i)e^{j\omega t}]\\
&=\mathrm{Re}[\dot{E}_x(x, y, z)e^{j\omega t}]
\end{aligned}
\tag{8.31}
$$

と書き表すことができる．ただし，$\dot{E}_x(x, y, z)$ は $E_r=E_m\cos\theta$ を実数部，$E_i=E_m\sin\theta$ を虚数部とする複素スカラー量を表し，Re[　] はカッコ内の量の実数部をとることを示す．また，$j=\sqrt{-1}$ は虚数単位である．

上記のような複素スカラー量 $\dot{E}_x(x, y, z)$ を正弦的な時間関数である $E_x(x, y, z, t)$ の**フェーザ**（phasor）ともいう．これは，交流回路理論において用いられる正弦波電圧や正弦波電流などの**複素表示（フェーザ表示）**と全く同じである．

y および z 成分についても上と全く同様の複素表示（フェーザ表示）ができるから，けっきょく正弦的な時間変化をしている電界ベクトル $\boldsymbol{E}(x, y, z, t)$ は

$$\begin{aligned}\boldsymbol{E}(x,y,z,t)&=\boldsymbol{i}_xE_x(x,y,z,t)+\boldsymbol{i}_yE_y(x,y,z,t)+\boldsymbol{i}_zE_z(x,y,z,t)\\&=\boldsymbol{i}_x\mathrm{Re}[\dot{E}_xe^{j\omega t}]+\boldsymbol{i}_y\mathrm{Re}[\dot{E}_ye^{j\omega t}]+\boldsymbol{i}_z\mathrm{Re}[\dot{E}_ze^{j\omega t}]\\&=\mathrm{Re}[(\boldsymbol{i}_x\dot{E}_x+\boldsymbol{i}_y\dot{E}_y+\boldsymbol{i}_z\dot{E}_z)e^{j\omega t}]\\&=\mathrm{Re}[\dot{\boldsymbol{E}}(x,y,z)e^{j\omega t}]\end{aligned}\tag{8.32}$$

と書き表すことができる．ただし

$$\dot{\boldsymbol{E}}(x,y,z)=\boldsymbol{i}_x\dot{E}_x(x,y,z)+\boldsymbol{i}_y\dot{E}_y(x,y,z)+\boldsymbol{i}_z\dot{E}_z(x,y,z)\tag{8.33}$$

は複素スカラー量 $\dot{E}_x, \dot{E}_y$ および $\dot{E}_z$ を成分とするような**複素ベクトル**（complex vector）である．$\dot{E}_x, \dot{E}_y$ および $\dot{E}_z$ の各**複素共役**（complex conjugate）$\dot{E}_x{}^*, \dot{E}_y{}^*$ および $\dot{E}_z{}^*$ を成分とするような複素ベクトル

$$\dot{\boldsymbol{E}}^*(x,y,z)=\boldsymbol{i}_x\dot{E}_x{}^*(x,y,z)+\boldsymbol{i}_y\dot{E}_y{}^*(x,y,z)+\boldsymbol{i}_z\dot{E}_z{}^*(x,y,z)\tag{8.34}$$

を，複素ベクトル $\dot{\boldsymbol{E}}$ の**複素共役ベクトル**（complex conjugate vector）と呼ぶ．複素ベクトル $\dot{\boldsymbol{E}}(x,y,z)$ およびその複素共役ベクトル $\dot{\boldsymbol{E}}^*(x,y,z)$ を用いると，正弦的な時間変化をする電界ベクトル $\boldsymbol{E}(x,y,z,t)$ は

$$\boldsymbol{E}(x,y,z,t)=\mathrm{Re}[\dot{\boldsymbol{E}}(x,y,z)e^{j\omega t}]=\frac{1}{2}[\dot{\boldsymbol{E}}e^{j\omega t}+\dot{\boldsymbol{E}}^*e^{-j\omega t}]\tag{8.35}$$

と書き表すこともできる．

正弦的な時間変化をするほかの電磁量，例えば磁界ベクトル $\boldsymbol{H}(x,y,z,t)$，電流密度 $\boldsymbol{J}(x,y,z,t)$，電荷密度 $\rho(x,y,z,t)$ などについても，それぞれ複素ベクトル $\dot{\boldsymbol{H}}(x,y,z)$，$\dot{\boldsymbol{J}}(x,y,z)$ あるいは複素スカラー $\dot{\rho}(x,y,z)$ を用いて，上と全く同種の複素表示（フェーザ表示）をすることができる．

つぎに，例えば正弦的な時間変化をしている電界ベクトル $\boldsymbol{E}(x,y,z,t)$ の x 成分 $E_x(x,y,z,t)$ の時間 t に関する微分は，式（8.31）の関係を参照して

$$\frac{\partial}{\partial t}E_x(x,y,z,t)=\mathrm{Re}[j\omega\dot{E}_x(x,y,z)e^{j\omega t}]\tag{8.36}$$

となる．

y および z 成分についても上と全く同様の関係が得られるから，けっきょく正弦的な時間変化をしている電界ベクトル $\boldsymbol{E}(x,y,z,t)$ の時間微分は

$$\frac{\partial}{\partial t}\boldsymbol{E}(x, y, z, t)=\mathrm{Re}[j\omega\dot{\boldsymbol{E}}(x, y, z)e^{j\omega t}] \tag{8.37}$$

となる．ほかの電磁量の時間微分についても上と全く同様の関係が得られる．

式（8.31）と（8.36），あるいは式（8.32）と（8.37）とを比べてみればわかるとおり，正弦的な時間変化をしている電磁量の時間微分は，その複素量（フェーザ）に $j\omega$ をかけたものとなる．

マクスウェルの方程式の複素表示を求めるために，以上の複素表示をまず式（8.1）に適用すると，次式が得られる．

$$\mathrm{Re}[(\boldsymbol{\nabla}\times\dot{\boldsymbol{E}}+j\omega\mu\dot{\boldsymbol{H}})e^{j\omega t}]=0 \tag{8.38}$$

上式の関係が任意の時刻 t においてつねに成り立つためには

$$\boldsymbol{\nabla}\times\dot{\boldsymbol{E}}+j\omega\mu\dot{\boldsymbol{H}}=0 \tag{8.39}$$

でなければならないことになる．式（8.39）が式（8.1）の複素表示である．

上と全く同様にして，マクスウェルの方程式（8.1）～（8.4）の複素表示は，けっきょくつぎのようになる．

$$\boldsymbol{\nabla}\times\dot{\boldsymbol{E}}=-j\omega\mu\dot{\boldsymbol{H}} \tag{8.40}$$

$$\boldsymbol{\nabla}\times\dot{\boldsymbol{H}}=\dot{\boldsymbol{J}}+j\omega\varepsilon\dot{\boldsymbol{E}} \tag{8.41}$$

$$\boldsymbol{\nabla}\cdot\varepsilon\dot{\boldsymbol{E}}=\dot{\rho} \tag{8.42}$$

$$\boldsymbol{\nabla}\cdot\mu\dot{\boldsymbol{H}}=0 \tag{8.43}$$

式（8.40）～（8.43）からわかるとおり，マクスウェルの方程式の複素表示は，けっきょく $\boldsymbol{E}(x, y, z, t)$，$\boldsymbol{H}(x, y, z, t)$ などの電磁量を $\dot{\boldsymbol{E}}(x, y, z)$，$\dot{\boldsymbol{H}}(x, y, z)$ などの複素表示で置きかえ，同時に時間微分記号 $\partial/\partial t$ を $j\omega$ で置きかえたものとなる．

式（3.2）で与えられる電荷保存の法則も，電荷および電流の時間的変化が正弦的な場合には，$\boldsymbol{J}(x, y, z, t)$ および $\rho(x, y, z, t)$ を，それぞれ，その複素表示 $\dot{\boldsymbol{J}}(x, y, z)$ および $\dot{\rho}(x, y, z)$ で置きかえ，同時に時間微分記号 $\partial/\partial t$ を $j\omega$ で置きかえて，上と全く同様に

$$\boldsymbol{\nabla}\cdot\dot{\boldsymbol{J}}=-j\omega\dot{\rho} \tag{8.44}$$

と複素表示することができる．

また，二つの異なる非導電性媒質の不連続境界面において電磁界の接線成分が連続となるべき境界条件（4.60）および（4.61）は，不連続境界面上における電磁界ベクトル $\boldsymbol{E}(x, y, z, t)$ および $\boldsymbol{H}(x, y, z, t)$ を，それぞれ，その複素表示 $\dot{\boldsymbol{E}}(x, y, z)$ および $\dot{\boldsymbol{H}}(x, y, z)$ に置きかえて

$$\boldsymbol{n}\times(\dot{\boldsymbol{E}}_1-\dot{\boldsymbol{E}}_2)=0 \tag{8.45}$$

$$\boldsymbol{n}\times(\dot{\boldsymbol{H}}_1-\dot{\boldsymbol{H}}_2)=0 \tag{8.46}$$

となる．

同様に，完全導体表面上で電界の接線成分が零となるべき境界条件（4.64）は，上と全く同様にして

$$\boldsymbol{n}\times\dot{\boldsymbol{E}}=0 \tag{8.47}$$

となり，その他の成分に対する境界条件（4.65）～（4.67）も，それぞれ

$$\boldsymbol{n}\times\dot{\boldsymbol{H}}=\dot{\boldsymbol{K}} \tag{8.48}$$

$$\boldsymbol{n}\cdot\varepsilon\dot{\boldsymbol{E}}=\dot{\xi} \tag{8.49}$$

$$\boldsymbol{n}\cdot\mu\dot{\boldsymbol{H}}=0 \tag{8.50}$$

となる．ただし，自由成分であることを示す添字 f は省略してある．

マクスウェルの方程式の複素表示（8.40）～（8.43）は空間座標のみに関する方程式である．したがって，式（8.40）～（8.43）を境界条件のもとで解けば，電磁界の空間的な分布を与える $\dot{\boldsymbol{E}}(x, y, z)$，$\dot{\boldsymbol{H}}(x, y, z)$ などの複素ベクトル解が得られ，これに $e^{j\omega t}$ をかけてその実部をとれば，式（8.35）のようにして実際の物理的な電磁界 $\boldsymbol{E}(x, y, z, t)$ および $\boldsymbol{H}(x, y, z, t)$ が直ちに求まる．

以上が正弦的振動電磁界を取り扱う複素解析法の大要である．このように，複素解析法では，実際の電磁界が時間的に変化しているにもかかわらず，問題は事実上その空間的な分布のみを求める計算に帰着される．これが，マクスウェルの方程式（8.1）～（8.4）から，直接，場所と時間の関数である $\boldsymbol{E}(x, y, z, t)$ および $\boldsymbol{H}(x, y, z, t)$ を求めるよりも，複素解析法を適用するほうが数学的な取扱いがはるかに簡単になる理由である．正弦的振動電磁界の場合に限ってこのような複素解析法によって問題の取扱いが大幅に簡略化できるのは，時間的変化についてはそれが正弦的であるという情報がすでに最初から与えられて

いるからである．

以上に述べたことからわかるとおり，複素解析法が適用できるためには，少なくともつぎの二つの重要な前提がいずれも満足されていなければならない．

第一に，対象とする電磁界は一定の単一角周波数で無限に続く正弦的な**定常状態**（steady state）になければならない．なぜならば，有限時間で終了する過渡状態の電磁現象や，時間的変化の模様が一定でないような電磁現象などでは，その時間的変化を単一の角周波数 ω で表すことができないからである．

第二に，対象とする電磁系は**線形系**（linear system）でなければならない．すなわち，系に含まれる媒質には，式（*4.44*），（*4.48*）および（*4.41*）などに示したような線形の構成関係式が成り立っていることが必要である．なぜならば，もし媒質定数 ε, μ, σ などの値が電磁界の強さに依存するような非線形媒質を含む場合には，例えば式（*4.41*）からもわかるように，かりに電界 $\boldsymbol{E}$ が正弦的に変化しても，電流密度 $\boldsymbol{J}_c=\sigma(\boldsymbol{E})\boldsymbol{E}$ はもはやそれに比例した正弦的変化にはならなくなってしまうからである．

したがって，これらの場合には複素解析法はそのままでは適用できなくなり，一般には式（*8.1*）～（*8.4*）に示したマクスウェルの方程式にたちもどって取り扱わなければならなくなる．もしも有限時間で終了する過渡状態の電磁現象や，時間的変化の模様が一定でないような電磁現象の場合などにも複素解析法の手法を適用しようと思えば，本節の最初でも述べたように，フーリエ解析によって，対象とする電磁界を，角周波数の異なる多くの正弦的に変化する電磁界成分に分解し，それぞれの成分に対して複素解析法を適用した後，最後にそれらを再び合成するという手順をとらなければならないことになる．

8.4　複素ポインティング定理†

一定の単一角周波数 ω で正弦的な時間変化をする正弦的振動電磁界の場合には，式（*7.12*）で定義したポインティング・ベクトル $\boldsymbol{S}$ は，式（*8.35*）に

† 本節は省略して先へ進んでもさしつかえない．

示したような電磁界ベクトルの複素表示を用いて，つぎのように書き表すことができる．

$$\boldsymbol{S}=\boldsymbol{E}\times\boldsymbol{H}=\frac{1}{2}(\dot{\boldsymbol{E}}e^{j\omega t}+\dot{\boldsymbol{E}}^{*}e^{-j\omega t})\times\frac{1}{2}(\dot{\boldsymbol{H}}e^{j\omega t}+\dot{\boldsymbol{H}}^{*}e^{-j\omega t})$$
$$=\frac{1}{4}(\dot{\boldsymbol{E}}\times\dot{\boldsymbol{H}}^{*}+\dot{\boldsymbol{E}}^{*}\times\dot{\boldsymbol{H}})+\frac{1}{4}(\dot{\boldsymbol{E}}\times\dot{\boldsymbol{H}}e^{j2\omega t}+\dot{\boldsymbol{E}}^{*}\times\dot{\boldsymbol{H}}^{*}e^{-j2\omega t})$$
$$=\frac{1}{2}\mathrm{Re}[\dot{\boldsymbol{E}}\times\dot{\boldsymbol{H}}^{*}]+\frac{1}{2}\mathrm{Re}[\dot{\boldsymbol{E}}\times\dot{\boldsymbol{H}}e^{j2\omega t}] \tag{8.51}$$

上式右辺の第1項は時間に無関係である．これに対して上式右辺の第2項は，角周波数 2ω で変化する正弦的ベクトルを表す．したがって，ポインティング・ベクトル $\boldsymbol{S}$ の時間平均をとったものは上式の右辺第1項で与えられる．

そこで，つぎのような**複素ポインティング・ベクトル**（complex Poynting's vector）$\dot{\boldsymbol{S}}$ を定義する．

$$\dot{\boldsymbol{S}}=\frac{1}{2}(\dot{\boldsymbol{E}}\times\dot{\boldsymbol{H}}^{*}) \tag{8.52}$$

上式で定義される複素ポインティング・ベクトル $\dot{\boldsymbol{S}}$ は，交流回路理論における**複素ベクトル電力**（complex vector power）と呼ばれているものに相当し，その実数部

$$\mathrm{Re}[\dot{\boldsymbol{S}}]=\frac{1}{2}\mathrm{Re}[\dot{\boldsymbol{E}}\times\dot{\boldsymbol{H}}^{*}] \tag{8.53}$$

は，単位面積当りの**有効電力**（active power）の密度の時間平均値を与える．また，虚数部

$$\mathrm{Im}[\dot{\boldsymbol{S}}]=\frac{1}{2}\mathrm{Im}[\dot{\boldsymbol{E}}\times\dot{\boldsymbol{H}}^{*}] \tag{8.54}$$

は，単位面積当りの**無効電力**（reactive power）の密度を表すことになる．ただし，Im[　]はカッコ内の量の虚数部をとることを示す．無効電力というのは，物理的には，すぐ後で示すとおり，系内に蓄積される電気的および磁気的エネルギーに関連する量である．以上のような複素ポインティング・ベクトル $\dot{\boldsymbol{S}}$ に対して，式（7.12）で定義したポインティング・ベクトル $\boldsymbol{S}=\boldsymbol{E}\times\boldsymbol{H}$ は単位面積当りの電力の流れの密度の**瞬時値**（instantaneous value）を表すも

のである†．

式（7.8）および（7.9）で与えられる単位体積当りの電気的エネルギーおよび磁気的エネルギーの密度も，同様にして，つぎのように複素表示することができる．

$$w_e = \frac{1}{2}\varepsilon(\boldsymbol{E}\cdot\boldsymbol{E}) = \frac{1}{4}\varepsilon(\dot{\boldsymbol{E}}\cdot\dot{\boldsymbol{E}}^*) + \frac{1}{4}\mathrm{Re}[\varepsilon\dot{\boldsymbol{E}}\cdot\dot{\boldsymbol{E}}e^{j2\omega t}] \tag{8.55}$$

$$w_m = \frac{1}{2}\mu(\boldsymbol{H}\cdot\boldsymbol{H}) = \frac{1}{4}\mu(\dot{\boldsymbol{H}}\cdot\dot{\boldsymbol{H}}^*) + \frac{1}{4}\mathrm{Re}[\mu\dot{\boldsymbol{H}}\cdot\dot{\boldsymbol{H}}e^{j2\omega t}] \tag{8.56}$$

上式で

$$\dot{\boldsymbol{E}}\cdot\dot{\boldsymbol{E}}^* = \dot{E}_x\dot{E}_x^* + \dot{E}_y\dot{E}_y^* + \dot{E}_z\dot{E}_z^* = |\dot{E}_x|^2 + |\dot{E}_y|^2 + |\dot{E}_z|^2 = |\dot{\boldsymbol{E}}|^2 \tag{8.57}$$

$$\dot{\boldsymbol{H}}\cdot\dot{\boldsymbol{H}}^* = \dot{H}_x\dot{H}_x^* + \dot{H}_y\dot{H}_y^* + \dot{H}_z\dot{H}_z^* = |\dot{H}_x|^2 + |\dot{H}_y|^2 + |\dot{H}_z|^2 = |\dot{\boldsymbol{H}}|^2 \tag{8.58}$$

であるから，式（8.55）および（8.56）の右辺第1項はいずれも時間に無関係な実数である．これに対して第2項は，いずれも角周波数 2ω で正弦的な時間変化をする実数を表す．

したがって，単位体積当りの電気的エネルギー密度および磁気的エネルギー密度の時間平均値は，それぞれ次式で与えられる．

$$\langle w_e\rangle = \frac{1}{4}\varepsilon(\dot{\boldsymbol{E}}\cdot\dot{\boldsymbol{E}}^*) = \frac{1}{4}\varepsilon|\dot{\boldsymbol{E}}|^2 \tag{8.59}$$

$$\langle w_m\rangle = \frac{1}{4}\mu(\dot{\boldsymbol{H}}\cdot\dot{\boldsymbol{H}}^*) = \frac{1}{4}\mu|\dot{\boldsymbol{H}}|^2 \tag{8.60}$$

したがって，領域 V 内の電気的および磁気的な全エネルギーの時間平均値は，それぞれ次式で与えられることになる．

$$\langle W_e\rangle = \int_V \langle w_e\rangle dV = \int_V \frac{1}{4}\varepsilon|\dot{\boldsymbol{E}}|^2 dV \tag{8.61}$$

$$\langle W_m\rangle = \int_V \langle w_m\rangle dV = \int_V \frac{1}{4}\mu|\dot{\boldsymbol{H}}|^2 dV \tag{8.62}$$

---

† 本書では，式（8.31）からもわかるように，正弦的変化の最大値（例えば式（8.31）の場合には最大値 E_m）を用いて複素表示を行っている．これに対して，交流回路理論などで用いられている**実効値**（effective value）と同様に，最大値の $1/\sqrt{2}$（例えば式（8.31）の場合には $E_e = E_m/\sqrt{2}$ なる実効値 E_e）を用いて複素表示することもできる．この場合には，$\dot{\boldsymbol{E}}$ や $\dot{\boldsymbol{H}}$ などはそれぞれ $\sqrt{2}\dot{\boldsymbol{E}}_e$，$\sqrt{2}\dot{\boldsymbol{H}}_e$ などとなり，したがって式（8.52）に示した複素ポインティング・ベクトル $\dot{\boldsymbol{S}} = (1/2)(\dot{\boldsymbol{E}}\times\dot{\boldsymbol{H}}^*)$ は $\dot{\boldsymbol{S}} = (\dot{\boldsymbol{E}}_e\times\dot{\boldsymbol{H}}_e^*)$ となる．これは，交流回路理論において，正弦波電圧および正弦波電流の最大値 V_m, I_m を用いた複素電力が $\dot{P} = (1/2)\dot{V}_m\dot{I}_m^*$ となるのに対して，実効値 $V_e = V_m/\sqrt{2}$，$I_e = I_m/\sqrt{2}$ を用いた複素電力が $\dot{P} = \dot{V}_e\dot{I}_e^*$ となるのと全く同じである．

さて，複素ポインティング・ベクトル（8.52）の発散をとり，付録 A の式（A.124）に示したベクトル関係式を用いて展開すると

$$\nabla\cdot\dot{\boldsymbol{S}}=\frac{1}{2}\nabla\cdot(\dot{\boldsymbol{E}}\times\dot{\boldsymbol{H}}^*)=\frac{1}{2}[\dot{\boldsymbol{H}}^*\cdot(\nabla\times\dot{\boldsymbol{E}})-\dot{\boldsymbol{E}}\cdot(\nabla\times\dot{\boldsymbol{H}}^*)] \tag{8.63}$$

となる．さらに，上式右辺にマクスウェルの方程式（8.40）および（8.41）を代入すると

$$\begin{aligned}-\nabla\cdot\dot{\boldsymbol{S}}&=\frac{1}{2}[j\omega\mu\dot{\boldsymbol{H}}\cdot\dot{\boldsymbol{H}}^*+\dot{\boldsymbol{E}}\cdot\dot{\boldsymbol{J}}^*-j\omega\varepsilon\dot{\boldsymbol{E}}\cdot\dot{\boldsymbol{E}}^*]\\&=\frac{1}{2}(\dot{\boldsymbol{E}}\cdot\dot{\boldsymbol{J}}^*)+j2\omega\left(\frac{1}{4}\mu|\dot{\boldsymbol{H}}|^2-\frac{1}{4}\varepsilon|\dot{\boldsymbol{E}}|^2\right)\\&=\frac{1}{2}(\dot{\boldsymbol{E}}\cdot\dot{\boldsymbol{J}}^*)+j2\omega(\langle w_m\rangle-\langle w_e\rangle)\end{aligned} \tag{8.64}$$

となる．

上式は正弦的な時間変化をする電磁界に対するポインティングの定理の複素表示であって，電磁界が任意の時間的変化をする場合のポインティングの定理（7.13）に相当する**複素ポインティング定理**（complex Poynting's theorem）である．

これと等価な積分表示は，上式の両辺を任意の閉曲面 S によってかこまれる領域 V について体積分し，左辺にガウスの定理（A.77）を適用して

$$-\oint_S\dot{\boldsymbol{S}}\cdot\boldsymbol{n}dS=\int_V\frac{1}{2}(\dot{\boldsymbol{E}}\cdot\dot{\boldsymbol{J}}^*)dV+j2\omega\int_V(\langle w_m\rangle-\langle w_e\rangle)dV \tag{8.65}$$

と表される．ただし，$\boldsymbol{n}$ は閉曲面 S に垂直で，外方を向く単位ベクトルである．上式は複素ポインティング定理の積分表示であって，電磁界が任意の時間的変化をする場合のポインティングの定理の積分表示（7.14）に相当するものである．

複素ポインティング定理が示す物理的な意味を，その積分表示（8.65）によって考えてみよう．まず，式（8.65）の右辺第 1 項の $1/2(\dot{\boldsymbol{E}}\cdot\dot{\boldsymbol{J}}^*)$ は，その符号が正の場合には自由電荷を運動させて自由電流を流すために電界から供給される単位体積当りの電力の密度の時間平均値を表し，負の場合にはその逆を表す．

例えば，電流が線形，等方な導体中の導電電流である場合には，式（4.41）に示したオームの法則の複素表示 $\dot{\boldsymbol{J}}_c=\sigma\dot{\boldsymbol{E}}$ から

$$\langle p_d\rangle=\frac{1}{2}(\dot{\boldsymbol{E}}\cdot\dot{\boldsymbol{J}}_c{}^*)=\frac{1}{2}(\dot{\boldsymbol{E}}\cdot\sigma\dot{\boldsymbol{E}}^*)=\frac{1}{2}\sigma(\dot{\boldsymbol{E}}\cdot\dot{\boldsymbol{E}}^*)=\frac{1}{2}\sigma|\dot{\boldsymbol{E}}|^2 \tag{8.66}$$

となる．上式の右辺は式（8.57）に示したとおり実数である．したがって，上式は電界のエネルギーが導体中の運動自由電荷に与えられ，その運動エネルギーが導体の抵抗力によって失われて，けっきょく導体中の熱エネルギーに変換される単位体積当りの消費電力の密度の時間平均値を表す．したがって

$$\langle P_d\rangle=\int_V\langle p_d\rangle dV=\int_V\frac{1}{2}(\dot{\boldsymbol{E}}\cdot\dot{\boldsymbol{J}}_c{}^*)dV=\int_V\frac{1}{2}\sigma|\dot{\boldsymbol{E}}|^2dV \tag{8.67}$$

は，領域 V 内でジュール熱として失われる全消費電力の時間平均値を表すことになる．

また，例えば電流が真空中の荷電粒子の運動によって生ずる対流電流である場合には，$1/2(\dot{\boldsymbol{E}}\cdot\dot{\boldsymbol{J}}^*)$ の符号が正の場合には，荷電粒子を運動させるために電界が供給する単位体積当りの電力の密度の時間平均値を表し，負の場合にはその逆を表す．

さらに，例えば電流が適当な外部力（外部起電力）によって供給されている電源電流である場合には，電源電流密度の複素表示を $\dot{\boldsymbol{J}}_s$ として

$$p_s=-\frac{1}{2}(\dot{\boldsymbol{E}}\cdot\dot{\boldsymbol{J}}_s{}^*)=\langle p_s\rangle+jp_{rs} \tag{8.68}$$

となる．上式は，外部力によって供給される単位体積当りの**複素電源電力**の密度を表し，その実数部 $\langle p_s\rangle$ および虚数部 p_{rs} は，それぞれ，**有効電源電力**の密度の時間平均値および**無効電源電力**の密度を表す．

一方，式（8.65）の左辺の $\dot{\boldsymbol{S}}$ は，前述のように，単位面積当りの複素ベクトル電力の密度を表す．したがって

$$\dot{P}=-\oint_S\dot{\boldsymbol{S}}\cdot\boldsymbol{n}dS=\langle P\rangle+jP_r \tag{8.69}$$

は，領域 V をかこむ表面 S を通って V 内に（$-\boldsymbol{n}$ 方向に）流入する全複素ベクトル電力を表すことになる．

上式の実数部 $\langle P\rangle$ および虚数部 P_r は，それぞれ，領域 V をかこむ表面 S を通って V 内に流入する全有効電力の時間平均値および全無効電力を表す．

以上の結果，系内に電源を含む場合には，式（8.68）を考慮して，複素ポインティング定理（8.65）は，さらに具体的に

$$-\oint_S \dot{\boldsymbol{S}}\cdot\boldsymbol{n}dS-\int_V\frac{1}{2}(\dot{\boldsymbol{E}}\cdot\dot{\boldsymbol{J}}_s{}^*)dV=\int_V\frac{1}{2}(\dot{\boldsymbol{E}}\cdot\dot{\boldsymbol{J}}^*)dV+j2\omega\int_V(\langle w_m\rangle-\langle w_e\rangle)dV \tag{8.70}$$

と書くこともできる．この場合には，上式右辺第1項の $\dot{\boldsymbol{J}}^*$ は，電源電流密度 $\dot{\boldsymbol{J}}_s$ を除く，自由電荷の運動によって生ずる導電電流および対流電流の密度の複素共役を表す．

特に，電源や対流電流などを含まない線形，受動電磁系に対しては，複素ポインティング定理（8.70）は，$\dot{\boldsymbol{E}}\cdot\dot{\boldsymbol{J}}_s{}^*=0$ となること，および式（8.67），（8.61）および（8.62）に示した関係から

$$-\oint_S \dot{\boldsymbol{S}}\cdot\boldsymbol{n}dS=\int_V\frac{1}{2}\sigma|\dot{\boldsymbol{E}}|^2dV+j2\omega\int_V\left(\frac{1}{4}\mu|\dot{\boldsymbol{H}}|^2-\frac{1}{4}\varepsilon|\dot{\boldsymbol{E}}|^2\right)dV \tag{8.71}$$

となる．

式（8.71）の両辺の実数部

$$\langle P\rangle=-\mathrm{Re}\oint_S \dot{\boldsymbol{S}}\cdot\boldsymbol{n}dS=\int_V\frac{1}{2}\sigma|\dot{\boldsymbol{E}}|^2dV=\langle P_d\rangle \tag{8.72}$$

は，上述のような線形，受動電磁系をかこむ任意の閉曲面 S を通って系内に流入する全有効電力の時間平均値 $\langle P\rangle$ が，系内でジュール熱となって失われる全消費電力の時間平均値 $\langle P_d\rangle$ に等しいことを示している．

また，式（8.71）の両辺の虚数部

$$\begin{aligned}P_r=-\mathrm{Im}\oint_S \dot{\boldsymbol{S}}\cdot\boldsymbol{n}dS&=2\omega\int_V\left(\frac{1}{4}\mu|\dot{\boldsymbol{H}}|^2-\frac{1}{4}\varepsilon|\dot{\boldsymbol{E}}|^2\right)dV\\&=2\omega(\langle W_m\rangle-\langle W_e\rangle)\end{aligned} \tag{8.73}$$

は，同じく線形，受動電磁系をかこむ任意の閉曲面 S を通って系内に流入する全無効電力 P_r が，系内に蓄積される磁気的エネルギーの時間平均値 $\langle W_m\rangle$ と電気的エネルギーの時間平均値 $\langle W_e\rangle$ との差の 2ω 倍に等しいことを示して

いる．これからわかるように，無効電力というのは，物理的には，系内に蓄積されている電磁エネルギーに関連する量である．

8.5　正弦的な時間変化をする平面波†

本節では，正弦的な時間変化をする電磁現象の基本的な例として，電荷および電流を含まない，無限に広がる境界のない線形，等方，均質な無損失の自由空間中を伝搬する平面波について考える．平面波の電磁界は時間に関して一定の単一角周波数 ω で正弦的な変化をしているものとして，複素解析法によって解析する．したがって，実際の物理的な電磁界 $\boldsymbol{E}(x, y, z, t)$，$\boldsymbol{H}(x, y, z, t)$ などは，8.3 節で述べたように，本節の解析によって求められた $\dot{\boldsymbol{E}}, \dot{\boldsymbol{H}}$ などの複素電磁界に $e^{j\omega t}$ をかけて，その実数部をとることによって与えられる．

さて，電荷および電流を含まない線形，等方，均質な無損失媒質中では，$\dot{\rho}=0, \dot{\boldsymbol{J}}=0$ であり，かつ誘電率 ε および透磁率 μ はいずれも場所に無関係な定数である．したがって，マクスウェルの方程式の複素表示（8.40）～（8.43）は，それぞれ

$$\nabla\times\dot{\boldsymbol{E}}=-j\omega\mu\dot{\boldsymbol{H}} \tag{8.74}$$

$$\nabla\times\dot{\boldsymbol{H}}=j\omega\varepsilon\dot{\boldsymbol{E}} \tag{8.75}$$

$$\nabla\cdot\dot{\boldsymbol{E}}=0 \tag{8.76}$$

$$\nabla\cdot\dot{\boldsymbol{H}}=0 \tag{8.77}$$

となる．

この場合の（複素）電磁界 $\dot{\boldsymbol{E}}$ および $\dot{\boldsymbol{H}}$ は，物理的には，いま考えている自由空間以外の部分に存在する，正弦的な時間変化をする電荷または電流の分布，例えば導線中を流れる正弦的な時間変化をする交流電流によって，導線の内部を除く，導線の外部の無限に広がる自由空間中に生じているものである．

式（8.74）～（8.77）は，8.2 節で示した電荷および電流を含まない無損失

† 本節は省略して先へ進んでもさしつかえない．

の自由空間中におけるマクスウェルの方程式（8.5）〜（8.8）の複素表示に相当している．そこで，8.2 節の場合と同様に，上の四つの方程式から $\dot{\boldsymbol{H}}$ または $\dot{\boldsymbol{E}}$ を消去して，複素電界ベクトル $\dot{\boldsymbol{E}}$ または複素磁界ベクトル $\dot{\boldsymbol{H}}$ のみに関する微分方程式に分離するために，式（8.74）の両辺の回転をとり，右辺に式（8.75）を代入すると

$$\nabla\times(\nabla\times\dot{\boldsymbol{E}})=-j\omega\mu(\nabla\times\dot{\boldsymbol{H}})=\omega^2\varepsilon\mu\dot{\boldsymbol{E}} \tag{8.78}$$

となる．

さらに，上式左辺を付録 A の式（A.130）によって展開し，式（8.76）に示した $\nabla\cdot\dot{\boldsymbol{E}}=0$ なる関係を代入すると，式（8.10）の場合と同様に

$$\nabla\times(\nabla\times\dot{\boldsymbol{E}})=\nabla(\nabla\cdot\dot{\boldsymbol{E}})-\nabla^2\dot{\boldsymbol{E}}=-\nabla^2\dot{\boldsymbol{E}} \tag{8.79}$$

となる．

したがって，けっきょく式（8.78）は

$$\nabla^2\dot{\boldsymbol{E}}+k^2\dot{\boldsymbol{E}}=0 \tag{8.80}$$

となる．ただし

$$k=\omega\sqrt{\varepsilon\mu}=\frac{\omega}{v} \tag{8.81}$$

である．ここで，$v=1/\sqrt{\varepsilon\mu}$ は式（8.12）に示した電磁波の伝搬速度である．

このようにして，複素電界ベクトル $\dot{\boldsymbol{E}}$ のみに関する微分方程式が得られる．全く同様にして，マクスウェルの方程式の複素表示（8.74）〜（8.77）から複素電界ベクトル $\dot{\boldsymbol{E}}$ を消去すると

$$\nabla^2\dot{\boldsymbol{H}}+k^2\dot{\boldsymbol{H}}=0 \tag{8.82}$$

となり，複素磁界ベクトル $\dot{\boldsymbol{H}}$ のみに関する，式（8.80）と全く同じ形の方程式が得られる．式（8.80）および（8.82）において，∇^2 はラプラスの演算子で，例えば直角座標系の場合には，$\nabla^2\dot{\boldsymbol{E}}$ および $\nabla^2\dot{\boldsymbol{H}}$ は，付録 A の式（A.132）に示したとおり，それぞれ

$$\nabla^2\dot{\boldsymbol{E}}=\frac{\partial^2\dot{\boldsymbol{E}}}{\partial x^2}+\frac{\partial^2\dot{\boldsymbol{E}}}{\partial y^2}+\frac{\partial^2\dot{\boldsymbol{E}}}{\partial z^2} \tag{8.83}$$

$$\nabla^2\dot{\boldsymbol{H}}=\frac{\partial^2\dot{\boldsymbol{H}}}{\partial x^2}+\frac{\partial^2\dot{\boldsymbol{H}}}{\partial y^2}+\frac{\partial^2\dot{\boldsymbol{H}}}{\partial z^2} \tag{8.84}$$

と書くことができる．

以上に導いた $\dot{\boldsymbol{E}}$ または $\dot{\boldsymbol{H}}$ のみに関する方程式（8.80）または（8.82）を解けば，求める複素電磁界ベクトルが得られる．ただし，この両式を満足する $\dot{\boldsymbol{E}}$ および $\dot{\boldsymbol{H}}$ は互いに独立なものではなく，マクスウェルの方程式（8.74）および（8.75）によって互いに結びつけられている．したがって，$\dot{\boldsymbol{E}}$ または $\dot{\boldsymbol{H}}$ のいずれか一方を式（8.80）または（8.82）から求めれば，他方はマクスウェルの方程式から自動的に定まることになる．

さて，上に導いた $\dot{\boldsymbol{E}}$ および $\dot{\boldsymbol{H}}$ に関する微分方程式（8.80）および（8.82）は，8.2 節で示した波動方程式（8.11）および（8.13）において，電磁界ベクトル $\boldsymbol{E}$ および $\boldsymbol{H}$ を複素電磁界ベクトル $\dot{\boldsymbol{E}}$ および $\dot{\boldsymbol{H}}$ に置きかえ，かつ $\partial^2/\partial t^2$ を $(j\omega)^2=-\omega^2$ と置きかえた複素表示に相当している．式（8.80）または（8.82）のような形の微分方程式は**ヘルムホルツの方程式**（Helmholtz's equation）と呼ばれている．

このように，ヘルムホルツの方程式は波動方程式を複素表示したものであるから，ヘルムホルツの方程式を満足する電磁界は，正弦的な時間変化をする電磁波を表しているはずである．

そのことを示すために，例えば電磁界は xy 面内で一様で，かつ電界は x 方向の成分 $\dot{E}_x$ のみからなるような平面波を考えると，ヘルムホルツの方程式（8.80）は，式（8.83）を参照し，$\partial^2/\partial x^2=\partial^2/\partial y^2=0$，$\dot{E}_y=\dot{E}_z=0$ として

$$\frac{d^2\dot{E}_x}{dz^2}+k^2\dot{E}_x=0 \tag{8.85}$$

となる．

また，この場合，マクスウェルの方程式（8.74）の左辺は，$\partial/\partial x=\partial/\partial y=0$，$\dot{E}_y=\dot{E}_z=0$ なることより，$\nabla\times\dot{\boldsymbol{E}}=\boldsymbol{i}_y\partial\dot{E}_x/\partial z$ なる y 方向成分のみとなる．したがって，同じく式（8.74）の右辺の磁界 $\dot{\boldsymbol{H}}$ も y 方向の成分 $\dot{H}_y$ のみからなるものでなければならないことが自動的に定まる．したがって，ヘルムホルムの方程式（8.82）は，式（8.84）を参照し，$\partial^2/\partial x^2=\partial^2/\partial y^2=0$，$\dot{H}_x=\dot{H}_z=0$ として

$$\frac{d^2\dot{H}_y}{dz^2}+k^2\dot{H}_y=0 \tag{8.86}$$

となる．

式（8.85）および（8.86）は，それぞれ一次元の波動方程式（8.16）および（8.17）の複素表示に相当している．式（8.85）および（8.86）を満足する解は，それぞれ，次式で与えられる．

$$\dot{E}_x=A_1e^{-jkz}+A_2e^{jkz} \tag{8.87}$$

$$\dot{H}_y=B_1e^{-jkz}+B_2e^{jkz} \tag{8.88}$$

ただし，A_1, A_2, B_1, B_2 はいずれも定数である．

前述のように，実際の物理的な電磁界は，上に求めた複素電磁界に $e^{j\omega t}$ をかけてその実数部をとることによって与えられる．すなわち，例えば実際の物理的な電界 $E_x(z, t)$ は，式（8.87）から

$$\begin{aligned} E_x(z, t)&=\mathrm{Re}[A_1e^{j\omega t-jkz}+A_2e^{j\omega t+jkz}] \\ &=A_1\cos(\omega t-kz)+A_2\cos(\omega t+kz) \\ &=A_1\cos\omega\left(t-\frac{z}{v}\right)+A_2\cos\omega\left(t+\frac{z}{v}\right) \end{aligned} \tag{8.89}$$

となる．ただし，$v=\omega/k$ である．

実際の物理的な磁界 $H_x(z, t)$ も，式（8.88）から，上と全く同じ形になる．上式を式（8.26）と比べてみるとわかるように，右辺の第1項は v なる速度で z の正方向に伝搬する正弦波形を表し，同じく右辺の第2項は v なる速度で z の負方向に伝搬する正弦波形を表している．この意味で，式（8.81）で定義される $k=\omega\sqrt{\varepsilon\mu}=\omega/v$ を**伝搬定数**（propagation constant）と呼ぶこともある．

また

$$\lambda=\frac{2\pi}{k}=\frac{v}{f} \tag{8.90}$$

を平面波の**波長**（wavelength）と呼ぶ．ただし，$f=\omega/2\pi$ は正弦的な時間変化の周波数を表す．

前述のように，時間的に変化する電磁界では電界と磁界は互いに独立ではな

い．すなわち，式（8.87）および（8.88）に示した電界 $\dot{E}_x$ および磁界 $\dot{H}_y$ は互いに独立な解ではなく，いずれか一方が求まれば，他方はマクスウェルの方程式から自動的に定まる．例えば，電界 $\dot{E}_x$ が式（8.87）のように求まれば，磁界 $\dot{H}_y$ はマクスウェルの方程式（8.74）から，$\dot{\boldsymbol{E}}=\boldsymbol{i}_x\dot{E}_x$，$\dot{\boldsymbol{H}}=\boldsymbol{i}_y\dot{H}_y$，$\partial/\partial x=\partial/\partial y=0$ として

$$\dot{H}_y=\frac{1}{\eta}(A_1e^{-jkz}-A_2e^{jkz}) \tag{8.91}$$

となる．ただし

$$\eta=\sqrt{\frac{\mu}{\varepsilon}} \tag{8.92}$$

である．

すなわち，式（8.88）に示した解の振幅定数 B_1 および B_2 は，電界 $\dot{E}_x$ の振幅定数 A_1, A_2 を用いて，それぞれ $B_1=A_1/\eta$ および $B_2=-A_2/\eta$ と表されることになる．

このように，式（8.92）で定義される $\eta=\sqrt{\mu/\varepsilon}$ は電界と磁界の大きさ（振幅）の比を表す量であって，媒質の**固有インピーダンス**（intrinsic impedance）と呼ばれている．特に真空の場合には，3.6 節の式（3.62）および（3.61）に示したとおり，$\varepsilon_0=10^7/4\pi c^2=8.854\times10^{-12}$ F/m，$\mu_0=4\pi\times10^{-7}=1.257\times10^{-6}$ H/m であるから，**真空の固有インピーダンス**は

$$\eta_0=\sqrt{\frac{\mu_0}{\varepsilon_0}}\cong120\pi\cong377\quad〔\Omega〕 \tag{8.93}$$

となる．

演　習　問　題

8.1　誘電率が ε，透磁率が μ なる無損失媒質中を伝搬する平面波の電界ベクトル，磁界ベクトルおよび伝搬方向は互いに直交することを一般的に証明せよ．

8.2　誘電率が ε，透磁率が μ なる無損失媒質中を伝搬する平面波の電気的エネルギー密度と磁気的エネルギー密度は等しいことを示せ．

8.3　誘電率が ε，透磁率が μ なる無損失媒質中を伝搬する平面波のポインティング・ベクトルを $\boldsymbol{S}$，電磁エネルギー密度を w，伝搬方向を向く単位ベクトルを $\boldsymbol{i}$ とすると

$$\boldsymbol{S}=\boldsymbol{i}\frac{w}{\sqrt{\varepsilon\mu}}$$

なる関係が成り立つことを示せ．

8.4　誘電率が ε，透磁率が μ，導電率が σ なる媒質中を角周波数 ω の平面波が z 方向に伝搬しているとき，$\sigma \ll \omega\varepsilon$ なる条件のもとに，この平面波の電界 $\boldsymbol{E}$ および磁界 $\boldsymbol{H}$ を求めよ．

8.5　誘電率および透磁率がそれぞれ ε_1, μ_1 および ε_2, μ_2 なる媒質 1 および媒質 2 が無限平面によって接している．媒質 1 側から角周波数 ω の平面波が境界面に垂直に入射するとき，反射波および透過波の電界の振幅と入射波の電界の振幅との比を求めよ．

8.6　問 *8.5* において，媒質 2 が完全導体の場合にはどうなるか．

8.7　導電率が σ なる半無限の導体が無限平面によって真空と接している．この導体表面に垂直に角周波数 ω の平面波が入射するとき，導体中に侵入する平面波の電磁界の強さが導体表面における値の $1/e$（e は自然対数の底）に減衰するまでの距離，すなわちいわゆる**表皮の厚さ**（skin depth）δ を求めよ．ただし，導体の誘電率および透磁率をそれぞれ ε および μ とし，$\sigma \gg \omega\varepsilon$ なる条件が成り立つものとする．

8.8　伝搬方向に電界および磁界の成分をもたない TEM 波は，つぎのような一般的性質をもつことを示せ．

（1）　平面波と同じ伝搬定数をもつ．

（2）　伝搬方向に垂直な平面内における電磁界分布は二次元のラプラス方程式から得られる．

8.9　誘電率が ε，透磁率が μ なる無損失媒質と完全導体が無限平面によって接している．無損失媒質側から平面波が完全導体表面に垂直に入射するとき，完全導体表面の単位面積当りに働く力を求めよ．ただし，無損失媒質と完全導体の境界面における入射波の電界の強さを E_i とする．

9. 電磁系の回路論的取扱い

9.1 電磁理論と回路理論

*1.1*節で述べたとおり，電磁理論はあらゆる巨視的電磁現象を記述する最も基本的な理論体系である．したがって，任意の電磁系における巨視的電磁現象を理論的に解析したり，巨視的電磁現象を応用する所望の電磁系を設計したりする場合には，原理的には，マクスウェルの方程式と境界条件および初期条件を用いて，電磁理論的な取扱いを行えばよい．このように，電磁理論は，少なくとも巨視的電磁現象に関する限り，きわめて厳密で，かつ一般性の高いものである．

しかし反面，対象とする電磁系を実際に電磁理論的に取り扱うためには，三次元的なベクトル連立微分方程式であるマクスウェルの方程式を，対象とする電磁系に関する境界条件と与えられた初期条件のもとに解かなければならないことになる．このうち，時間に関する初期条件は，*3.3* 節でも述べたように，特に過渡的な時間的変化を示す過渡現象などを取り扱う必要があるような特別の場合を除くと，通常の定常状態における電磁系の解析や設計を行ううえでは普通問題とならない．しかし，そのような場合でも，マクスウェルの方程式を境界条件のもとに解くことは，一般には容易なことではなく，実際には，境界条件を満足するマクスウェルの方程式の解を理論的に厳密に求めることができるのは，対象とする電磁系の幾何学的な形状や構造がきわめて簡単な，少数の特別な場合に限られる．逆に，そのような，ごく限られた単純な形状，構造の場合を除けば，一般には，任意の電磁系をマクスウェルの方程式と境界条件とをもとに電磁理論的に厳密に取り扱うことは，数学的な理由から，非常に繁雑で困難なものとなるか，または事実上不可能となるのが普通である．そのために，いろいろな近似解析の手法や，電子計算機を援用する各種の数値解法などが考案されている．

それらの中で，特に抜群の実用性をもった，汎用性の高い出色の技法が**回路理論**（circuit theory）と呼ばれているものである．

回路理論では，対象とする電磁系に関する実用上必要な全特性は，適当に定義された各回路素子の端子電圧および端子電流，または系に沿う電圧および電流の一次元的な分布と，それらの間の関係を示す回路法則のみによって完全に定められ，系の形状やそれに対応する境界条件，あるいは各回路素子の具体的な構造などに対する考慮はいっさい不要となる．その結果，理論的な取扱いは一般に電磁理論によるよりも格段に簡単となり，したがって，電磁系を解析したり設計したりする場合，回路理論が適用可能なものについては，電磁理論的に行うよりも回路理論的に行うほうが通常はるかに実用的である．これが，回路理論の有する最も大きな工学的意義であって，電気関連工学の学問や技術の発展に回路理論が果たした功績は計りしれない．

ところで，回路理論によって記述される現象はもちろん電磁現象であるから，回路理論における諸法則や諸概念はすべて電磁理論にその基礎をおいている．なぜならば，電磁理論はあらゆる巨視的電磁現象を記述する最も基本的な理論体系だからである．しかし，逆に，電磁理論によって記述することはできても，回路理論では取り扱うことのできない電磁現象が数多く存在する．このことからもわかるように，回路理論というのは，ある特別な制限条件のもとにおける電磁現象のみを，実用上便利な形で取り扱うことができるように工夫されたものなのである．すなわち，回路理論は電磁理論に比べるとその理論的な取扱いがはるかに簡単で，実用性に優れている反面，回路理論が適用できるのは電磁理論に比べるときわめて狭い範囲に限られる．

回路理論の有する上述のような利点と適用限界とを正確に把握して，回路理論を誤りなく有効，適切に活用するためには，回路理論の電磁理論的な基礎を十分よく理解しておくことが必要である．そこで，本章では，回路理論のよってたつ電磁理論的な基礎を詳しく説明し，回路理論のもつ有用性とその適用限界とを示すとともに，回路理論で用いられる回路定数や電圧，電力，インピーダンスなどの諸量，およびキルヒホッフの法則（Kirchhoff's law）などの回路法則の物理的な意味を明らかにする．

回路理論は，**集中定数回路理論**と**分布定数回路理論**とに大別することができる．そこで，次節以下で，まず集中定数回路理論の電磁理論的な基礎とその適用限界とを説明し，ついで *9.7* 節以降で分布定数回路理論の電磁理論的な基礎とその適用限界について述べる．なお，議論の焦点を明確にするために，以下，系に含まれる媒質は，前章までの場合と同様に，すべて線形，等方，均質でかつ非分散性であるとする．

9.2　集中定数回路系と集中定数回路理論

回路理論では，対象とする電磁系の電磁的特性を，適当に定義された電圧および電流と，それらの間の関係を示す回路法則とによって記述する．したがって，電磁系を回路論的に取り扱うことができるためには，少なくともまず電圧なる量が定義できなければならない．

電磁系における電圧を一義的に定義することのできる最も簡単な場合は，対象とする電磁系内の電磁現象が時間的に変化しない静電磁現象の場合である．この場合には，系に含まれる電界は式（*5.1*）に示したように $\boldsymbol{\nabla}\times\boldsymbol{E}=0$ なる保存的な静電界であるから，式（*5.4*）に示したとおり，スカラー・ポテンシャル（電位）ϕ を用いて $\boldsymbol{E}=-\boldsymbol{\nabla}\phi$ と表すことができる．したがって，系内の任意の 2 点 $\mathrm{P_1}$，$\mathrm{P_2}$ の間の電位差は

$$V=\int_{P_1}^{P_2}\boldsymbol{E}\cdot d\boldsymbol{l}=-\int_{P_1}^{P_2}\boldsymbol{\nabla}\phi\cdot d\boldsymbol{l}=\phi(P_1)-\phi(P_2) \qquad (9.1)$$

で与えられる．この値は，*5.1* 節でも述べたように，2 点 $\mathrm{P_1}$，$\mathrm{P_2}$ を結ぶ積分路の選び方には関係なく，2 点 $\mathrm{P_1}$，$\mathrm{P_2}$ の位置のみによって一義的に定まる．

したがって，静電界の場合には，このような電位差 V をもって2点 P_1，P_2 の間の**電圧**（voltage）と定義することができる．式（*9.1*）で与えられる電位差（電圧）V は，物理的には，*5.1* 節でも述べたように，+1Cの単位正電荷を点 P_1 から点 P_2 まで移動させるために電界がなす仕事に相当している．

一方，逆に，対象とする電磁系内の電磁現象が時間的に変化している場合には，式（*4.68*）からわかるとおり，電界 $\boldsymbol{E}$ はもはや保存的（$\nabla \times \boldsymbol{E}=0$）ではなくなり，したがって，一般には，電界を線積分した値は積分路のとり方によって異なってくる．したがって，時間的に変化する電磁界の場合には，一般には2点 P_1，P_2 の間の電位差（電圧）を電界の線積分によって，積分路の選び方に関係なく，一義的に定義することはできなくなる．

しかし，重要な特別の場合として，系に含まれている電荷，電流および電磁界などの電磁量が実際には時間的に変化していても，もしその時間的変化の割合が十分ゆるやかで，各瞬間瞬間においては近似的に静電磁界の場合と同様の関係が成り立っているとみなすことができるような場合には，電界の線積分によって，事実上積分路の選び方には関係なく，実用上十分よい近似で系内の2点 P_1，P_2 の間の電圧を式（*9.1*）と同様にして一義的に定めることができるようになる．このような電磁界を**準静的電磁界**（quasi-static field）と呼んでいる．

以上のような，静的または準静的電磁現象を，取扱いに便利な形で記述するものが，いわゆる**集中定数回路理論**と呼ばれているものである．すなわち，電磁系を集中定数回路理論によって取り扱うことができるためには，対象とする系内の電磁現象の時間的変化が，少なくとも準静的電磁現象とみなし得る程度に十分ゆるやかであることが必要である．したがって，前節で述べた，電磁系を回路論的に取り扱うことができるために必要な特別の制限条件というのは，集中定数回路理論の場合には，**準静的近似**（quasi-static approximation）が成り立つ条件ということになる．

準静的近似が成り立つためには，対象とする電磁系内の任意の1点における電磁現象と，系内のほかの任意の1点における電磁現象との間の時間的，あるいは位相的な差，すなわちいわゆる**遅延効果**（retarded effect）が無視できる程度に十分小さいものでなければならない．いいかえれば，対象とする電磁系内の最も離れた2点間においてすら，電磁現象の遅延効果が無視できる程度に十分小さいことが必要である．そのためには，対象とする電磁系を構成する最も大きな幾何学的寸法 r に対してすら，使用する周波数範囲のうち最も高い周波数（最も速い正弦的時間変化）に対応する最短波長 λ のほうがなおかつ十分大きく（$r \ll \lambda$），遅延効果が無視できることが必要である†．逆に，系の寸法に比べて波長が同程度か，またはそれ以下となるような場合には，遅延効果を無視することができず，したがってそのような速さで時間的に変化する電磁現象は，もはや集中定数回路理論によって取り扱うことはできない．集中定数回路理論によって取り扱うことができるような電磁系は，**集中定数回路**（lumped-constant circuit）と呼ばれている．

9.3　集中定数回路理論における端子電圧および回路定数

前節で述べたように，電磁系を集中定数回路理論によって取り扱うことができるためには，系に含まれる電荷，電流および電磁界などの電磁量の時間的変化が，準静的近似が成り立つ程度にゆるやかでなければならない．そこで本節では，そのような準静的電磁現象を集中定数回路論的に取り扱うための基礎となる**端子電圧**と**回路定数**の具体的な定義について述べよう．

まず，**図 9.1** のように，導電率の値が σ なる線形，等方，均質な抵抗性物

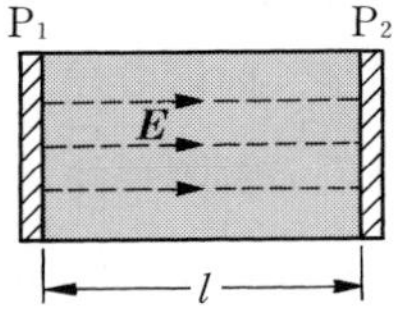

図 9.1　抵抗性の素子

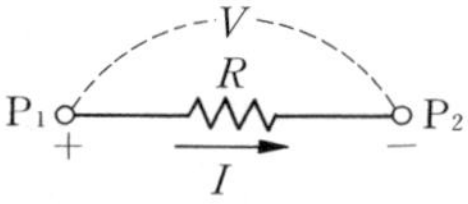

図 9.2　抵抗性素子の回路表示

† この条件は物理的な考察からも定性的に十分理解することができるはずであるが，理論的に正確な証明については，例えば熊谷信昭著「電磁気学基礎論」（オーム社）9.2 節を参照されたい．

質の両端に完全導体板 P_1 および P_2 をつけた抵抗性の素子を考える．前節で述べたように，準静的電磁界では各瞬間瞬間においては静電磁界の場合と全く同様の関係が成り立っているものとみなすことができるので，完全導体板 P_1，P_2 は，5.3 節で述べた静電界の場合と同様に，準静的電界 $\boldsymbol{E}$ に対しては等電位面となっている．そこで，このような等電位面 P_1 および P_2 をこの素子の端子面とすれば，その間の電位差，すなわち端子電圧 V は，前節の式 (9.1) に示したとおり，端子面 P_1 から端子面 P_2 までの電界の線積分によって，途中の積分路の選び方に関係なく，一義的に定めることができる．

ところで，線形の抵抗性物質中を流れる導電電流の密度は，式 (4.41) に示したとおり，$\boldsymbol{J}_c=\sigma\boldsymbol{E}$ と書くことができる．さらに，全電流を I とし，電流の分布は抵抗性物質の断面にわたって一様であるとすれば，$|\boldsymbol{J}_c|=I/S$ である．ただし，S は抵抗性物質の断面積を表す．したがって，抵抗性物質中の電界の強さは

$$|\boldsymbol{E}|=\frac{|\boldsymbol{J}_c|}{\sigma}=\frac{I}{\sigma S} \tag{9.2}$$

と書くことができる．

これから，端子間の電圧 V は，抵抗性物質の断面が長さ方向に一様であるとして

$$V=\int_{P_1}^{P_2}\boldsymbol{E}\cdot d\boldsymbol{l}=\frac{I}{\sigma S}\int_{P_1}^{P_2}dl=\frac{l}{\sigma S}I=RI=\frac{I}{G} \tag{9.3}$$

と書き表すことができる．ただし

$$R=\frac{1}{G}=\frac{l}{\sigma S} \tag{9.4}$$

である．ここで，σ は抵抗性物質の導電率，S は抵抗性物質の断面積，l はその長さを表す．

式 (9.3) で与えられる比例定数

$$R=\frac{V}{I},\quad G=\frac{I}{V} \tag{9.5}$$

を，それぞれ，端子 P_1，P_2 間の**抵抗** (resistance) および**コンダクタンス**

(conductance) と定義する．

上式の定義からわかるとおり，コンダクタンス（または抵抗）というのは，二つの端子間に $V=1$ V の単位電圧を加えたとき，その端子間に流れる電流の量（またはその逆数）を表すものであって，その値は端子間の抵抗性物質の幾何学的な形状・寸法とその導電率 σ の値とによって定まる．

特に，二つの端子間の抵抗が希望する値になるように作られたものが**抵抗器** (resistor) または**減衰器** (attenuater) と呼ばれているものである．また，式 (*9.3*) の関係は，式 (*4.41*) に示したオームの法則を回路論的に表現したものであって，回路理論における**オームの法則** (Ohm's law) と呼ばれているものである．

端子電圧 V および端子電流 I は一般に時間の関数であってもよいが，その時間的変化の割合は準静的近似が成り立つ程度に十分ゆるやかでなければならないことはもちろんである．

式 (*9.3*) が図 *9.1* のような抵抗性素子の回路論的な表現式であって，その関係を**図 *9.2*** のような回路記号によって表す．

つぎに，**図 *9.3*** のように，誘電率の値が ε なる線形，等方，均質な誘電体によって互いに絶縁された完全導体からなる容量性の素子を考える．完全導体の表面は，前述の抵抗性素子の場合と同様に，準静的電界 $\boldsymbol{E}$ に対して等電位面となっているから，このような完全導体の表面 P_1 および P_2 をこの素子の端子面とすれば，その間の電位差，すなわち端子電圧 V は，前節の式 (*9.1*) に示したとおり，端子面 P_1 から端子面 P_2 までの電界の線積分によって，途中の積分路の選び方に関係なく，一義的に定めることができる．

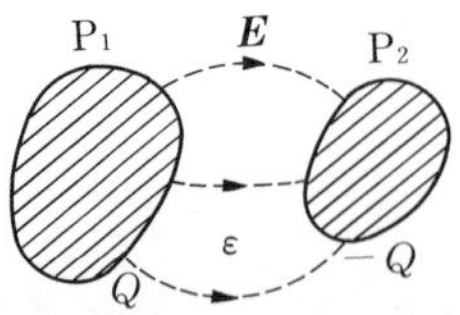

図 *9.3* 容量性の素子

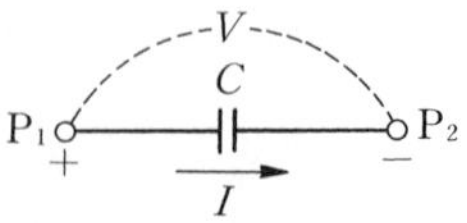

図 *9.4* 容量性素子の回路表示

ところで，スカラー・ポテンシャル ϕ は，準静的近似が成り立つような場合には，各瞬間瞬間においては，式（5.15）に示した静電界のスカラー・ポテンシャル

$$\phi=\frac{1}{4\pi\varepsilon}\int\frac{dq}{r} \tag{9.6}$$

と全く同じ形になる．そして，いまの場合，電荷は完全導体表面上にしか存在しないから，けっきょくスカラー・ポテンシャル ϕ は端子面上の蓄積電荷量に比例することになる．

したがって，端子面 P_1，P_2 間の電位差 $\phi(P_1)-\phi(P_2)$ も端子面に蓄積されている電荷量に比例することになり，このような端子電荷量を Q，比例定数を $1/C$ とすれば，端子電圧 V は，式（9.1）から

$$V=\int_{P_1}^{P_2}\boldsymbol{E}\cdot d\boldsymbol{l}=-\int_{P_1}^{P_2}\boldsymbol{\nabla}\phi\cdot d\boldsymbol{l}=\phi(P_1)-\phi(P_2)=\frac{Q}{C} \tag{9.7}$$

と書き表すことができる．

上式で与えられる比例定数

$$C=\frac{Q}{V} \tag{9.8}$$

を端子 P_1，P_2 間の**静電容量**または**キャパシタンス**（capacitance）と定義する．

上式の定義からわかるとおり，静電容量またはキャパシタンスというのは，二つの導体間に $V=1\,\mathrm{V}$ の単位電圧を加えたとき，それぞれの導体上に蓄えられる電荷の量を表すものであって，その値は二つの導体からなる系の幾何学的な形状・寸法とそれが置かれている領域の誘電率 ε の値とによってきまる．

特に，二つの導体間のキャパシタンスが希望する値になるように作られたものが**蓄電器**または**コンデンサ**（condenser）あるいは**キャパシタ**（capacitor）と呼ばれているものである．

この場合も，端子電圧 V および端子電荷 Q は一般に時間の関数であってもよいが，その時間的変化の割合は準静的近似が成り立つ程度に十分ゆるやかでなければならないことはもちろんである．

端子電荷の準静的な時間変化があるということは，電荷保存の法則から，端子電流が流れるということと同等である．すなわち，電荷保存の法則の積分表示（2.1）を完全導体の表面（端子面）をかこむ閉曲面 S に適用すると，端子面に流入する端子電流 I は

$$I=-\oint_S \boldsymbol{J}\cdot\boldsymbol{n}dS=\frac{d}{dt}\int_V \rho dV=\frac{dQ}{dt} \tag{9.9}$$

となる．ただし，$\boldsymbol{n}$ は閉曲面 S に垂直で，外方を向く単位ベクトル，Q は閉曲面 S によってかこまれる端子面上の全電荷量である．

上式から，端子電荷 Q は端子電流 I によって

$$Q=\int I dt \tag{9.10}$$

と書き表すこともできる．式（9.9）または（9.10）は式（2.1）に示した**電荷保存の法則（電流連続の法則）**を回路論的に表現したものである．

式（9.10）の関係を用いると，端子電圧（9.7）は

$$V=\int_{P_1}^{P_2}\boldsymbol{E}\cdot d\boldsymbol{l}=\frac{Q}{C}=\frac{1}{C}\int I dt \tag{9.11}$$

と書くこともできる．

式（9.11）が図 9.3 のような容量性素子の回路論的な表現式であって，その関係を**図 9.4** のような回路記号によって表す．

最後に，**図 9.5** のように，透磁率の値が μ なる線形，等方，均質な媒質中に置かれた，完全導体の導線でできた一巻のコイルからなる誘導性の素子を考える．コイル導体 P_1aP_2 とその両端子 P_2，P_1 を結ぶ任意の線 P_2bP_1 からなる

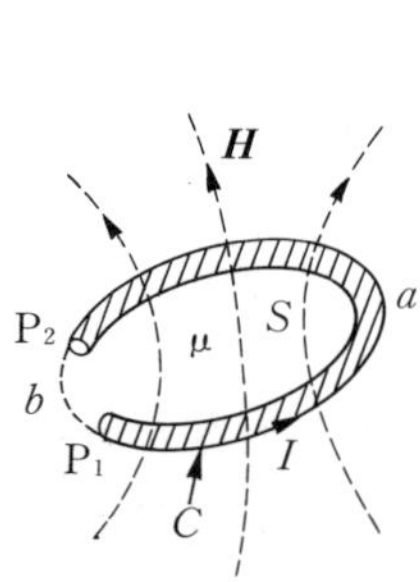

図 9.5　誘導性の素子

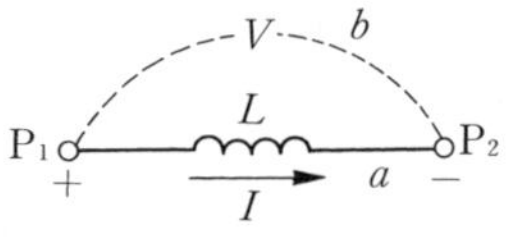

図 9.6　誘導性素子の回路表示

閉曲線を C とし，C を周辺とする任意の面を S とすると，面 S を貫く磁束の時間的変化によって生ずる電界 $\boldsymbol{E}$ は，ファラデー・マクスウェルの法則の積分表示（4.72）から

$$\oint_C \boldsymbol{E}\cdot d\boldsymbol{l} = -\frac{d}{dt}\int_S \mu\boldsymbol{H}\cdot\boldsymbol{n}dS = -\frac{d\Phi}{dt} \tag{9.12}$$

で与えられる．ただし

$$\Phi = \int_S \mu\boldsymbol{H}\cdot\boldsymbol{n}dS \tag{9.13}$$

は閉曲線 C を周辺とする面 S を貫く磁束である．また，閉曲線 C に沿う線積分の方向は C に沿う電流 I の方向と同じであって，C を周辺とする面 S に垂直な単位ベクトル $\boldsymbol{n}$ の方向と右ねじの関係にある．

式（9.12）からわかるとおり，この電界 $\boldsymbol{E}$ はもはや保存的 $\left(\oint_C \boldsymbol{E}\cdot d\boldsymbol{l}=0\right)$ ではないから，スカラー・ポテンシャルの負こう配として $\boldsymbol{E}=-\boldsymbol{\nabla}\phi$ と表すことはできず，したがって，この素子の端子電圧を式（9.1）のように電界の線積分によって一義的に定義することは，一般にはできない．

ところで，4.3 節でも述べたとおり，完全導体の内部には電界は存在せず，また完全導体表面上では，式（4.70）に示した境界条件から，電界の接線成分は零であるから，式（9.12）の左辺の線積分のうち，コイル導体 P_1aP_2 に沿う部分の線積分は零となり，端子 P_2，P_1 を直接結ぶ積分路 P_2bP_1 に沿う部分の線積分だけが残る．したがってけっきょく，式（9.12）は

$$\int_{P_2bP_1} \boldsymbol{E}\cdot d\boldsymbol{l} = -\frac{d\Phi}{dt} \tag{9.14}$$

となる．

上式の値は，前述のように，一般には積分路 P_2bP_1 のとり方によって異なってくる．なぜならば，積分路 P_2bP_1 のとり方によって，P_2bP_1 とコイル導体部分 P_1aP_2 からなる閉曲線 C の形が変化することになり，したがって C を周辺とする面 S を貫く磁束 $\boldsymbol{\Phi}$ の値が変わってくるからである．

しかし，もしも端子 P_2，P_1 を直接結ぶ積分路 P_2bP_1 をコイル導体 P_1aP_2 の

長さに比べて十分短くとれば，閉曲線 C の形はその大部分がコイル導体の形によって定まってしまうことになり，したがって C を周辺とする面 S を貫く磁束 Φ の値も事実上コイル導体によってかこまれる面を貫く磁束の値によって定まってしまい，端子間を直接結ぶ十分短い積分路 P_2bP_1 の選び方にはほとんど影響されなくなるであろう．したがって，このような場合には，式（9.14）の電界の線積分の値も端子間を直接結ぶ十分短い積分路 P_2bP_1 の選び方には近似的に無関係となるはずである．

そこで，コイルの端子間の電圧としてこのような積分値をとることとし，ただ線積分の方向を式（9.14）の場合と逆向きに P_1bP_2 と改めると，積分値の符号も式（9.14）の場合と逆になって，けっきょくコイルの端子電圧 V が

$$V=\int_{P_1bP_2}\boldsymbol{E}\cdot d\boldsymbol{l}=\frac{d\Phi}{dt} \tag{9.15}$$

と定義されることになる．

このように，コイルの端子電圧を定める線積分の積分路はコイル導体部分ではなく，端子間を直接結ぶ十分短く選んだ積分路である．具体的な例でいえば，コイルの端子電圧を測定する際に端子 P_1，P_2 間に挿入する電圧計とそのリード線の部分が電圧の値を定める積分路に該当することになる．そして，リード線の長さがコイル導体の長さに比べて十分短かければ，リード線の曲がり方，すなわち積分路のとり方に関係なく測定電圧の指示は一定となり，抵抗性素子や容量性素子の場合と同様に，端子電圧の値が唯一的に定められることになるわけである．

さて，式（4.71）に示した線形系に対するマクスウェルの方程式からわかるとおり，一般に磁界 $\boldsymbol{H}$ はソレノイダル（$\boldsymbol{\nabla}\cdot\mu\boldsymbol{H}=0$）であるから，付録 A の式（A.113）に示したとおり，ベクトル・ポテンシャル $\boldsymbol{A}$ を用いて $\mu\boldsymbol{H}=\boldsymbol{\nabla}\times\boldsymbol{A}$ と書くことがつねに可能である．したがって，この関係を式（9.13）に代入し，ストークスの定理（A.107）を適用すると，コイルに鎖交する磁束 Φ は

$$\Phi=\int_S \mu \boldsymbol{H}\cdot\boldsymbol{n}dS=\int_S(\boldsymbol{\nabla}\times\boldsymbol{A})\cdot\boldsymbol{n}dS=\int_C \boldsymbol{A}\cdot d\boldsymbol{l} \tag{9.16}$$

と書くことができる．

ところで，ベクトル・ポテンシャル $\boldsymbol{A}$ は，準静的近似が成り立つような場合には，各瞬間瞬間においては，式（6.16）に示した静磁界のベクトル・ポテンシャル

$$\boldsymbol{A}=\frac{\mu}{4\pi}\int_V \frac{\boldsymbol{J}}{r}dV \tag{9.17}$$

と全く同じ形になる．そして，いまの場合，電流はコイル導体表面上にしか存在しないから，けっきょくベクトル・ポテンシャル $\boldsymbol{A}$ はコイルを流れる電流に比例することになる．

したがって，磁束 Φ もコイル電流に比例することになり，このようなコイル電流を I，比例定数を L とすれば，磁束 Φ は，式（9.16）から

$$\Phi=\int_S \mu \boldsymbol{H}\cdot\boldsymbol{n}dS=\oint_C \boldsymbol{A}\cdot d\boldsymbol{l}=LI \tag{9.18}$$

と書き表すことができる．

上式で与えられる比例定数

$$L=\frac{\Phi}{I} \tag{9.19}$$

をコイル導体の**自己インダクタンス**（self inductance）または単に**インダクタンス**（inductance）と定義する．

上式の定義からわかるとおり，コイルの（自己）インダクタンスというのは，コイルに $I=1$ A の単位電流を流したとき，その単位電流によって生ずる磁束のうち，そのコイル自身を貫く磁束の量を表すものであって，その値はコイルの幾何学的な形状・寸法と，コイルが置かれている領域の透磁率 μ の値とによって定まる．

これに対して，あるコイルに $I=1$ A の単位電流を流したとき，その単位電流によって生ずる磁束のうち，近接したほかのコイルを貫く磁束の量を，それら二つのコイル間の**相互インダクタンス**（mutual inductance）と呼ぶ．した

がって，二つのコイル間の相互インダクタンスは，それぞれのコイルの幾何学的な形状・寸法とそれら二つのコイル相互間の相対的・空間的な配置関係，およびそれらのコイルが置かれている領域の透磁率 μ の値によって定まる．

特に，自己インダクタンスが希望する値になるように作られたものが**インダクタ**（inductor）または**誘導器**と呼ばれているものであり，また二つのコイル間の相互インダクタンスが希望する値になるように作られたものが**変圧器**（transformer）と呼ばれているものである．

さて，式（9.19）の関係を用いると，端子電圧（9.15）は

$$V=\int_{P_1}^{P_2}\boldsymbol{E}\cdot d\boldsymbol{l}=\frac{d\Phi}{dt}=L\frac{dI}{dt} \tag{9.20}$$

と書くこともできる．

式（9.20）が図9.5のような誘導性素子の回路論的な表現式であって，その関係を**図9.6**のような回路記号によって表す．

以上が集中定数回路理論における端子電圧と回路定数の定義である．本節で定義した回路定数 R，C，L の物理的な意味は，電力およびエネルギーの観点から，さらに一般的に説明することができる．この点については9.6節で詳しく述べる．

9.4　集中定数回路理論における電力

一般に，任意の電磁系をかこむ閉曲面を S とすると，面 S を通って電磁系内に流入する全電力 P は，7.2節の式（7.21）に示したとおり，ポインティング・ベクトル $\boldsymbol{S}=\boldsymbol{E}\times\boldsymbol{H}$ を閉曲面 S にわたって面積分することにより

$$P=-\oint_S\boldsymbol{S}\cdot\boldsymbol{n}dS=-\oint_S(\boldsymbol{E}\times\boldsymbol{H})\cdot\boldsymbol{n}dS \tag{9.21}$$

で与えられる．ただし，$\boldsymbol{n}$ は任意の電磁系をかこむ閉曲面 S に垂直で，外方を向く単位ベクトルである．

ところで，集中定数回路系の場合には，前節までに述べたとおり，電磁量の

時間的変化は準静的近似が成り立つ程度に十分ゆるやかであって，系に含まれる電界 $\boldsymbol{E}$ も，十分よい近似で，保存的な静的ないしは準静的電界とみなすことができる．

一方，準静的近似が成り立つ範囲では，導電電流密度 $\boldsymbol{J}$ の値に比べて変位電流と呼ばれている項 $\varepsilon\partial\boldsymbol{E}/\partial t$ の値は，キャパシタンス素子の極板間を除いては，実際上無視することができる．すなわち，コンデンサの極板間を除くと，十分よい近似で，$\boldsymbol{J}\gg\varepsilon\partial\boldsymbol{E}/\partial t$ なる関係が成り立っている†．したがって，一般にアンペア・マクスウェルの法則（*4.69*）で与えられる磁界 $\boldsymbol{H}$ は，準静的近似が成り立つ範囲では，コンデンサの極板間を除いて，アンペアの法則

$$\nabla\times\boldsymbol{H}=\boldsymbol{J} \tag{9.22}$$

によって十分よい近似で表されることになる．

そこで，**図 9.7** のように，任意の集中定数回路系をかこむ，キャパシタンス素子の極板間を通らないように選んだ任意の閉曲面 S をとり，S によってかこまれる領域 V 内に流入する電力 P を考えると，面 S 上では電界は保存的（$\nabla\times\boldsymbol{E}=0$，すなわち $\boldsymbol{E}=-\nabla\phi$）とみなし得ることから，式（*9.21*）は，ガウスの定理（*A.77*）を適用して

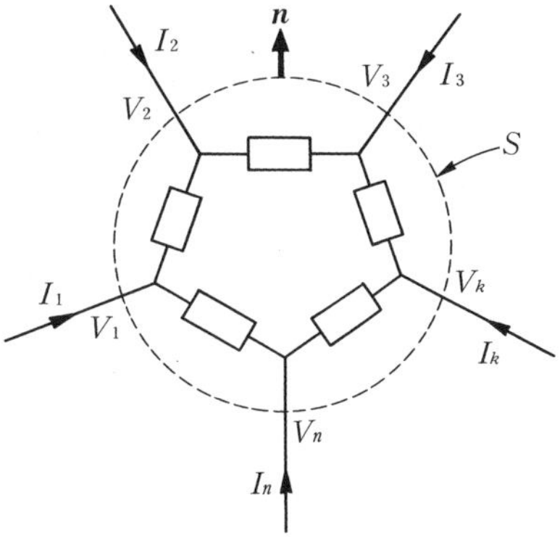

図 9.7 集中定数回路系をかこむ閉曲面 S

$$P=-\oint_S(\boldsymbol{E}\times\boldsymbol{H})\cdot\boldsymbol{n}dS=\oint_S(\nabla\phi\times\boldsymbol{H})\cdot\boldsymbol{n}dS=\int_V\nabla\cdot(\nabla\phi\times\boldsymbol{H})dV \tag{9.23}$$

となる．

さらに，付録 A の式（*A.106*）および（*A.112*）から

$$\nabla\cdot(\nabla\times\phi\boldsymbol{H})=\nabla\cdot(\nabla\phi\times\boldsymbol{H})+\nabla\cdot(\phi\nabla\times\boldsymbol{H})=0 \tag{9.24}$$

† コンデンサの極板間では，極板間の媒質が無損失の場合には，*2.5* 節で詳しく述べたとおり，導電電流は零となり，そのかわりに，いわゆる変位電流と呼ばれる項 $\varepsilon\partial\boldsymbol{E}/\partial t$ の値が端子電流密度 $\boldsymbol{J}$ の値と等しくなる．

なる関係が成り立つので，これから得られる $\nabla\cdot(\nabla\phi\times\boldsymbol{H})=-\nabla\cdot(\phi\nabla\times\boldsymbol{H})$ なる関係を式（9.23）に代入して，再びガウスの定理（A.77）を適用すると

$$P=\int_V\nabla\cdot(\nabla\phi\times\boldsymbol{H})dV=-\int_V\nabla\cdot(\phi\nabla\times\boldsymbol{H})dV=-\oint_S(\phi\nabla\times\boldsymbol{H})\cdot\boldsymbol{n}dS \quad (9.25)$$

となる．

上式右辺の $\nabla\times\boldsymbol{H}$ に式（9.22）に示した $\nabla\times\boldsymbol{H}=\boldsymbol{J}$ なる関係を代入すると，けっきょく閉曲面 S を通って系内に流入する全電力 P は

$$P=-\oint_S\phi\boldsymbol{J}\cdot\boldsymbol{n}dS \quad (9.26)$$

で与えられることになる．ただし，$\boldsymbol{n}$ は前述のとおり閉曲面 S に垂直で，外方を向く単位ベクトルである．

ところで，上式の面積分が値をもつのは導電電流密度 $\boldsymbol{J}$ が零でない場所，すなわち閉曲面 S が回路のリード線を横切る部分だけであって，そのような部分におけるリード線の断面にわたる $-\boldsymbol{J}\cdot\boldsymbol{n}$ の面積分は，そのリード線を通って回路系内に（$-\boldsymbol{n}$ 方向に）流入する端子電流 I を与えることになる．また，その点における電位 ϕ の値は，前節で詳しく述べたとおり，その点の端子電圧 V を一義的に与えることになる．

以上の結果，回路をかこむ閉曲面 S 上で電界が保存的であり，かつ $\varepsilon\partial\boldsymbol{E}/\partial t$ の大きさが導電電流密度 $\boldsymbol{J}$ の値に比べて無視できるという条件のもとで，回路に流入する全電力 P はつぎのように書き表されることになる．

$$P=-\oint_S\boldsymbol{S}\cdot\boldsymbol{n}dS=-\oint_S\phi\boldsymbol{J}\cdot\boldsymbol{n}dS=V_1I_1+V_2I_2+\cdots+V_nI_n=\sum_{k=1}^{n}V_kI_k \quad (9.27)$$

ただし，$V_k\,(k=1,2,\cdots,n)$ は任意の基準点から測った端子 k の電位を表す．

式（9.27）が集中定数回路理論における電力の定義を表すものである．

9.5　キルヒホッフの法則と回路方程式

電荷保存の法則の積分表示（2.1）から，閉曲面 S にわたる電流密度の面積分は，もし閉曲面によってかこまれる領域 V 内に電荷が蓄積されていくこと

がなければ，零となる．すなわち

$$-\oint_S \boldsymbol{J}\cdot\boldsymbol{n}dS=\frac{d}{dt}\int_V \rho dV=0 \qquad (9.28)$$

となる．ただし，$\boldsymbol{n}$ は閉曲面 S に垂直で，外方を向く単位ベクトルである．

ところで，回路理論において定義されている回路の結合点は，**図 9.8** に示すとおり，単にリード線の結び目を表すものであって，そこには電荷の蓄積を生ずるようなものの存在は考えられていない．したがって，このような結合点をかこむ任意の閉曲面 S に電荷保存の法則（9.28）を適用すると，面 S を貫く電流はリード線を流れる導電電流のみであるから

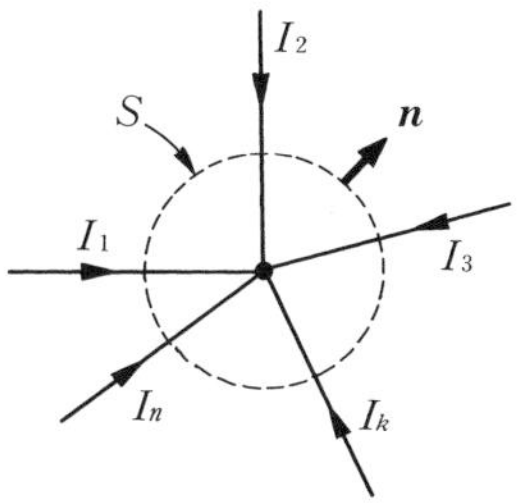

図 9.8 回路の結合点をかこむ任意の閉曲面 S

$$-\oint_S \boldsymbol{J}\cdot\boldsymbol{n}dS=I_1+I_2+\cdots+I_n=\sum_{k=1}^{n}I_k=0 \qquad (9.29)$$

となる．

すなわち，結合点に流入する電流の代数的な総和は零でなければならないことになる．これが，電気回路に関する**キルヒホッフの第 1 法則**または**キルヒホッフの電流法則**（Kirchhoff's current law）と呼ばれているものである．実際の電流の中には，結合点に流入する電流も流出する電流も含まれているから，上式の法則は結合点に流入する電流の合計が流出する電流の合計に等しいと表現しても同じである．

一方，保存的なベクトルの閉路 C に沿う線積分は，付録 A の式（A.64）に示したとおり，零となる．したがって，静的または準静的電界 $\boldsymbol{E}=-\nabla\phi$ の閉路 C に沿う線積分は

$$\oint_C \boldsymbol{E}\cdot d\boldsymbol{l}=-\oint_C \nabla\phi\cdot d\boldsymbol{l}=0 \qquad (9.30)$$

となる．

ところで，集中定数回路理論における各回路素子の端子間の電圧は，9.3 節で詳しく述べたとおり，抵抗素子およびキャパシタンス素子の場合には保存

的な静的または準静的電界の線積分として簡単に一義的に定められ，インダクタンス素子の場合にも，コイルの端子間を結ぶ積分路をコイル導体の長さに比べて十分短くとる限り，事実上保存的な準静的電界の線積分と同様に，積分路のとり方に関係なく，一義的に定めることができる．すなわち，集中定数回路理論における端子電圧は，けっきょくすべて保存的な静的または準静的電界の線積分として定義されているわけである．

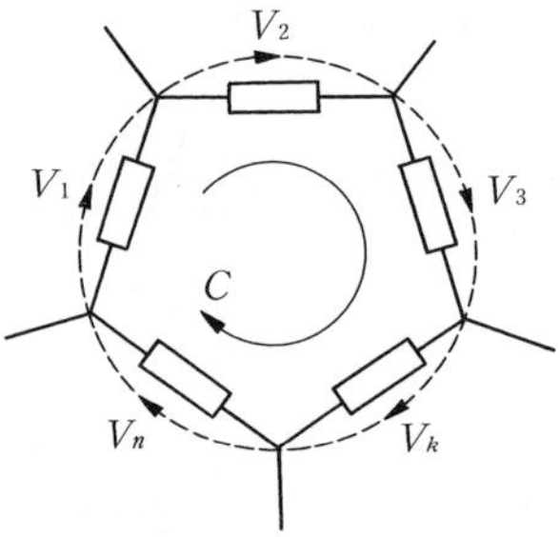

図 9.9　回路網内にとった任意の閉路 C

また，各回路素子をつなぐリード線としては通常導電率 σ の値が十分大きい金属良導体が用いられ，したがって導体内部の準静的電界は，完全導体内部の静電界の場合と同様に，近似的に零とみなすことができ，また，導体表面では，境界条件から，電界の接線成分が無視できる程度に小さくなって，けっきょくリード線に沿う電界の線積分は事実上零となる．いいかえれば，リード線の部分は，リード線の長さが極端に長くない限り，すべて等電位であるとみなしてよい．したがって，**図 9.9** のように，回路網内にとった任意の閉路 C に式（9.30）の関係を適用すると

$$\oint_C \boldsymbol{E}\cdot d\boldsymbol{l} = V_1 + V_2 + \cdots + V_n = \sum_{k=1}^{n} V_k = 0 \qquad (9.31)$$

となる．ただし，$V_1, V_2, \cdots, V_n$ は回路網内にとった任意の閉回路に沿って同じ方向に測った各回路素子の端子電圧である．

上式は，5.1 節でも述べたとおり，保存的な静的または準静的電界が +1 C の単位正電荷を閉路に沿って一周させるとき，電界のなす仕事は差し引き零となって，エネルギーは増減することなく静的または準静的電界内に保存されることを示している．これが，電気回路に関する**キルヒホッフの第 2 法則**または**キルヒホッフの電圧法則**（Kirchhoff's voltage law）と呼ばれているものである．

ところで，現実の電磁系には必ず損失が存在する．したがって，実際に現実の回路に沿って電荷を移動させるには，電界は正味の仕事を必要とし，その分だけエネルギーを消耗する．事実，7.2節でも述べたとおり，回路内の抵抗や（不完全）導体中でジュール熱に変換される消費電力は，電荷を移動させるために電界から与えられたものである．したがって，そのようなエネルギー消費分を適当な方法によって補償しない限り，その後も引き続いて定常的に回路に沿って電荷を移動させることはできなくなる．すなわち，保存的な静的または準静的電界のみでは，実際には閉回路に沿って定常的な電荷の移動，すなわち電流の流れを維持することはできない．

例えば，**図 9.10** のように，保存的な静的または準静的電界 $\boldsymbol{E}$ の中の2点 P_1 および P_2 の間に任意の回路素子が接続されている場合，$\phi(P_1)>\phi(P_2)$ とすると，高電位の端子 P_1 側の自由正電荷は静的または準静的電界 $\boldsymbol{E}$ による力によって低電位の端子 P_2 側に移動する．すなわち，P_1 から P_2 の方向に電流 I が流れることになる．このとき，静的または準静的電界 $\boldsymbol{E}$ のなす仕事が9.3節で定義した回路素子の端子電圧 V である．したがって，回路素子の端子間には，P_1 から P_2 の方向に $V=\phi(P_1)-\phi(P_2)$ なる電圧の降下が生じていることになる．そして，このままでは，自由正電荷がすべて低電位の端子 P_2 に移動し終わったとき電流の流れは止み，その後はもはや電荷の移動は生じ得ないはずである．

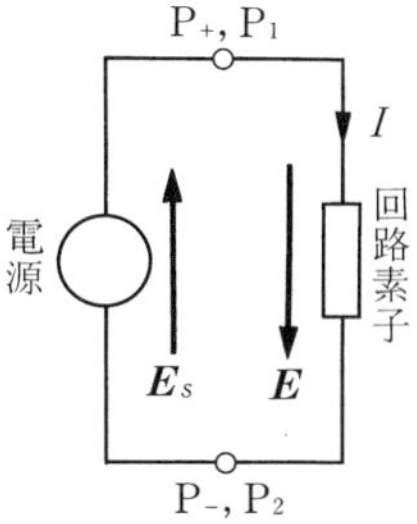

図 9.10 回路素子と電源の接続

しかし，もし適当な外部電源によって，電源電界 $\boldsymbol{E}_s$ が2点 P_1 および P_2 の間に図のように印加されていれば，低電位の端子 P_2 にある自由正電荷は電源電界 $\boldsymbol{E}_s$ による力によって再び高電位の端子 P_1 にもどり得るであろう．このとき，電源電界 $\boldsymbol{E}_s$ のなす仕事がいわゆる電源の起電力と呼ばれているものであって，その値は

$$V_s=\int_{P_-}^{P_+}\boldsymbol{E}_s\cdot d\boldsymbol{l} \tag{9.32}$$

で与えられる．

すなわち，電源の起電力というのは，物理的には +1 C の単位正電荷を P_- から P_+ まで移動させるために電源電界 $\boldsymbol{E}_s$ がなす仕事を表し，そのエネルギーは化学的エネルギーや機械的エネルギーなどを適当な方法によって電気的エネルギーに変換することによって供給される．したがって，電源の端子間では，負の端子 P_- から正の端子 P_+ の方向に V_s なる電圧の上昇が生じていることになる．

このような電源の起電力による電圧の上昇と，回路素子に沿う電圧の降下とが平衡して

$$\int_{P_-}^{P_+} \boldsymbol{E}_s \cdot d\boldsymbol{l} = \int_{P_1}^{P_2} \boldsymbol{E} \cdot d\boldsymbol{l} \tag{9.33}$$

となったとき，閉回路に沿って定常的な電荷の移動，すなわち電流の流れが持続することになる．したがって，集中定数回路網内にとった，一般に n 個の回路素子と m 個の電源とを含む閉回路に沿ってエネルギー関係が平衡するためには，式（9.33）から

$$V_{s1} + V_{s2} + \cdots + V_{sm} = V_1 + V_2 + \cdots + V_n \tag{9.34}$$

なる関係が成り立っていなければならないことになる．上式の右辺は閉回路に沿って同じ方向に測った各回路素子の端子間に生ずる電圧降下の合計を表し，同じく左辺は同じ閉回路に含まれる各電源の，同じ方向に測った起電力の合計を表している．上式が，電源を含む閉回路に関するキルヒホッフの電圧法則である．

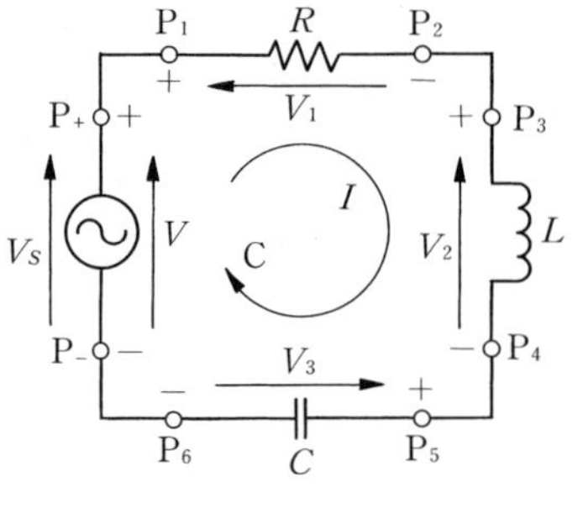

図 9.11　RLC の直列接続回路

以上の説明からわかるように，電気回路に関するキルヒホッフの二つの法則は，けっきょく電荷保存の法則とエネルギー平衡の条件とを回路論的に表現したものなのである．

電源を含む集中定数回路の代表的な具体例として，**図 9.11** のように，抵抗素子 R，インダクタンス素子 L およびキャパシ

タンス素子Cの直列接続に電源を結合した閉回路を考えてみよう．電流 I が図のように時計方向に流れる瞬間を考えて，このような閉回路に上述のエネルギー平衡の条件（9.33）を適用すると，端子間を結ぶリード線に沿う電界の線積分は前述のようにすべて零とみなし得るから

$$\int_{P_-}^{P_+} \boldsymbol{E}_s \cdot d\boldsymbol{l} = \int_{P_1}^{P_2} \boldsymbol{E} \cdot d\boldsymbol{l} + \int_{P_3}^{P_4} \boldsymbol{E} \cdot d\boldsymbol{l} + \int_{P_5}^{P_6} \boldsymbol{E} \cdot d\boldsymbol{l} + \int_{P_-}^{P_+} \boldsymbol{E} \cdot d\boldsymbol{l} \qquad (9.35)$$

となる．

上式の左辺は，式（9.32）に示したとおり，電源の起電力 V_s を表し，右辺の第1項～第3項は，それぞれ式（9.3），（9.20）および（9.11）に示したとおり

$$V_1 = \int_{P_1}^{P_2} \boldsymbol{E} \cdot d\boldsymbol{l} = RI \qquad (9.36)$$

$$V_2 = \int_{P_3}^{P_4} \boldsymbol{E} \cdot d\boldsymbol{l} = L\frac{dI}{dt} \qquad (9.37)$$

$$V_3 = \int_{P_5}^{P_6} \boldsymbol{E} \cdot d\boldsymbol{l} = \frac{1}{C}\int I dt \qquad (9.38)$$

なる電圧降下を表す．

また，式（9.35）の右辺第4項は，電源内を電流が流れる際の電圧降下を表し，そのような電圧降下の原因となる電源内の等価抵抗を R_i とすれば

$$V_4 = \int_{P_-}^{P_+} \boldsymbol{E} \cdot d\boldsymbol{l} = R_i I \qquad (9.39)$$

と書くことができる．R_i は電源の**内部抵抗**と呼ばれている．

したがって，実際に電源の端子間に現れる電源端子電圧は，式（9.35）の右辺第4項を左辺に移項して

$$V = \int_{P_-}^{P_+} \boldsymbol{E}_s \cdot d\boldsymbol{l} - \int_{P_-}^{P_+} \boldsymbol{E} \cdot d\boldsymbol{l} = V_s - R_i I \qquad (9.40)$$

となる．

電源の内部電圧降下を表す式（9.39）の線積分は，電源が例えば回転発電機のような場合には，積分路はきわめて導電率の値の高い金属良導体からなる回転子の巻線に沿うものであるから，電源の内部抵抗 R_i の値は事実上零とみ

なしてよく，したがって，このような場合には，電源の内部電圧降下 R_iI は十分よい近似で零としてよい．

以上の結果，式（9.35）は，けっきょく

$$V = RI + L\frac{dI}{dt} + \frac{1}{C}\int I dt \tag{9.41}$$

となる．ただし，V は式（9.40）に示した電源の端子間に現れる電源端子電圧である．

このようにして，集中定数回路系の場合，印加電源電界 $\boldsymbol{E}_S$ を与えてマクスウェルの方程式と境界条件から回路系の示す準静的電磁現象を電磁理論的に取り扱う複雑な問題は，電源電圧 V を与えて上式のような**回路方程式**を解く，はるかに簡単な回路論的な問題に帰着させることができる．

9.6　複素電力およびインピーダンス

前節までに述べたとおり，一般に系に含まれる電磁量の時間的変化が準静的近似が成り立つ程度にゆるやかな場合には，その系の電磁現象を回路論的に記述することができる．そのうち，特にその時間的変化が正弦的な場合の電磁現象を回路論的に記述するものが**交流回路理論**と呼ばれているものである．

正弦的時間変化をする電磁現象に対しては 8.3 節で述べたような複素解析法を適用することができるから，交流回路現象ももちろん複素解析法によって取り扱うことができる．ただし，複素解析法が適用できるためには，8.3 節でも注意したように，対象とする交流回路が線形系とみなし得るものであること，および対象とする交流現象が一定の単一角周波数 ω で無限に続く正弦的な定常状態にあることが必要である．

さて，そのような線形回路網内の任意の結合点に流入する交流電流は，前節の式（9.29）を導いたのと全く同様にして，電荷保存の法則の複素表示から

$$-\oint_S \dot{\boldsymbol{J}} \cdot \boldsymbol{n} dS = \dot{I}_1 + \dot{I}_2 + \cdots + \dot{I}_n = \sum_{k=1}^{n} \dot{I}_k = 0 \tag{9.42}$$

なるキルヒホッフの電流法則を満足しなければならない．ただし，$\dot{I}_1, \dot{I}_2, \cdots, \dot{I}_n$ は回路の結合点に流入する交流電流の複素表示を表す．

また，このような線形回路網内の任意の閉回路に沿って同じ方向に測った電圧降下と起電力は，同じく前節の式（9.34）を導いたのと全く同様にして，エネルギー平衡の条件から

$$\dot{V}_{s1}+\dot{V}_{s2}+\cdots+\dot{V}_{sm}=\dot{V}_1+\dot{V}_2+\cdots+\dot{V}_n \tag{9.43}$$

なるキルヒホッフの電圧法則を満足しなければならない．ただし，$\dot{V}_1, \dot{V}_2, \cdots, \dot{V}_n$ および $\dot{V}_{s1}, \dot{V}_{s2}, \cdots, \dot{V}_{sm}$ は，それぞれ，閉回路に沿う電圧降下および起電力の複素表示を表す．

実際の交流電圧 V および交流電流 I は，8.3 節の式（8.35）などと全く同様に

$$V=\mathrm{Re}[\dot{V}e^{j\omega t}]=\frac{1}{2}[\dot{V}e^{j\omega t}+\dot{V}^*e^{-j\omega t}] \tag{9.44}$$

$$I=\mathrm{Re}[\dot{I}e^{j\omega t}]=\frac{1}{2}[\dot{I}e^{j\omega t}+\dot{I}^*e^{-j\omega t}] \tag{9.45}$$

で与えられることはもちろんである．ただし，$\dot{V}^*$ および $\dot{I}^*$ はそれぞれ $\dot{V}$ および $\dot{I}$ の複素共役である．

交流回路の代表的な具体例として，**図 9.12** のように，抵抗素子 R，インダクタンス素子 L およびキャパシタンス素子 C の直列接続に交流電源を結合した閉回路を考えてみよう．各回路素子の電圧降下は式（9.36），（9.37）および（9.38）の複素表示から，$V\to\dot{V}$，$I\to\dot{I}$，$d/dt\to j\omega$，$\int dt\to 1/j\omega$ などとして，それぞれ

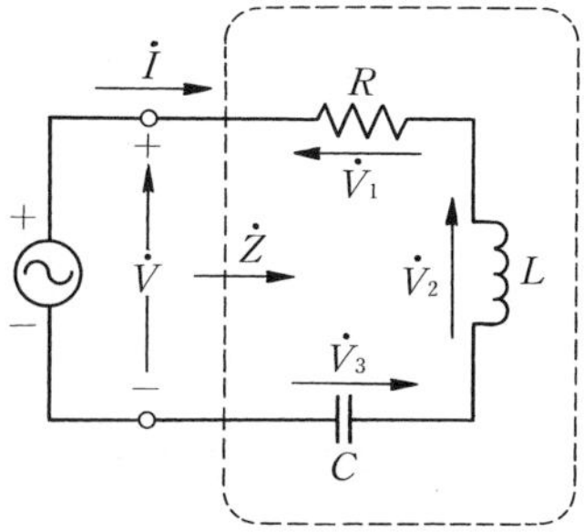

図 9.12　RLC の直列接続回路と入力インピーダンス $\dot{Z}$

$$\dot{V}_1=R\dot{I} \tag{9.46}$$

$$\dot{V}_2=j\omega L\dot{I} \tag{9.47}$$

$$\dot{V}_3=\frac{1}{j\omega C}\dot{I} \tag{9.48}$$

となる．

一方，電源の端子電圧 $\dot{V}$ は，式（9.40）の複素表示から，電源の起電力 $\dot{V}_s$ と電源の内部電圧降下 $R_i\dot{I}$ との差 $\dot{V}=\dot{V}_s-R_i\dot{I}$ で与えられる．したがって，キルヒホッフの電圧法則（9.43）から

$$\dot{V}=\left[R+j\left(\omega L-\frac{1}{\omega C}\right)\right]\dot{I} \tag{9.49}$$

なる関係が導かれる．上式は正弦的定常状態において式（9.41）に対応するものである．

このようにして，交流回路の示す正弦的な準静的電磁現象も，マクスウェルの方程式と境界条件とをもとにして電磁理論的に取り扱うかわりに，電源電圧 $\dot{V}$ を与えて上式のような交流回路方程式を解く，はるかに簡単な回路論的な問題に帰着させることができる．

交流回路における端子電圧と端子電流との比を**インピーダンス**（impedance）と呼ぶ．端子電圧および端子電流はいずれも複素表示されたものであるから，その比として定義されるインピーダンスも一般には複素数となる．

例えば，図 9.12 の場合，R，L，C の直列回路の入力端子電圧 $\dot{V}$ と入力端子電流 $\dot{I}$ との比で与えられる**入力インピーダンス**（input impedance）$\dot{Z}$ は，式（9.49）から

$$\dot{Z}=\frac{\dot{V}}{\dot{I}}=R+j\left(\omega L-\frac{1}{\omega C}\right)=R+jX \tag{9.50}$$

と表される．

複素インピーダンス $\dot{Z}$ の実数部 R を**抵抗分**（resistive component）と呼び，虚数部 X を**リアクタンス分**（reactive component）と呼ぶ．

リアクタンス分 X は，さらに

$$X=\omega L-\frac{1}{\omega C}=X_L+X_C \tag{9.51}$$

と表し，$X_L=\omega L$ を**誘導性リアクタンス**（inductive reactance），$X_C=-1/\omega C$ を**容量性リアクタンス**（capacitive reactance）と呼んでいる．

一方，交流回路における**複素電力**の定義は，式（8.52）に示した複素ポイ

ンティング・ベクトル $\dot{\boldsymbol{S}}$ の面積分から，式（9.27）を導いたのと全く同様にして

$$\dot{P}=-\oint_S \dot{\boldsymbol{S}}\cdot\boldsymbol{n}dS=-\oint_S \frac{1}{2}(\dot{\boldsymbol{E}}\times\dot{\boldsymbol{H}}^*)\cdot\boldsymbol{n}dS$$

$$=\frac{1}{2}\dot{V}_1\dot{I}_1{}^*+\frac{1}{2}\dot{V}_2\dot{I}_2{}^*+\cdots+\frac{1}{2}\dot{V}_n\dot{I}_n{}^*=\sum_{k=1}^{n}\frac{1}{2}\dot{V}_k\dot{I}_k{}^* \tag{9.52}$$

で与えられる．ただし，S は対象とする交流回路をかこむ任意の閉曲面を表し，$\boldsymbol{n}$ は閉曲面 S に垂直で，外方を向く単位ベクトルを表す．また，$\dot{V}_k$ および $\dot{I}_k\,(k=1,2,\cdots,n)$ は，それぞれ端子 k における複素端子電圧および複素端子電流を表し，＊印はその複素共役を示す．上式は正弦的定常状態において式（9.27）に対応する複素電力を表すものである†．

代表的な具体例として，**図 9.13** のような，電源を含まない受動性の線形 2 端子回路網を考えてみよう．この交流回路の複素入力電力 $\dot{P}$ は，式（9.52）に示したとおり，複素ポインティング・ベクトル $\dot{\boldsymbol{S}}$ を回路網をかこむ任意の閉曲面 S について面積分することにより

$$\dot{P}=-\oint_S \dot{\boldsymbol{S}}\cdot\boldsymbol{n}dS=\langle P\rangle+jP_r=\frac{1}{2}\dot{V}\dot{I}^* \tag{9.53}$$

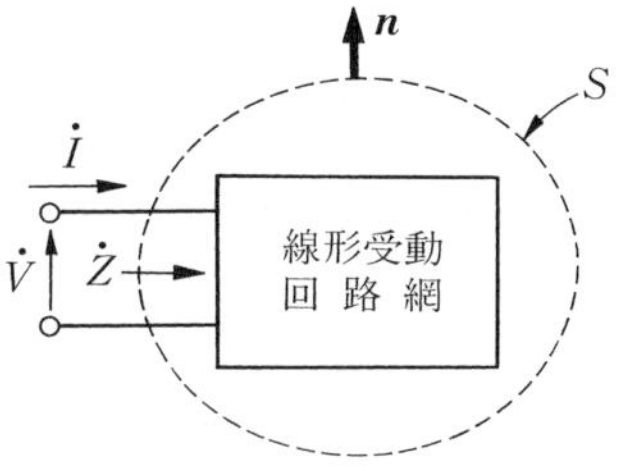

図 9.13　線形受動 2 端子回路網をかこむ任意の閉曲面 S と入力インピーダンス $\dot{Z}$

で与えられる．ただし，$\boldsymbol{n}$ は閉曲面 S に垂直で，外方を向く単位ベクトル，$\dot{V}$ および $\dot{I}^*$ はそれぞれ 2 端子回路網の複素入力端子電圧および複素入力端子電流の複素共役を表す．また，$\langle P\rangle$ および P_r は，8.4 節の式（8.69）で述べたとおり，それぞれ系内に流入する（有効）電力の時間平均値および無効電力を表す．

いまの例の場合，系は受動性であって，閉曲面 S によってかこまれる領域

---

† 式（9.52）に示した複素電力 $\dot{P}=(1/2)\dot{V}\dot{I}^*$ は，8.4 節の脚注（p. 196）でも述べたとおり，正弦的な時間変化をする電圧および電流の最大値を用いて複素表示したものである．これに対して，もしも正弦波電圧および正弦波電流の実効値（最大値の $1/\sqrt{2}$）を用いて複素表示すれば，式（9.52）の $\dot{V},\dot{I}^*$ などはそれぞれ $\sqrt{2}\dot{V}_e$，$\sqrt{2}\dot{I}_e{}^*$ などとなり，したがって式（9.52）に示した複素電力 $\dot{P}$ は $\dot{P}=\dot{V}_e\dot{I}_e{}^*$ となる．

内には電源は含まれていないから，$\langle P\rangle$ および P_r はそれぞれ式（8.72）および（8.73）に示したとおり

$$\langle P\rangle=-\mathrm{Re}\oint_S \dot{\boldsymbol{S}}\cdot\boldsymbol{n}dS=\langle P_d\rangle \tag{9.54}$$

$$P_r=-\mathrm{Im}\oint_S \dot{\boldsymbol{S}}\cdot\boldsymbol{n}dS=2\omega(\langle W_m\rangle-\langle W_e\rangle) \tag{9.55}$$

で与えられる．ここで，$\langle P_d\rangle$ は，8.4 節の式（8.67）で述べたとおり，閉曲面 S によってかこまれる回路網内で消費される全消費電力の時間平均値を表し，$\langle W_e\rangle$ および $\langle W_m\rangle$ はそれぞれ同じく 8.4 節の式（8.61）および（8.62）で述べたとおり，回路網内に蓄積される電気的および磁気的な全エネルギーの時間平均値を表す．したがって，式（9.53）の複素入力電力は

$$\dot{P}=\frac{1}{2}\dot{V}\dot{I}^*=\langle P_d\rangle+j2\omega(\langle W_m\rangle-\langle W_e\rangle) \tag{9.56}$$

と書くことができる．

この回路網の複素入力インピーダンス $\dot{Z}$ は，式（9.50）に示した入力インピーダンスの定義と複素入力電力を表す式（9.56）から

$$\dot{Z}=\frac{\dot{V}}{\dot{I}}=\frac{\dot{V}\dot{I}^*}{\dot{I}\dot{I}^*}=\frac{2}{|\dot{I}|^2}[\langle P_d\rangle+j2\omega(\langle W_m\rangle-\langle W_e\rangle)] \tag{9.57}$$

となる．したがって，その実数部（抵抗分）R と虚数部（リアクタンス分）X は，それぞれ

$$R=\frac{2}{|\dot{I}|^2}\langle P_d\rangle \tag{9.58}$$

$$X=\frac{4\omega}{|\dot{I}|^2}(\langle W_m\rangle-\langle W_e\rangle) \tag{9.59}$$

で与えられる．

式（9.58）からわかるとおり，電磁系内の任意の部分でなんらかの形で電力の消費が生じている場合，すなわち電磁エネルギーからほかの形態のエネルギー（例えば熱エネルギーや機械的エネルギーなど）への変換が生じている場合には，回路論的には，その部分に抵抗 R が存在すると表現することができる．すなわち，式（9.58）は 9.3 節で定義した回路定数 R のさらに一般的な

物理的内容を示すものである．

式（9.58）から，消費電力の時間平均値 $\langle P_d \rangle$ は，回路定数 R を用いて

$$\langle P_d \rangle = \frac{1}{2} R |\dot{I}|^2 \tag{9.60}$$

と書くことができる．このような電力の消費が希望する値になるように作られた素子が 9.3 節で述べた抵抗器または減衰器と呼ばれているものである．

一方，式（9.59）からわかるとおり，電磁系内の任意の部分になんらかの形で電磁エネルギーの蓄積が生じている場合には，回路論的には，その部分にリアクタンス X が存在すると表現することができる．

例えば，電磁系内の任意の部分に電気的エネルギーが存在している場合には，回路論的には，式（9.51）および（9.59）から，その部分に

$$X_C = -\frac{1}{\omega C} = -\frac{4\omega}{|\dot{I}|^2} \langle W_e \rangle \tag{9.61}$$

なる容量性リアクタンス，または

$$C = \frac{|\dot{I}|^2}{4\omega^2 \langle W_e \rangle} \tag{9.62}$$

なるキャパシタンス C が存在すると表現することができる．すなわち，式（9.62）は 9.3 節で定義した回路定数 C のさらに一般的な物理的内容を示すものである．このような電気的エネルギーの蓄積が希望する値になるように作られた素子が 9.3 節で述べた蓄電器またはコンデンサあるいはキャパシタと呼ばれているものである．

また，電磁系内の任意の部分に磁気的エネルギーが存在している場合には，回路論的には，式（9.51）および（9.59）から，その部分に

$$X_L = \omega L = \frac{4\omega}{|\dot{I}|^2} \langle W_m \rangle \tag{9.63}$$

なる誘導性リアクタンス，または

$$L = \frac{4}{|\dot{I}|^2} \langle W_m \rangle \tag{9.64}$$

なるインダクタンス L が存在すると表現することができる．すなわち，式

(9.64) は 9.3 節で定義した回路定数 L のさらに一般的な物理的内容を示すものである．このような磁気的エネルギーの蓄積が希望する値になるように作られた素子が 9.3 節で述べたインダクタまたは誘導器と呼ばれているものである．

以上が回路定数およびインピーダンスの一般的な物理的意味である．すなわち，抵抗 R というのは電磁系内における電力の消費（電磁エネルギーからほかの形態のエネルギーへの変換）の存在を表すものであり，リアクタンスというのは電磁系内における蓄積電磁エネルギーの存在を表すものである．そして，容量性リアクタンスまたはキャパシタンス C というのは電磁系内における電気的エネルギーの存在を表し，誘導性リアクタンスまたはインダクタンス L というのは電磁系内における磁気的エネルギーの存在を表すものである．

9.7　分布定数回路系と分布定数回路理論†

前節までに述べたとおり，電磁現象が回路理論によって記述されるためには，少なくとも電圧 V が一義的に定義できなければならない．すなわち，系に含まれる電磁界の時間的変化は準静的近似が成り立つ程度に十分ゆるやかであることが必要である．逆に，準静的近似が成り立たず，遅延効果が無視できないような速さで時間的に変化する電磁現象は，一般に前節までのような回路理論によって取り扱うことはできない．

しかし，ただ一つ重要な例外がある．それは，対象とする系内の電磁界が TEM 波の場合である．TEM 波というのは，8.2 節で述べたように，電界 $\boldsymbol{E}$ および磁界 $\boldsymbol{H}$ がいずれも電磁界の伝搬方向に直角な横面内にしか存在しないような電磁波動のことである．例えば，8.2 節および 8.5 節で示したような，電磁界成分がいずれも伝搬方向に直角な横平面内にしか存在しないような平面波は TEM 波の典型的な例である．

† 本節は省略して先へ進んでもさしつかえない．

このような TEM 波の場合には，電磁波動の伝搬方向を直角座標系の z 軸方向とすれば，電界 $\boldsymbol{E}$ および磁界 $\boldsymbol{H}$ の z 方向成分（伝搬方向成分）はいずれも零である．したがって，電磁界は

$$\boldsymbol{E}=\boldsymbol{i}_xE_x+\boldsymbol{i}_yE_y\equiv\boldsymbol{E}_T \tag{9.65}$$

$$\boldsymbol{H}=\boldsymbol{i}_xH_x+\boldsymbol{i}_yH_y\equiv\boldsymbol{H}_T \tag{9.66}$$

のみとなる．ただし，$\boldsymbol{E}_T$ および $\boldsymbol{H}_T$ はいずれも伝搬方向（z 方向）に直角な横面内（xy 面内）にある電界および磁界を表し，いずれも一般に空間座標 x，y，z と時間 t の関数である．したがって，電荷および電流を含まない線形，等方，均質でかつ非分散性の無損失媒質中における上記のような TEM 波を定めるマクスウェルの方程式は，式（8.1）および（8.2）から，$\boldsymbol{J}=0$ として

$$\nabla\times\boldsymbol{E}_T=-\mu\frac{\partial\boldsymbol{H}_T}{\partial t} \tag{9.67}$$

$$\nabla\times\boldsymbol{H}_T=\varepsilon\frac{\partial\boldsymbol{E}_T}{\partial t} \tag{9.68}$$

と書くことができる．

ここで，付録 A の式（A.57）で定義されるハミルトンの演算子 ∇ を

$$\nabla=\boldsymbol{i}_x\frac{\partial}{\partial x}+\boldsymbol{i}_y\frac{\partial}{\partial y}+\boldsymbol{i}_z\frac{\partial}{\partial z}=\nabla_T+\boldsymbol{i}_z\frac{\partial}{\partial z} \tag{9.69}$$

ただし

$$\nabla_T=\boldsymbol{i}_x\frac{\partial}{\partial x}+\boldsymbol{i}_y\frac{\partial}{\partial y} \tag{9.70}$$

なる形に書き表すと，マクスウェルの方程式（9.67）および（9.68）は，それぞれ

$$\nabla_T\times\boldsymbol{E}_T+\frac{\partial}{\partial z}(\boldsymbol{i}_z\times\boldsymbol{E}_T)=-\mu\frac{\partial\boldsymbol{H}_T}{\partial t} \tag{9.71}$$

$$\nabla_T\times\boldsymbol{H}_T+\frac{\partial}{\partial z}(\boldsymbol{i}_z\times\boldsymbol{H}_T)=\varepsilon\frac{\partial\boldsymbol{E}_T}{\partial t} \tag{9.72}$$

となる．

上式で，∇_T は式（9.70）に示したように，伝搬方向（z 方向）に直角な横面内（xy 面内）の座標 x および y に関する二次元的なベクトル微分演算を表

している．したがって，上の両式の左辺第1項は，ベクトル積の定義から，いずれも xy 面に直角な方向を向くベクトルとなり，左辺第2項は，同じくベクトル積の定義から，z 方向と直角な xy 面内のベクトルとなる．

これに対して，右辺の $\boldsymbol{H}_T$ および $\boldsymbol{E}_T$ はいずれも z 方向の成分をもたない横面内（xy 面内）のベクトルであるから，けっきょく上の両式は

$$\nabla_T\times\boldsymbol{E}_T=0 \tag{9.73}$$

$$\nabla_T\times\boldsymbol{H}_T=0 \tag{9.74}$$

および

$$\frac{\partial}{\partial z}(\boldsymbol{i}_z\times\boldsymbol{E}_T)=-\mu\frac{\partial\boldsymbol{H}_T}{\partial t} \tag{9.75}$$

$$\frac{\partial}{\partial z}(\boldsymbol{i}_z\times\boldsymbol{H}_T)=\varepsilon\frac{\partial\boldsymbol{E}_T}{\partial t} \tag{9.76}$$

となる．

TEM 波の電界 $\boldsymbol{E}_T$ を定める方程式（9.73）は，伝搬方向と直角な横面内で，時間的変化の速さいかんにかかわらず，静電界を定める方程式（5.1）と全く同じ形である．また，完全導体表面上における境界条件（4.64）および（4.66）は，静電界の場合の境界条件と全く同じ形である．したがってけっきょく，マクスウェルの方程式を境界条件のもとに解いて得られる TEM 波の電界分布は，伝送軸に直角な横面内で，同じ完全導体の表面上に与えた適当な面電荷によって生ずる静電界の分布と完全に同じ形となる．静電界の場合と異なる点は，その値が一般に伝送方向 z および時間 t の関数となっていることだけである．

TEM 波の電界が静電界と全く同じ形の分布をすることから，完全導体によってかこまれた中空の空胴内には静電界が存在し得ないのと同様に，**導波管**（waveguide）のような中空の金属管の内部には TEM 波は存在し得ないことが結論される．いいかえれば，TEM 波を伝送系に沿って導波伝送するためには，少なくとも二つ以上の独立した導体からなる伝送系が必要である．

一方，TEM 波の磁界 $\boldsymbol{H}_T$ を定める方程式（9.74）は，伝搬方向と直角な横

面内で，時間的変化の速さいかんにかかわらず，電流の存在しない領域における静磁界を定める方程式（6.11）と全く同じ形である．また，完全導体表面上における境界条件（4.65）および（4.67）は，静磁界の場合の境界条件と全く同じ形である．したがってけっきょく，マクスウェルの方程式を境界条件のもとに解いて得られる TEM 波の磁界分布は，伝送軸に直角な横面内で，同じ完全導体の表面上を流れる適当な面電流によって生ずる静磁界の分布と完全に同じ形となる．静磁界の場合と異なる点は，その値が一般に伝送方向 z および時間 t の関数となっていることだけである．

なお，静電界および静磁界は互いに無関係であるのに対して，TEM 波の電磁界はそれぞれの時間的変化を通じて結合され，互いに独立ではないことは式（9.75）および（9.76）からも明らかである．

さて，上述のように，TEM 波の電界 $\boldsymbol{E}_T$ はその時間的変化の速さいかんにかかわらずつねに横面内で保存的であるから，準静的近似が成り立っているか否かにかかわらず，いかなる速さで時間的に変化する場合でも，集中定数回路の場合と全く同じ概念で電圧 V を一義的に定義することができる．すなわち，電圧 V は準静的電界の場合と同様に，電界 $\boldsymbol{E}_T$ の線積分として，積分路を伝送軸と直角な横面内にとる限り，積分路のとり方に関係なく，唯一的に定めることができる．ただ，集中定数回路の場合と異なる点は，電圧 V の値が一般に時間 t の関数であると同時に回路の伝送軸方向の座標 z の関数にもなっていることだけである．

以上のような TEM 波の伝送系の典型的な例として，**図 9.14** に示すような，内部導体の半径が a，外部導体の内側半径が b で，軸方向には一様な同軸円筒導体系を考える．このような構造の TEM 波の伝送系は**同軸線路**（coaxial line）または**同軸ケーブル**（coaxial cable）と呼ばれている．内部導体と外部導体はい

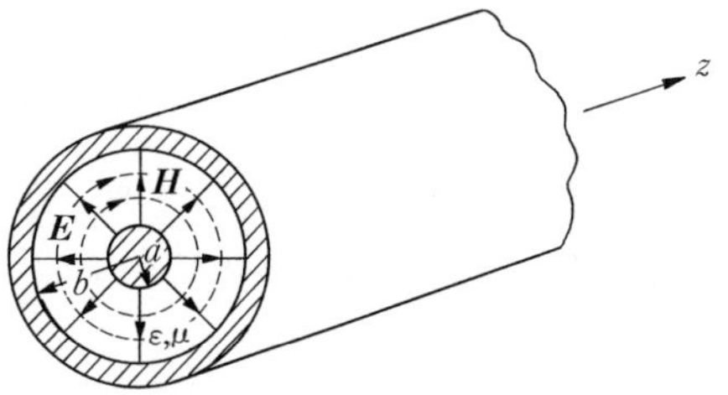

図 9.14　同　軸　線　路

ずれも完全導体であると仮定し，これらの導体によってかこまれる中空部分は誘電率 ε，透磁率 μ なる線形，等方，均質でかつ非分散性の無損失媒質によって満たされているものとする．

同軸線路の中心軸を円柱座標系の z 軸にとると，このような同軸線路を軸方向（z 方向）に伝搬する，マクスウェルの方程式と境界条件とを満足するTEM 波の電磁界分布は，前述のように，5.6 節の図 5.6 および 6.6 節の図 6.6 に示した静電界および静磁界の場合の分布と全く同様になる．すなわち，いまの例の場合，電界 $\boldsymbol{E}_T$ および磁界 $\boldsymbol{H}_T$ は半径方向の電界成分 E_r と円周方向の磁界成分 H_φ からなり，それぞれ式（5.67）および（6.66）を参照して

$$\boldsymbol{E}_T=\boldsymbol{i}_rE_r(r,z,t)=\boldsymbol{i}_r\frac{1}{2\pi\varepsilon r}Q(z,t) \tag{9.77}$$

$$\boldsymbol{H}_T=\boldsymbol{i}_\varphi H_\varphi(r,z,t)=\boldsymbol{i}_\varphi\frac{1}{2\pi r}I(z,t) \tag{9.78}$$

と表されることがわかる．ただし，$Q(z,t)$ は内部導体の表面上に一様に分布する，軸方向に単位長当りの面電荷を表し，$I(z,t)$ は内部導体の表面上を軸方向に流れる面電流を表す．静電磁界の場合には Q および I はいずれも一定であるが，TEM 波の場合には，これらの量は伝送方向 z および時間 t の関数となることに注意しなければならない．

さて，任意の時刻 t における任意の位置 z での内部導体と外部導体との間の電圧は，前述のとおり，伝送軸に直角な横断面内における電界 $\boldsymbol{E}_T$ の線積分から

$$V(z,t)=\int_a^b E_r dr=\frac{1}{2\pi\varepsilon}\left(\ln\frac{b}{a}\right)Q(z,t) \tag{9.79}$$

として一義的に定義できる．$V(z,t)$ は外部導体の電位を零としたときの内部導体の電位を表している．

つぎに，同軸線路の中空部分に，半径が r（$a\leqq r\leqq b$）で，伝送方向（z 方向）の長さが単位長の同心（同軸）円筒面をとり，伝送軸に垂直な両端面と円筒の側面からなる閉曲面 S にガウスの法則の積分表示（4.74）を適用すると，電界は半径方向の成分 E_r のみであるから，閉曲面 S を貫く電束は円筒の側面を半径方向に貫く電束のみとなる．したがって，このような閉曲面（同心円

筒面）S によってかこまれる内部導体の表面上に分布する，伝送方向に単位長当りの面電荷 $Q(z, t)$ と，式（9.77）で与えられる電界 $\boldsymbol{E}_T=\boldsymbol{i}_r E_r$ との間には，ガウスの法則の積分表示（4.74）から

$$\oint_S \varepsilon \boldsymbol{E}_T \cdot \boldsymbol{n} dS=\int_0^{2\pi} \varepsilon \boldsymbol{i}_r E_r \cdot \boldsymbol{i}_r r d\varphi$$

$$=\int_0^{2\pi} \varepsilon E_r r d\varphi=Q(z, t) \tag{9.80}$$

なる関係が成り立っている．ただし，r は同軸線路の中空部分（$a \leqq r \leqq b$）にとった，伝送方向に単位長の同心（同軸）円筒面の側面の半径である．境界条件（4.66）と式（9.77）とから，5.6 節の図 5.6 の場合と同様に，外部導体の内側表面上には，内部導体の表面上に分布する軸方向に単位長当りの面電荷 Q と大きさが等しく，符号が逆の面電荷が分布している．

式（9.79）から，伝送方向に単位長当りの並列キャパシタンス C が，集中定数回路におけるキャパシタンスの定義（9.8）と全く同様の定義によって

$$C=\frac{Q}{V}=\frac{2\pi\varepsilon}{\ln \dfrac{b}{a}} \tag{9.81}$$

と与えられる．

一方，同軸線路の中空部分に，半径が r（$a \leqq r \leqq b$）で，伝送方向（z 方向）に垂直な同心（同軸）円 C をとり，このような同心円 C を周辺とする面 S にアンペア・マクスウェルの法則の積分表示（4.73）を適用すると，電界は面 S と平行な横断面内の成分 $\boldsymbol{E}_T$ のみであるから，式（4.73）の右辺は面 S を直角に貫く電流（右辺第1項）のみとなる．したがって，このような面 S を直角に貫く内部導体の表面上を z 方向に流れる面電流 $I(z, t)$ と，式（9.78）で与えられる磁界 $\boldsymbol{H}_T=\boldsymbol{i}_\varphi H_\varphi$ との間には，アンペア・マクスウェルの法則の積分表示（4.73）から

$$\oint_C \boldsymbol{H}_T \cdot d\boldsymbol{l}=\int_0^{2\pi} \boldsymbol{i}_\varphi H_\varphi \cdot \boldsymbol{i}_\varphi r d\varphi$$

$$=\int_0^{2\pi} H_\varphi r d\varphi=I(z, t) \tag{9.82}$$

なる関係が成り立っている．ただし，r は同軸線路の中空部分（$a \leqq r \leqq b$）にとった，伝送方向に直角な横面内における同心（同軸）円の半径である．境界条件（4.65）と式（9.78）とから，外部導体の内側表面上には内部導体の表面上を流れる面電流 I と大きさが等しく，方向が逆向きの面電流が流れている．

また，内部導体と外部導体との間の中空部分に分布する，伝送方向に単位長当りの磁束 $\Phi(z, t)$ は

$$\Phi(z, t) = \int_a^b \mu H_\varphi dr = \frac{\mu}{2\pi}\left(\ln\frac{b}{a}\right)I(z, t) \tag{9.83}$$

となる．

式（9.83）から，伝送方向に単位長当りの直列インダクタンス L が，集中定数回路におけるインダクタンスの定義（9.19）と全く同様の定義によって

$$L = \frac{\Phi}{I} = \frac{\mu}{2\pi}\ln\frac{b}{a} \tag{9.84}$$

と与えられる．

つぎに，マクスウェルの方程式から導かれる，TEM 波の電磁界が満たすべきもう１組の関係式（9.75）および（9.76）に，式（9.77）および（9.78）を代入すると

$$\frac{\partial E_r}{\partial z} = -\mu\frac{\partial H_\varphi}{\partial t} \tag{9.85}$$

$$\frac{\partial H_\varphi}{\partial z} = -\varepsilon\frac{\partial E_r}{\partial t} \tag{9.86}$$

となる．

この両式から磁界 H_φ または電界 E_r を消去するために，式（9.85）の両辺を z について偏微分して右辺の z と t に関する微分演算の順序を入れかえて式（9.86）を代入し，また式（9.86）の両辺を同じく z について偏微分して右辺の z と t に関する微分演算の順序を入れ換えて式（9.85）を代入すると，電界 E_r および磁界 H_φ のみに関するつぎのような波動方程式が得られる．

$$\frac{\partial^2 E_r}{\partial z^2}-\frac{1}{v^2}\frac{\partial^2 E_r}{\partial t^2}=0 \tag{9.87}$$

$$\frac{\partial^2 H_\varphi}{\partial z^2}-\frac{1}{v^2}\frac{\partial^2 H_\varphi}{\partial t^2}=0 \tag{9.88}$$

ただし

$$v=\frac{1}{\sqrt{\varepsilon\mu}} \tag{9.89}$$

である．

式（9.87）および（9.88）は，8.2節の式（8.16）および（8.17）に示した，自由空間中を伝搬する平面波を定める波動方程式と全く同じ形である．また，式（9.89）を式（8.12）と比べてみるとわかるとおり，無損失の同軸線路に沿って伝送されるTEM波は，自由空間中の平面波と同じ速度 $v=1/\sqrt{\varepsilon\mu}$ で軸方向に伝搬することがわかる．

つぎに，式（9.85）の両辺を r について a から b まで，また式（9.86）の両辺を半径 r（$a\leqq r\leqq b$）の同心円周上でそれぞれ線積分し，微分と積分の演算順序を入れ換えると，つぎの関係式が得られる．

$$\frac{\partial}{\partial z}\int_a^b E_r dr \quad =-\frac{\partial}{\partial t}\int_a^b \mu H_\varphi dr \tag{9.90}$$

$$\frac{\partial}{\partial z}\int_0^{2\pi} H_\varphi r d\varphi=-\frac{\partial}{\partial t}\int_0^{2\pi} \varepsilon E_r r d\varphi \tag{9.91}$$

式（9.90）の左辺の積分は，式（9.79）に示したとおり，内部導体と外部導体との間の電圧 V を表し，同じく右辺の積分は，式（9.83）に示したとおり，内部導体と外部導体との間の，伝送方向に単位長当りの磁束 $\Phi=LI$ を表す．また，式（9.91）の左辺の積分は，式（9.82）に示したとおり，内部導体の表面上を z 方向に流れる面電流 I を表し，同じく右辺の積分は，式（9.80）に示したとおり，内部導体の表面上に分布する，伝送方向に単位長当りの面電荷 $Q=CV$ を表す．

したがって，マクスウェルの方程式（9.75）および（9.76）から導かれる上の両式は，電圧 V および電流 I を用いて，けっきょく

$$\frac{\partial V}{\partial z}=-L\frac{\partial I}{\partial t} \tag{9.92}$$

$$\frac{\partial I}{\partial z}=-C\frac{\partial V}{\partial t} \tag{9.93}$$

と書き換えられる．

この両式から電流 I または電圧 V を消去すると，式（9.85）および（9.86）から式（9.87）および（9.88）を導いたのと全く同様にして，つぎのような波動方程式が得られる．

$$\frac{\partial^2 V}{\partial z^2}-\frac{1}{v^2}\frac{\partial^2 V}{\partial t^2}=0 \tag{9.94}$$

$$\frac{\partial^2 I}{\partial z^2}-\frac{1}{v^2}\frac{\partial^2 I}{\partial t^2}=0 \tag{9.95}$$

ただし，

$$v=\frac{1}{\sqrt{LC}} \tag{9.96}$$

である．

式（9.81）および（9.84）から

$$LC=\varepsilon\mu \tag{9.97}$$

なる関係が成り立つので，$v=1/\sqrt{LC}$ は，式（9.89）に示した誘電率 ε，透磁率 μ なる線形，等方，均質な無損失媒質中を伝搬する TEM 波（平面波）の伝搬速度 $v=1/\sqrt{\varepsilon\mu}$ に等しいことがわかる．したがって，式（9.94）および（9.95）は，無損失媒質中の TEM 波（平面波）と同じ速度 v で z 方向に伝搬する電圧および電流の波動現象を表している．

上に導いた式（9.92）および（9.93）の両式が，無損失伝送系に沿って z 方向に伝搬する TEM 波の波動現象を定めるマクスウェルの方程式（9.85）および（9.86）の回路論的な表現式である．この両式を導いた過程から明らかなとおり，この場合の回路定数 L および C は，いずれも伝送方向に単位長当りの値であって，一般には伝送方向の座標 z の関数として，線路に沿って分布している．その意味で，このような線路は**分布定数線路**または**分布定数回路**（distributed-constant circuit）と呼ばれている．分布定数線路の特性を定める回路論的な方程式（9.92）および（9.93）は**電信方程式**（telegraphist's equation）と呼ばれることもある．

このようにして，分布定数回路系の場合，マクスウェルの方程式と境界条件から回路系の示すTEM波の伝搬現象を電磁理論的に取り扱う複雑な問題は，式（9.92）および（9.93）で与えられるような**分布定数回路方程式**を解く，はるかに簡単な回路論的な問題に帰着させることができる．

以上のように，伝送系に沿うTEM波の伝搬現象を，取扱いに便利な形で記述するものが，いわゆる**分布定数回路理論**と呼ばれているものである．

特に，TEM波の伝搬現象が時間に関して一定の単一角周波数 ω で正弦的な変化をしている場合には，式（8.31）と同様に

$$E_r(r, z, t)=\mathrm{Re}[\dot{E}_r(r, z)e^{j\omega t}] \tag{9.98}$$

$$H_\varphi(r, z, t)=\mathrm{Re}[\dot{H}_\varphi(r, z)e^{j\omega t}] \tag{9.99}$$

として，E_r および H_φ に対する複素表示 $\dot{E}_r$ および $\dot{H}_\varphi$ を導入すると，TEM波に対するマクスウェルの方程式（9.85）および（9.86）は，8.3節で述べたように $\partial/\partial t$ を $j\omega$ に置きかえて，それぞれ

$$\frac{\partial \dot{E}_r}{\partial z}=-j\omega\mu\dot{H}_\varphi \tag{9.100}$$

$$\frac{\partial \dot{H}_\varphi}{\partial z}=-j\omega\varepsilon\dot{E}_r \tag{9.101}$$

と書き表される．

この両式から $\dot{H}_\varphi$ または $\dot{E}_r$ を消去すると

$$\frac{\partial^2 \dot{E}_r}{\partial z^2}+k^2\dot{E}_r=0 \tag{9.102}$$

$$\frac{\partial^2 \dot{H}_\varphi}{\partial z^2}+k^2\dot{H}_\varphi=0 \tag{9.103}$$

なる微分方程式が得られる．ただし

$$k=\omega\sqrt{\varepsilon\mu} \tag{9.104}$$

である．

式（9.102）および（9.103）は，8.5節の式（8.81）および（8.82）と全

く同じ形であって，いずれも $k=\omega\sqrt{\varepsilon\mu}$ なる伝搬定数で z 方向に伝搬する TEM 波の波動現象を定めるヘルムホルツの方程式を表している．

全く同様にして，式（9.100）および（9.101）に対応する分布定数回路方程式の複素表示は，式（9.92）および（9.93）から，つぎのように与えられることがわかる．

$$\frac{d\dot{V}}{dz}=-j\omega L\dot{I} \tag{9.105}$$

$$\frac{d\dot{I}}{dz}=-j\omega C\dot{V} \tag{9.106}$$

ただし

$$\dot{V}(z)=\int_a^b \dot{E}_r dr \tag{9.107}$$

$$\dot{I}(z)=\int_0^{2\pi} \dot{H}_\varphi r d\varphi \tag{9.108}$$

である．

式（9.105）および（9.106）の両式から $\dot{I}$ または $\dot{V}$ を消去すると

$$\frac{d^2\dot{V}}{dz^2}+k^2\dot{V}=0 \tag{9.109}$$

$$\frac{d^2\dot{I}}{dz^2}+k^2\dot{I}=0 \tag{9.110}$$

なる微分方程式が得られる．ただし

$$k=\omega\sqrt{LC} \tag{9.111}$$

である．式（9.111）で定義される $k=\omega\sqrt{LC}$ の値は，式（9.97）に示した $LC=\varepsilon\mu$ なる関係から，式（9.104）で定義される $k=\omega\sqrt{\varepsilon\mu}$ の値に等しくなる．

ヘルムホルツの方程式（9.102）および（9.103）は，8.5 節で取り扱った無損失媒質中における平面波の場合と全く同様にして解くことができ，z の正方向に伝搬する TEM 波の電界 $\dot{E}_r$ と磁界 $\dot{H}_\varphi$ との比は

$$\frac{\dot{E}_r}{\dot{H}_\varphi}=\sqrt{\frac{\mu}{\varepsilon}}=\eta \tag{9.112}$$

で与えられることがわかる．ただし，η は，8.5 節で定義した，誘電率が ε，透磁率が μ なる媒質の固有インピーダンスである．

一方，式（9.109）および（9.110）から求まる，z の正方向に伝搬する電圧 $\dot{V}$ と電流 $\dot{I}$ との比は，全く同様にして

$$\frac{\dot{V}}{\dot{I}}=\sqrt{\frac{L}{C}}=Z_0 \tag{9.113}$$

で与えられる．Z_0 は分布定数回路の**特性インピーダンス**（characteristic impedance）と呼ばれている．

同軸線路の場合には，式（9.81）および（9.84）から

$$Z_0=\sqrt{\frac{L}{C}}=\left(\frac{1}{2\pi}\ln\frac{b}{a}\right)\sqrt{\frac{\mu}{\varepsilon}}=\left(\frac{1}{2\pi}\ln\frac{b}{a}\right)\eta \tag{9.114}$$

なる関係が成り立つことがわかる．ただし，$\eta=\sqrt{\mu/\varepsilon}$ は式（9.112）に示した媒質の固有インピーダンスである．すなわち，分布定数回路の特性インピーダンス Z_0 は，媒質の固有インピーダンス η に線路の幾何学的な形状・寸法によってきまる係数をかけたものとなる．

以上の結果，図 9.14 に示したような同軸円筒導体からなる TEM 波の無損失伝送系は，**図 9.15** のような無損失分布定数回路として回路表示することができるようになる．

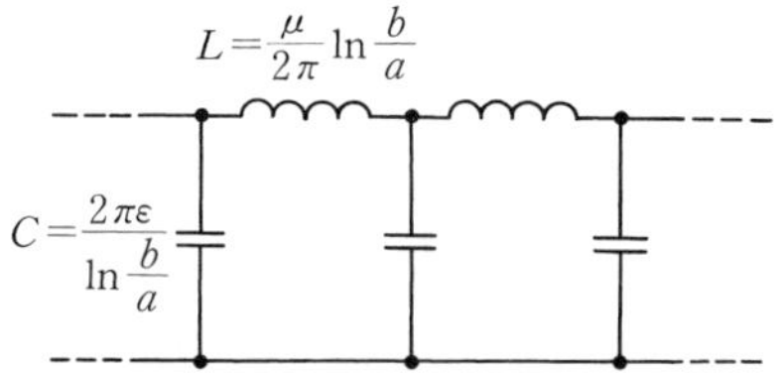

図 9.15　無損失同軸線路の分布定数回路表示

9.8　分布定数回路理論における電力†

分布定数回路に沿って伝送軸方向に伝送される電力は，伝送軸に直角な横断面内における TEM 波の電界 $\boldsymbol{E}_T$ と磁界 $\boldsymbol{H}_T$ とによって形成されるポインティング・ベクトルを，横面内にわたって面積分することによって求められる．すなわち，前節の図 9.14 に示した同軸線路の場合を例にとると，伝送軸（z

† 本節は省略して先へ進んでもさしつかえない．

軸）方向に伝送される伝送電力 P は，ポインティング・ベクトルの定義（7.12）に式（9.77）および（9.78）を代入し，式（9.79）および（9.82）の関係を参照して

$$P=\int_S \boldsymbol{S}\cdot\boldsymbol{i}_z dS=\int_S(\boldsymbol{E}_T\times\boldsymbol{H}_T)\cdot\boldsymbol{i}_z dS=\int_0^{2\pi}\int_a^b(\boldsymbol{i}_r E_r\times\boldsymbol{i}_\varphi H_\varphi)\cdot\boldsymbol{i}_z r dr d\varphi$$

$$=\int_0^{2\pi}\int_a^b E_r H_\varphi r dr d\varphi=\frac{1}{2\pi\varepsilon}\left(\ln\frac{b}{a}\right)QI=VI \tag{9.115}$$

となる．ただし，V および I はそれぞれ式（9.79）および（9.82）で定義した電圧および電流である．これが分布定数回路理論における電力の定義である．

この定義からわかるとおり，伝送線路に沿って送られる電力は伝送系を形成する線路導体中を通って伝送されるのではなく，線路導体周辺の空間中（いまの例の場合には内部導体と外部導体の間の空間中）を通って伝送軸方向に伝送されるものであることに注意しなければならない．

特に，TEM 波の伝搬現象が時間に関して一定の角周波数 ω で正弦的な変化をしている場合には，分布定数回路に沿って伝送軸方向に伝送される複素電力は，伝送軸に直角な横面内における TEM 波の複素電界 $\dot{\boldsymbol{E}}_T$ と複素磁界 $\dot{\boldsymbol{H}}_T$ とによって形成される複素ポインティング・ベクトルを，横面内にわたって面積分することによって求められる．すなわち，前節の図 9.14 に示した同軸線路の場合を例にとると，伝送軸（z 軸）方向に伝送される複素伝送電力 $\dot{P}$ は，複素ポインティング・ベクトルの定義（8.52）に式（9.77）および（9.78）の複素表示を代入し，式（9.79）および（9.82）の複素表示と同じ関係式を用いると

$$\dot{P}=\int_S \dot{\boldsymbol{S}}\cdot\boldsymbol{i}_z dS=\int_S\frac{1}{2}(\dot{\boldsymbol{E}}_T\times\dot{\boldsymbol{H}}_T{}^*)\cdot\boldsymbol{i}_z dS=\int_0^{2\pi}\int_a^b\frac{1}{2}(\boldsymbol{i}_r\dot{E}_r\times\boldsymbol{i}_\varphi\dot{H}_\varphi{}^*)\cdot\boldsymbol{i}_z r dr d\varphi$$

$$=\frac{1}{2}\int_0^{2\pi}\int_a^b\dot{E}_r\dot{H}_\varphi{}^* r dr d\varphi=\frac{1}{2}\frac{1}{2\pi\varepsilon}\left(\ln\frac{b}{a}\right)\dot{Q}\dot{I}^*=\frac{1}{2}\dot{V}\dot{I}^* \tag{9.116}$$

となる．ただし，$\dot{V}$ および $\dot{I}^*$ はそれぞれ式（9.107）で定義した複素電圧および式（9.108）で定義した複素電流 $\dot{I}$ の複素共役である．

これが分布定数回路理論における複素電力の定義であって，正弦的定常状態において式（9.115）に対応するものである．8.4 節で述べたとおり，有効伝送電力の時間平均値は上式の実数部で与えられる．

9.9 磁 気 回 路

磁性体を含む電磁機器の多くは，一般にコア（core）と呼ばれる強磁性体の磁心に励磁電流を流す導線を巻いた構造になっている．このような電磁系の最も基本的な構成として，**図 9.16** のように，間げきをもつ磁性体のリングに十分細い導線を一巻きして，直流電流（励磁電流）I_s を流した場合を考える．周囲の媒質を領域 1，磁性体リングの内部を領域 2 として，それぞれの透磁率を μ_1 および μ_2 としよう．この場合に生ずる静磁界を定めるマクスウェルの方程式は，4.6 節の式（4.34）および（4.36）において，いずれも時間的変化がないことから，$\partial/\partial t=0$ として

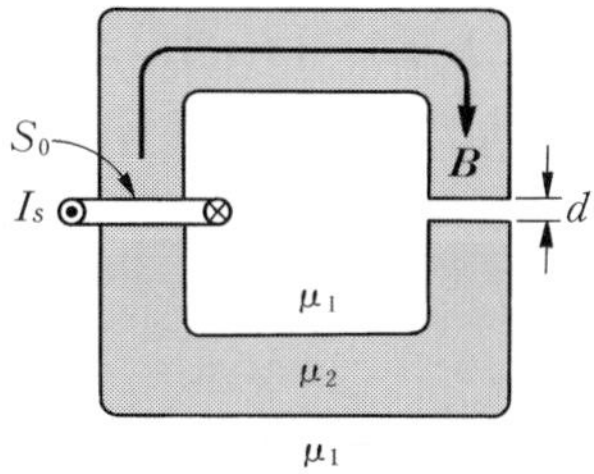

図 9.16　直流電流 I_s によって励磁れた，間げきをもつ磁性体リング

$$\nabla\times\boldsymbol{H}=\boldsymbol{J} \tag{9.117}$$

$$\nabla\cdot\boldsymbol{B}=0 \tag{9.118}$$

で与えられる．

さらに，直流電流（励磁電流）の流れている十分細い導線の内部を除くと，考えているすべての領域で $\boldsymbol{J}=0$ であるから，磁界 $\boldsymbol{H}$ は十分細い導線部分を除くすべての領域で

$$\nabla\times\boldsymbol{H}=0 \tag{9.119}$$

を満足し，したがって，6.2 節の式（6.28）に示したように，スカラー・ポテンシャル（磁位）ϕ_m の負こう配として

$$\boldsymbol{H}=-\nabla\phi_m \tag{9.120}$$

と書き表すことができる．ただし，このような磁位 ϕ_m の値を唯一的に定義するためには，6.2 節で詳しく述べたとおり，考える領域内にとったいかなる閉曲線も電流の流れている導線ループを周辺とする面 S_0 を横切ることはできないものとしなければならない．このような面 S_0 の選び方は，電流の流れている導線を周辺とするものである限り，一般には任意であって，磁位 ϕ_m は面 S_0 の両側で I_s だけ不連続となる．

磁性体リングの表面上において磁界 $\boldsymbol{H}$ が満足すべき境界条件は，式（4.53）および（4.55）に示した境界条件から，いまの例の場合，面電流が存在しないことを考慮して

$$\boldsymbol{n}\times(\boldsymbol{H}_1-\boldsymbol{H}_2)=0 \tag{9.121}$$

$$\boldsymbol{n}\cdot(\boldsymbol{B}_1-\boldsymbol{B}_2)=0 \tag{9.122}$$

となる．ただし，$\boldsymbol{n}$ は磁性体リングの表面に垂直で，領域 2（磁性体リングの内部）から領域 1（周囲の媒質）の方向を向く単位ベクトルである．

ここで，磁性体は線形，等方，均質であるとすると，透磁率 μ はスカラー定数となり，磁束密度 $\boldsymbol{B}$ に関する構成関係式は，式（4.48）に示したように

$$\boldsymbol{B}=\mu\boldsymbol{H} \tag{9.123}$$

と書くことができる．

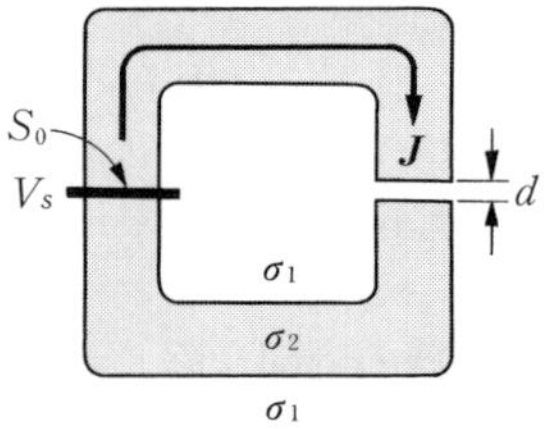

図 9.17　直流電圧 V_s を印加された，間げきをもつ導体リング

一方，図 9.16 の磁性体リングと全く同じ形状のリングを導体で作り，**図 9.17** のように，面 S_0 の位置に直流電圧源 V_s を挿入した場合を考える．前と同様に，周囲の媒質を領域 1，導体リングの内部を領域 2 として，それぞれの導電率を σ_1 および σ_2 としよう．この場合に生ずる定常電流界を定めるマクスウェルの方程式および電荷保存の法則は，式（4.33）および（3.2）において，いずれも時間的変化がないことから，$\partial/\partial t=0$ として

$$\nabla\times\boldsymbol{E}=0 \tag{9.124}$$

$$\nabla\cdot\boldsymbol{J}=0 \tag{9.125}$$

で与えられる.

さらに，式 (9.124) から，電界 $\boldsymbol{E}$ は，5.1節の式 (5.4) に示したように，スカラー・ポテンシャル (電位) ϕ の負こう配として

$$\boldsymbol{E}=-\nabla\phi \tag{9.126}$$

と書き表すことができる．ただし，電位 ϕ は面 S_0 の両側で V_s だけ不連続となる.

導体リングの表面上において電界 $\boldsymbol{E}$ が満足すべき境界条件は，式 (4.52) から

$$\boldsymbol{n}\times(\boldsymbol{E}_1-\boldsymbol{E}_2)=0 \tag{9.127}$$

となる.

一方，定常電流密度 $\boldsymbol{J}$ に対する境界条件は，式 (9.125) と等価な積分表示，すなわち式 (3.1) の右辺を零と置くことによって得られる関係式 $\oint_S \boldsymbol{J}\cdot\boldsymbol{n}dS=0$ を不連続境界面に適用することによって求められる．このような，定常電流界に対する電荷保存の法則 $\oint_S \boldsymbol{J}\cdot\boldsymbol{n}dS=0$ は，式 (3.6) に示した磁束に関するガウスの法則 $\oint_S \boldsymbol{B}\cdot\boldsymbol{n}dS=0$ と全く同じ形であるから，定常電流密度 $\boldsymbol{J}$ に対する境界条件は式 (3.6) から得られる磁束密度 $\boldsymbol{B}$ に対する境界条件 (9.122) と全く同じ形で与えられ

$$\boldsymbol{n}\cdot(\boldsymbol{J}_1-\boldsymbol{J}_2)=0 \tag{9.128}$$

となる．ただし，式 (9.127) および (9.128) における $\boldsymbol{n}$ は，導体リングの表面に垂直で，領域 2 (導体リングの内部) から領域 1 (周囲の媒質) の方向を向く単位ベクトルである.

ここで，導体は線形，等方，均質であるとすると，導電率 σ はスカラー定数となり，導電電流密度に関する構成関係式は，式 (4.41) に示したように

$$\boldsymbol{J}=\sigma\boldsymbol{E} \tag{9.129}$$

と書くことができる.

以上の結果，式 (9.118)～(9.123) において

$$\boldsymbol{H}\to\boldsymbol{E},\quad \boldsymbol{B}\to\boldsymbol{J},\quad \mu\to\sigma,\quad \phi_m\to\phi \tag{9.130}$$

とすれば，励磁電流の流れている十分細い導線の内部 ($\boldsymbol{J}\neq 0$ の部分) を除い

て，式（9.124）～（9.129）と完全に一致することがわかる．また，励磁電流 I_s は電源の起電力 V_s に対応することもわかる．このように，静磁界の問題は，式（9.130）のような変換によって，定常電流界の問題と類推的に対応させることができる．

ところで，実際の電磁機器に用いられる磁性材料の透磁率 μ_2 は，通常の場合，周囲の媒質の透磁率 μ_1 よりもはるかに大きな値をもつ．そこで，図 9.17 に示した導体系の場合も，リング導体の導電率 σ_2 の値は，周囲の媒質の導電率 σ_1 の値よりもはるかに大きいものとしよう．さらに，導体リングの平均長 l は導体リングの太さに比べて十分長く，かつ導体リングの断面 S は一定で，しかも間げき d は導体リングの断面の寸法に比べて十分小さいものとして，間げき部分の端部近傍の電界の乱れ，すなわち端効果を無視すれば，電流は導体リング内および間げき部分をいずれも一様な分布で流れるものと考えてよい．

以上のような条件のもとでは，図 9.17 の導体系を，直列抵抗を含む電気回路として回路論的に取り扱うことができる．すなわち，系を流れる全電流 I は，電流密度 $\boldsymbol{J}$ を導体リングの断面 S にわたって面積分し

$$I=\int_S \boldsymbol{J}\cdot\boldsymbol{n}dS \qquad (9.131)$$

で与えられる．

また，このような直流電流 I と直流電源電圧 V_s との間には，式（9.3）に示したオームの法則から

$$V_s=RI \qquad (9.132)$$

なる関係が成り立つ．

ここで，抵抗 R はリング導体の抵抗と，それに直列な間げき部の抵抗との和であって，式（9.4）から

$$R=\frac{d}{\sigma_1 S}+\frac{l}{\sigma_2 S} \qquad (9.133)$$

で与えられる．ただし，前述のように $l\gg d$ なることより，上式右辺の第 2 項

の分子は $l-d \cong l$ としてある．

図 9.17 の導体系に対する以上のような回路論的取扱いを，式（9.130）に示した対応によって，図 9.16 の電磁系の場合に変換すると，電流密度 $\boldsymbol{J}$ に対応するものは磁束密度 $\boldsymbol{B}$ であるから，式（9.131）の電流 I に対応するものは

$$\Phi = \int_S \boldsymbol{B} \cdot \boldsymbol{n} dS \tag{9.134}$$

なる磁束となる．

また，式（9.133）の電気抵抗 R に対応するものは

$$R_m = \frac{d}{\mu_1 S} + \frac{l}{\mu_2 S} \tag{9.135}$$

なる磁気的抵抗となる．このような**磁気抵抗** R_m を**リラクタンス**（reluctance）と呼ぶ．また，電気抵抗 R の逆数のコンダクタンス $G=1/R$ に対応する

$$G_m = \frac{1}{R_m} \tag{9.136}$$

を**パーミアンス**（permeance）と呼ぶ．

さらに，励磁電流 I_s は，前述のとおり，電源の起電力 V_s に対応するものであるから，これを**起磁力**（magnetomotive force）と呼ぶことがある．一般に，巻線数が N なるコイル導線によって励磁する場合には，起磁力は

$$V_m = NI_s \tag{9.137}$$

となる．これは，V_s なる電圧源を N 個積み重ねた電源の起電力

$$V = NV_s \tag{9.138}$$

に対応するものである．

したがって，オームの法則

$$V = RI \tag{9.139}$$

に対応する関係は

$$V_m = R_m \Phi \tag{9.140}$$

となる．

表 9.1

電　気　回　路	磁　気　回　路
$I=\int_S \boldsymbol{J}\cdot\boldsymbol{n}dS$ $V=NV_s=RI$ $R=\dfrac{d}{\sigma_1 S}+\dfrac{l}{\sigma_2 S}$	$\Phi=\int_S \boldsymbol{B}\cdot\boldsymbol{n}dS$ $V_m=NI_s=R_m\Phi$ $R_m=\dfrac{d}{\mu_1 S}+\dfrac{l}{\mu_2 S}$

以上の結果をまとめると，**表 9.1** のようになる．

以上のような形式上の対応によって，磁性体を含む磁気的な電磁系を回路論的に取り扱うとき，これを**磁気回路**（magnetic circuit）と呼ぶ．磁気回路の概念を用いると，磁性体を含む電磁機器の解析や設計を行う際に，電気回路理論の知識や技法をそのまま援用することができて，工学的に有効な場合がある．しかし，物理的には導体と磁性体とは全く異なるものであって，自由電荷に相当する自由磁荷は存在しないこと，したがって自由電荷の移動現象である導電電流に相当する磁気的類似のものはないこと，さらに磁位は，適当な制限条件を加えない限り，電位の場合のような一義性をもたないこと，などに注意しなければならない．

また，電気回路を構成する金属導体の導電率 σ_2 の値は，通常の状態では，導体内に加えられる電界 $\boldsymbol{E}$ の強さに無関係な一定値とみなし得るのに対して，磁気回路を構成する磁性体の透磁率 μ_2 の値は，通常，ヒステリシスや磁気飽和に基づく非線形性などのために，磁性体内に加えられる磁界 $\boldsymbol{H}$ の複雑な関数となることが多い．そのうえ，磁気回路の場合には，回路を構成する磁性体の透磁率 μ_2 の値と，周囲の媒質，例えば空気の透磁率 $\mu_1=\mu_0$ の値との違いが，電気回路の場合の導線の導電率 σ_2 の値と周囲の媒質，例えば空気の導電率 $\sigma_1\cong 0$ の値との違いほどいちじるしくないので，電気回路の場合には電流はほぼ完全に導線中のみを流れるものとみなし得るのに対して，磁気回路の場合には急激な曲がりの部分などで実際には磁束が磁性体の外部にかなり漏えいする結果，前述のような電気回路との対応による回路論的取扱いでは不正確となる場合があること，などにも注意しなければならない．

演　習　問　題

9.1　半径 a の内部導体と半径 b の外部導体からなる長さ l の同軸円筒状の電極の間を導電率 σ の媒質で満たすとき，この電極間の抵抗 R はいくらになるか．ただし，円筒の両端部における電界の乱れは無視できるものとする．

9.2　**図 9.18**(*a*)および(*b*)に示すように，誘電率がそれぞれ ε_1 および ε_2 なる2種類の誘電体が挿入された平行平板コンデンサの静電容量を求めよ．ただし，極板の表面積を S とし，極板の端部における電界の乱れは無視できるものとする．

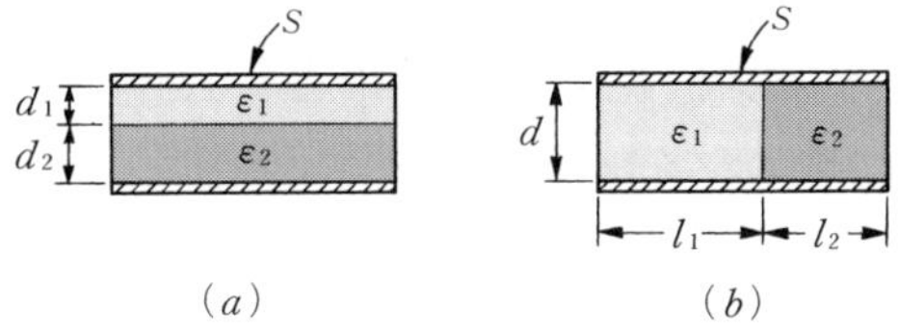

図 9.18　2種類の誘電体が挿入された平行平板コンデンサ

9.3　2本の無限に長い真っすぐな完全導体の導線からなる平行導体線路の単位長当りの自己インダクタンスを求めよ．ただし，導線の半径を a，2本の導線の中心軸間の間隔を d とし，$a/d \ll 1$ なる条件が成り立っているものとする．

9.4　透磁率が μ なる磁性体のコアをもつ無限に長い真っすぐな無限長ソレノイドの外側に別の有限長のコイルを巻きつけるとき，この系の相互インダクタンスを求めよ．ただし，無限長ソレノイドの断面積を S，無限長ソレノイドの単位長当りの巻数を n，外側の有限長コイルの巻数を N とする．

9.5　一巻きのコイル k を流れる電流 I_k によって生ずる磁束のうち，隣接するほかの一巻きのコイル j に鎖交する磁束を Φ_{jk} とすると，コイル j とコイル k の間の相互インダクタンス $L_{jk}=\Phi_{jk}/I_k$ は**ノイマンの式**（Neumann's formula）と呼ばれる次式で与えられることを示せ．

$$L_{jk}=\frac{\Phi_{jk}}{I_k}=\frac{\mu}{4\pi}\oint_{C_j}\oint_{C_k}\frac{d\boldsymbol{l}_j\cdot d\boldsymbol{l}_k}{r}$$

ただし，$d\boldsymbol{l}_j$ および $d\boldsymbol{l}_k$ はそれぞれコイル導体 C_j および C_k に沿う微小ベクトル線素，μ はこれらのコイル導体の周囲の媒質の透磁率を表す．

9.6　**図 9.19** に示すように，透磁率が μ_1 および μ_2 なる2種類の磁性体からなるリング状のコアに，それぞれ巻数が N_1 および N_2 のコイルが巻かれている．この系の相互インダクタンスを求めよ．ただし，それぞれの磁性体コアの平均長を l_1 および l_2 とし，断面積を S とする．また，漏えい磁束は無視できるものとする．

9.7 受動性の抵抗回路網における電流は，一般にジュール熱による消費電力が極小となるように分布することを示せ．

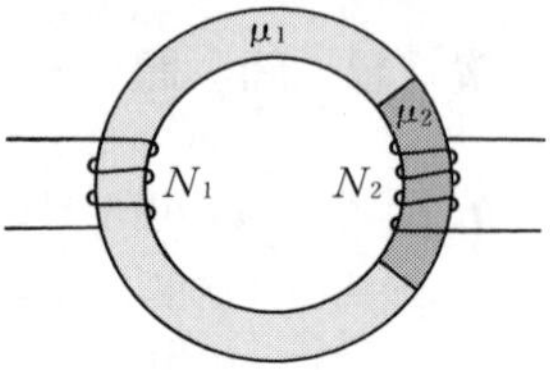

図 *9.19* 2種類の磁性体コアを介して結合された二つのコイル間の相互インダクタンス

9.8 内部導体の半径が a，外部導体の内側半径が b なる同軸線路において，二つの導体間の中空部分の媒質が有限の導電率 σ をもつとき，線路の伝送方向に単位長当りの並列コンダクタンスを求めよ．

9.9 内部導体の半径が a，外部導体の内側半径が b，長さが l なる分布定数同軸線路の一端を完全導体板によって短絡するとき，他方の線路端から見た入力インピーダンス Z を求めよ．ただし，二つの導体間の中空部分は誘電率が ε，透磁率が μ なる無損失媒質によって満たされているものとする．

付録 A. ベクトルおよびベクトル界の数学的解析 ——

$A.1$ ベクトルおよびスカラー

温度や質量などのように，その大きさ，あるいは数値のみが与えられれば一義的に定まるような量を**スカラー**（scalar）と呼ぶ．これに対して，力や速度などのように，その大きさと同時に，方向をも指定しないと一義的に定められないような量を**ベクトル**（vector）と呼ぶ．電磁理論で取り扱う物理量では，例えば電荷や電位などはスカラーであり，電界や磁界などはベクトルである．

ベクトルの大きさを**絶対値**ともいう．本書では，ベクトル量を例えば $\boldsymbol{A}$，$\boldsymbol{B}$ などのように太字で表し，その大きさ（絶対値）を $|\boldsymbol{A}|$，$|\boldsymbol{B}|$ あるいは A，B などと表す．

ベクトル $\boldsymbol{A}$ とスカラー V との積 $V\boldsymbol{A}$ は，大きさ（絶対値）がベクトル $\boldsymbol{A}$ の大きさ（絶対値）$|\boldsymbol{A}|=A$ とスカラー V との積 VA に等しく，方向はベクトル $\boldsymbol{A}$ の方向を向くベクトルとなる．もし，スカラー量が負の場合には，ベクトル $\boldsymbol{A}$ と負のスカラー量 $-V$ との積 $-V\boldsymbol{A}$ は，大きさがベクトル $\boldsymbol{A}$ の大きさ $|\boldsymbol{A}|=A$ と V との積 VA に等しく，方向はもとのベクトル $\boldsymbol{A}$ と逆向きの方向を向くベクトルとなる．したがって，ベクトル $\boldsymbol{A}$ に -1 をかけると $-\boldsymbol{A}$ なるベクトルとなり，その大きさはもとのベクトル $\boldsymbol{A}$ の大きさ $|\boldsymbol{A}|=A$ と等しく，方向だけが逆向きとなる．

大きさ（絶対値）が 1 なるベクトルを特に**単位ベクトル**（unit vector）という．したがって，ベクトル $\boldsymbol{A}$ の方向を向く単位ベクトルを $\boldsymbol{i}$ とすると，ベクトル $\boldsymbol{A}$ は

$$\boldsymbol{A}=\boldsymbol{i}|\boldsymbol{A}|=\boldsymbol{i}A \tag{A.1}$$

と表すことができる．

ベクトルを幾何学的に表すために，**図 $A.1$** のように，与えられたベクトルの方向を向き，長さがそのベクトルの絶対値に等しい（または比例する）ような直線を描き，ベクトルの方向を矢印によって示す．矢印をつ

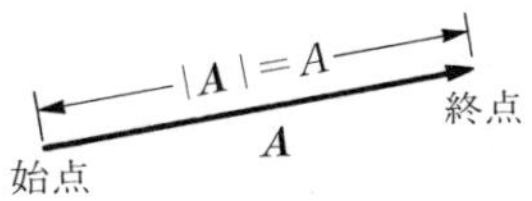

図 $A.1$ ベクトルの幾何学的表示

けた先端を**終点**（terminus），他の端を**始点**（origin）と呼ぶ．あるベクトルを空間的に平行移動することによって得られるベクトルは，もとのベクトルと相等しいと定義する．すなわち，同じ方向と大きさとをもつベクトルは，始点の位置にかかわらず，すべて相等しいと定義する．

ある空間領域において，その空間の性質を定めるベクトル量の分布が場所の関数として与えられているとき，そのようなベクトル量の分布を，その空間領域において定義された**ベクトル界**（vector field）という．ベクトル界を幾何学的に表示するために，ベクトル界内にとった曲線上の各点における接線の方向が，その点におけるベクトル量の方向と一致しているような曲線群を描いて，これをそのベクトル界の**力線**（line of force）または**流線**（flow line）と呼ぶ．

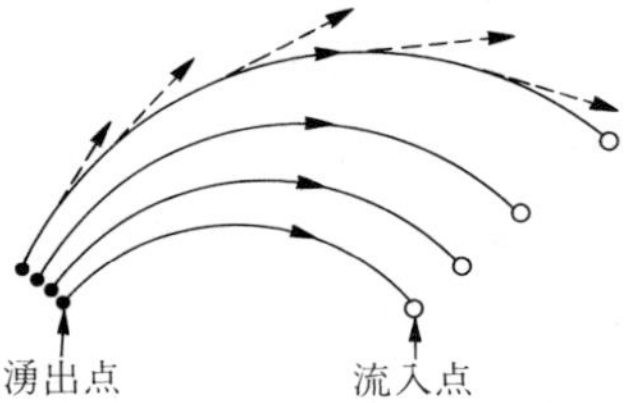

図 *A*.2　ベクトル界の模様を示す力線

図 *A*.2 に示すように，力線に矢印をつけてベクトル界の正方向を示し，力線の疎密，すなわち力線に垂直な単位面積を貫く力線の数によって，その点におけるベクトル界の強さを表す．力線の始まる点を**湧出点**（source），終わる点を**流入点**（sink）と呼ぶ．

ベクトル界内の1点にはただ一つの大きさと方向とをもつベクトル量が対応しているような通常のベクトル界では，ベクトル界の模様を示す力線が互いに交わることはない．なぜならば，もし二つの力線が交われば，力線が交わった交点におけるベクトルの方向は，上述の力線の定義から，それぞれの力線に接する二つの異なった方向をもつことになってしまうからである．

ベクトル界に対して，ある空間領域において，その空間の性質を定めるスカラー量の分布が場所の関数として与えられているとき，そのようなスカラー量の分布を，その空間領域において定義された**スカラー界**（scalar field）という．スカラー界を幾何学的に表示するために，スカラー界内にとった曲面上の各点におけるスカラー量の値が，すべて一定値に等しいような曲面群を描いて，これをそのスカラー界の**等位面**（equipotential surface）と呼ぶ．

スカラー界内の1点にはただ一つのスカラー量の値が対応しているような通常のスカラー界では，スカラー界の模様を示す等位面が互いに交わることはない．なぜならば，もし二つの等位面が交われば，等位面が交わった交線上の各点におけるスカラー量の値は，前述の等位面の定義から，それぞれの等位面上の二つの異なった値をもつことになってしまうからである．

A.2　ベクトルの和および差

二つのベクトル $\boldsymbol{A}$ と $\boldsymbol{B}$ との和を，幾何学的に**図 *A*.3**(*a*)または(*b*)のように定義する．

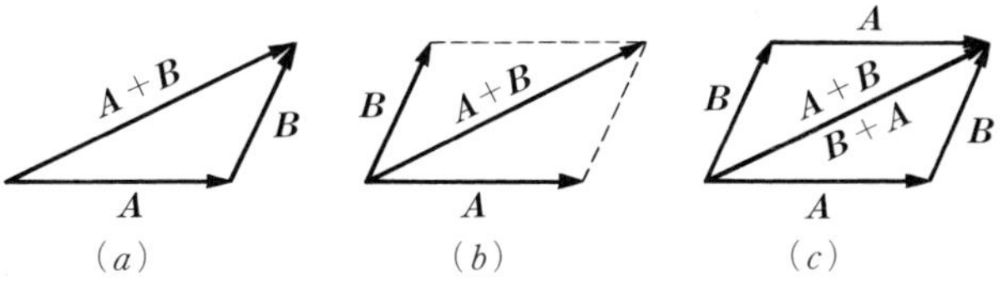

図 *A*.3　ベクトル $\boldsymbol{A}$ とベクトル $\boldsymbol{B}$ との和

前述のように，同じ大きさと方向とをもつベクトルは，任意の平行移動を行ってももとのベクトルと等しいから，二つのベクトル $\boldsymbol{A}$ と $\boldsymbol{B}$ との関係を図 *A*.3(*a*)または(*b*)のように描くことはつねに可能である．図 *A*.3(*c*)から明らかなとおり，ベクトルの和には

$$\boldsymbol{A}+\boldsymbol{B}=\boldsymbol{B}+\boldsymbol{A} \qquad (A.2)$$

なる交換の法則が成り立つ．また，$\boldsymbol{A}$，$\boldsymbol{B}$，$\boldsymbol{C}$ を三つのベクトルとすると，これらのベクトルの和には

$$(\boldsymbol{A}+\boldsymbol{B})+\boldsymbol{C}=\boldsymbol{A}+(\boldsymbol{B}+\boldsymbol{C}) \qquad (A.3)$$

なる結合の法則が成り立つことも容易に確かめることができる．さらに，V を任意のスカラー量とすれば

$$V(\boldsymbol{A}+\boldsymbol{B})=V\boldsymbol{A}+V\boldsymbol{B} \qquad (A.4)$$

なる分配の法則が成り立つことも明らかである．

二つのベクトル $\boldsymbol{A}$ と $\boldsymbol{B}$ との差は，ベクトル $\boldsymbol{A}$ とベクトル $-\boldsymbol{B}$ との和として，**図 *A*.4** のように幾何学的に定めることができる．ただし，ベクトル $-\boldsymbol{B}$ というのは，ベクトル $\boldsymbol{B}$ と大きさが等しく，ベクトル $\boldsymbol{B}$ と反対の方向を向くベクトルである．

ベクトルを解析的に取り扱うためには，適当な座標系を定めて，ベクトルを各座標軸方向の成分に分解して表すのが便利である．例えば，直角座標系を用いる場合には，任意のベクトル $\boldsymbol{A}$ の各座標軸方向の成分を A_x，A_y および A_z とすると，ベクトル $\boldsymbol{A}$ は，**図 *A*.5** および前述のベクトルの和の定義から

$$\boldsymbol{A}=\boldsymbol{i}_xA_x+\boldsymbol{i}_yA_y+\boldsymbol{i}_zA_z \qquad (A.5)$$

と表すことができる．ただし，$\boldsymbol{i}_x$，$\boldsymbol{i}_y$ および $\boldsymbol{i}_z$ は，それぞれ x 軸，y 軸および z 軸の各正方向を向く単位ベクトルである．一般に，座標軸の正方向を向く単位ベクト

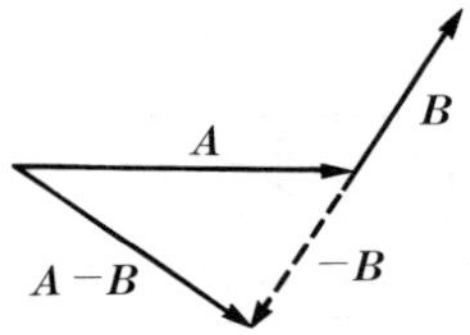

図 ***A.4*** ベクトル $\boldsymbol{A}$ とベクトル $\boldsymbol{B}$ との差

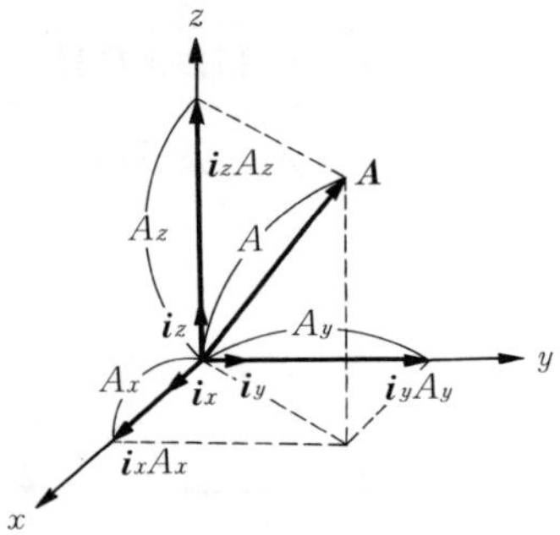

図 ***A.5*** 任意のベクトル $\boldsymbol{A}$ の直角座標軸方向の成分

ルは**基本ベクトル**（base vector）と呼ばれる．図 $A.5$ から，ベクトル $\boldsymbol{A}$ の大きさ（絶対値）は

$$|\boldsymbol{A}|=A=\sqrt{A_x{}^2+A_y{}^2+A_z{}^2} \qquad (A.6)$$

となることがわかる．

任意のベクトルを直角座標系の各座標軸方向の成分に分解して式（$A.5$）のように表すことにより，二つのベクトル $\boldsymbol{A}$ と $\boldsymbol{B}$ との和または差は，つぎのようにして解析的に計算することができる．

$$\begin{aligned}\boldsymbol{A}\pm\boldsymbol{B}&=(\boldsymbol{i}_xA_x+\boldsymbol{i}_yA_y+\boldsymbol{i}_zA_z)\pm(\boldsymbol{i}_xB_x+\boldsymbol{i}_yB_y+\boldsymbol{i}_zB_z)\\&=\boldsymbol{i}_x(A_x\pm B_x)+\boldsymbol{i}_y(A_y\pm B_y)+\boldsymbol{i}_z(A_z\pm B_z)\end{aligned} \qquad (A.7)$$

ただし，複号は同順である．

A.3 ベクトルの積

ベクトルの積には，実用上重要ないくつかの定義がある．

（*1*） スカラー積

二つのベクトル $\boldsymbol{A}$ と $\boldsymbol{B}$ との**スカラー積**（scalar product）を $\boldsymbol{A}\cdot\boldsymbol{B}$ と表し，次式のように定義する．

$$\boldsymbol{A}\cdot\boldsymbol{B}=|\boldsymbol{A}||\boldsymbol{B}|\cos\theta=AB\cos\theta \qquad (A.8)$$

ただし，θ はベクトル $\boldsymbol{A}$ とベクトル $\boldsymbol{B}$ とのなす角である．定義から明らかなとおり，スカラー積はスカラー量となる．すなわち，スカラー積 $\boldsymbol{A}\cdot\boldsymbol{B}$ は，式（$A.8$）に示した定義ならびに**図 *A.6*** からわかるように，ベクトル $\boldsymbol{A}$ の大きさ A とベクトル $\boldsymbol{B}$ のベクトル $\boldsymbol{A}$ の方向への射影 $B\cos\theta$ との積，あるいはベクトル $\boldsymbol{B}$ の大きさ B

とベクトル $\boldsymbol{A}$ のベクトル $\boldsymbol{B}$ の方向への射影 $A\cos\theta$ との積を表す．スカラー積の定義 (A.8) から，同じベクトル同士のスカラー積は，$\theta=0$ であることから，$\boldsymbol{A}\cdot\boldsymbol{A}=|\boldsymbol{A}|^2=A^2$ となり，そのベクトルの大きさ（絶対値）の2乗に等しくなる．また，一般に，互いに直交する二つのベクトルのスカラー積は，$\theta=\pi/2$ であることから，零となる．

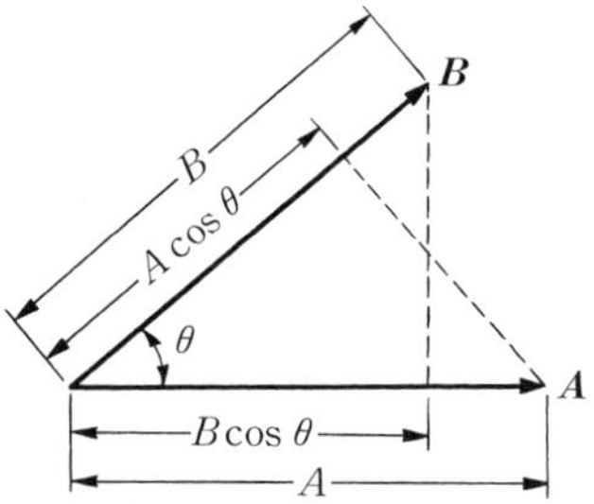

図 A.6　ベクトル $\boldsymbol{A}$ とベクトル $\boldsymbol{B}$ とのスカラー積

定義から明らかなように，スカラー積 $\boldsymbol{A}\cdot\boldsymbol{B}$ はスカラー積 $\boldsymbol{B}\cdot\boldsymbol{A}$ と等しい．すなわち，スカラー積には交換の法則が成り立つ．また，スカラー積には

$$(\boldsymbol{A}+\boldsymbol{B})\cdot\boldsymbol{C}=\boldsymbol{A}\cdot\boldsymbol{C}+\boldsymbol{B}\cdot\boldsymbol{C} \tag{A.9}$$

なる分配の法則が成り立つことも容易に証明することができる．

スカラー積の定義 (A.8) から，直角座標系の三つの基本ベクトルの間には

$$\begin{aligned}\boldsymbol{i}_x\cdot\boldsymbol{i}_x=\boldsymbol{i}_y\cdot\boldsymbol{i}_y=\boldsymbol{i}_z\cdot\boldsymbol{i}_z=1\\ \boldsymbol{i}_x\cdot\boldsymbol{i}_y=\boldsymbol{i}_y\cdot\boldsymbol{i}_z=\boldsymbol{i}_z\cdot\boldsymbol{i}_x=0\end{aligned} \tag{A.10}$$

なる関係がある．したがって，二つのベクトル $\boldsymbol{A}$ と $\boldsymbol{B}$ とのスカラー積 $\boldsymbol{A}\cdot\boldsymbol{B}$ は，分配の法則 (A.9) と上式の関係とを用いて，$\boldsymbol{A}$ および $\boldsymbol{B}$ の各直角座標軸方向の成分によって表すと

$$\begin{aligned}\boldsymbol{A}\cdot\boldsymbol{B}&=(\boldsymbol{i}_xA_x+\boldsymbol{i}_yA_y+\boldsymbol{i}_zA_z)\cdot(\boldsymbol{i}_xB_x+\boldsymbol{i}_yB_y+\boldsymbol{i}_zB_z)\\ &=A_xB_x+A_yB_y+A_zB_z\end{aligned} \tag{A.11}$$

となる．

(2)　ベクトル積

二つのベクトル $\boldsymbol{A}$ と $\boldsymbol{B}$ との**ベクトル積** (vector product) を $\boldsymbol{A}\times\boldsymbol{B}$ と表し，つぎのように定義する．すなわち，ベクトル積 $\boldsymbol{A}\times\boldsymbol{B}$ は，図 A.7 に示すように，ベクトル $\boldsymbol{A}$ とベクトル $\boldsymbol{B}$ とを含む平面に垂直で，右ねじをベクトル $\boldsymbol{A}$ からベクトル $\boldsymbol{B}$ の方向へ，$\boldsymbol{A}$ と $\boldsymbol{B}$ とのなす角の小さいほうを通ってまわすとき，右ねじの進む方向を向くベクトルと定

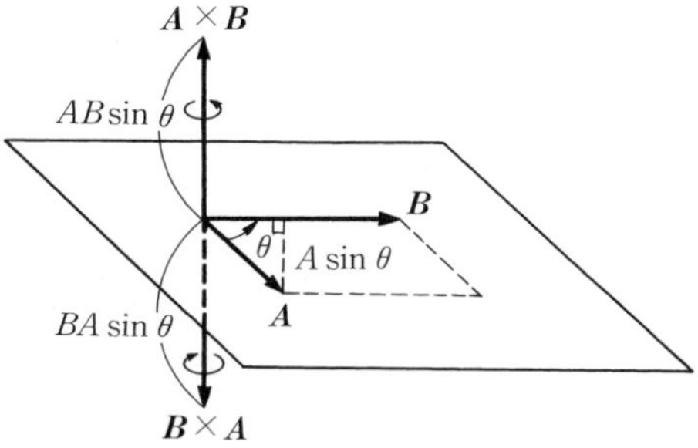

図 A.7　ベクトル $\boldsymbol{A}$ とベクトル $\boldsymbol{B}$ とのベクトル積（ベクトル積 $\boldsymbol{B}\times\boldsymbol{A}$ はベクトル積 $\boldsymbol{A}\times\boldsymbol{B}$ と大きさ（絶対値）が等しく，方向が反対のベクトルとなる）

める．また，その大きさ（絶対値）はつぎのように定義する．

$$|\boldsymbol{A}\times\boldsymbol{B}|=|\boldsymbol{A}||\boldsymbol{B}|\sin\theta=AB\sin\theta \tag{A.12}$$

ただし，θ は二つのベクトル $\boldsymbol{A}$ と $\boldsymbol{B}$ とのなす角の小さいほう（$\theta<\pi$）である．

上式の定義ならびに図 $A.7$ から明らかなように，$\boldsymbol{A}\times\boldsymbol{B}$ の大きさ（絶対値）は二つのベクトル $\boldsymbol{A}$ と $\boldsymbol{B}$ とを 2 辺とする平行四辺形の面積に等しい．また，ベクトル積の大きさを示す定義（$A.12$）から，互いに平行な二つのベクトルのベクトル積は，$\theta=0$ であることから，零となる．スカラー積 $\boldsymbol{A}\times\boldsymbol{B}$ の順序を逆にして $\boldsymbol{B}\times\boldsymbol{A}$ とすると，ベクトル積の定義によって，図 $A.7$ に示すとおり，$\boldsymbol{A}\times\boldsymbol{B}$ と大きさが等しく方向が反対のベクトルとなる．すなわち

$$\boldsymbol{B}\times\boldsymbol{A}=-\boldsymbol{A}\times\boldsymbol{B} \tag{A.13}$$

となる．このように，ベクトル積には交換の法則は成立しない．

しかし，ベクトル積には

$$(\boldsymbol{A}+\boldsymbol{B})\times\boldsymbol{C}=\boldsymbol{A}\times\boldsymbol{C}+\boldsymbol{B}\times\boldsymbol{C} \tag{A.14}$$

なる分配の法則が成り立つことを証明することができる†．ただし，上式右辺の $\boldsymbol{A}\times\boldsymbol{C}$ および $\boldsymbol{B}\times\boldsymbol{C}$ は，上述のようにベクトル積には交換の法則が成り立たないことから，$\boldsymbol{C}\times\boldsymbol{A}$ あるいは $\boldsymbol{C}\times\boldsymbol{B}$ などと書くことはできず，もし $\boldsymbol{C}\times\boldsymbol{A}$ あるいは $\boldsymbol{C}\times\boldsymbol{B}$ などとするためには，式（$A.13$）に示したように，その符号も同時に変えなければならないことに注意しなければならない．

ベクトル積の定義から，直角座標系の三つの基本ベクトルの間には

$$\begin{aligned}&\boldsymbol{i}_x\times\boldsymbol{i}_x=\boldsymbol{i}_y\times\boldsymbol{i}_y=\boldsymbol{i}_z\times\boldsymbol{i}_z=0\\&\boldsymbol{i}_x\times\boldsymbol{i}_y=\boldsymbol{i}_z,\quad \boldsymbol{i}_y\times\boldsymbol{i}_z=\boldsymbol{i}_x,\quad \boldsymbol{i}_z\times\boldsymbol{i}_x=\boldsymbol{i}_y\end{aligned} \tag{A.15}$$

なる関係がある．したがって，二つのベクトル $\boldsymbol{A}$ と $\boldsymbol{B}$ とのベクトル積 $\boldsymbol{A}\times\boldsymbol{B}$ は，分配の法則（$A.14$）と上式の関係とを用いて，ベクトル $\boldsymbol{A}$ および $\boldsymbol{B}$ の各直角座標軸方向の成分によって表すと

$$\begin{aligned}\boldsymbol{A}\times\boldsymbol{B}&=(\boldsymbol{i}_xA_x+\boldsymbol{i}_yA_y+\boldsymbol{i}_zA_z)\times(\boldsymbol{i}_xB_x+\boldsymbol{i}_yB_y+\boldsymbol{i}_zB_z)\\&=\boldsymbol{i}_x(A_yB_z-A_zB_y)+\boldsymbol{i}_y(A_zB_x-A_xB_z)+\boldsymbol{i}_z(A_xB_y-A_yB_x)\end{aligned} \tag{A.16}$$

となる．式（$A.16$）の右辺を行列式の形で表すと

$$\boldsymbol{A}\times\boldsymbol{B}=\begin{vmatrix}\boldsymbol{i}_x & \boldsymbol{i}_y & \boldsymbol{i}_z\\ A_x & A_y & A_z\\ B_x & B_y & B_z\end{vmatrix} \tag{A.17}$$

となる．

† ベクトル積に関する分配の法則（$A.14$）の証明については，例えば熊谷信昭著「電磁気学基礎論」（オーム社）1.3 節を参照されたい．

(3) スカラー三重積

ベクトル $\boldsymbol{A}$ とベクトル $\boldsymbol{B}\times\boldsymbol{C}$ とのスカラー積 $\boldsymbol{A}\cdot(\boldsymbol{B}\times\boldsymbol{C})$ を**スカラー三重積**（scalar triple product）と呼ぶ．スカラー三重積はもちろんスカラー量となり，その値は，式（A.11）および（A.16）の関係を用いて，ベクトル $\boldsymbol{A}$，$\boldsymbol{B}$ および $\boldsymbol{C}$ の各直角座標軸方向の成分によって表すと

$$\boldsymbol{A}\cdot(\boldsymbol{B}\times\boldsymbol{C})=A_x(B_yC_z-B_zC_y)+A_y(B_zC_x-B_xC_z)+A_z(B_xC_y-B_yC_x)$$
$$=\begin{vmatrix} A_x & A_y & A_z \\ B_x & B_y & B_z \\ C_x & C_y & C_z \end{vmatrix} \qquad (A.18)$$

となる．

行列式の行を循環的に入れかえてもその行列式の値は変わらないことから，直ちに

$$\boldsymbol{A}\cdot(\boldsymbol{B}\times\boldsymbol{C})=\boldsymbol{B}\cdot(\boldsymbol{C}\times\boldsymbol{A})=\boldsymbol{C}\cdot(\boldsymbol{A}\times\boldsymbol{B}) \qquad (A.19)$$

なる関係が成り立つことがわかる．

スカラー三重積 $\boldsymbol{A}\cdot(\boldsymbol{B}\times\boldsymbol{C})$ の値は，スカラー積およびベクトル積の定義から，幾何学的には図 A.8 に示すような，三つのベクトル $\boldsymbol{A}$，$\boldsymbol{B}$ および $\boldsymbol{C}$ を3辺とする平行六面体の体積に等しくなる．

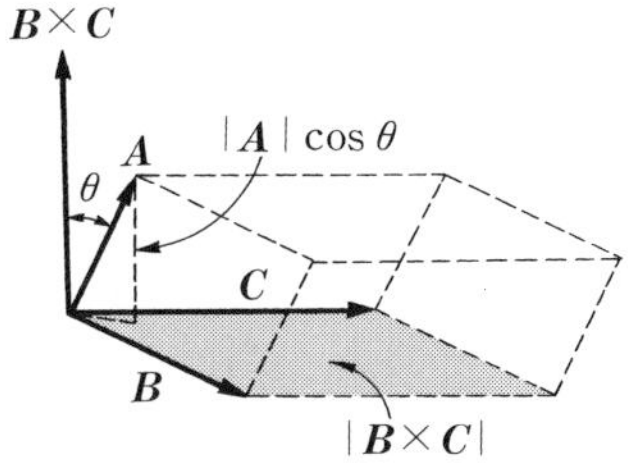

図 A.8 スカラー三重積

(4) ベクトル三重積

ベクトル $\boldsymbol{A}$ とベクトル $\boldsymbol{B}\times\boldsymbol{C}$ とのベクトル積 $\boldsymbol{A}\times(\boldsymbol{B}\times\boldsymbol{C})$ を**ベクトル三重積**（vector triple product）と呼ぶ．ベクトル三重積はもちろんベクトル量となり，その値は次式で与えられる．

$$\boldsymbol{A}\times(\boldsymbol{B}\times\boldsymbol{C})=(\boldsymbol{A}\cdot\boldsymbol{C})\boldsymbol{B}-(\boldsymbol{A}\cdot\boldsymbol{B})\boldsymbol{C} \qquad (A.20)$$

上式の関係が成り立つことは，三つのベクトル $\boldsymbol{A}$，$\boldsymbol{B}$ および $\boldsymbol{C}$ をそれぞれ各直角座標軸方向の成分によって表し，式（A.11）および（A.16）の関係を用いることによって容易に確かめることができる．

ベクトル三重積において演算の順序を変えると，式（A.13）に示したベクトル積の性質と式（A.20）の関係から

$$(\boldsymbol{A}\times\boldsymbol{B})\times\boldsymbol{C}=-\boldsymbol{C}\times(\boldsymbol{A}\times\boldsymbol{B})=-(\boldsymbol{C}\cdot\boldsymbol{B})\boldsymbol{A}+(\boldsymbol{C}\cdot\boldsymbol{A})\boldsymbol{B} \qquad (A.21)$$

となって，$(\boldsymbol{A}\times\boldsymbol{B})\times\boldsymbol{C}$ は，$\boldsymbol{A}\times(\boldsymbol{B}\times\boldsymbol{C})$ とは別のベクトルとなる．したがって，$\boldsymbol{A}\times\boldsymbol{B}\times\boldsymbol{C}$ なるベクトルは，演算の順序を指定しない限り，一義的には定まらないことに注意しなければならない．

A.4　ベクトルの微分および積分

ベクトル $\boldsymbol{A}$ がただ一つのスカラー変数，例えば時間 t のみの一価連続な関数であるとき，ベクトル $\boldsymbol{A}(t)$ の t に関する微分をつぎのように定義する．

$$\frac{d\boldsymbol{A}}{dt}=\lim_{\varDelta t\to 0}\frac{\boldsymbol{A}(t+\varDelta t)-\boldsymbol{A}(t)}{\varDelta t}=\lim_{\varDelta t\to 0}\frac{\varDelta\boldsymbol{A}}{\varDelta t} \tag{A.22}$$

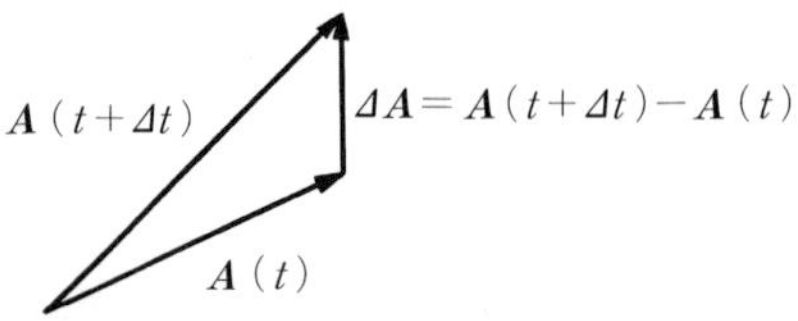

図 *A.9*　ベクトル $\boldsymbol{A}(t)$ の微小増分 $\varDelta\boldsymbol{A}$

ただし，$\varDelta t$ は変数 t の微小増分，$\varDelta\boldsymbol{A}$ は図 *A.9* に示すように $\boldsymbol{A}(t+\varDelta t)$ と $\boldsymbol{A}(t)$ との差を表す．上式からわかるように，ベクトル $\boldsymbol{A}(t)$ の t に関する微分 $d\boldsymbol{A}/dt$ はベクトルとなり，その方向は $\varDelta t$ が零に近づいた極限における $\varDelta\boldsymbol{A}$ の方向を向く．

$\boldsymbol{A}(t)$ および $\boldsymbol{B}(t)$ を変数 t のみの一価連続なベクトル関数，$V(t)$ を変数 t のみの一価連続なスカラー関数とすると，定義から，ベクトルの微分に関してつぎの諸関係が成り立つ．

$$\frac{d}{dt}(\boldsymbol{A}+\boldsymbol{B})=\frac{d\boldsymbol{A}}{dt}+\frac{d\boldsymbol{B}}{dt} \tag{A.23}$$

$$\frac{d}{dt}(\boldsymbol{A}\cdot\boldsymbol{B})=\frac{d\boldsymbol{A}}{dt}\cdot\boldsymbol{B}+\boldsymbol{A}\cdot\frac{d\boldsymbol{B}}{dt} \tag{A.24}$$

$$\frac{d}{dt}(\boldsymbol{A}\times\boldsymbol{B})=\frac{d\boldsymbol{A}}{dt}\times\boldsymbol{B}+\boldsymbol{A}\times\frac{d\boldsymbol{B}}{dt} \tag{A.25}$$

$$\frac{d}{dt}(V\boldsymbol{A})=\frac{dV}{dt}\boldsymbol{A}+V\frac{d\boldsymbol{A}}{dt} \tag{A.26}$$

電磁理論において実際に取り扱われるベクトル量，例えば電界ベクトル $\boldsymbol{E}$ や磁界ベクトル $\boldsymbol{H}$ などは，一般には，場所と時間の両方の関数である．したがって，電磁理論で取り扱われるベクトル量の微分は，一般には時間あるいは空間座標に関する偏微分となる．なお，場所の関数であるようなベクトルの空間座標に関する微分については，次節以下で詳しく説明する．

ベクトル量の積分も，一般には，ベクトルとなる．すなわち，場所の連続ベクトル関数を $\boldsymbol{A}$ とすれば，ベクトル $\boldsymbol{A}$ の積分は，$\boldsymbol{A}$ の各直角座標軸方向の成分 A_x，A_y，A_z の積分値をそれぞれその直角座標軸方向の各成分とするようなベクトルとなる．例えば，ベクトル $\boldsymbol{A}$ の積分路 C に沿う線積分，面 S にわたる面積分，および領域 V にわたる体積分は，それぞれ次式で与えられるようなベクトルとなる．

$$\int_C \boldsymbol{A} dl = \boldsymbol{i}_x \int_C A_x dl + \boldsymbol{i}_y \int_C A_y dl + \boldsymbol{i}_z \int_C A_z dl \tag{A.27}$$

$$\int_S \boldsymbol{A} dS = \boldsymbol{i}_x \int_S A_x dS + \boldsymbol{i}_y \int_S A_y dS + \boldsymbol{i}_z \int_S A_z dS \tag{A.28}$$

$$\int_V \boldsymbol{A} dV = \boldsymbol{i}_x \int_V A_x dV + \boldsymbol{i}_y \int_V A_y dV + \boldsymbol{i}_z \int_V A_z dV \tag{A.29}$$

特に，積分路が閉曲線の場合の線積分，および積分面が閉曲面の場合の面積分は，それぞれ $\oint \boldsymbol{A} dl$ および $\oint \boldsymbol{A} dS$ と表す．また，特に積分領域が全空間にわたる場合の体積分は $\oint \boldsymbol{A} dV$ と表す．

ただし，ベクトル量の積分が，そのベクトルの各座標軸方向の成分の積分値を成分とするようなベクトルとして上式のように計算できるのは，被積分ベクトル関数を直角座標系の各座標軸方向の成分に分解した場合だけに限られることに注意しなければならない．なぜならば，円柱座標系や球座標系の場合には，A.5 節で述べるように，一般にベクトルの各座標軸成分の方向が場所によって異なるため，そのような座標軸成分の積分によっては，ベクトルの積分値を表すことはできないからである．

ところで，電磁理論で実際に取り扱う線積分では，被積分関数があるベクトルの積分路 C に接する接線成分（スカラー）であるような場合が最も多い．また，電磁理論で実際に取り扱う面積分では，被積分関数があるベクトルの積分面 S に垂直な垂直成分（スカラー）であるような場合が大部分である．したがって，これらの場合には，任意の適当な座標系を用いて，通常のスカラー関数の線積分あるいは面積分と全く同様の計算をすればよいことになる．

A.5　直 交 座 標 系

ベクトル界やスカラー界の特性を数学的に解析し，その模様を具体的に求めるためには，まず適当な座標系を選定することが必要となる．これまでの議論では，座標系としては直角座標系のみを用いてきたが，実用上よく用いられる座標系としては，直角座標系のほかに円柱座標系および球座標系がある．そこで，本節では，円柱座標系および球座標系に関する重要な基本的事項を直角座標系の場合と比較しながらまとめて列記しておく．

適当に選んだ三つの独立な曲面 u_1，u_2，u_3 の交点によって，三次元空間内の任意の1点Pの位置を一義的に定めることができる．このような三つの面群を**座標面**

(coordinate surface) という．特に，三つの座標面 u_1，u_2，u_3 が互いに直交しているものを**直交座標系** (orthogonal system of coordinates) という．三つの座標面が，空間内に任意に選んだ基準点，すなわち原点 O からそれぞれ垂直距離 x，y および z だけへだたった，互いに直交する平面であるような直交座標系がいわゆる**直角座標系** (cartesian coordinates) と呼ばれているものである．したがって，直角座標系では空間内の任意の 1 点 P の位置を，点 P を通るこれら三つの互いに直交する座標面の交点として (x, y, z) で示すことができる．

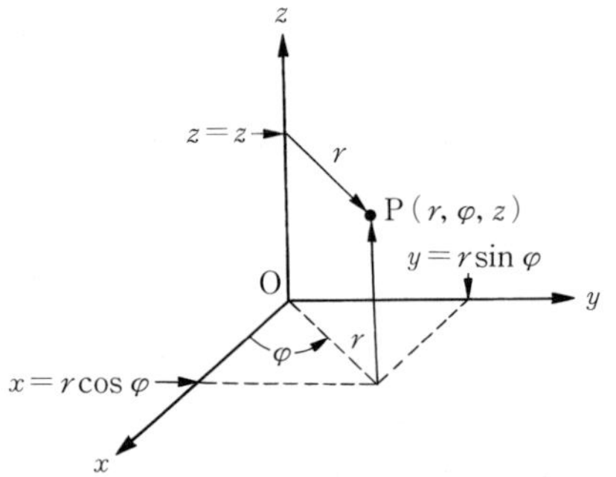

図 A.10　円柱座標系と直角座標系との関係

直角座標系に対して，三つの座標面がそれぞれ z 軸を中心軸とする半径 r の円柱面，z 軸を含み xz 平面と角度 φ をなす半平面，および原点 O から z なる距離にある z 軸に垂直な平面であるような座標系を**円柱座標系** (circular-cylindrical coordinates) という．したがって，円柱座標系では空間内の任意の 1 点 P の位置を，点 P を通るこれら三つの互いに直交する座標面の交点として (r, φ, z) で示すことができる．直角座標系 (x, y, z) と円柱座標系 (r, φ, z) との間の関係は，**図 A.10** からわかるとおり

$$x=r\cos\varphi,\quad y=r\sin\varphi,\quad z=z \qquad (A.30)$$

で与えられる．

特に，z が一定な平面上では，面 z 上の任意の 1 点 P の位置を，中心軸からの距離 r と基準面からの角度 φ とによって (r, φ) で示すことができる．このような二次元的な円柱座標系は特に**極座標系** (polar coordinates) と呼ばれている．

一方，三つの座標面がそれぞれ原点 O を中心とする半径 r の球面，原点 O を頂点とし z 軸を軸とする頂角 2θ の円錐面，および z 軸を含み xz 平面と角度 φ をなす半平面であるような座標系を**球座標系** (spherical coordinates) という．したがって，球座標系では空間内の任意の 1 点 P の位置を，点 P を通るこれら三つの互いに直交する座標面の交点として (r, θ, φ) で示すことができる．直角座標系 (x, y, z) と球座標系 (r, θ, φ) との関係は，**図 A.11** からわかるとおり

$$x=r\sin\theta\cos\varphi,\quad y=r\sin\theta\sin\varphi,\quad z=r\cos\theta \qquad (A.31)$$

で与えられる．

各座標面に垂直で，座標値の増加する方向を向く，大きさ（絶対値）が 1 なる単

位ベクトルを，A.2節でも述べたとおり，**基本ベクトル**（base vector）と呼ぶ．直交座標系では，これら三つの各基本ベクトルも互いに直交していることはもちろんである．

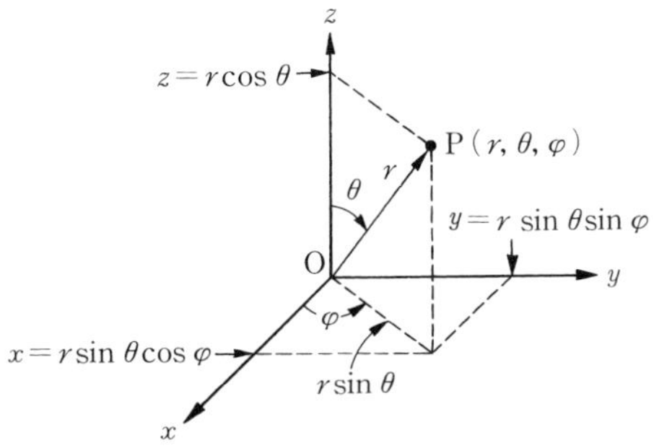

図 *A.11* 球座標系と直角座標系との関係

直角座標系では三つの基本ベクトル $\boldsymbol{i}_x$，$\boldsymbol{i}_y$，$\boldsymbol{i}_z$ の方向が，いずれも点Pの位置にかかわらずつねに一定であるのに対して，円柱座標系では，**図 A.12** からわかるとおり，二つの基本ベクトル $\boldsymbol{i}_r$ および $\boldsymbol{i}_\varphi$ の方向は点Pの位置によって変化し，さらに球座標系の場合には，**図 A.13** からわかるとおり，点Pの位置によって三つの基本ベクトル $\boldsymbol{i}_r$，$\boldsymbol{i}_\theta$，$\boldsymbol{i}_\varphi$ の方向がすべて変化することに注意しなければならない．

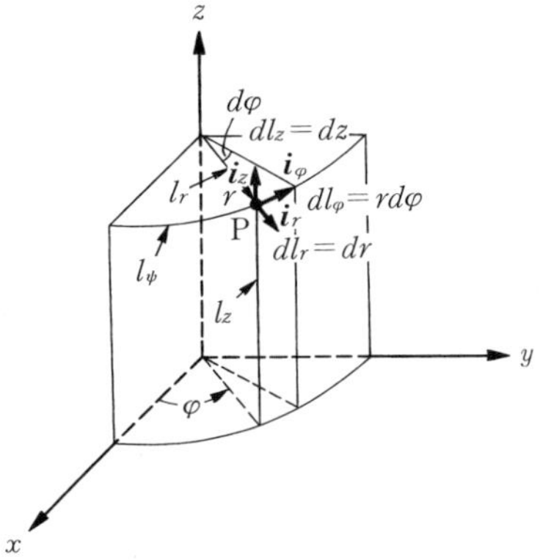

図 *A.12* 円柱座標系における各座標線上の微分線素と基本ベクトルの方向

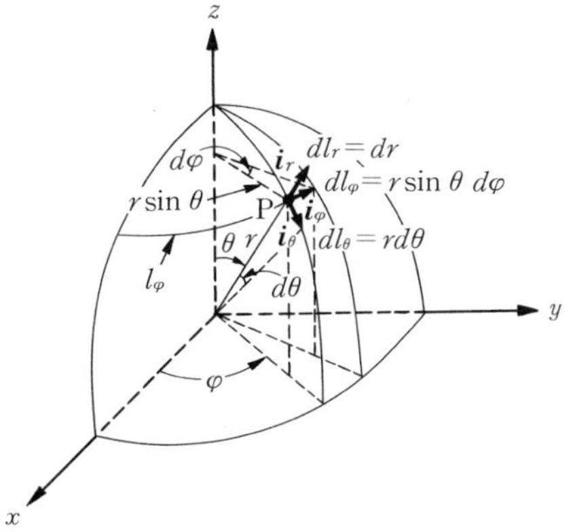

図 *A.13* 球座標系における各座標線上の微分線素と基本ベクトルの方向

座標面と座標面との交線を**座標線**（coordinate line）と呼ぶ．一般に，座標面 u_2 と u_3 との交線を座標線 l_1，座標面 u_3 と u_1 との交線を座標線 l_2，座標面 u_1 と u_2 との交線を座標線 l_3 と表す．直交座標系では，これら三つの各座標線も互いに直交していることはもちろんである．

各座標線 l_i $(i=1, 2, 3)$ 上の無限に小さな微小線分を dl_i と表し，これを座標線 l_i

上の**微分線素**と呼ぶ．微分線素 dl_i に対応する各座標値の無限に小さな微分増分を du_i（$i=1,2,3$）とすると，一般に dl_i と du_i とは等しくならない．すなわち，一般に

$$dl_i = h_i du_i \quad (i=1,2,3) \tag{A.32}$$

となる．

h_i（$i=1,2,3$）を**測度係数**あるいは**計量係数**（metrical coefficient）と呼び，一般には座標の関数である．直角座標系の場合には，各座標線上の微分線素 dl_x，dl_y，dl_z はいずれも対応する各座標値の微分増分 dx，dy，dz と等しい．すなわち

$$dl_x = dx, \quad dl_y = dy, \quad dl_z = dz \tag{A.33}$$

である．したがって，直角座標系における測度係数は，いずれも

$$h_x = 1, \quad h_y = 1, \quad h_z = 1 \tag{A.34}$$

となっている．

これに対して，円柱座標系の場合には，図 A.12 からわかるとおり，各座標線上の微分線素は，それぞれ

$$dl_r = dr, \quad dl_\varphi = r d\varphi, \quad dl_z = dz \tag{A.35}$$

で与えられ，したがって，円柱座標系における測度係数は，それぞれ

$$h_r = 1, \quad h_\varphi = r, \quad h_z = 1 \tag{A.36}$$

となっている．

さらに球座標系の場合には，図 A.13 からわかるとおり，各座標線上の微分線素は，それぞれ

$$dl_r = dr, \quad dl_\theta = r d\theta, \quad dl_\varphi = r \sin\theta d\varphi \tag{A.37}$$

で与えられ，したがって，球座標系における測度係数は，それぞれ

$$h_r = 1, \quad h_\theta = r, \quad h_\varphi = r \sin\theta \tag{A.38}$$

となっている．

各座標面 u_i（$i=1,2,3$）上の無限に小さな微小面積を dS_i（$i=1,2,3$）と表し，これを座標面 u_i（$i=1,2,3$）上の**微分面素**と呼ぶ．例えば，座標面 u_1 上の微分面素 dS_1 は，**図 A.14** に示すように，二つの微分線素 dl_2，dl_3 の積として

$$dS_1 = dl_2 dl_3 = h_2 h_3 du_2 du_3 \tag{A.39}$$

で与えられる．

また，無限に小さな微小体積を dV と表し，これを**微分体素**と呼ぶ．微分体素 dV は，**図 A.15** に示すように，三つの微分線素 dl_1，dl_2，dl_3 の積として

$$dV = dl_1 dl_2 dl_3 = h_1 h_2 h_3 du_1 du_2 du_3 \tag{A.40}$$

で与えられる．

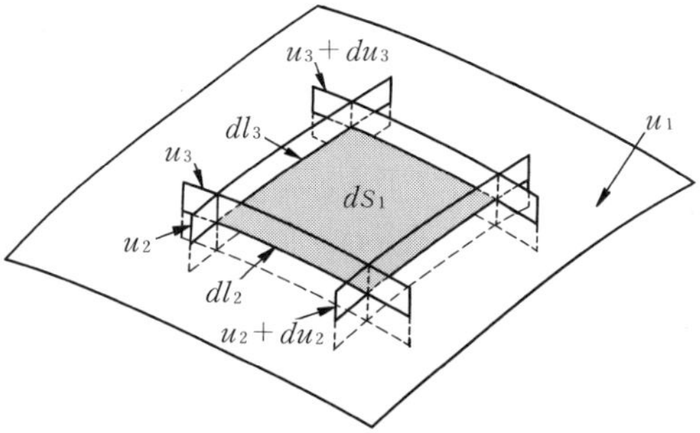

図 **A.14** 座標面 u_1 上の微分面素 dS_1

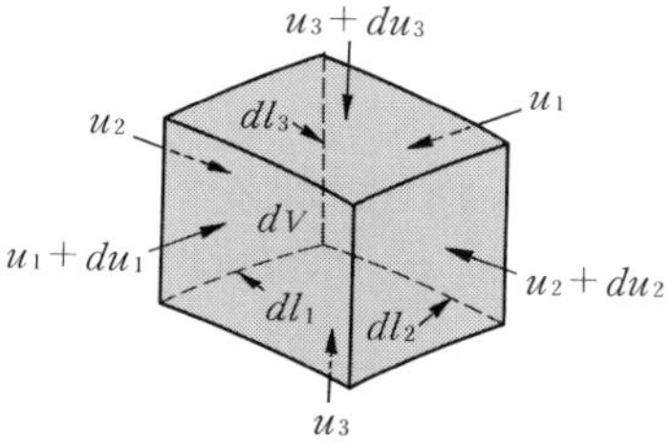

図 **A.15** 微分体素 dV

以上の一般式は，直角座標系の場合には，式（$A.33$）を参照して

$$dS_x=dydz,\quad dS_y=dxdz,\quad dS_z=dxdy \tag{A.41}$$

$$dV=dxdydz \tag{A.42}$$

となる．

また，円柱座標系の場合には，式（$A.35$）を参照して

$$dS_r=rd\varphi dz\quad dS_\varphi=drdz,\quad dS_z=rdrd\varphi \tag{A.43}$$

$$dV=rdrd\varphi dz \tag{A.44}$$

となる．

さらに，球座標系の場合には，式（$A.37$）を参照して

$$dS_r=r^2\sin\theta d\theta d\varphi,\quad dS_\theta=r\sin\theta drd\varphi,\quad dS_\varphi=rdrd\theta \tag{A.45}$$

$$dV=r^2\sin\theta drd\theta d\varphi \tag{A.46}$$

となる．

A.6 スカラーのこう配

ある空間領域において，スカラー量の分布が，微分可能な一価連続の場所のスカラー関数 V によって与えられているようなスカラー界を考える．

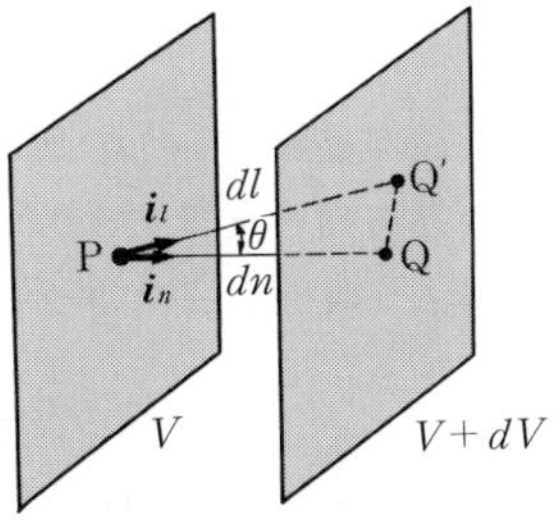

図 **A.16** 二つの近接した等位面 V および $V+dV$

このようなスカラー界内に，**図 A.16** に示すように，その面上でスカラー量の値が V（一定）であるような等位面と，これと微分増分 dV だけ異なる $V+dV$（一定）なる値の等位面とを考え，これら二つ

の等位面と，等位面に垂直な法線との交点をそれぞれ P および Q とし，その間の垂直距離を dn とする．等位面 V と等位面 $(V+dV)$ とは，微分増分 dV だけ異なる無限に近接した二つの等位面であるから，これら二つの等位面は，点 P および点 Q の近傍においては，それぞれ点 P および点 Q においてこれらの等位面と接する，dn に垂直な平行平面とみなすことができる．したがって，点 Q と同じ面上の他の 1 点を Q′ とし，点 P と点 Q′ との間の距離を dl とすれば，図 A.16 から明らかなとおり

$$dn = dl \cos\theta \tag{A.47}$$

と書くことができる．ただし，θ は dl と dn とのなす角である．

これから，スカラー関数 V の任意の方向（dl 方向）への変化率を表す方向微係数は

$$\frac{\partial V}{\partial l} = \frac{\partial V}{\partial n}\frac{dn}{dl} = \frac{\partial V}{\partial n}\cos\theta \tag{A.48}$$

で与えられる．

上式からわかるように，スカラー関数 V の方向微係数は一般に dl の方向によってその値が変化し，等位面に垂直な法線方向（$\theta=0$ の方向）で最大（$\partial V/\partial n$）となる．すなわち，等位面に垂直な dn 方向でスカラー関数 V の値は最も急激な変化を示す．

そこで，このような，スカラー関数 V の値が最も急激に変化する垂直法線方向（dn 方向）を向き，そのような垂直法線方向における V の最も大きな変化の割合（$\partial V/\partial n$）を大きさ（絶対値）とするようなベクトルを定義して，これをスカラー界内の 1 点 P における**こう配**（gradient）と呼び，grad V と表す．すなわち，V 一定の等位面に垂直で，V の値の増加する方向（dn 方向）を向く単位ベクトルを $\boldsymbol{i}_n$ とすると，点 P におけるスカラー V のこう配 grad V は数学的に次式によって定義される．

$$\mathrm{grad}\ V == \boldsymbol{i}_n\frac{\partial V}{\partial n} \tag{A.49}$$

上述の定義からわかるとおり，点 P におけるスカラー V のこう配 grad V は，大きさと方向とを有するベクトル量である．任意の方向（dl 方向）を向く単位ベクトルを $\boldsymbol{i}_l$ とすれば，スカラー積の定義と式（A.48）とから

$$\boldsymbol{i}_l\cdot\mathrm{grad}\ V = \boldsymbol{i}_l\cdot\boldsymbol{i}_n\frac{\partial V}{\partial n} = \frac{\partial V}{\partial n}\cos\theta = \frac{\partial V}{\partial l} \tag{A.50}$$

となる．すなわち，任意の方向へのスカラー関数 V の方向微係数 $\partial V/\partial l$ は，こう配 grad V のその方向（$\boldsymbol{i}_l$ 方向）への成分として与えられる．

式（A.49）はこう配の一般的な定義であるが，これを任意の直交座標系で表して

おくのが実用上便利である．そこで，直交座標系の各座標軸方向を向く基本ベクトルを $\boldsymbol{i}_i$ $(i=1,2,3)$ とすれば，各座標軸方向への grad V の成分 $(\mathrm{grad}\ V)_i$ $(i=1,2,3)$ は，式（A.50）を参照して，それぞれ次式のように表される．

$$(\mathrm{grad}\ V)_i=\boldsymbol{i}_i\cdot\mathrm{grad}\ V=\frac{\partial V}{\partial l_i}=\frac{\partial V}{\partial u_i}\frac{\partial u_i}{\partial l_i}=\frac{1}{h_i}\frac{\partial V}{\partial u_i}\quad(i=1,2,3)\tag{A.51}$$

ただし，h_i は式（A.32）に示したとおり，$dl_i=h_i du_i$ で与えられる測度係数である．

したがって，これらの各成分をベクトル的に加え合わせると，任意の直交座標系におけるスカラー V のこう配 grad V の一般的な表現式として次式が得られる．

$$\mathrm{grad}\ V=\boldsymbol{i}_1\frac{1}{h_1}\frac{\partial V}{\partial u_1}+\boldsymbol{i}_2\frac{1}{h_2}\frac{\partial V}{\partial u_2}+\boldsymbol{i}_3\frac{1}{h_3}\frac{\partial V}{\partial u_3}\tag{A.52}$$

最も簡単な直角座標系の場合には，式（A.34）に示したとおり，h_1，h_2 および h_3 はいずれも 1 であるから，こう配の一般式（A.52）は

$$\mathrm{grad}\ V=\boldsymbol{i}_x\frac{\partial V}{\partial x}+\boldsymbol{i}_y\frac{\partial V}{\partial y}+\boldsymbol{i}_z\frac{\partial V}{\partial z}\tag{A.53}$$

となる．

円柱座標系の場合には，式（A.36）を参照して，こう配の一般式（A.52）は

$$\mathrm{grad}\ V=\boldsymbol{i}_r\frac{\partial V}{\partial r}+\boldsymbol{i}_\varphi\frac{1}{r}\frac{\partial V}{\partial \varphi}+\boldsymbol{i}_z\frac{\partial V}{\partial z}\tag{A.54}$$

となる．

さらに，球座標系の場合には，式（A.38）を参照して，こう配の一般式（A.52）は

$$\mathrm{grad}\ V=\boldsymbol{i}_r\frac{\partial V}{\partial r}+\boldsymbol{i}_\theta\frac{1}{r}\frac{\partial V}{\partial \theta}+\boldsymbol{i}_\varphi\frac{1}{r\sin\theta}\frac{\partial V}{\partial \varphi}\tag{A.55}$$

となる．

式（A.53）～（A.55）からわかるとおり，スカラー関数 V のこう配 grad V はベクトル微分演算記号 $\boldsymbol{\nabla}$ を用いて

$$\mathrm{grad}\ V=\boldsymbol{\nabla} V\tag{A.56}$$

と表すことができる．ただし，$\boldsymbol{\nabla}$ は直角座標系，円柱座標系および球座標系のそれぞれの場合に対してつぎのように与えられる．

$$\boldsymbol{\nabla}=\boldsymbol{i}_x\frac{\partial}{\partial x}+\boldsymbol{i}_y\frac{\partial}{\partial y}+\boldsymbol{i}_z\frac{\partial}{\partial z}\quad\text{(直角座標系)}\tag{A.57}$$

$$\boldsymbol{\nabla}=\boldsymbol{i}_r\frac{\partial}{\partial r}+\boldsymbol{i}_\varphi\frac{1}{r}\frac{\partial}{\partial \varphi}+\boldsymbol{i}_z\frac{\partial}{\partial z}\quad\text{(円柱座標系)}\tag{A.58}$$

$$\boldsymbol{\nabla}=\boldsymbol{i}_r\frac{\partial}{\partial r}+\boldsymbol{i}_\theta\frac{1}{r}\frac{\partial}{\partial \theta}+\boldsymbol{i}_\varphi\frac{1}{r\sin\theta}\frac{\partial}{\partial \varphi}\quad\text{(球座標系)}\tag{A.59}$$

式（A.57）～（A.59）のように定義されるベクトル微分演算記号 $\boldsymbol{\nabla}$ は**ハミルトンの**

演算子（Hamiltonian operator）と呼ばれる．**デル**（del）または**ナブラ**（nabla）と呼ぶこともある．

ハミルトンの演算子 ∇ は形式的に一般のベクトルと同様に取り扱うことができるが，その成分は通常のベクトルの場合のように単に各座標軸方向の成分を表すものではなく，微分演算を示す演算子であるから，演算子 ∇ をほどこす関数，すなわち ∇ のあとに続く関数に応じて，微分学の法則に従う演算をしなければならないことに注意しなければならない．

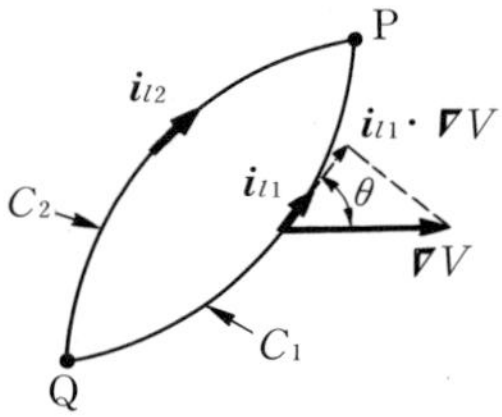

図 *A.17*　積分路 C_1 および C_2 に沿うこう配 ∇V の線積分

こう配 grad $V=\nabla V$ を，スカラー界内の 1 点 Q からほかの点 P まで，**図 *A.17*** に示すような任意の積分路 C_1 に沿って線積分すると，式（*A.50*）を参照して

$$\int_Q^P \boldsymbol{i}_{l_1}\cdot\nabla V dl_1=\int_Q^P \frac{\partial V}{\partial l_1}dl_1=V(P)-V(Q) \quad (A.60)$$

となる．ただし，dl_1 は積分路 C_1 上の微分線素，$\boldsymbol{i}_{l_1}$ は積分路 C_1 に接し，C_1 に沿う線積分の方向（点 Q から点 P の方向）を向く単位ベクトルである．したがって，積分路 C_1 に接し，C_1 に沿う線積分の方向（点 Q から点 P の方向）を向くベクトル微分線素を $d\boldsymbol{l}_1=\boldsymbol{i}_{l_1}dl_1$ とすれば，式（*A.60*）は

$$\int_Q^P \nabla V\cdot d\boldsymbol{l}_1=V(P)-V(Q) \quad (A.61)$$

と書くことができる．

ところで，前述のように，スカラー関数 V は場所の一価関数であるから，スカラー界内の 1 点にはただ一つの V の値が対応している．すなわち，式（*A.61*）の右辺の値は，2 点 P および Q の位置さえ指定されれば唯一的に定まる．したがって，等式の性質から，左辺の線積分の値も，積分路の両端 Q および P の位置のみによって唯一的に定まり，途中の任意に選んだ積分路には無関係でなければならない．例えば，点 Q と点 P とを結ぶほかの任意の積分路 C_2 に沿う grad $V=\nabla V$ の線積分の値も，式（*A.61*）の右辺と全く同じ値となる．すなわち

$$\int_Q^P \nabla V\cdot d\boldsymbol{l}_1-\int_Q^P \nabla V\cdot d\boldsymbol{l}_2=0 \quad (A.62)$$

なる関係が成り立つ．ただし，$d\boldsymbol{l}_2$ は積分路 C_2 に接し，C_2 に沿う線積分の方向（点 Q から点 P の方向）を向くベクトル微分線素である．

上式の左辺第 2 項の積分方向を逆にすると，その符号も逆転して

$$\int_Q^P \nabla V \cdot d\boldsymbol{l}_1 + \int_P^Q \nabla V \cdot d\boldsymbol{l}_2 = 0 \qquad (A.63)$$

となる．ただし，上式の $d\boldsymbol{l}_2$ は積分路 C_2 に接し，点Pから点Qの方向を向くベクトル微分線素である．

上式からわかるとおり，点Qから点Pを経て再び点Qまで，閉路に沿って grad $V = \nabla V$ を一周線積分した値はつねに零となる．そこで，**図 *A.18*** に示すように，二つの積分路 C_1 および C_2 からなる任意の閉曲線を $C = C_1 + C_2$ とし，閉曲線 C に接し，C に沿う一周線積分の方向を向くベクトル微分線素を改めて $d\boldsymbol{l}$ とすれば，上式は一般的に

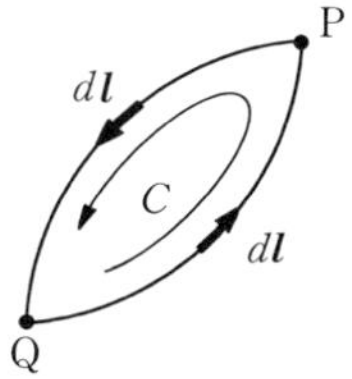

図 *A.18* 閉曲線 C に沿うこう配 ∇V の一周線積分

$$\oint_C \nabla V \cdot d\boldsymbol{l} = 0 \qquad (A.64)$$

と書き表すことができる．

以上のように，任意の2点間にわたる grad $V = \nabla V$ の線積分の値は，2点間を結ぶ積分路の選び方には無関係であって，その結果，任意の閉曲線に沿って grad $V = \nabla V$ を一周線積分した値は，つねに零となる．この性質は，ベクトル関数 grad $V = \nabla V$ のもつきわめて重要な特質である．

A.7 ベクトルの発散

ある空間領域において，ベクトル量の分布が，微分可能な一価連続の場所のベクトル関数 $\boldsymbol{A}$ によって与えられているようなベクトル界を考える．

このようなベクトル界内に，**図 *A.19*** に示すように，任意の閉曲面 S をとり，力線の始まる湧出点の分布を ⊕，力線の終わる流入点の分布を ⊖ で表すと，図からわかるように，閉曲面 S によってかこまれる領域 V 内に含まれる湧出点と流入点の数の差は，V の表面 S を貫いて差引き正味外方へ出ていく力線の数に等しい．逆に，もし領域 V 内の流入点の数のほうが V 内の湧出点の数よりも多い場合には，その差に等しい数の力線が V の表面 S を貫いて差引き正味 V 内へ流入することにな

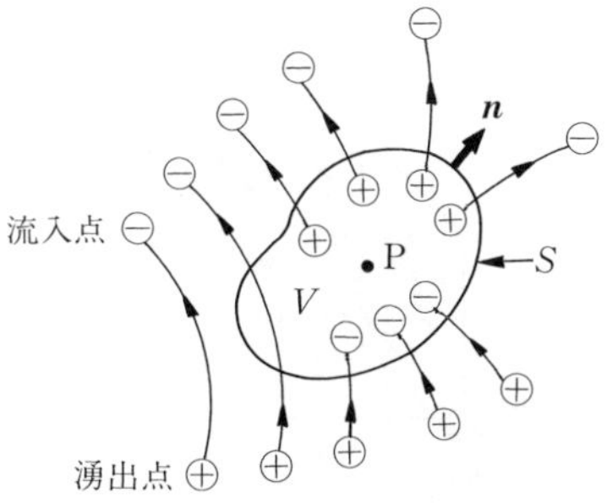

図 *A.19* ベクトル界内における湧出点 ⊕ および流入点 ⊖ の分布と力線との関係

る．

このように，湧出点と流入点の分布は，ベクトル界の特性に重要な関係をもっている．そこで，ベクトル界内にとった任意の閉曲面を S とし，S に垂直で，外方を向く単位ベクトルを $\boldsymbol{n}$ とすると，閉曲面 S を貫いて外方へ出ていく差引き正味のベクトル関数 $\boldsymbol{A}$ の束 Φ は

$$\Phi=\oint_S \boldsymbol{A}\cdot\boldsymbol{n}dS \tag{A.65}$$

で与えられ，これは上述のように，S によってかこまれる領域 V 内の湧出点と流入点の数の差，すなわち差引き正味の湧出点の数に等しい．したがって，Φ と領域 V の体積 V との比 Φ/V は，領域 V 内における単位体積当りの平均の湧出点の密度を表すことになる．そこで，領域 V をかこむ表面 S を V 内の1点Pのまわりに縮めていくと，この比の極限値は点Pにおける単位体積当りの湧出点の密度となる．

このような極限値を，ベクトル界内の1点Pにおける**発散**（divergence）と呼び，div $\boldsymbol{A}$ と表す．すなわち

$$\mathrm{div}\,\boldsymbol{A}=\lim_{V\to 0}\frac{\oint_S \boldsymbol{A}\cdot\boldsymbol{n}dS}{V} \tag{A.66}$$

である．

もし，点Pにおけるベクトル $\boldsymbol{A}$ の発散が負となる場合には，前述の定義からもわかるとおり，点Pにおける流入点の密度を表すことになる．このように，点Pにおけるベクトル $\boldsymbol{A}$ の発散 div $\boldsymbol{A}$ は，点Pにおける湧出点または流入点の密度を表すものであるから，div $\boldsymbol{A}$ はスカラー量である．

式（$A.66$）は発散の一般的な定義であるが，これを任意の直交座標系で表しておくのが実用上便利である．それには，発散の定義からわかるとおり，ベクトル界内の任意の1点Pのまわりに無限に小さな微分体素 dV をとり，その表面を貫いて外方に出ていく差引き正味のベクトル関数 $\boldsymbol{A}$ の束 $d\Phi$ を求めて，$d\Phi$ と dV との比をとればよい．

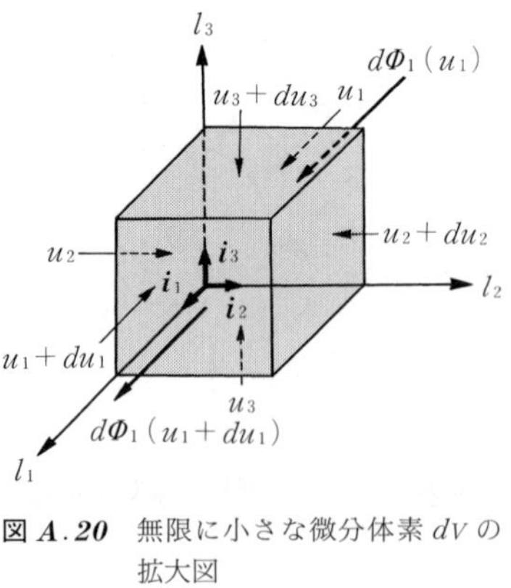

図 $A.20$　無限に小さな微分体素 dV の拡大図

そこで，図 $A.15$ に示した微分体素 dV を拡大して，改めて**図 $A.20$** に示し，各座標面に垂直な基本ベクトルを $\boldsymbol{i}_1$，$\boldsymbol{i}_2$，$\boldsymbol{i}_3$ とすれば，任意のベクトル $\boldsymbol{A}$ は三つの基本ベクトル $\boldsymbol{i}_1$，$\boldsymbol{i}_2$，$\boldsymbol{i}_3$ の方向の成分 A_1，A_2，A_3 によって

$$\boldsymbol{A}=\boldsymbol{i}_1A_1+\boldsymbol{i}_2A_2+\boldsymbol{i}_3A_3 \tag{A.67}$$

と表される．したがって，例えば座標面 u_1 上の微分面素 dS_1 を通って微分体素 dV 内に入りこむベクトル $\boldsymbol{A}$ の束 $d\Phi_1(u_1)$ は，dS_1 に垂直な $\boldsymbol{i}_1$ 方向の成分 A_1 のみの束であることから

$$d\Phi_1(u_1)=A_1dS_1=A_1h_2h_3du_2du_3 \tag{A.68}$$

で与えられる．ただし，$dS_1=h_2h_3du_2du_3$ は式（A.39）に示した座標面 u_1 上の微分面素である．

一方，座標面 u_1 から無限に小さな微分増分 du_1 だけへだたった，u_1 面に相対する座標面（u_1+du_1）を通って外方へ出ていくベクトル $\boldsymbol{A}$ の束 $d\Phi_1(u_1+du_1)$ は，測度係数 h_2，h_3 も一般に座標の関数であることに注意して

$$\begin{aligned} d\Phi_1(u_1+du_1)&=d\Phi_1(u_1)+\frac{\partial(d\Phi_1(u_1))}{\delta u_1}du_1 \\ &=\left[A_1h_2h_3+\frac{\partial(A_1h_2h_3)}{\partial u_1}du_1\right]du_2du_3 \end{aligned} \tag{A.69}$$

で与えられる．したがって，この二つの相対する面を通って差引き正味外方へ出ていくベクトル $\boldsymbol{A}$ の束は

$$d\Phi_1(u_1+du_1)-d\Phi_1(u_1)=\frac{\partial(A_1h_2h_3)}{\partial u_1}du_1du_2du_3 \tag{A.70}$$

となる．

ほかの2組の相対する面についても上と全く同様の関係式が得られるから，けっきょく微分体素 dV の表面を貫いて差引き正味外方へ出ていくベクトル $\boldsymbol{A}$ の束の合計 $d\Phi$ は

$$d\Phi=\left[\frac{\partial(A_1h_2h_3)}{\partial u_1}+\frac{\partial(A_2h_1h_3)}{\partial u_2}+\frac{\partial(A_3h_1h_2)}{\partial u_3}\right]du_1du_2du_3 \tag{A.71}$$

となる．

上式を式（A.40）に示した微分体素 $dV=h_1h_2h_3du_1du_2du_3$ で割ると，微分体素というのは無限に小さな体積要素のことであるから，前述のとおり，発散の定義に従って，任意の直交座標系におけるベクトル $\boldsymbol{A}$ の発散 $\mathrm{div}\,\boldsymbol{A}$ の一般的な表現式として次式が得られる．

$$\mathrm{div}\,\boldsymbol{A}=\frac{1}{h_1h_2h_3}\left[\frac{\partial(A_1h_2h_3)}{\partial u_1}+\frac{\partial(A_2h_1h_3)}{\partial u_2}+\frac{\partial(A_3h_1h_2)}{\partial u_3}\right] \tag{A.72}$$

最も簡単な直角座標系の場合には，式（A.34）に示したとおり，h_1，h_2 および h_3 はいずれも1であるから，発散の一般式（A.72）は

$$\mathrm{div}\,\boldsymbol{A}=\frac{\partial A_x}{\partial x}+\frac{\partial A_y}{\partial y}+\frac{\partial A_z}{\partial z} \tag{A.73}$$

となる．

式（$A.11$）に示したスカラー積の関係を参照すると，式（$A.73$）は式（$A.57$）で定義したハミルトンの演算子 $\boldsymbol{\nabla}$ とベクトル $\boldsymbol{A}$ とのスカラー積として

$$\mathrm{div}\,\boldsymbol{A}=\boldsymbol{\nabla}\cdot\boldsymbol{A}=\frac{\partial A_x}{\partial x}+\frac{\partial A_y}{\partial y}+\frac{\partial A_z}{\partial z} \qquad (A.74)$$

と書くことができる．

円柱座標系の場合には，式（$A.36$）を参照して，発散の一般式（$A.72$）は

$$\mathrm{div}\,\boldsymbol{A}=\boldsymbol{\nabla}\cdot\boldsymbol{A}=\frac{1}{r}\frac{\partial}{\partial r}(rA_r)+\frac{1}{r}\frac{\partial A_\varphi}{\partial \varphi}+\frac{\partial A_z}{\partial z} \qquad (A.75)$$

となる．

さらに，球座標系の場合には，式（$A.38$）を参照して，発散の一般式（$A.72$）は

$$\mathrm{div}\,\boldsymbol{A}=\nabla\cdot\boldsymbol{A}=\frac{1}{r^2}\frac{\partial}{\partial r}(r^2A_r)+\frac{1}{r\sin\theta}\frac{\partial}{\partial\theta}(A_\theta\sin\theta)+\frac{1}{r\sin\theta}\frac{\partial A_\varphi}{\partial\varphi} \qquad (A.76)$$

となる．

ただし，円柱座標系および球座標系における div $\boldsymbol{A}$ の値をハミルトンの演算子 ∇ を用いて $\boldsymbol{\nabla}\cdot\boldsymbol{A}$ なる演算によって求める場合には，$A.5$ 節で述べたように，これらの座標系における基本ベクトルが一般に場所によってその方向を変えること，すなわち，これらの基本ベクトルはベクトル的には定数ではなく，場所の関数となることから，一般にこれらの座標系における基本ベクトルに対しても $\boldsymbol{\nabla}$ による微分演算をほどこさなければならないことに注意しなければならない．

定義から明らかなように，ベクトル $\boldsymbol{A}$ の発散 div $\boldsymbol{A}=\boldsymbol{\nabla}\cdot\boldsymbol{A}$ はベクトル界内の各点における単位体積当りの湧出点の密度を表すものであるから，ベクトル界内にとった任意の領域 V 内の湧出点の数は，領域 V にわたる $\boldsymbol{\nabla}\cdot\boldsymbol{A}$の体積分によって与えられる．一方，領域 V 内の差引き正味の湧出点の数は，前述のとおり，V をかこむ閉曲面 S を通って差引き正味外方へ出ていくベクトル関数 $\boldsymbol{A}$ の束（$A.65$）に等しい．

このことから，つぎの重要な関係式が導かれる．

$$\int_V \boldsymbol{\nabla}\cdot\boldsymbol{A}dV=\oint_S \boldsymbol{A}\cdot\boldsymbol{n}dS \qquad (A.77)$$

ただし，$\boldsymbol{n}$ は領域 V をかこむ閉曲面 S に垂直で，外方を向く単位ベクトルである．

上式を**ガウスの定理**（Gauss' theorem）または**発散定理**（divergence theorem）という．ガウスの定理はベクトル界の解析にしばしば用いられるきわめて重要な定理であって，数学的には体積分を面積分に，あるいは面積分を体積分に変換する公式であるとみなすこともできる．

特に，発散が零となるようなベクトル界を**ソレノイダル**（solenoidal）であるとい

う．前述のように，発散はベクトル界内の各点における湧出点または流入点の密度を表すものであるから，発散が零となるようなソレノイダルなベクトル界では，ベクトル界の模様を示す力線は湧出点および流入点をもたず，したがって力線はそれ自体で閉じた閉曲線となっている．そのことから，ソレノイダルなベクトル界のことを**渦をもつ界**（rotational field）と呼ぶこともある．

発散が零となるようなソレノイダルなベクトル界では，ガウスの定理（$A.77$）から

$$\oint_S \boldsymbol{A}\cdot\boldsymbol{n}dS=0 \qquad (A.78)$$

となる．すなわち，ソレノイダルなベクトル界内にとった任意の領域 V をかこむ閉曲面 S を貫いて差引き正味外方へ出ていく $\boldsymbol{A}$ の束は，つねに零となる．このことは，ソレノイダルなベクトル界の力線が湧出点も流入点ももたない閉曲線となっていることからも明らかである．

こう配 grad $V=\boldsymbol{\nabla} V$ の発散 div grad $V=\boldsymbol{\nabla}\cdot\boldsymbol{\nabla} V$ は，直角座標系の場合には，式（$A.74$）および（$A.53$）から

$$\begin{aligned}\boldsymbol{\nabla}\cdot\boldsymbol{\nabla} V&=\frac{\partial}{\partial x}\left(\frac{\partial V}{\partial x}\right)+\frac{\partial}{\partial y}\left(\frac{\partial V}{\partial y}\right)+\frac{\partial}{\partial z}\left(\frac{\partial V}{\partial z}\right)\\&=\frac{\partial^2 V}{\partial x^2}+\frac{\partial^2 V}{\partial y^2}+\frac{\partial^2 V}{\partial z^2}\end{aligned} \qquad (A.79)$$

となる．

ここで

$$\boldsymbol{\nabla}\cdot\boldsymbol{\nabla}=|\boldsymbol{\nabla}|^2=\nabla^2=\frac{\partial^2}{\partial x^2}+\frac{\partial^2}{\partial y^2}+\frac{\partial^2}{\partial z^2} \qquad (A.80)$$

なるスカラー的な微分演算記号を定義して，これを**ラプラスの演算子**（Laplacian operator）と呼ぶ．ラプラスの演算子 ∇^2 は Δ と書かれることもある．ラプラスの演算子 ∇^2 を用いると，式（$A.79$）は

$$\boldsymbol{\nabla}\cdot\boldsymbol{\nabla} V=\nabla^2 V=\frac{\partial^2 V}{\partial x^2}+\frac{\partial^2 V}{\partial y^2}+\frac{\partial^2 V}{\partial z^2} \qquad (A.81)$$

と書くことができる．

円柱座標系の場合には，式（$A.75$）および（$A.54$）から

$$\boldsymbol{\nabla}\cdot\boldsymbol{\nabla} V=\nabla^2 V=\frac{1}{r}\frac{\partial}{\partial r}\left(r\frac{\partial V}{\partial r}\right)+\frac{1}{r^2}\frac{\partial^2 V}{\partial \varphi^2}+\frac{\partial^2 V}{\partial z^2} \qquad (A.82)$$

となる．

さらに，球座標系の場合には，式（$A.76$）および（$A.55$）から

$$\boldsymbol{\nabla}\cdot\boldsymbol{\nabla}V=\nabla^2 V=\frac{1}{r^2}\frac{\partial}{\partial r}\left(r^2\frac{\partial V}{\partial r}\right)+\frac{1}{r^2\sin\theta}\frac{\partial}{\partial\theta}\left(\sin\theta\frac{\partial V}{\partial\theta}\right)+\frac{1}{r^2\sin^2\theta}\frac{\partial^2 V}{\partial\varphi^2} \tag{A.83}$$

となる．

式（A.82）および（A.83）からわかるように，円柱座標系や球座標系の場合には，ラプラスの演算子 ∇^2 は，ハミルトンの演算子 $\boldsymbol{\nabla}$ の場合と同様，式（A.80）に示した直角座標系の場合のような単純な形に書き表すことはできないことに注意しなければならない．

V および $\boldsymbol{A}$ を，それぞれ微分可能な一価連続の場所のスカラー関数およびベクトル関数とすると，V と $\boldsymbol{A}$ との積 $V\boldsymbol{A}$ の発散 $\mathrm{div}(V\boldsymbol{A})=\boldsymbol{\nabla}\cdot(V\boldsymbol{A})$ は，式（A.74）および（A.53）から

$$\begin{aligned}\boldsymbol{\nabla}\cdot(V\boldsymbol{A})&=\frac{\partial}{\partial x}(VA_x)+\frac{\partial}{\partial y}(VA_y)+\frac{\partial}{\partial z}(VA_z)\\&=\left(A_x\frac{\partial V}{\partial x}+A_y\frac{\partial V}{\partial y}+A_z\frac{\partial V}{\partial z}\right)+V\left(\frac{\partial A_x}{\partial x}+\frac{\partial A_y}{\partial y}+\frac{\partial A_z}{\partial z}\right)\\&=\boldsymbol{A}\cdot(\boldsymbol{\nabla}V)+V(\boldsymbol{\nabla}\cdot\boldsymbol{A})\end{aligned} \tag{A.84}$$

となる．

U および V を，領域 V 内およびそれをかこむ閉曲面 S 上で微分可能な一価連続の場所のスカラー関数として，U のこう配 $\mathrm{grad}\,U=\boldsymbol{\nabla}U$ と V との積 $V\boldsymbol{\nabla}U$ にガウスの定理（A.77）を適用すると

$$\int_V\boldsymbol{\nabla}\cdot(V\boldsymbol{\nabla}U)dV=\oint_S(V\boldsymbol{\nabla}U)\cdot\boldsymbol{n}dS \tag{A.85}$$

となる．ただし，$\boldsymbol{n}$ は閉曲面 S に垂直で，外方を向く単位ベクトルである．

上式左辺の被積分関数は，式（A.84）に示した関係から

$$\boldsymbol{\nabla}\cdot(V\boldsymbol{\nabla}U)=\boldsymbol{\nabla}U\cdot\boldsymbol{\nabla}V+V\boldsymbol{\nabla}\cdot\boldsymbol{\nabla}U=\boldsymbol{\nabla}U\cdot\boldsymbol{\nabla}V+V\nabla^2U \tag{A.86}$$

と書ける．ただし，上式の右辺第 2 項の $\nabla^2=\boldsymbol{\nabla}\cdot\boldsymbol{\nabla}$ は，式（A.80）に示したラプラスの演算子である．

したがって，式（A.85）は

$$\int_V(\boldsymbol{\nabla}U\cdot\boldsymbol{\nabla}V+V\nabla^2U)dV=\oint_S(V\boldsymbol{\nabla}U)\cdot\boldsymbol{n}dS \tag{A.87}$$

となる．

U と V とを入れかえ，ベクトル $U\boldsymbol{\nabla}V$ にガウスの定理を適用すると，上と全く同様にして

$$\int_V (\nabla V \cdot \nabla U + U\nabla^2 V)dV = \oint_S (U\nabla V)\cdot \boldsymbol{n}dS \tag{A.88}$$

なる関係が得られる．

式（A.87）と式（A.88）との差をとると

$$\int_V (V\nabla^2 U - U\nabla^2 V)dV = \oint_S (V\nabla U - U\nabla V)\cdot \boldsymbol{n}dS \tag{A.89}$$

となる．

また，式（A.87）あるいは（A.88）において，特に $U=V$ とすれば

$$\int_V (|\nabla V|^2 + V\nabla^2 V)dV = \oint_S (V\nabla V)\cdot \boldsymbol{n}dS \tag{A.90}$$

となる．

以上に示した式（A.87）～（A.90）の諸関係を総称して**グリーンの定理**（Green's theorem）と呼んでいる．

A.8 ベクトルの回転

ある空間領域において，ベクトル量の分布が，微分可能な一価連続の場所のベクトル関数 $\boldsymbol{A}$ によって与えられているようなベクトル界を考える．

このようなベクトル界内に任意の面をとって，その面上の任意の閉曲線 C に沿うベクトル関数 $\boldsymbol{A}$ の線積分

$$F = \oint_C \boldsymbol{A}\cdot d\boldsymbol{l} \tag{A.91}$$

を考えると，このような線積分 F の値は，一般にベクトル界の特性と，閉曲線 C をとる面の選び方とによって異なってくる．ただし，$d\boldsymbol{l}$ は閉曲線 C に接し，C に沿う線積分の方向を向くベクトル微分線素である．

したがって，閉曲線 C に沿うベクトル関数 $\boldsymbol{A}$ の線積分 F と，C によってかこまれる面 S の面積 s との比 F/s をとり，閉曲線 C を S 内の１点 P のまわりに縮めていった極限を考えると，このような極限値もまた，一般にベクトル界の特性と，その面上に閉曲線 C をとる面の選び方とによって異なってくる．

そこで，このような極限値が最大になる方向を向き，そのような方向における上記の極限値の最も大きな値を絶対値とするようなベクトルを定義して，これをベクトル界内の１点 P における**回転**（curl または rotation）と呼び，curl $\boldsymbol{A}$ または rot $\boldsymbol{A}$ と表す．すなわち，ベクトル界内に任意に選んだ面上にとった任意の閉曲線 C によってかこまれる面 S の面積を s とし，面 S に垂直で，その周辺 C に沿う線積分

の方向（$d\boldsymbol{l}$ の方向）と右ねじの関係を示す方向を向く単位ベクトルを $\boldsymbol{n}$ とすると，ベクトル $\boldsymbol{A}$ の回転 curl $\boldsymbol{A}$ の $\boldsymbol{n}$ 方向成分は次式で与えられる．

$$(\mathrm{curl}\ \boldsymbol{A})_n = (\mathrm{curl}\ \boldsymbol{A})\cdot\boldsymbol{n} = \lim_{S\to 0}\frac{\oint_C \boldsymbol{A}\cdot d\boldsymbol{l}}{S} \qquad (A.92)$$

上述の定義からわかるとおり，点 P におけるベクトル $\boldsymbol{A}$ の回転 curl $\boldsymbol{A}$ は，大きさと方向とを有するベクトル量である．

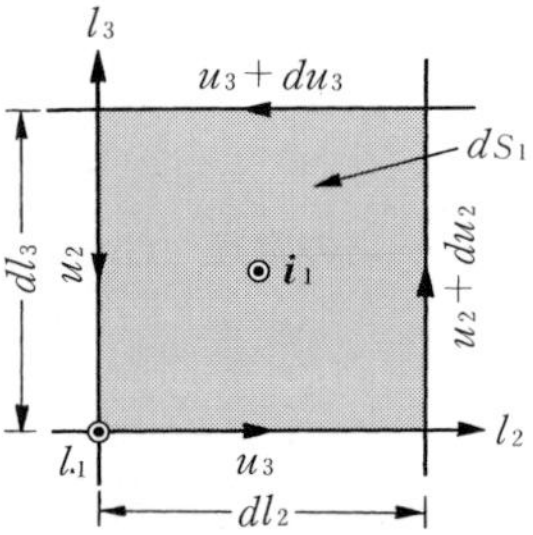

図 *A*.21　座標面 u_1 上の無限に小さな微分面素 dS_1 の拡大図

式（*A*.92）は任意の方向への回転の成分を示す一般的な定義であるが，これを用いてベクトル $\boldsymbol{A}$ の回転 curl $\boldsymbol{A}$ を任意の直交座標系で表しておくのが実用上便利である．そこで，まず，図 *A*.14 に示した座標面 u_1 上の微分面素 dS_1 を拡大して，改めて**図 *A*.21** に示し，dS_1 をかこむ周辺に沿う任意のベクトル $\boldsymbol{A}=\boldsymbol{i}_1A_1+\boldsymbol{i}_2A_2+\boldsymbol{i}_3A_3$ の線積分を計算する．ただし，線積分は，座標面 u_1 に垂直で座標値の増加する方向を向く基本ベクトル $\boldsymbol{i}_1$ の方向と右ねじの関係を示す方向（図 *A*.21 の矢印で示すような方向）に行う．まず，座標面 u_1 と座標面 u_3 との交線（座標線 l_2）に沿うベクトル $\boldsymbol{A}$ の線積分 $dF_2(u_3)$ は，この積分路に接するベクトル $\boldsymbol{A}$ の成分が A_2 のみであることから

$$dF_2(u_3) = A_2 dl_2 = A_2 h_2 du_2 \qquad (A.93)$$

で与えられる．ただし，$dl_2 = h_2 du_2$ は式（*A*.32）に示した座標線 l_2 上の微分線素である．

一方，座標面 u_1 と，u_3 面から無限に小さな微分増分 du_3 だけへだたった座標面（u_3+du_3）との交線に沿うベクトル $\boldsymbol{A}$ の線積分 $dF_2(u_3+du_3)$ は，この辺に沿う線積分の方向が座標線の正方向と逆向きであること，および測度係数 h_2 も一般に座標の関数であることに注意して

$$\begin{aligned} dF_2(u_3+du_3) &= -\left[dF_2(u_3)+\frac{\partial(dF_2(u_3))}{\partial u_3}du_3\right] \\ &= -\left[A_2h_2+\frac{\partial(A_2h_2)}{\partial u_3}du_3\right]du_2 \qquad (A.94) \end{aligned}$$

で与えられる．

したがって，この 2 辺に沿う線積分は

$$dF_2(u_3)+dF_2(u_3+du_3) = -\frac{\partial(A_2h_2)}{\partial u_3}du_2du_3 \qquad (A.95)$$

となる.

同様にして，残りの l_3 座標線の方向の 2 辺に沿う線積分は

$$dF_3(u_2)+dF_3(u_2+du_2)=\frac{\partial(A_3h_3)}{\partial u_2}du_2du_3 \tag{A.96}$$

となる.

したがって，微分面素 dS_1 の周辺に沿う任意のベクトル $\boldsymbol{A}$ の線積分 dF_1 は，式（A.95）および（A.96）の和として

$$dF_1=\left[\frac{\partial(A_3h_3)}{\partial u_2}-\frac{\partial(A_2h_2)}{\partial u_3}\right]du_2du_3 \tag{A.97}$$

で与えられる.

上式を式（A.39）に示した微分面素 $dS_1=h_2h_3du_2du_3$ で割ると，微分面素というのは無限に小さな面積要素のことであるから，式（A.92）から，curl $\boldsymbol{A}$ の $\boldsymbol{i}_1$ 方向成分がつぎのように得られる.

$$(\mathrm{curl}\,\boldsymbol{A})_1=(\mathrm{curl}\,\boldsymbol{A})\cdot\boldsymbol{i}_1=\frac{1}{h_2h_3}\left[\frac{\partial(A_3h_3)}{\partial u_2}-\frac{\partial(A_2h_2)}{\partial u_3}\right] \tag{A.98}$$

curl $\boldsymbol{A}$ の $\boldsymbol{i}_2$ および $\boldsymbol{i}_3$ 方向成分も，全く同様にして，それぞれ

$$(\mathrm{curl}\,\boldsymbol{A})_2=(\mathrm{curl}\,\boldsymbol{A})\cdot\boldsymbol{i}_2=\frac{1}{h_1h_3}\left[\frac{\partial(A_1h_1)}{\partial u_3}-\frac{\partial(A_3h_3)}{\partial u_1}\right] \tag{A.99}$$

$$(\mathrm{curl}\,\boldsymbol{A})_3=(\mathrm{curl}\,\boldsymbol{A})\cdot\boldsymbol{i}_3=\frac{1}{h_1h_2}\left[\frac{\partial(A_2h_2)}{\partial u_1}-\frac{\partial(A_1h_1)}{\partial u_2}\right] \tag{A.100}$$

となる.

したがって，これらの各成分をベクトル的に加え合わせると，任意の直交座標系におけるベクトル $\boldsymbol{A}$ の回転 curl $\boldsymbol{A}$ の一般的な表現式として次式が得られる.

$$\begin{aligned}\mathrm{curl}\,\boldsymbol{A}=&\,\boldsymbol{i}_1\frac{1}{h_2h_3}\left[\frac{\partial(A_3h_3)}{\partial u_2}-\frac{\partial(A_2h_2)}{\partial u_3}\right]+\boldsymbol{i}_2\frac{1}{h_1h_3}\left[\frac{\partial(A_1h_1)}{\partial u_3}-\frac{\partial(A_3h_3)}{\partial u_1}\right]\\&+\boldsymbol{i}_3\frac{1}{h_1h_2}\left[\frac{\partial(A_2h_2)}{\partial u_1}-\frac{\partial(A_1h_1)}{\partial u_2}\right]\end{aligned} \tag{A.101}$$

最も簡単な直角座標系の場合には，式（A.34）に示したとおり，h_1，h_2 および h_3 はいずれも 1 であるから，回転の一般式（A.101）は

$$\mathrm{curl}\,\boldsymbol{A}=\boldsymbol{i}_x\left(\frac{\partial A_z}{\partial y}-\frac{\partial A_y}{\partial z}\right)+\boldsymbol{i}_y\left(\frac{\partial A_x}{\partial z}-\frac{\partial A_z}{\partial x}\right)+\boldsymbol{i}_z\left(\frac{\partial A_y}{\partial x}-\frac{\partial A_x}{\partial y}\right) \tag{A.102}$$

となる.

上式は，式（A.57）で定義したハミルトンの演算子 $\boldsymbol{\nabla}$ を用いて，式（A.16）または（A.17）に示したベクトル積の関係を参照し

$$\mathrm{curl}\,\boldsymbol{A}=\boldsymbol{\nabla}\times\boldsymbol{A}=\begin{vmatrix}\boldsymbol{i}_x & \boldsymbol{i}_y & \boldsymbol{i}_z \\ \dfrac{\partial}{\partial x} & \dfrac{\partial}{\partial y} & \dfrac{\partial}{\partial z} \\ A_x & A_y & A_z\end{vmatrix}$$

$$=\boldsymbol{i}_x\left(\frac{\partial A_z}{\partial y}-\frac{\partial A_y}{\partial z}\right)+\boldsymbol{i}_y\left(\frac{\partial A_x}{\partial z}-\frac{\partial A_z}{\partial x}\right)+\boldsymbol{i}_z\left(\frac{\partial A_y}{\partial x}-\frac{\partial A_x}{\partial y}\right) \qquad (A.103)$$

と書くことができる．

円柱座標系の場合には，式（$A.36$）を参照して，回転の一般式（$A.101$）は

$$\mathrm{curl}\,\boldsymbol{A}=\boldsymbol{\nabla}\times\boldsymbol{A}=\boldsymbol{i}_r\left(\frac{1}{r}\frac{\partial A_z}{\partial\varphi}-\frac{\partial A_\varphi}{\partial z}\right)+\boldsymbol{i}_\varphi\left(\frac{\partial A_r}{\partial z}-\frac{\partial A_z}{\partial r}\right)$$
$$+\boldsymbol{i}_z\left[\frac{1}{r}\frac{\partial}{\partial r}(rA_\varphi)-\frac{1}{r}\frac{\partial A_r}{\partial\varphi}\right] \qquad (A.104)$$

となる．

さらに，球座標系の場合には，式（$A.38$）を参照して，回転の一般式（$A.101$）は

$$\mathrm{curl}\,\boldsymbol{A}=\boldsymbol{\nabla}\times\boldsymbol{A}=\boldsymbol{i}_r\left[\frac{1}{r\sin\theta}\frac{\partial}{\partial\theta}(A_\varphi\sin\theta)-\frac{1}{r\sin\theta}\frac{\partial A_\theta}{\partial\varphi}\right]$$
$$+\boldsymbol{i}_\theta\left[\frac{1}{r\sin\theta}\frac{\partial A_r}{\partial\varphi}-\frac{1}{r}\frac{\partial}{\partial r}(rA_\varphi)\right]$$
$$+\boldsymbol{i}_\varphi\left[\frac{1}{r}\frac{\partial}{\partial r}(rA_\theta)-\frac{1}{r}\frac{\partial A_r}{\partial\theta}\right] \qquad (A.105)$$

となる．

ただし，円柱座標系および球座標における curl $\boldsymbol{A}$ の値をハミルトンの演算子 $\boldsymbol{\nabla}$ を用いて $\boldsymbol{\nabla}\times\boldsymbol{A}$ なる演算によって求める場合には，$A.7$ 節で述べたのと全く同様の注意が必要である．

V および $\boldsymbol{A}$ を，それぞれ微分可能な一価連続の場所のスカラー関数およびベクトル関数とすると，V と $\boldsymbol{A}$ との積 $V\boldsymbol{A}$ の回転 $\mathrm{curl}(V\boldsymbol{A})=\boldsymbol{\nabla}\times(V\boldsymbol{A})$ は，式（$A.103$）および（$A.53$）から

$$\boldsymbol{\nabla}\times(V\boldsymbol{A})=\boldsymbol{i}_x\left[\frac{\partial(VA_z)}{\partial y}-\frac{\partial(VA_y)}{\partial z}\right]+\boldsymbol{i}_y\left[\frac{\partial(VA_x)}{\partial z}-\frac{\partial(VA_z)}{\partial x}\right]$$
$$+\boldsymbol{i}_z\left[\frac{\partial(VA_y)}{\partial x}-\frac{\partial(VA_x)}{\partial y}\right]$$
$$=\boldsymbol{i}_x\left(\frac{\partial V}{\partial y}A_z-\frac{\partial V}{\partial z}A_y\right)+\boldsymbol{i}_y\left(\frac{\partial V}{\partial z}A_x-\frac{\partial V}{\partial x}A_z\right)$$
$$+\boldsymbol{i}_z\left(\frac{\partial V}{\partial x}A_y-\frac{\partial V}{\partial y}A_x\right)$$
$$+V\left[\boldsymbol{i}_x\left(\frac{\partial A_z}{\partial y}-\frac{\partial A_y}{\partial z}\right)+\boldsymbol{i}_y\left(\frac{\partial A_x}{\partial z}-\frac{\partial A_z}{\partial x}\right)+\boldsymbol{i}_z\left(\frac{\partial A_y}{\partial x}-\frac{\partial A_x}{\partial y}\right)\right]$$

$$=(\nabla V)\times \boldsymbol{A}+V(\nabla\times\boldsymbol{A}) \tag{A.106}$$

となる.

ベクトル界内にとった任意の閉曲線を C とし，C を周辺とする面を S とすると，つぎの重要な関係が成り立つ.

$$\int_S(\nabla\times\boldsymbol{A})\cdot\boldsymbol{n}dS=\oint_C\boldsymbol{A}\cdot d\boldsymbol{l} \tag{A.107}$$

ただし，$\boldsymbol{n}$ は面 S に垂直で，S の周辺 C に沿う線積分の方向（$d\boldsymbol{l}$ の方向）と右ねじの関係を示す方向を向く単位ベクトルである.

上式を**ストークスの定理**（Stokes' theorem）という．ストークスの定理は，つぎのようにして証明することができる．すなわち，閉曲線 C を周辺とする面 S を，**図 A.22** に示すように，無限に小さな微分面素 dS に分割し，微分面素 dS の周辺を dc とすれば，curl $\boldsymbol{A}=\nabla\times\boldsymbol{A}$ の面 S に垂直な $\boldsymbol{n}$ 方向成分を示す式（A.92）から

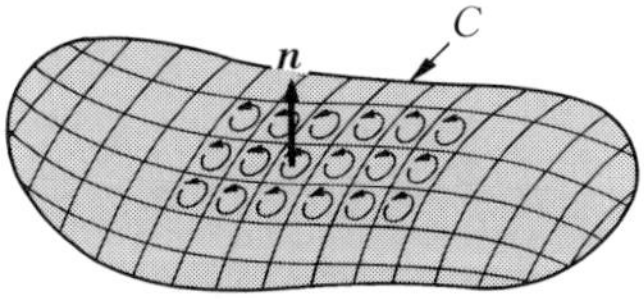

図 A.22 無限に小さな微分面素に分割した，閉曲線 C を周辺とする面 S

$$(\mathrm{curl}\,\boldsymbol{A})\cdot\boldsymbol{n}dS=(\nabla\times\boldsymbol{A})\cdot\boldsymbol{n}dS=\oint_{dC}\boldsymbol{A}\cdot d\boldsymbol{l} \tag{A.108}$$

なる関係が成り立つ．上式左辺をすべての微分面素について加え合わすと，面 S を $\boldsymbol{n}$ 方向に貫くベクトル curl $\boldsymbol{A}=\nabla\times\boldsymbol{A}$ の束，すなわちストークスの定理（A.107）の左辺となる.

一方，右辺の線積分を加え合わすと，図 A.22 からわかるとおり，相隣る微分面素と共通の周辺上では，積分方向が互いに逆向きの二つの線積分によって打ち消し合い，けっきょく面 S の周辺 C に沿う線積分のみが残って，ストークスの定理（A.107）の右辺が得られる.

ストークスの定理はベクトル界の解析にしばしば用いられるきわめて重要な定理であって，数学的には面積分を線積分に，あるいは線積分を面積分に変換する公式であるとみなすこともできる.

A.9 スカラー・ポテンシャルおよびベクトル・ポテンシャル

スカラー関数 V のこう配 grad $V=\nabla V$ の回転 curl grad $V=\nabla\times(\nabla V)$ はつねに零となる．すなわち

$$\nabla\times(\nabla V)=0 \tag{A.109}$$

なる重要な関係が成り立つ.

上式は，例えば式（A.53）に示した直角座標系におけるこう配の各座標軸方向の成分に，同じく直角座標系における回転の演算（A.103）を適用することによって容易に確かめることができる．上式が成り立つことは，任意の方向への回転の成分を与える式（A.92）と，式（A.64）に示したように，こう配 ∇V の閉曲線に沿う線積分はつねに零になるという性質からも明らかである．このように，回転が零となるようなベクトル界を**保存的**(conservative)であるという．**渦がない界**(irrotational field)ということもある．

式（A.109）に示したとおり，一般にスカラー関数 V の正または負のこう配として表されるベクトル

$$\boldsymbol{A}=\pm\nabla V \tag{A.110}$$

は上に述べた保存的なベクトルであって，その回転はつねに

$$\nabla\times\boldsymbol{A}=0 \tag{A.111}$$

となる．

逆に，式（A.111）の関係が成り立てば，ベクトル $\boldsymbol{A}$ はつねにスカラー関数の正または負のこう配として式（A.110）のように表されることを証明することができる．

したがって，式（A.110）はベクトル $\boldsymbol{A}$ が保存的（$\nabla\times\boldsymbol{A}=0$）であるための必要かつ十分なる条件である．いいかえれば，式（A.110）と（A.111）とは，いずれもベクトル $\boldsymbol{A}$ が保存的であることを示す等価な表現である．

上述のように，一般にその回転が零となるような保存的なベクトル $\boldsymbol{A}$ は，つねにスカラー関数 V の正または負のこう配として式（A.110）のように表すことができる．この場合に，スカラー V を保存的なベクトル $\boldsymbol{A}$ の**スカラー・ポテンシャル**(scalar potential）という．

一方，ベクトル関数 $\boldsymbol{A}$ の回転 curl $\boldsymbol{A}=\nabla\times\boldsymbol{A}$ の発散 div curl $\boldsymbol{A}=\nabla\cdot(\nabla\times\boldsymbol{A})$ もつねに零となる．すなわち

$$\nabla\cdot(\nabla\times\boldsymbol{A})=0 \tag{A.112}$$

なる重要な関係が成り立つ．

上式は，例えば式（A.103）に示した直角座標系における回転の各座標軸方向の成分に，同じく直角座標系における発散の演算（A.74）を適用することによって容易に確かめることができる．

式（A.112）に示したとおり，一般にベクトル関数 $\boldsymbol{A}$ の正または負の回転として表されるベクトル

$$\boldsymbol{B}=\pm\nabla\times\boldsymbol{A} \tag{A.113}$$

は，A.7 節で述べたソレノイダルなベクトルであって，その発散はつねに

$$\boldsymbol{\nabla}\cdot\boldsymbol{B}=0 \qquad (A.114)$$

となる．

逆に，式（A.114）の関係が成り立てば，ベクトル $\boldsymbol{B}$ はつねにベクトル関数の正または負の回転として式（A.113）のように表されることを証明することができる．

したがって，式（A.113）はベクトル $\boldsymbol{B}$ がソレノイダル（$\boldsymbol{\nabla}\cdot\boldsymbol{B}=0$）であるための必要かつ十分なる条件である．いいかえれば，式（A.113）と（A.114）とは，いずれもベクトル $\boldsymbol{B}$ がソレノイダルであることを示す等価な表現である．

上述のように，一般にその発散が零となるようなソレノイダルなベクトル $\boldsymbol{B}$ は，つねにほかのベクトル $\boldsymbol{A}$ の正または負の回転として式（A.113）のように表すことができる．この場合に，ベクトル $\boldsymbol{A}$ をソレノイダルなベクトル $\boldsymbol{B}$ の**ベクトル・ポテンシャル**（vector potential）という．

以上の議論からわかるように，$\boldsymbol{\nabla}\times\boldsymbol{A}=0$ なる特性をもつ保存的なベクトル界を解析する場合には，直接ベクトル $\boldsymbol{A}$ を取り扱うかわりに，式（A.110）で定義されるスカラー・ポテンシャル V を対象として解析しても全く等価である．スカラー・ポテンシャル V が求まれば，保存的なベクトル $\boldsymbol{A}$ は，式（A.110）から，空間座標に関するこう配の微分演算によって直ちに求めることができる．

全く同様に，$\boldsymbol{\nabla}\cdot\boldsymbol{B}=0$ なる特性をもつソレノイダルなベクトル界を解析する場合には，直接ベクトル $\boldsymbol{B}$ を取り扱うかわりに，式（A.113）で定義されるベクトル・ポテンシャル $\boldsymbol{A}$ を対象として解析しても全く等価である．ベクトル・ポテンシャル $\boldsymbol{A}$ が求まれば，ソレノイダルなベクトル $\boldsymbol{B}$ は，式（A.113）から，空間座標に関する回転の微分演算によって直ちに求めることができる．

以上のように，スカラー・ポテンシャルおよびベクトル・ポテンシャルは，ベクトル界の解析においてきわめて重要な役割を果たすものである．

式（A.109）に示した性質から，一般に任意のベクトル $\boldsymbol{A}$ はその回転 curl $\boldsymbol{A}=\boldsymbol{\nabla}\times\boldsymbol{A}$ の値が与えられただけでは唯一的には定まらないことになる．なぜならば，ベクトル $\boldsymbol{A}$ に保存的なほかの任意のベクトル $\boldsymbol{\nabla}V$ をつけ加えても，式（A.109）に示した $\boldsymbol{\nabla}\times(\boldsymbol{\nabla}V)=0$ なる性質から，その回転は

$$\boldsymbol{\nabla}\times(\boldsymbol{A}+\boldsymbol{\nabla}V)=\boldsymbol{\nabla}\times\boldsymbol{A}+\boldsymbol{\nabla}\times(\boldsymbol{\nabla}V)=\boldsymbol{\nabla}\times\boldsymbol{A} \qquad (A.115)$$

となって，ベクトル $\boldsymbol{A}$ もベクトル（$\boldsymbol{A}+\boldsymbol{\nabla}V$）もその回転は同じ値をもつことになるからである．このように，ベクトルの回転が与えられただけでは，一般にそのベクトルは一義的に定まらず，$\boldsymbol{\nabla}V$ なる保存的なほかの任意のベクトルを付加し得るだけの自由度，あるいは不定性が残される．

また，式（A.112）に示した性質から，一般に任意のベクトル $\boldsymbol{A}$ はその発散 div $\boldsymbol{A}=\nabla\cdot\boldsymbol{A}$ の値が与えられただけでは唯一的には定まらないことになる．なぜならば，ベクトル $\boldsymbol{A}$ にソレノイダルなほかの任意のベクトル $\nabla\times\boldsymbol{B}$ をつけ加えても，式（A.112）に示した $\nabla\cdot(\nabla\times\boldsymbol{B})=0$ なる性質から，その発散は

$$\nabla\cdot(\boldsymbol{A}+\nabla\times\boldsymbol{B})=\nabla\cdot\boldsymbol{A}+\nabla\cdot(\nabla\times\boldsymbol{B})=\nabla\cdot\boldsymbol{A} \qquad (A.116)$$

となって，ベクトル $\boldsymbol{A}$ もベクトル（$\boldsymbol{A}+\nabla\times\boldsymbol{B}$）もその発散は同じ値をもつことになるからである．このように，ベクトルの発散が与えられただけでは，一般にそのベクトルは一義的には定まらず，$\nabla\times\boldsymbol{B}$ なるソレノイダルなほかの任意のベクトルを付加し得るだけの自由度，あるいは不定性が残される．

これに対して，一般に，ベクトルはその回転と発散の両方がともに与えられれば唯一的に定まることを示すことができる．この重要な性質は**ヘルムホルツの定理**（Helmholtz's theorem）と呼ばれている†．ヘルムホルツの定理から，一般に任意のベクトルを一義的に定義するためには，その回転と発散の両方をともに指定しなければならないことになる．

A.10　その他の主要なベクトル関係式

本節では，ベクトルおよびベクトル界の数学的解析に関するその他の諸関係のうち，特に電磁界の解析にしばしば用いられる重要なものを補足しておく．

1.　空間内の任意の1点の位置は，直交座標系の各座標値を用いて表すことができるが，そのほかに，適当に定められた基準点，例えば原点からその点までの距離を大きさ（絶対値）とし，方向は原点からその点の方向を向くようなベクトルによって一義的に表すこともできる．

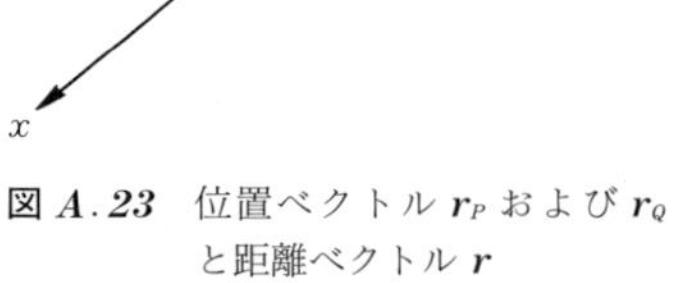

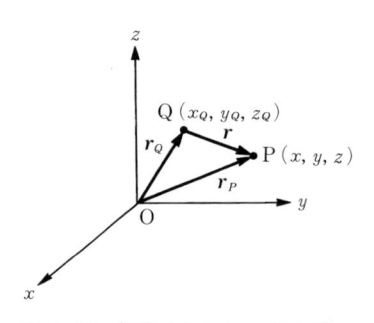

図 A.23　位置ベクトル $\boldsymbol{r}_P$ および $\boldsymbol{r}_Q$ と距離ベクトル $\boldsymbol{r}$

このように定義されるベクトルを**位置ベクトル**（position vector）と呼ぶ．例えば，空間内の任意の2点 P(x, y, z) および Q(x_Q, y_Q, z_Q) の位置を表す位置ベクトルを，**図 A.23** に示すように，それぞれ $\boldsymbol{r}_P$ および $\boldsymbol{r}_Q$ とすると，$\boldsymbol{r}_P$ およ

† ヘルムホルツの定理の証明については，例えば熊谷信昭著「電磁気学基礎論」（オーム社）3.9 節を参照されたい．

び $\boldsymbol{r}_Q$ の各直角座標軸方向の成分はそれぞれ点Pおよび点Qの位置を示す各直角座標の値に等しいから，これらの位置ベクトルは，それぞれ

$$\boldsymbol{r}_P = \boldsymbol{i}_x x + \boldsymbol{i}_y y + \boldsymbol{i}_z z \tag{A.117}$$

$$\boldsymbol{r}_Q = \boldsymbol{i}_x x_Q + \boldsymbol{i}_y y_Q + \boldsymbol{i}_z z_Q \tag{A.118}$$

と表すことができる．

また，点Qを基準としたときの点Pの位置ベクトル，すなわち点Qから点Pの方向を向き，2点QP間の距離を大きさ（絶対値）とするベクトルを $\boldsymbol{r}$ とすると，式（A.117）および（A.118）から，$\boldsymbol{r}$ は

$$\boldsymbol{r} = \boldsymbol{r}_P - \boldsymbol{r}_Q = \boldsymbol{i}_x(x - x_Q) + \boldsymbol{i}_y(y - y_Q) + \boldsymbol{i}_z(z - z_Q) \tag{A.119}$$

となる．

このように定義されたベクトル $\boldsymbol{r}$ を，点Qから点Pの方向に測った2点QP間の**距離ベクトル**（distance vector）と呼ぶ．2点QP間の距離を r，点Qから点Pの方向を向く単位ベクトルを $\boldsymbol{i}_r$ とすると，点Qから点Pの方向を向く距離ベクトル $\boldsymbol{r}$ は

$$\boldsymbol{r} = \boldsymbol{i}_r r = \boldsymbol{i}_r \sqrt{(x - x_Q)^2 + (y - y_Q)^2 + (z - z_Q)^2} \tag{A.120}$$

と表される．

電磁理論においては，2点QP間の距離 r の逆数 $1/r$ に関するこう配の微分演算 $\mathrm{grad}(1/r) = \nabla(1/r)$ が必要になることが多いので，以下にこの値を求めておく．直角座標系では，点Pの座標 (x, y, z) に関するハミルトンの演算子 ∇ は式（A.57）のように定義されるから，点Pの座標 (x, y, z) に関する $1/r$ のこう配 $\mathrm{grad}_P(1/r) = \nabla_P(1/r)$ は

$$\nabla_P\left(\frac{1}{r}\right) = \boldsymbol{i}_x \frac{\partial}{\partial x}\frac{1}{r} + \boldsymbol{i}_y \frac{\partial}{\partial y}\frac{1}{r} + \boldsymbol{i}_z \frac{\partial}{\partial z}\frac{1}{r} \tag{A.121}$$

で与えられる．上式は，式（A.119）および（A.120）から

$$\begin{aligned}\nabla_P\left(\frac{1}{r}\right) &= -\frac{1}{r^2}\left(\boldsymbol{i}_x \frac{\partial r}{\partial x} + \boldsymbol{i}_y \frac{\partial r}{\partial y} + \boldsymbol{i}_z \frac{\partial r}{\partial z}\right) \\ &= -\frac{1}{r^2}\left(\boldsymbol{i}_x \frac{x - x_Q}{r} + \boldsymbol{i}_y \frac{y - y_Q}{r} + \boldsymbol{i}_z \frac{z - z_Q}{r}\right) \\ &= -\frac{\boldsymbol{r}}{r^3} = -\boldsymbol{i}_r \frac{1}{r^2}\end{aligned} \tag{A.122}$$

となる．

一方，点Qの座標 (x_Q, y_Q, z_Q) に関する $1/r$ のこう配 $\mathrm{grad}_Q(1/r) = \nabla_Q(1/r)$ は，式（A.121）において x，y および z をそれぞれ x_Q，y_Q および z_Q に置きかえ，式（A.122）と全く同様にして，つぎのようになる．

$$\nabla_Q\left(\frac{1}{r}\right)=\frac{\boldsymbol{r}}{r^3}=\boldsymbol{i}_r\frac{1}{r^2}=-\nabla_P\left(\frac{1}{r}\right) \tag{A.123}$$

2．$\boldsymbol{A}$ および $\boldsymbol{B}$ を微分可能な一価連続の場所のベクトル関数とすると

$$\nabla\cdot(\boldsymbol{A}\times\boldsymbol{B})=\boldsymbol{B}\cdot(\nabla\times\boldsymbol{A})-\boldsymbol{A}\cdot(\nabla\times\boldsymbol{B}) \tag{A.124}$$

なる関係が成り立つ．

なぜならば，直角座標系におけるハミルトンの演算子（*A.57*）およびスカラー積に関する分配の法則（*A.9*）を用いて式（*A.124*）の左辺を展開すると

$$\begin{aligned}\nabla\cdot(\boldsymbol{A}\times\boldsymbol{B})&=\left(\boldsymbol{i}_x\frac{\partial}{\partial x}+\boldsymbol{i}_y\frac{\partial}{\partial y}+\boldsymbol{i}_z\frac{\partial}{\partial z}\right)\cdot(\boldsymbol{A}\times\boldsymbol{B})\\&=\boldsymbol{i}_x\cdot\frac{\partial}{\partial x}(\boldsymbol{A}\times\boldsymbol{B})+\boldsymbol{i}_y\cdot\frac{\partial}{\partial y}(\boldsymbol{A}\times\boldsymbol{B})+\boldsymbol{i}_z\cdot\frac{\partial}{\partial z}(\boldsymbol{A}\times\boldsymbol{B})\end{aligned} \tag{A.125}$$

となる．上式の右辺第 1 項は，さらに

$$\boldsymbol{i}_x\cdot\frac{\partial}{\partial x}(\boldsymbol{A}\times\boldsymbol{B})=\boldsymbol{i}_x\cdot\left(\frac{\partial\boldsymbol{A}}{\partial x}\times\boldsymbol{B}\right)+\boldsymbol{i}_x\cdot\left(\boldsymbol{A}\times\frac{\partial\boldsymbol{B}}{\partial x}\right) \tag{A.126}$$

と書きかえられる．この式の右辺にスカラー三重積の公式（*A.19*）を適用すると

$$\begin{aligned}\boldsymbol{i}_x\cdot\frac{\partial}{\partial x}(\boldsymbol{A}\times\boldsymbol{B})&=\boldsymbol{B}\cdot\left(\boldsymbol{i}_x\times\frac{\partial\boldsymbol{A}}{\partial x}\right)-\boldsymbol{A}\cdot\left(\boldsymbol{i}_x\times\frac{\partial\boldsymbol{B}}{\partial x}\right)\\&=\boldsymbol{B}\cdot\left(\boldsymbol{i}_x\frac{\partial}{\partial x}\times\boldsymbol{A}\right)-\boldsymbol{A}\cdot\left(\boldsymbol{i}_x\frac{\partial}{\partial x}\times\boldsymbol{B}\right)\end{aligned} \tag{A.127}$$

となる．

全く同様にして，式（*A.125*）の右辺第 2 項および第 3 項を書きかえると，それぞれつぎの関係が得られる．

$$\boldsymbol{i}_y\cdot\frac{\partial}{\partial y}(\boldsymbol{A}\times\boldsymbol{B})=\boldsymbol{B}\cdot\left(\boldsymbol{i}_y\frac{\partial}{\partial y}\times\boldsymbol{A}\right)-\boldsymbol{A}\cdot\left(\boldsymbol{i}_y\frac{\partial}{\partial y}\times\boldsymbol{B}\right) \tag{A.128}$$

$$\boldsymbol{i}_z\cdot\frac{\partial}{\partial z}(\boldsymbol{A}\times\boldsymbol{B})=\boldsymbol{B}\cdot\left(\boldsymbol{i}_z\frac{\partial}{\partial z}\times\boldsymbol{A}\right)-\boldsymbol{A}\cdot\left(\boldsymbol{i}_z\frac{\partial}{\partial z}\times\boldsymbol{B}\right) \tag{A.129}$$

式（*A.127*），（*A.128*）および（*A.129*）の辺々を加え合わせ，右辺の各項にスカラー積およびベクトル積に関する分配の法則（*A.9*）および（*A.14*）を適用し，式（*A.15*）および（*A.103*）の関係などを考慮すると，式（*A.124*）の関係が得られる．

3．$\boldsymbol{A}$ を微分可能な一価連続の場所のベクトル関数とすると

$$\nabla\times(\nabla\times\boldsymbol{A})=\nabla(\nabla\cdot\boldsymbol{A})-\nabla^2\boldsymbol{A} \tag{A.130}$$

なる関係が成り立つ．ただし，∇^2 は式（*A.80*）で定義したラプラスの演算子である．

上式が成り立つことは，つぎのようにして証明することができる．すなわち，上

式左辺の x 成分は，式（A.103）および（A.74），（A.81）から

$$[\boldsymbol{\nabla}\times(\boldsymbol{\nabla}\times\boldsymbol{A})]_x=\frac{\partial}{\partial y}\left(\frac{\partial A_y}{\partial x}-\frac{\partial A_x}{\partial y}\right)-\frac{\partial}{\partial z}\left(\frac{\partial A_x}{\partial z}-\frac{\partial A_z}{\partial x}\right)$$
$$=\frac{\partial}{\partial x}\left(\frac{\partial A_x}{\partial x}+\frac{\partial A_y}{\partial y}+\frac{\partial A_z}{\partial z}\right)-\left(\frac{\partial^2 A_x}{\partial x^2}+\frac{\partial^2 A_x}{\partial y^2}+\frac{\partial^2 A_x}{\partial z^2}\right)$$
$$=\frac{\partial}{\partial x}(\boldsymbol{\nabla}\cdot\boldsymbol{A})-\nabla^2 A_x \tag{A.131}$$

となる．y および z 成分についても上と全く同様の関係が得られるから，これらの各成分をベクトル的に加え合わせると，直ちに式（A.130）が得られる．

式（A.130）の右辺第2項の $\nabla^2\boldsymbol{A}$ は，直角座標系の場合には，式（A.80）から

$$\nabla^2\boldsymbol{A}=\frac{\partial^2\boldsymbol{A}}{\partial x^2}+\frac{\partial^2\boldsymbol{A}}{\partial y^2}+\frac{\partial^2\boldsymbol{A}}{\partial z^2}=\boldsymbol{i}_x\nabla^2 A_x+\boldsymbol{i}_y\nabla^2 A_y+\boldsymbol{i}_z\nabla^2 A_z \tag{A.132}$$

なるベクトルとなる．しかし，A.7節でも注意したとおり，円柱座標系や球座標系の場合には，ラプラスの演算子 ∇^2 は直角座標系の場合のような簡単な形に書き表すことはできない．

したがって，直角座標系以外の座標系の場合には，$\nabla^2\boldsymbol{A}$ は式（A.130）によって

$$\nabla^2\boldsymbol{A}=\boldsymbol{\nabla}(\boldsymbol{\nabla}\cdot\boldsymbol{A})-\boldsymbol{\nabla}\times(\boldsymbol{\nabla}\times\boldsymbol{A}) \tag{A.133}$$

と定義されるものとし，上式右辺の各項をそれぞれの座標系について計算することによって与えられる．

付録 B. ラプラス方程式の解

$B.1$ 直角座標系におけるラプラス方程式の解

直角座標系 (x, y, z) におけるラプラスの方程式は，式 (5.27) または付録 A の式 (A.81) から

$$\nabla^2\phi=\frac{\partial^2\phi}{\partial x^2}+\frac{\partial^2\phi}{\partial y^2}+\frac{\partial^2\phi}{\partial z^2}=0 \qquad (B.1)$$

で与えられる．

特に実用上重要な，ある特定の方向，例えば z 方向に一様であるような系に対する二次元の直角座標系 (x, y) におけるラプラスの方程式は，上式において z 方向の変化を表す項 $\partial^2\phi/\partial z^2$ を零として

$$\nabla^2\phi=\frac{\partial^2\phi}{\partial x^2}+\frac{\partial^2\phi}{\partial y^2}=0 \qquad (B.2)$$

となる．

式 (B.2) は線形の偏微分方程式であるから，偏微分方程式論の教えるところにより，解の形を

$$\phi=X(x)Y(y) \qquad (B.3)$$

と仮定する．ただし，$X(x)$ および $Y(y)$ は，それぞれ x および y のみの関数である．

上式を式 (B.2) に代入し，XY で割ると

$$\frac{1}{X}\frac{d^2X}{dx^2}+\frac{1}{Y}\frac{d^2Y}{dy^2}=0 \qquad (B.4)$$

となる．

上式左辺の第1項は x のみの関数，第2項は y のみの関数である．すなわち，第2項は x の値に無関係である．したがって，上式がすべての x の値に対して成り立つためには，第1項もまた x の値によって変化してはならない．すなわち，第1項は定数でなければならない．全く同様の理由で，上式がすべての y の値に対して成り立つためには，第2項もまた定数でなければならないことになる．したがって，

K_x^2 および K_y^2 をいずれも定数として，それぞれ式（*B.4*）の第1項および第2項に等しいと置くと

$$\frac{d^2X}{dx^2}-K_x^2X=0 \tag{B.5}$$

$$\frac{d^2Y}{dy^2}-K_y^2Y=0 \tag{B.6}$$

なる関係が得られる．ただし

$$K_x^2+K_y^2=0 \tag{B.7}$$

である．

このようにして，ラプラスの偏微分方程式（*B.2*）は，X および Y に関する上記のような二つの常微分方程式に分離される．二つの定数 K_x^2 および K_y^2 は**分離定数**（separation constant）と呼ばれている．分離定数の実際の値は，個々の問題における境界条件によって定まる．式（*B.7*）が成り立つためには，二つの分離定数 K_x^2 および K_y^2 がともに零であるか，またはそれらの一方が正で，他方が負でなければならない．式（*B.7*）から明らかなように，二つの分離定数 K_x^2 および K_y^2 がともに正またはともに負となることはない．

例えば，分離定数の一つ K_y^2 が正で，K_x^2 が負の場合には，k を正の実数として

$$K_x=jk, \quad K_y=k \tag{B.8}$$

と置き，式（*B.5*）および（*B.6*）は，それぞれ

$$\frac{d^2X}{dx^2}+k^2X=0 \tag{B.9}$$

$$\frac{d^2Y}{dy^2}-k^2Y=0 \tag{B.10}$$

となる．ただし，$j=\sqrt{-1}$ は虚数単位である．

式（*B.9*）および（*B.10*）の解は，それぞれ

$$X=A_1\sin kx+A_2\cos kx \tag{B.11}$$

$$Y=B_1\sinh ky+B_2\cosh ky \tag{B.12}$$

で与えられる．ただし，A_1，A_2，B_1，B_2 はいずれも零を含む任意の定数である．これらの任意定数の実際の値も，個々の問題における境界条件によって定まる．

指数関数と三角関数および双曲線関数との間には，よく知られたつぎのような関係がある．

$$e^{\pm jkx}=\cos kx\pm j\sin kx \tag{B.13}$$

$$e^{\pm ky}=\cosh ky\pm\sinh ky \tag{B.14}$$

ただし，複号は同順である．したがって，三角関数および双曲線関数によって表さ

れた解（*B.11*）および（*B.12*）は，指数関数を用いて，それぞれ

$$X = A_1 e^{jkx} + A_2 e^{-jkx} \tag{B.15}$$

$$Y = B_1 e^{ky} + B_2 e^{-ky} \tag{B.16}$$

と書き表すこともできる．

以上の結果，二次元のラプラスの方程式（*B.2*）の解は，式（*B.3*）から，上に求めた X および Y の任意の二つの積 XY として，例えば

$$\phi = (A_1 \sin kx + A_2 \cos kx)(B_1 \sinh ky + B_2 \cosh ky) \tag{B.17}$$

と書き表すことができる．

正の分離定数を $K_y{}^2$ のかわりに $K_x{}^2$ とした場合も，以上と全く同様にして，X が式（*B.12*）あるいは（*B.16*）と同じ形で表され，Y が式（*B.11*）あるいは（*B.15*）と同じ形で表されるような解が得られる．

分離定数 $K_x{}^2$ および $K_y{}^2$ がともに零の場合には，式（*B.5*）および（*B.6*）はそれぞれつぎのようになる．

$$\frac{d^2X}{dx^2} = 0 \tag{B.18}$$

$$\frac{d^2Y}{dy^2} = 0 \tag{B.19}$$

式（*B.18*）および（*B.19*）の解は，それぞれ

$$X = A_1 x + A_2 \tag{B.20}$$

$$Y = B_1 y + B_2 \tag{B.21}$$

で与えられる．ただし，A_1，A_2，B_1，B_2 は任意定数である．

したがって，$K_x{}^2 = K_y{}^2 = 0$ の場合のラプラス方程式の解は，式（*B.20*）と式（*B.21*）の積として

$$\phi = (A_1 x + A_2)(B_1 y + B_2) \tag{B.22}$$

と書き表すことができる．

解の形を，以上に求めたどの関数によって表すかは，数学的には全く同等に任意であって，個々の問題において，目的に応じて，その特性を論ずるのに都合のよいものを選べばよい．ただし，双曲線関数 $\sinh ky$ および $\cosh ky$ は $y \to \pm\infty$ において正または負の無限大となる．また，指数関数 e^{ky} および e^{-ky} もそれぞれ $y \to \infty$ および $y \to -\infty$ においてやはり無限大となる．しかし，例えば有限の領域内に分布している静止電荷などによって無限遠に無限大の電位が生ずるようなことはない．したがって，考える領域が $y \to \pm\infty$ を含むような場合には，これらの関数は物理的な解とならない．

さらに，ϕ がある特定の一つの方向，例えば x 方向にのみ変化しているような最も簡単な一次元の系に対するラプラスの方程式は，式（B.2）において y 方向の変化を表す項 $\partial^2\phi/\partial y^2$ も零として

$$\nabla^2\phi=\frac{d^2\phi}{dx^2}=0 \tag{B.23}$$

となる．

上式の一般解は

$$\phi=A_1x+A_2 \tag{B.24}$$

で与えられる．ただし，A_1，A_2 は任意定数である．

任意定数 A_2 は，原点の位置を適当に選ぶことによって，一般性を失うことなく零とすることがつねに可能である．したがって，上記の解は

$$\phi=Ax \tag{B.25}$$

なる形に書くこともできる．ただし，A は任意定数である．

B.2　円柱座標系におけるラプラス方程式の解

円柱座標系（r, φ, z）におけるラプラスの方程式は，付録 A の式（A.82）から

$$\nabla^2\phi=\frac{1}{r}\frac{\partial}{\partial r}\left(r\frac{\partial\phi}{\partial r}\right)+\frac{1}{r^2}\frac{\partial^2\phi}{\partial\varphi^2}+\frac{\partial^2\phi}{\partial z^2}=0 \tag{B.26}$$

で与えられる．

特に実用上重要な，中心軸（z 軸）の方向に一様であるような系に対する二次元の円柱座標系（r, φ）におけるラプラスの方程式は，上式において z 方向の変化を表す項 $\partial^2\phi/\partial z^2$ を零として

$$\nabla^2\phi=\frac{1}{r}\frac{\partial}{\partial r}\left(r\frac{\partial\phi}{\partial r}\right)+\frac{1}{r^2}\frac{\partial^2\phi}{\partial\varphi^2}=0 \tag{B.27}$$

となる．

直角座標系の場合と同様に，解の形を

$$\phi=R(r)\Phi(\varphi) \tag{B.28}$$

と仮定して，これを式（B.27）に代入し，$R\Phi$ で割って r^2 をかけると

$$\frac{r}{R}\frac{d}{dr}\left(r\frac{dR}{dr}\right)+\frac{1}{\Phi}\frac{d^2\Phi}{d\varphi^2}=0 \tag{B.29}$$

となる．ただし，$R(r)$ および $\Phi(\varphi)$ は，それぞれ r および φ のみの関数である．

上式左辺の第 1 項は r のみの関数，第 2 項は φ のみの関数である．第 2 項が r の値に無関係であることから，上式がすべての r の値に対して成り立つためには，第

1項もまた r の値によって変化してはならない．すなわち，第1項は定数でなければならない．第1項が定数であれば，式（$B.29$）が成り立つためには，第2項もそれと大きさが等しく符号が逆な定数でなければならない．したがって，n^2 を定数として，式（$B.29$）の第1項を n^2 に，第2項を $-n^2$ にそれぞれ等しいと置くと

$$\frac{d}{dr}\left(r\frac{dR}{dr}\right)-\frac{n^2}{r}R=0 \tag{B.30}$$

$$\frac{d^2\Phi}{d\varphi^2}+n^2\Phi=0 \tag{B.31}$$

なる二つの常微分方程式に分離される．ただし，n^2 は分離定数である．

R に関する常微分方程式（$B.30$）の解は

$$R=A_1r^n+A_2r^{-n} \tag{B.32}$$

で与えられる．ただし，A_1，A_2 は任意定数である．

一方，Φ に関する常微分方程式（$B.31$）は，分離定数 n^2 が正の場合には式（$B.9$）と全く同じ形であるから，その解は式（$B.11$）または（$B.15$）と全く同じように

$$\Phi=B_1\sin n\varphi+B_2\cos n\varphi \tag{B.33}$$

あるいは

$$\Phi=B_1e^{jn\varphi}+B_2e^{-jn\varphi} \tag{B.34}$$

で与えられる．ただし，B_1，B_2 は任意定数である．

実際に考察の対象となる電磁系では，多くの場合，φ の範囲は $0\leqq\varphi\leqq2\pi$ の全域を含み，かつ関数 Φ は一価関数でなければならない．すなわち，$\Phi(2\pi)=\Phi(0)$ なる解が実用上必要となるのが普通である．したがって，以下定数 n は実数で，かつ正の整数である場合だけを考える．

以上の結果，二次元のラプラスの方程式（$B.27$）の解は，式（$B.28$）から，上に求めた R および Φ の任意の二つの積 $R\Phi$ として，例えば

$$\phi=(A_1r^n+A_2r^{-n})(B_1\sin n\varphi+B_2\cos n\varphi) \tag{B.35}$$

と書き表すことができる．

上記の解において，r^n は $r\to\infty$ で無限大となり，同じく r^{-n} は $r=0$ で無限大となる．したがって，考える領域が $r\to\infty$（無限遠）あるいは $r=0$（原点）を含むような場合には，これらの関数は物理的な解とならない．

式（$B.35$）の右辺の任意定数 B_1 および B_2 は，座標 φ の基準軸（$\varphi=0$ の方向）を適当に選ぶことにより，一般性を失うことなく，そのいずれか一方を零とすることがつねに可能である．すなわち，例えば定数 B_1 を零として，式（$B.35$）を

$$\phi=(A_1r^n+A_2r^{-n})\cos n\varphi \tag{B.36}$$

なる形に書き表すことがつねに可能である．

これから，例えば $n=1$ の場合，原点（$r=0$）で無限大とならない条件を満足する解としては，任意定数 A_2 を零と置いて

$$\phi=Ar\cos\varphi \qquad (B.37)$$

が得られ，また無限遠（$r\to\infty$）で無限大とならない条件を満足する解としては，任意定数 A_1 を零と置いて

$$\phi=A\frac{\cos\varphi}{r} \qquad (B.38)$$

が得られる．ただし，A は任意定数である．

さらに，中心軸（z 軸）の方向に一様で，かつ ϕ が半径方向（r 方向）にのみ変化しているような，中心軸（z 軸）に関して円柱対称の最も簡単な一次元の系に対するラプラスの方程式は，式（*B.27*）において φ 方向の変化を表す項 $\partial^2\phi/\partial\varphi^2$ も零として

$$\nabla^2\phi=\frac{1}{r}\frac{d}{dr}\left(r\frac{d\phi}{dr}\right)=\frac{d^2\phi}{dr^2}+\frac{1}{r}\frac{d\phi}{dr}=0 \qquad (B.39)$$

となる．

上式の一般解は

$$\phi=A\ln\frac{B}{r} \qquad (B.40)$$

あるいは

$$\phi=A_1\ln r+A_2 \qquad (B.41)$$

なる形で与えられる．ただし，A，B あるいは A_1，A_2 は任意定数である．

B.3 球座標系におけるラプラス方程式の解

球座標系（r, θ, φ）におけるラプラスの方程式は，付録 A の式（*A.83*）から

$$\nabla^2\phi=\frac{1}{r^2}\frac{\partial}{\partial r}\left(r^2\frac{\partial\phi}{\partial r}\right)+\frac{1}{r^2\sin\theta}\frac{\partial}{\partial\theta}\left(\sin\theta\frac{\partial\phi}{\partial\theta}\right)+\frac{1}{r^2\sin^2\theta}\frac{\partial^2\phi}{\partial\varphi^2}=0 \qquad (B.42)$$

で与えられる．

特に実用上重要な，θ の基準軸（$\theta=0$ の方向）に関して対称な，φ 方向に変化のない系に対する二次元の球座標系（r, θ）におけるラプラスの方程式は，上式において φ 方向の変化を表す項 $\partial^2\phi/\partial\varphi^2$ を零として

$$\nabla^2\phi=\frac{1}{r^2}\frac{\partial}{\partial r}\left(r^2\frac{\partial\phi}{\partial r}\right)+\frac{1}{r^2\sin\theta}\frac{\partial}{\partial\theta}\left(\sin\theta\frac{\partial\phi}{\partial\theta}\right)=0 \qquad (B.43)$$

となる．

直角座標系や円柱座標系の場合と同様に，解の形を

$$\phi=R(r)\Theta(\theta) \qquad (B.44)$$

と仮定して，これを式（B.43）に代入し，$R\Theta$ で割って r^2 をかけると

$$\frac{1}{R}\frac{d}{dr}\left(r^2\frac{dR}{dr}\right)+\frac{1}{\Theta\sin\theta}\frac{d}{d\theta}\left(\sin\theta\frac{d\Theta}{d\theta}\right)=0 \qquad (B.45)$$

となる．ただし，$R(r)$ および $\Theta(\theta)$ は，それぞれ r および θ のみの関数である．

上式左辺の第 1 項は r のみの関数，第 2 項は θ のみの関数である．第 2 項が r の値に無関係であることから，上式がすべての r の値に対して成り立つためには，第 1 項もまた r の値によって変化してはならない．すなわち，第 1 項は定数でなければならない．第 1 項が定数であれば，式（B.45）が成り立つためには，第 2 項もそれと大きさが等しく符号が逆な定数でなければならない．したがって，$m(m+1)$ を定数として，式（B.45）の第 1 項を $m(m+1)$ に，第 2 項を $-m(m+1)$ にそれぞれ等しいと置くと

$$\frac{d}{dr}\left(r^2\frac{dR}{dr}\right)-m(m+1)R=0 \qquad (B.46)$$

$$\frac{d}{d\theta}\left(\sin\theta\frac{d\Theta}{d\theta}\right)+[m(m+1)\sin\theta]\Theta=0 \qquad (B.47)$$

なる二つの常微分方程式に分離される．ただし，$m(m+1)$ は分離定数である．

R に関する常微分方程式（B.46）の解は

$$R=A_1r^m+A_2r^{-(m+1)} \qquad (B.48)$$

で与えられる．ただし，A_1，A_2 は任意定数である．

一方，Θ に関する常微分方程式（B.47）はよく知られた**ルジャンドル方程式**（Legendre's equation）で，その解は，m を正の整数とすると

$$\Theta=B_1P_m(\cos\theta)+B_2Q_m(\cos\theta) \qquad (B.49)$$

で与えられる．ただし，B_1，B_2 は任意定数，$P_m(\cos\theta)$ および $Q_m(\cos\theta)$ は，それぞれ第 1 種および第 2 種**ルジャンドル関数**（Legendre function）である．

以上の結果，ラプラスの方程式（B.43）の解は，式（B.44）から，上に求めた R および Θ の積 $R\Theta$ として

$$\phi=[A_1r^m+A_2r^{-(m+1)}][B_1P_m(\cos\theta)+B_2Q_m(\cos\theta)] \qquad (B.50)$$

と書き表すことができる．

上記の解において，r^m は $r\to\infty$ で無限大となり，同じく $r^{-(m+1)}$ は $r=0$ で無限大となる．したがって，考える領域が $r\to\infty$（無限遠）あるいは $r=0$（原点）を含むような場合には，これらの関数は物理的な解とならない．また，第 2 種ルジャンドル関数 $Q_m(\cos\theta)$ は $\theta=0$ および $\theta=\pi$ で無限大となるので，考える領域が θ の基

準軸（原点を通る $\theta=0$，π の方向）を含むような場合には，この関数は物理的な解とならない．実際に取り扱う問題では，考える領域内に θ の基準軸（$\theta=0$，π の方向）が含まれているのが普通であるから，その場合には任意定数 B_2 を零と置いて，式（*B.50*）に示した解は

$$\phi=[A_1r^m+A_2r^{-(m+1)}]P_m(\cos\theta) \tag{B.51}$$

としなければならない．

さらに，第1種ルジャンドル関数 $P_m(\cos\theta)$ はつぎのような多項式で表される．

$$P_0(\cos\theta)=1 \tag{B.52}$$

$$P_1(\cos\theta)=\cos\theta \tag{B.53}$$

$$P_2(\cos\theta)=\frac{1}{2}(3\cos^2\theta-1) \tag{B.54}$$

これから，例えば $m=1$ の場合，原点（$r=0$）で無限大とならない条件を満足する解としては，任意定数 A_2 を零と置いて，式（*B.51*）および（*B.53*）から

$$\phi=Ar\cos\theta \tag{B.55}$$

が得られ，また無限遠（$r\to\infty$）で無限大とならない条件を満足する解としては，任意定数 A_1 を零と置いて，同じく式（*B.51*）および（*B.53*）から

$$\phi=A\frac{\cos\theta}{r^2} \tag{B.56}$$

が得られる．ただし，A は任意定数である．

さらに，ϕ が半径方向（r 方向）にのみ変化しているような，原点に関して球対称の最も簡単な系に対するラプラスの方程式は，式（*B.43*）において θ 方向の変化を表す項 $\partial\phi/\partial\theta$ も零として

$$\nabla^2\phi=\frac{1}{r^2}\frac{d}{dr}\left(r^2\frac{d\phi}{dr}\right)=\frac{d^2\phi}{dr^2}+\frac{2}{r}\frac{d\phi}{dr}=0 \tag{B.57}$$

となる．

上式の一般解は

$$\phi=A_1\frac{1}{r}+A_2 \tag{B.58}$$

で与えられる．ただし，A_1，A_2 は任意定数である．

任意定数 A_2 は，$\phi=0$ の基準点を適当に選ぶことによって，一般性を失うことなく零とすることがつねに可能である．したがって，上記の解は

$$\phi=A\frac{1}{r} \tag{B.59}$$

なる形に書くこともできる．ただし，A は任意定数である．

付録 C. 電束および磁束に関するガウスの法則の誘導

電束および磁束に関するガウスの法則は，いずれもアンペア・マクスウェルの法則およびファラデー・マクスウェルの法則からそれぞれ理論的に誘導することのできる法則である．そのことを示すために，まずファラデー・マクスウェルの法則（2.23）から磁束に関するガウスの法則（2.26）を導出しよう．ファラデー・マクスウェルの法則（2.23）の左辺の値は，積分路である閉曲線 C のとり方によってのみ定まる．したがって，同じく式（2.23）の右辺の値も，等式の性質上，同じ閉曲線 C を周辺とするものである限り，いかなる任意の面に対してもすべて同じ値であることが数学的に要求される．例えば，**図 *C.1***（a）のような，同じ閉曲線 C を周辺とする二つの任意の面 S_1，S_2 を考えると，この二つの面 S_1，S_2 のいずれについても，ファラデー・マクスウェルの法則（2.23）の右辺は同じ値でなければならない．すなわち

$$\frac{d}{dt}\int_{S_1}\boldsymbol{B}\cdot\boldsymbol{n}_1 dS_1=\frac{d}{dt}\int_{S_2}\boldsymbol{B}\cdot\boldsymbol{n}_2 dS_2 \qquad (C.1)$$

でなければならない．ただし，$\boldsymbol{n}_1$，$\boldsymbol{n}_2$ はそれぞれ面 S_1，S_2 に垂直で，その周辺 C

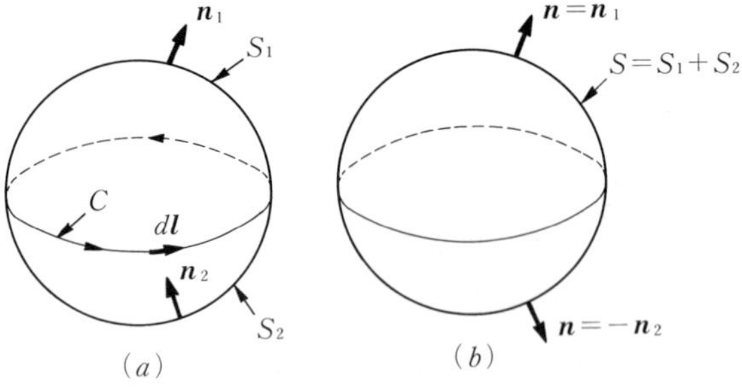

図 *C.1* （a） 同じ閉曲線 C を周辺とする二つの面 S_1，S_2
（b） 同じ閉曲線 C を周辺とする二つの面 S_1，S_2 からなる閉曲面 S

に沿う線積分の方向（$\boldsymbol{dl}$ の方向）と右ねじの関係を示す方向を向く単位ベクトルである．上式を書き直すと

$$\frac{d}{dt}\left[\int_{S_1}\boldsymbol{B}\cdot\boldsymbol{n}_1 dS_1-\int_{S_2}\boldsymbol{B}\cdot\boldsymbol{n}_2 dS_2\right]=0 \tag{C.2}$$

となる．

ここで，図 *C.1*(*b*)に示すように，同じ閉曲線 C を周辺とする二つの面 S_1，S_2 からなる閉曲面を $S=S_1+S_2$ とし，閉曲面 S に垂直で外方を向く単位ベクトルを $\boldsymbol{n}$ とすれば，$\boldsymbol{n}_1=\boldsymbol{n}$，$\boldsymbol{n}_2=-\boldsymbol{n}$ となるから，式（*C.2*）はさらに

$$\frac{d}{dt}\left[\int_{S_1}\boldsymbol{B}\cdot\boldsymbol{n}dS_1+\int_{S_2}\boldsymbol{B}\cdot\boldsymbol{n}dS_2\right]=\frac{d}{dt}\oint\boldsymbol{B}\cdot\boldsymbol{n}dS=0 \tag{C.3}$$

と書くことができる．

上式を時間 t について積分すると

$$\oint_S\boldsymbol{B}\cdot\boldsymbol{n}dS=\text{constant} \tag{C.4}$$

となる．すなわち，時間に無関係な量となる．したがって，任意の時刻における上式左辺の値がわかれば，右辺の定数の値が定まる．ところで，空間内に選んだ任意の閉曲面 S 上で，少なくともある瞬間，磁束密度を零とすることが可能であることは経験的に明らかである．したがって，上式右辺の積分定数は零としなければならない．

このようにして，けっきょく，ファラデー・マクスウェルの法則（*2.23*）から

$$\oint_S\boldsymbol{B}\cdot\boldsymbol{n}dS=0 \tag{C.5}$$

なる磁束に関するガウスの法則（*2.26*）が導かれる．

このように，磁束に関するガウスの法則（*2.26*）は，ファラデー・マクスウェルの法則（*2.23*）から理論的に誘導される法則なのである．

つぎに，アンペア・マクスウェルの法則（*2.24*）から電束に関するガウスの法則（*2.25*）を導出しよう．アンペア・マクスウェルの法則（*2.24*）の左辺の値は，前述の式（*2.23*）の場合と同様に，積分路である閉曲線 C のとり方によってのみ定まるから，同じく式（*2.24*）の右辺の値も，等式の性質上，同じ閉曲線 C を周辺とするものである限り，いかなる任意の面に対してもすべて同じ値であることが数学的に要求される．

例えば図 *C.1*(*a*)に示したような，同じ閉曲線 C を周辺とする二つの任意の面 S_1，S_2 を考えると，この二つの面 S_1，S_2 のいずれについても，アンペア・マクスウェルの法則（*2.24*）の右辺は同じ値でなければならない．このことから，このよう

な二つの面 S_1 および S_2 に対する式（*2.24*）の右辺を等しいと置き，さらに図 *C.1*（*b*）に示すように，面 S_1，S_2 からなる閉曲面を $S=S_1+S_2$ とし，閉曲面 S に垂直で外方を向く単位ベクトルを $\boldsymbol{n}$ とすれば，式（*C.1*）から式（*C.3*）を導いたのと全く同様にして

$$\oint_S \boldsymbol{J}\cdot\boldsymbol{n}dS+\frac{d}{dt}\oint_S \boldsymbol{D}\cdot\boldsymbol{n}dS=0 \qquad (C.6)$$

なる関係が得られる．

上式左辺の第 1 項に，*2.1* 節の式（*2.1*）に示した電荷保存の法則

$$\oint_S \boldsymbol{J}\cdot\boldsymbol{n}dS=-\frac{d}{dt}\int_V \rho dV \qquad (C.7)$$

を代入すると，式（*C.6*）は

$$\frac{d}{dt}\left[\oint_S \boldsymbol{D}\cdot\boldsymbol{n}dS-\int_V \rho dV\right]=0 \qquad (C.8)$$

となる．ただし，V は閉曲面 S によってかこまれる領域，ρ はその領域内に分布する電荷の密度である．

上式を時間 t について積分すると

$$\oint_S \boldsymbol{D}\cdot\boldsymbol{n}dS-\int_V \rho dV=\text{constant} \qquad (C.9)$$

となる．すなわち，時間に無関係な量となる．したがって，任意の時刻における上式左辺の値がわかれば，右辺の定数の値が定まる．ところで，空間内に選んだ任意の領域 V とその表面 S 上で，少なくともある瞬間，電束密度を零とし，かつすべての電荷を取り去って $\rho=0$ とすることが可能であることは経験的に明らかである．したがって，上式右辺の積分定数は零としなければならない．

このようにして，けっきょく，アンペア・マクスウェルの法則（*2.24*）と電荷保存の法則（*2.1*）とから

$$\oint_S \boldsymbol{D}\cdot\boldsymbol{n}dS=\int_V \rho dV \qquad (C.10)$$

なる電束に関するガウスの法則（*2.25*）が導かれる．

このように，電束に関するガウスの法則（*2.25*）は，アンペア・マクスウェルの法則（*2.24*）と電荷保存の法則（*2.1*）とから理論的に誘導される法則なのである．

付録 *D*. 磁化電流密度 $\boldsymbol{J}_m=\nabla\times\boldsymbol{M}$ の導出

式（*4.21*）の関係が成り立つことを示すために，磁化ベクトル $\boldsymbol{M}$（単位体積当りの磁気双極子能率の密度）が微分可能な場所の連続関数として与えられているような磁性体の内部の領域を考えよう．まず，磁性体が z 方向に磁化されているものとし，このような磁性体内の任意の１点 P のまわりに微小体素 $\Delta x\Delta y\Delta z$ を考える．この微小体素の示す磁気双極子能率は z 方向を向き，その大きさは $M_z\Delta x\Delta y\Delta z$ となる．ただし，M_z は点 P における磁化ベクトルの大きさを表す．

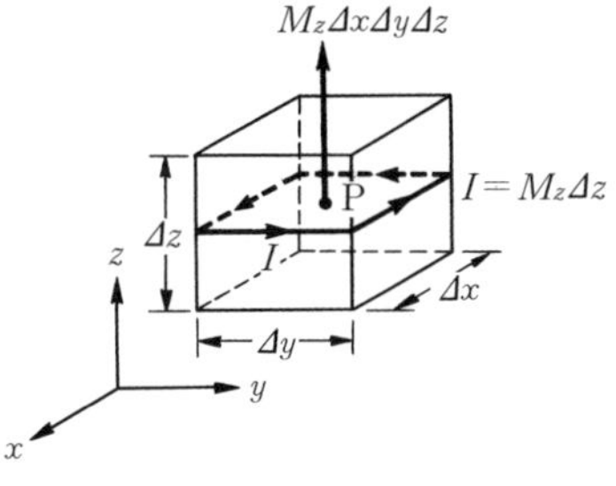

図 *D.1* 磁化された磁性体内の微小体素と等価ループ電流

一方，磁気双極子能率の大きさは，式（*1.24*）に示したように，ループ電流の大きさと，そのループ電流によってかこまれる面積との積によって定義されるから，上述のような微小体素によって生ずる磁気双極子能率 $M_z\Delta x\Delta y\Delta z$ は，**図 *D.1*** に示すように，微小体素 $\Delta x\Delta y\Delta z$ の側面を図のように流れる，大きさが $I=M_z\Delta z$ なるループ電流と，ループによってかこまれる微小面積 $\Delta x\Delta y$ との積によって与えられる磁気双極子能率 $I\Delta x\Delta y=M_z\Delta x\Delta y\Delta z$ と同じになる．すなわち，大きさが M_z で z 方向に一様に磁化された磁性体の微小領域 $\Delta x\Delta y\Delta z$ は，現象論的には，図 *D.1* に示すように，微小領域の側面を図のように流れる一様なループ電流 $I=M_z\Delta z$ によって置きかえることができる．

そこで，つぎに，**図 *D.2*** に示すように，点 P と，点 P から y 方向に Δy だけ離れた点 P′ のまわりに，隣接する二つの微小体素を考える．ただし，図 *D.2* における M_z は点 P における磁化の大きさを表す．図 *D.1* について説明したことから，点 P および点 P′ のまわりの磁性体の微小体素は，それぞれの微小体素の側面を図のように流れる，大きさが $I=M_z\Delta z$ および $I'=(M_z+\Delta M_z)\Delta z$ なるループ電流によって置きかえることができる．したがって，二つの相隣る微小体素の境界面上では差引き

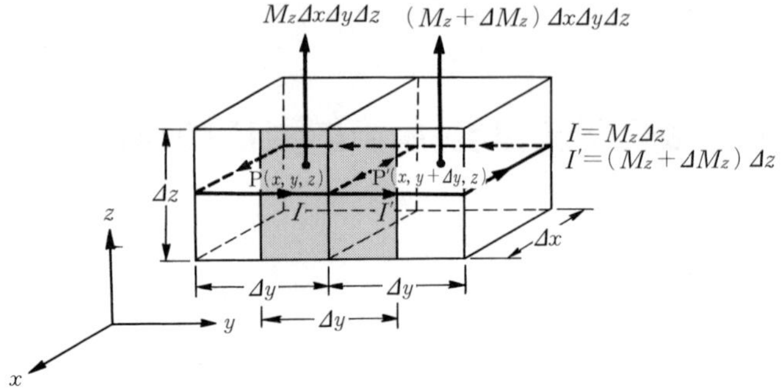

図 D.2　場所的に変化する磁化と等価な電流

正味 $I'-I=\Delta M_z\Delta z$ なる電流が x 方向に流れることになる．

図 D.2 では，巨視的な意味での微小領域を考えているので，$\Delta M_z\Delta z$ なる電流が二つの相隣る微小体素の境界面上を x 方向に流れると考えるかわりに，$\Delta M_z\Delta z$ なる電流が，図 D.2 に示したような，面積が $\Delta y\Delta z$ なる微小平面（アミ部分）を直角に横切って，一様に分布して x 方向に流れるものと考えてもよい．

このように考えると，面積が $\Delta y\Delta z$ なる微小平面を横切って，平均密度が $\Delta M_z\Delta z/\Delta y\Delta z=\Delta M_z/\Delta y$ なる電流が x 方向に流れることになる．したがって，$\Delta y\to 0$ の極限を考えると，磁化ベクトルの z 方向成分 M_z が y によって変化する場合には，この磁化の成分は，x 方向を向く，$\partial M_z/\partial y$ なる大きさの電流密度と等価であることがわかる．

全く同様にして，磁化ベクトルの y 方向成分 M_y が z によって変化する場合には，この磁化の成分は，x 方向を向く，$-\partial M_y/\partial z$ なる大きさの電流密度と等価であることを示すことができる．したがって，y 方向に変化する磁化の成分 M_z および z 方向に変化する磁化の成分 M_y は

$$J_{mx}=\frac{\partial M_z}{\partial y}-\frac{\partial M_y}{\partial z} \tag{D.1}$$

なる x 方向の電流密度 J_{mx} に等価であることがわかる．

上式の右辺は，付録 A の式（A.103）に示したとおり，$\boldsymbol{\nabla}\times\boldsymbol{M}$ の x 方向成分を表すことから，式（D.1）の両辺の x，y および z 方向成分をそれぞれベクトル的に加え合わせて上述の議論を一般化すると

$$\boldsymbol{J}_m=\boldsymbol{\nabla}\times\boldsymbol{M} \tag{D.2}$$

なる式（4.21）に示した関係が導かれる．このように，磁性体内で場所的に変化す

る磁化ベクトル $\boldsymbol{M}$ の連続的な分布は，巨視的には，一般に式（$D.2$），すなわち式（4.21）で与えられる $\boldsymbol{J}_m=\boldsymbol{\nabla}\times\boldsymbol{M}$ なる密度の電流の分布と等価であることがわかる．

付録 *E*. 国 際 単 位 系

本書では，*3.6* 節でも述べたとおり，全章を通じて**国際単位系**（Systéme International d'Unités，略称 SI）を採用している．国際単位系（SI）はすでに世界の大多数の国で採用が開始され，各国とも SI への移行，統一に多大の努力がはらわれている国際的な単位系である．

国際単位系（SI）では，すべての量を七つの基本単位と二つの補助単位，およびそれらの乗除のみによって構成される組立単位によって表す．そして，取り扱う諸量の大きさを実用的な数値で表すために，上記の各単位の 10 の整数乗倍を表す接頭語を用いてよいことになっている．

3.6 節でも述べたように，国際単位系では力学的な三つの基本単位として，長さにメートル（meter），質量にキログラム（kilogram），時間に秒（second）をとり，電磁理論に固有の第 4 番目の独立な基本量としては電流を選び，その単位名をアンペア（ampere）と定め，これを一つの独立な次元 $[I]$ とする．したがって，国際単位系（SI）は，電磁的諸量に関する限り，従来 **MKSA 単位系**と呼ばれていたものと本質的な違いはない．

以上のような国際単位系（SI）に対して，長さ，質量および時間の三つの基本単位にセンチメートル（centimeter），グラム（gram）および秒（second）をとり，電磁理論に固有の第 4 独立量として誘電率を採用し，真空の誘電率 ε_0 の値を 1 と定めたものが**静電単位系**（CGS electrostatic units）と呼ばれているものであり，同じく第 4 独立量として透磁率を採用し，真空の透磁率 μ_0 の値を 1 と定めたものが**電磁単位系**（CGS electromagnetic units）と呼ばれているものである．

これらの単位系では，いずれの単位系においても電気的諸量と磁気的諸量の表現式が対称な形にはならず，c^2 なる因子の有無の相違を生ずる．ただし，c は真空中の光速度である．この欠点を改善するために，電気的諸量に対しては静電単位系を，磁気的諸量に対しては電磁単位系を，それぞれ独立，対等に用いるものが**ガウス単位系**（Gaussian units）と呼ばれているものである．ガウス単位系では電気的諸量と磁気的諸量の表現式によい対称性が成り立つようになるという利点がある反面，物理的性質の全く異なる電磁量，例えば電荷と磁荷とが同じ次元を有するようになり，しかも，電気的な量と磁気的な量とが同時に含まれるような関係式には，光速度 c が入ってくるという難点が生ずる．例えばマクスウェルの方程式は，ガウス単位系では，光速度 c と 4π という無理数とを含む煩雑な関係式になる．

これに対して，式 (3.21)～(3.24) のように，マクスウェルの方程式に光速度 c と 4π という無理数の因子が現れないようにしたものを，特に**有理化単位系** (rationalized system of units) と呼ぶ．有理化単位系によれば，上述のようにマクスウェルの方程式が簡潔になると同時に，円や球に関連する円周率 π が電磁的諸量の中に合理的に現れるようになるという利点もある．電磁理論において古くから用いられてきた静電単位系や電磁単位系は，ガウス単位系と同様に，いわゆる非有理単位系である．

前述のように，国際単位系 (SI) では長さ，質量および時間の三つの力学的な基本量の単位として meter，kilogram および second をとり，それぞれの次元を $[L]$，$[M]$ および $[T]$ で表す．したがって，例えば速度 $\boldsymbol{v}=d\boldsymbol{l}/dt$ の次元は $[LT^{-1}]$，加速度 $d\boldsymbol{v}/dt$ の次元は $[LT^{-2}]$ となり，これから，力 $\boldsymbol{F}=md\boldsymbol{v}/dt$ の次元は $[LMT^{-2}]$ となる．力の単位 meter・kilogram/second² を SI 単位系では newton〔N〕なる単位名で表す．

以下，エネルギー（仕事），パワー（仕事率あるいは工率）などの次元と単位も，同様にして，順次誘導していくことができる．これらの力学量のうち，電磁理論に必要な基本的な力学量の次元と SI 単位とをまとめて**表 *E*.1** に示す．

表 *E*.1　国際単位系 (SI) における基本的な力学量の次元と単位

力　学　量	記　号	次　元	SI 単位	略　号
長　さ	l，r	L	meter	m
質　量	m	M	kilogram	kg
時　間	t	T	second	s
面　積	S	L^2	meter²	m²
体　積	V	L^3	meter³	m³
速　度	$\boldsymbol{v}$	LT^{-1}	meter/second	m/s
加速度	$d\boldsymbol{v}/dt$	LT^{-2}	meter/second²	m/s²
力	$\boldsymbol{F}$	LMT^{-2}	newton	N
エネルギー（仕事）	W	L^2MT^{-2}	joule	J
パワー（仕事率）	P	L^2MT^{-3}	watt	W

表 E.2 国際単位系（SI）における電磁的諸量の次元と単位

電　磁　量	記　号	次　元	SI 単位	略　号
電　荷	q	TI	coulomb	C
電荷密度	ρ	$L^{-3}TI$	coulomb/meter^3	C/m^3
面電荷密度	ξ	$L^{-2}TI$	coulomb/meter^2	C/m^2
電　流	I	I	ampere	A
電流密度	$\boldsymbol{J}$	$L^{-2}I$	ampere/meter^2	A/m^2
面電流密度	$\boldsymbol{K}$	$L^{-1}I$	ampere/meter	A/m
誘電率	ε, ε_0	$L^{-3}M^{-1}T^4I^2$	farad/meter	F/m
誘磁率	μ, μ_0	$LMT^{-2}I^{-2}$	henry/meter	H/m
導電率	σ	$L^{-3}M^{-1}T^3I^2$	seamens/meter	S/m
起電力	V	$L^2MT^{-3}I^{-1}$	volt	V
電　位	ϕ	$L^2MT^{-3}I^{-1}$	volt	V
電　圧	V	$L^2MT^{-3}I^{-1}$	volt	V
電　界	$\boldsymbol{E}$	$LMT^{-3}I^{-1}$	volt/meter	V/m
電　束	$\boldsymbol{\Phi}$	TI	coulomb	C
電束密度	$\boldsymbol{D}$	$L^{-2}TI$	coulomb/meter^2	C/m^2
電気双極子能率	$\boldsymbol{p}$	LTI	coulomb•meter	C•m
分極ベクトル	$\boldsymbol{P}$	$L^{-2}TI$	coulomb/meter^2	C/m^2
分極電荷密度	ρ_p	$L^{-3}TI$	coulomb/meter^3	C/m^3
面分極電荷密度	ξ_p	$L^{-2}TI$	coulomb/meter^2	C/m^2
分極電流密度	$\boldsymbol{J}_p$	$L^{-2}I$	ampere/meter^2	A/m^2
磁　荷	q_m	$L^2MT^{-2}I^{-1}$	weber	Wb
磁荷密度	ρ_m	$L^{-1}MT^{-2}I^{-1}$	weber/meter^3	Wb/m^3
面磁荷密度	ξ_m	$MT^{-2}I^{-1}$	weber/meter^2	Wb/m^2
起磁力	V_m	I	ampere	A
磁　位	ϕ_m	I	ampere	A
磁　界	$\boldsymbol{H}$	$L^{-1}I$	ampere/meter	A/m
磁　束	Φ_m	$L^2MT^{-2}I^{-1}$	weber	Wb
磁束密度	$\boldsymbol{B}$	$MT^{-2}I^{-1}$	tesla	T
ベクトル・ポテンシャル	$\boldsymbol{A}$	$LMT^{-2}I^{-1}$	weber/meter	Wb/m
磁気双極子能率	$\boldsymbol{m}$	L^2I	ampere•meter^2	A•m^2
磁化ベクトル	$\boldsymbol{M}$	$L^{-1}I$	ampere/meter	A/m
磁化電流密度	$\boldsymbol{J}_m$	$L^{-2}I$	ampere/meter^2	A/m^2
面磁化電流密度	$\boldsymbol{K}_m$	$L^{-1}I$	ampere/meter	A/m
Poynting ベクトル	$\boldsymbol{S}$	MT^{-3}	watt/meter^2	W/m^2
電気的エネルギー密度	w_E, w_e	$L^{-1}MT^{-2}$	joule/meter^3	J/m^3
磁気的エネルギー密度	w_H, w_m	$L^{-1}MT^{-2}$	joule/meter^3	J/m^3
抵　抗	R	$L^2MT^{-3}I^{-2}$	ohm	Ω
インダクタンス	L	$L^2MT^{-2}I^{-2}$	henry	H
キャパシタンス	C	$L^{-2}M^{-1}T^4I^2$	farad	F
コンダクタンス	G	$L^{-2}M^{-1}T^3I^2$	seamens	S
リラクタンス（磁気抵抗）	R_m	$L^{-2}M^{-1}T^2I^2$	ampere/weber	A/Wb
パーミアンス	G_m	$L^2MT^{-2}I^{-2}$	weber/ampere	Wb/A
波　長	λ	L	meter	m

表 *E*.2 続き

電　磁　量	記　号	次　元	SI 単位	略　号
周波数	f	T^{-1}	hertz	Hz
角周波数	ω	T^{-1}	radian/secend	rad/s
伝搬定数（波数）	k	L^{-1}	1/meter	1/m
位相定数	β	L^{-1}	radian/meter	rad/m
減衰定数	α	L^{-1}	neper/meter	NP/m
固有インピーダンス	η	$L^2MT^{-3}I^{-2}$	ohm	Ω
インピーダンス	Z	$L^2MT^{-3}I^{-2}$	ohm	Ω
アドミタンス	Y	$L^{-2}M^{-1}T^3I^2$	seamens	S

（注）　コンダクタンスの SI 単位名は seamens であるが，これまで長く用いられていた mho なる単位名（略号 ℧）も，現在まだ習慣的に用いられることがある．同様に，磁束密度の SI 単位名は tesla であるが，これも旧来の単位名 weber/meter² （略号 Wb/m²）で呼ばれることがある．また，従来，起磁力の単位には ampere-turn（略号 AT）が用いられていたが，SI 単位では起磁力の単位は ampere（略号 A）と定められている．なお，減衰定数の単位は neper/meter で与えられるが，実用上しばしば用いられる減衰定数の単位 decibel との間には 1 neper＝8.686 decibel なる関係がある．

前述のように，国際単位系（SI）では，電磁理論に特有の第 4 番目の独立な基本量として電流をとり，その単位名を ampere〔A〕と定め，次元を $[I]$ で表す．したがって，電流密度 $\boldsymbol{J}$ の次元は，式（*1.5*）に示した定義 $|\boldsymbol{J}|=J=dI/dS$ から，$[\boldsymbol{J}]=[I]/[S]=[L^{-2}I]$ となり，その単位は ampere/meter² と表される．

また，電荷 q の次元は，式（*1.4*）に示した関係 $I=dq/dt$ から，$[q]=[I][t]=[TI]$ となり，したがってその単位は ampere•second となるが，これを ampere•second＝coulomb〔C〕なる単位名で表す．したがって，電荷密度 ρ の次元は，式（*1.2*）に示した定義 $\rho=dq/dV$ から，$[\rho]=[q]/[V]=[L^{-3}TI]$ となり，その単位は coulomb/meter³ で与えられる．

以下，その他の電磁量の次元や単位も，同様にして，順次誘導していくことができる†．それらの電磁的諸量の次元と SI 単位，ならびにその略記号をまとめて**表 *E*.2** に示す．

表 *E*.3 は，前述のように国際単位系においてその使用が認められている，各単位の 10 の整数乗倍を表す接頭語を示したものである．

最初に述べたとおり，国際単位系はすでに世界の多くの国が採用を開始し，その単位系への移行に多大の努力がはらわれている国際的な単位系であるが，しかしなお，現在でも，著書や論文などによっては CGS 単位系が用いられている場合があ

† 各電磁量の次元と SI 単位の誘導の詳細については，例えば熊谷信昭著「電磁気学基礎論」（オーム社）を参照されたい．

表 *E*.3 10の整数乗倍を示す接頭語

乗数	接頭語	記号	乗数	接頭語	記号
10^1	deka (デカ)	da	10^{-1}	deci (デシ)	d
10^2	hecto (ヘクト)	h	10^{-2}	centi (センチ)	c
10^3	kilo (キロ)	k	10^{-3}	milli (ミリ)	m
10^6	mega (メガ)	M	10^{-6}	micro (マイクロ)	μ
10^9	giga (ギガ)	G	10^{-9}	nano (ナノ)	n
10^{12}	tela (テラ)	T	10^{-12}	pico (ピコ)	p
10^{15}	peta (ペタ)	P	10^{-15}	femto (フェムト)	f
10^{18}	exa (エクサ)	E	10^{-18}	atto (アト)	a

る.

特に，磁気的諸量については，長い歴史的習慣から，現在でもCGS電磁単位系における単位名が用いられることが比較的多い．それで，最後に，以上に示した諸量のうち，その主要なものについて，SI単位とCGS単位との間の換算を参考までに**表 *E*.4** に示しておく.

表 *E*.4 主要な量のSI単位とCGS単位の換算

量	記号	SI単位	CGS単位
力	$\boldsymbol{F}$	1 newton	$=10^5$ dyne
エネルギー（仕事）	W	1 joule	$=10^7$ erg
パワー（仕事率，電力）	P	1 watt	$=10^7$ erg/second
起磁力	V_m	1 ampere	$=4\pi\times10^{-1}$ gilbert
磁位	ϕ_m	1 ampere	$=4\pi\times10^{-1}$ gilbert
磁界	$\boldsymbol{H}$	1 ampere/meter	$=4\pi\times10^{-3}$ oersted
磁束	Φ_m	1 weber	$=10^8$ maxwell
磁束密度	$\boldsymbol{B}$	1 tesla	$=10^4$ gauss

演習問題解答

1.1 $\boldsymbol{J}=\dfrac{Ne^2}{m\omega}\boldsymbol{E}_0\sin\omega t$

1.2 $I=\dfrac{qv}{2\pi a}$,　$\boldsymbol{m}=\boldsymbol{n}\dfrac{1}{2}qva$

ただし，$\boldsymbol{n}$ は電流 I の流れる面に垂直で，電流 I の方向と右ねじの関係を示す方向を向く単位ベクトル．

1.3 (i)　$0\leqq t\leqq\sqrt{\dfrac{2md}{e|\boldsymbol{E}|}}$ のとき，$I=\dfrac{e^2|\boldsymbol{E}|}{md}t$

(ii)　$t>\sqrt{\dfrac{2md}{e|\boldsymbol{E}|}}$ のとき，$I=0$

1.4 らせんの半径を a，ピッチを l とすると

$$a=\frac{v}{\omega_c}\sin\theta,\quad l=\frac{2\pi v}{\omega_c}\cos\theta$$

ただし

$$\omega_c=\frac{|q|B}{m}$$

回転方向は，$\boldsymbol{B}$ の方向にみたとき，$q>0$ ならば左まわり，$q<0$ ならば右まわり．

1.5 時刻 t における点電荷の位置を x，速度を v とすると

(i)　$\omega\neq\omega_0$ のとき

$$x=\frac{qE_0}{m(\omega_0{}^2-\omega^2)}(\cos\omega t-\cos\omega_0 t)$$

$$v=\frac{qE_0}{m(\omega_0{}^2-\omega^2)}(\omega_0\sin\omega_0 t-\omega\sin\omega t)$$

(ii)　$\omega=\omega_0$ のとき

$$x=\frac{qE_0}{2m\omega_0}t\sin\omega_0 t$$

$$v=\frac{qE_0}{2m\omega_0}(\omega_0 \cos \omega_0 t+\sin \omega_0 t)$$

ただし，$\omega_0=\sqrt{k/m}$.

1.6 z 軸のまわりに2種類の回転運動を行う．それらの回転運動の角周波数を ω_1，ω_2 とすると

$$\omega_1=-\frac{\omega_c}{2}+\sqrt{\left(\frac{\omega_c}{2}\right)^2+\omega_0{}^2}$$

$$\omega_2=\frac{\omega_c}{2}+\sqrt{\left(\frac{\omega_c}{2}\right)^2+\omega_0{}^2}$$

ただし

$$\omega_c=\frac{|q|B}{m},\quad \omega_0=\sqrt{\frac{k}{m}}$$

静磁界の方向にみたとき，$q>0$ ならば ω_1 の回転は右まわりで ω_2 の回転は左まわり，$q<0$ ならばそれぞれの回転方向はその逆．

1.8 点電荷の位置を (x, y)，速度を (v_x, v_y) とすると

（i）　$\omega \neq \omega_c$ のとき

$$x=\pm\frac{\omega_c qE_0}{m(\omega_c{}^2-\omega^2)}\left(\frac{\sin \omega t}{\omega}-\frac{\sin \omega_c t}{\omega_c}\right)$$

$$y=\frac{qE_0}{m(\omega_c{}^2-\omega^2)}(\cos \omega t-\cos \omega_c t)$$

$$v_x=\pm\frac{\omega_c qE_0}{m(\omega_c{}^2-\omega^2)}(\cos \omega t-\cos \omega_c t)$$

$$v_y=\frac{qE_0}{m(\omega_c{}^2-\omega^2)}(\omega_c \sin \omega_c t-\omega \sin \omega t)$$

ただし，x および v_x の複号は $q>0$ のとき＋，$q<0$ のとき－．

（ii）　$\omega=\omega_c$ のとき

$$x=\pm\frac{qE_0}{2m\omega_c}\left(\frac{\sin \omega_c t}{\omega_c}-t \cos \omega_c t\right)$$

$$y=\frac{qE_0}{2m\omega_c}t \sin \omega_c t$$

$$v_x=\pm\frac{qE_0}{2m}t \sin \omega_c t$$

$$v_y=\frac{qE_0}{2m\omega_c}(\omega_c t \cos \omega_c t+\sin \omega_c t)$$

2.1　$\omega N\pi a^2 B_0 \cos\theta \sin\omega t$

2.2　$\dfrac{\mu_0 Iab}{2\pi t(vt+b)}$

2.4　系の対称性により，磁束密度の成分は B_φ のみとなり

$$B_\varphi=\begin{cases} 0, & r<a \\ \dfrac{\mu_0 J}{2}\left(r-\dfrac{a^2}{r}\right), & a\leqq r\leqq b \\ \dfrac{\mu_0 J(b^2-a^2)}{2r}, & r>b \end{cases}$$

2.5　系の対称性により，電界の成分は E_r のみとなり

$$E_r=\begin{cases} \dfrac{\rho r}{2\varepsilon_0}=\dfrac{\lambda}{2\pi\varepsilon_0 a^2}r, & r<a \\ \dfrac{\rho a^2}{2\varepsilon_0 r}=\dfrac{\lambda}{2\pi\varepsilon_0 r}, & r\geqq a \end{cases}$$

ただし，$\lambda=\pi a^2\rho$ は半径 a なる円柱内に含まれる，軸方向に単位長当りの電荷量．

2.6　$\dfrac{\lambda_1\lambda_2}{2\pi\varepsilon_0 d}$

$\lambda_1\lambda_2>0$ なら斥力，$\lambda_1\lambda_2<0$ なら引力．

2.7　系の対称性により，電界の成分は E_r のみとなり

$$E_r=\begin{cases} 0, & r<a \\ \dfrac{\rho}{3\varepsilon_0}\left(r-\dfrac{a^3}{r^2}\right), & a\leqq r\leqq b \\ \dfrac{\rho(b^3-a^3)}{3\varepsilon_0 r^2}, & r>b \end{cases}$$

2.8　(i)　1枚の面電荷分布による電界

面電荷分布に垂直な方向を x 方向に選び，面電荷分布の存在する位置を $x=0$ とすると，系の対称性により，電界成分は E_x のみとなり

$$E_x=\begin{cases} -\dfrac{\xi}{2\varepsilon_0}, & x<0 \\ \dfrac{\xi}{2\varepsilon_0}, & x>0 \end{cases}$$

(ii)　2枚の面電荷分布による電界

面電荷分布の存在する位置を $x=0$ および $x=d$ とすると，この場合の電界は，それぞれの面電荷分布によって生ずる電界の重ね合せとして得られ

$$E_x=\begin{cases} -\dfrac{\xi}{\varepsilon_0}, & x<0 \\ 0, & 0<x<d \\ \dfrac{\xi}{\varepsilon_0}, & x>d \end{cases}$$

2.9　$Q=\dfrac{2\sqrt{2}+1}{4}q$

2.10　磁束密度の成分は B_z のみとなり

$$B_z=\begin{cases} \mu_0 nI, & r<a \\ 0, & r>a \end{cases}$$

3.1　系の対称性により，電界成分は E_r のみとなり

$$E_r=\frac{2A}{\varepsilon_0 k^3}\frac{1}{r^2}-\frac{A}{\varepsilon_0 k}\left[1+\frac{2}{kr}+\frac{2}{(kr)^2}\right]e^{-kr}$$

3.2　電界成分は E_x のみとなり

$$E_x=\begin{cases} -\dfrac{\rho_d}{2\varepsilon_0}, & x<0 \\ -\dfrac{\rho_d}{2\varepsilon_0}+\dfrac{1}{\varepsilon_0}\displaystyle\int_0^x \rho(x')dx', & 0\leqq x\leqq d \\ \dfrac{\rho_d}{2\varepsilon_0}, & x>d \end{cases}$$

ただし

$$\rho_d=\int_0^d \rho(x')dx'$$

3.4　運動する面電荷によって隔てられた一方の領域を領域 1，他方の領域を領域 2 とし，領域 2 から領域 1 の方向を向く，面電荷に垂直な単位ベクトルを $\boldsymbol{n}$ とすると

$$\boldsymbol{B}_1=\frac{1}{2}\mu_0\xi\boldsymbol{v}\times\boldsymbol{n},\quad \boldsymbol{B}_2=-\boldsymbol{B}_1$$

ただし，$\boldsymbol{B}_1$ および $\boldsymbol{B}_2$ はそれぞれ領域 1 および領域 2 における磁束密度．

3.5　磁束密度の成分は B_z のみとなり

$$B_z=\begin{cases} \mu_0 nI, & r<a \\ 0, & r>a \end{cases}$$

3.6
$$B_z=\begin{cases}\mu_0\xi\omega a, & r<a\\ 0, & r>a\end{cases}$$

4.1 （i）　$\rho_p=-\dfrac{P_d-P_0}{d}\sin\omega t$

（ii）　$\xi_p(0)=-P_0\sin\omega t,\quad \xi_p(d)=P_d\sin\omega t$

（iii）　$\boldsymbol{J}_p=\boldsymbol{i}_x\omega\left(P_0+\dfrac{P_d-P_0}{d}\right)\cos\omega t$

（iv）　0

4.2 （i）　$\rho_p=0$

（ii）　$\xi_p(0)=-P_0,\quad \xi_p(d)=P_0$

（iii）　$\boldsymbol{J}_p=0$

（iv）　0

4.3

$$\boldsymbol{E}=\begin{cases}\boldsymbol{i}_r\dfrac{Q}{4\pi\varepsilon_0 r^2}, & r>b\\ \boldsymbol{i}_r\dfrac{Q}{4\pi\varepsilon r^2}, & a\leqq r\leqq b\end{cases}$$

$$\xi_p(a)=-\frac{Q}{4\pi a^2}\left(1-\frac{\varepsilon_0}{\varepsilon}\right)$$

$$\xi_p(b)=\frac{Q}{4\pi b^2}\left(1-\frac{\varepsilon_0}{\varepsilon}\right)$$

4.4 $\left(\dfrac{\varepsilon_1}{\sigma_1}-\dfrac{\varepsilon_2}{\sigma_2}\right)J_n$

ただし，J_n は二つの媒質の境界面において，媒質 2 から媒質 1 の方向を向く導電電流密度の法線方向成分．

4.6 $\dfrac{\tan\theta_2}{\tan\theta_1}=\dfrac{\sigma_2}{\sigma_1}$

ただし，θ_1 および θ_2 はそれぞれ導電率が σ_1 および σ_2 なる導体側における導電電流とこれらの導体の境界面における法線方向とのなす角．

4.7 （i）　磁性体平板に垂直に磁化されている場合，

磁性体平板の内部における磁界の強さは $-\boldsymbol{M}$，外部では零．

磁束密度は磁性体平板の内部および外部においてともに零．

（ii）　磁性体平板に平行に磁化されている場合，

磁界の強さは磁性体平板の内部および外部においてともに零.

磁束密度は磁性体平板の内部では $\mu_0 \boldsymbol{M}$, 外部では零.

5.1 円板の中心軸を z 軸に選び, 円板の中心を原点にとると

$$\phi=\frac{\xi}{2\varepsilon_0}[\sqrt{z^2+a^2}-|z|]$$

$$E_z=\frac{\xi}{2\varepsilon_0}\left[\pm 1-\frac{z}{\sqrt{z^2+a^2}}\right]$$

ただし, E_z の複号は $z>0$ のとき+, $z<0$ のとき−.

十分遠方では, $|z|\gg a$ とすると

$$\phi=\frac{Q}{4\pi\varepsilon_0|z|}$$

$$E_z=\pm\frac{Q}{4\pi\varepsilon_0 z^2}$$

ただし, $Q=\pi a^2\xi$

5.2 $\dfrac{q}{4\pi\varepsilon}\left(\dfrac{1}{a}-\dfrac{1}{b}\right)$

5.3 原点に点電荷 q が存在し, そのまわりに

$$\rho=-\frac{k^2 q}{4\pi r}e^{-kr}$$

なる密度の電荷が分布している.

5.6

$$E_x=\frac{q}{4\pi\varepsilon_0}\left[\frac{x-a}{r_1^{\ 3}}-\frac{x+a}{r_2^{\ 3}}+\frac{x+a}{r_3^{\ 3}}-\frac{x-a}{r_4^{\ 3}}\right]$$

$$E_y=\frac{q}{4\pi\varepsilon_0}\left[\frac{y-b}{r_1^{\ 3}}-\frac{y-b}{r_2^{\ 3}}+\frac{y+b}{r_3^{\ 3}}-\frac{y+b}{r_4^{\ 3}}\right]$$

$$E_z=\frac{qz}{4\pi\varepsilon_0}\left[\frac{1}{r_1^{\ 3}}-\frac{1}{r_2^{\ 3}}+\frac{1}{r_3^{\ 3}}-\frac{1}{r_4^{\ 3}}\right]$$

ただし

$$r_1=\sqrt{(x-a)^2+(y-b)^2+z^2}$$

$$r_2=\sqrt{(x+a)^2+(y-b)^2+z^2}$$

$$r_3=\sqrt{(x+a)^2+(y+b)^2+z^2}$$

$$r_4=\sqrt{(x-a)^2+(y+b)^2+z^2}$$

$x=0$ および $y=0$ におけ面電荷密度をそれぞれ $\xi(y, z)$ および $\xi(x, z)$ とすると

$$\xi(y, z)=\varepsilon_0 E_x, \quad \xi(x, z)=\varepsilon_0 E_y$$

5.7
$$\phi=V\frac{x}{a}+\frac{1}{6}\frac{\rho_0}{\varepsilon_0}d^2\left[\frac{x}{d}-\left(\frac{x}{d}\right)^3\right]$$
$$E=-\frac{V}{d}-\frac{1}{6}\frac{\rho_0}{\varepsilon_0}d\left[1-3\left(\frac{x}{d}\right)^2\right]$$

$x=0$ および $x=d$ における面電荷密度をそれぞれ $\xi(0)$ および $\xi(d)$ とすると

$$\xi(0)=-\varepsilon_0\frac{V}{d}-\frac{1}{6}\rho_0 d$$
$$\xi(d)=\varepsilon_0\frac{V}{d}-\frac{1}{3}\rho_0 d$$

5.8 $\boldsymbol{E}=\boldsymbol{i}_r E_0\left[1+\left(\frac{a}{r}\right)^2\right]\cos\varphi-\boldsymbol{i}_\varphi E_0\left[1-\left(\frac{a}{r}\right)^2\right]\sin\varphi, \quad r>a$

$\xi=2\varepsilon_0 E_0\cos\varphi, \quad r=a$

5.9
$$\boldsymbol{E}=\begin{cases} E_0\dfrac{\varepsilon-\varepsilon_0}{\varepsilon+\varepsilon_0}\left(\dfrac{a}{r}\right)^2(\boldsymbol{i}_r\cos\varphi+\boldsymbol{i}_\varphi\sin\varphi), & r>a \\ -E_0\dfrac{\varepsilon-\varepsilon_0}{\varepsilon+\varepsilon_0}(\boldsymbol{i}_r\cos\varphi-\boldsymbol{i}_\varphi\sin\varphi), & r<a \end{cases}$$

5.10 $\boldsymbol{E}=E_0\left[\boldsymbol{i}_r\left(1+\frac{2a^3}{r^3}\right)\cos\theta-\boldsymbol{i}_\theta\left(1-\frac{a^3}{r^3}\right)\sin\theta\right], \quad r>a$

$\xi=3\varepsilon_0 E_0\cos\theta, \quad r=a$

5.11
$$\boldsymbol{E}=\begin{cases} E_0\left[\boldsymbol{i}_r\left(1+2\dfrac{\varepsilon-\varepsilon_0}{\varepsilon+2\varepsilon_0}\dfrac{a^3}{r^3}\right)\cos\theta-\boldsymbol{i}_\theta\left(1-\dfrac{\varepsilon-\varepsilon_0}{\varepsilon+2\varepsilon_0}\dfrac{a^3}{r^3}\right)\sin\theta\right], & r>a \\ E_0\dfrac{3\varepsilon_0}{\varepsilon+2\varepsilon_0}(\boldsymbol{i}_r\cos\theta-\boldsymbol{i}_\theta\sin\theta), & r<a \end{cases}$$

6.1 問 *2.10* の場合と同じ．

6.2 直線電流の方向に円柱座標系の z 軸を選び，その中点を原点にとると，系の対称性により，磁界は周方向の成分 H_φ のみとなり

$$H_\varphi=\frac{I}{4\pi r}\left[\frac{\frac{L}{2}+z}{\sqrt{\left(\frac{L}{2}+z\right)^2+r^2}}+\frac{\frac{L}{2}-z}{\sqrt{\left(\frac{L}{2}-z\right)^2+r^2}}\right]$$

また，$L\to\infty$ とすると

$$H_\varphi=\frac{I}{2\pi r}$$

となり，アンペアの法則から得られる結果と一致する．

6.3　$$H_z=\frac{I}{2r}\sin^2\theta$$

ただし

$$\sin\theta=\frac{a}{r}$$

r は円形電流の任意の点から中心軸上の観測点までの距離．

6.4　ソレノイドの中心軸を z 軸に選び，その中点を原点にとると，z 軸上における磁界の成分は H_z のみとなり

$$H_z=\frac{1}{2}nI(\cos\theta_1-\cos\theta_2)$$

ただし

$$\cos\theta_1=\frac{z+\dfrac{L}{2}}{\sqrt{\left(z+\dfrac{L}{2}\right)^2+a^2}},\quad \cos\theta_2=\frac{z-\dfrac{L}{2}}{\sqrt{\left(z-\dfrac{L}{2}\right)^2+a^2}}$$

6.5　系の対称性により，磁界の成分は H_z のみとなり

$$H_z=\begin{cases}0, & r\geqq b\\ J(b-r), & a<r<b\\ J(b-a), & r\leqq a\end{cases}$$

6.7　円板の中心軸を z 軸に選ぶと，系の対称性により，磁界の成分は H_z のみとなり

$$H_z=\frac{1}{2}\xi\omega\left[\frac{2z^2+a^2}{\sqrt{z^2+a^2}}-2|z|\right]$$

6.8　棒磁石の中心軸を z 軸に選び，その中点を原点にとると，z 軸上における磁界の成分は，系の対称性により，H_z のみとなり

(i)　$H_z=\dfrac{M}{2}(\cos\theta_2-\cos\theta_1),\qquad z>\dfrac{l}{2}$

(ii)　$H_z=-M+\dfrac{M}{2}(\cos\theta_2-\cos\theta_1),\qquad -\dfrac{l}{2}<z<\dfrac{l}{2}$

(iii)　$H_z=\dfrac{M}{2}(\cos\theta_2-\cos\theta_1),\qquad z<-\dfrac{l}{2}$

ただし

$$\cos\theta_1=\frac{z-\dfrac{l}{2}}{\sqrt{\left(z-\dfrac{l}{2}\right)^2+a^2}},\quad \cos\theta_2=\frac{z+\dfrac{l}{2}}{\sqrt{\left(z+\dfrac{l}{2}\right)^2+a^2}}$$

6.9

$$\boldsymbol{H}=\begin{cases}\dfrac{1}{3}M\dfrac{a^3}{r^3}(\boldsymbol{i}_r 2\cos\theta+\boldsymbol{i}_\theta\sin\theta), & r>a\\[2ex] -\dfrac{1}{3}M(\boldsymbol{i}_r\cos\theta-\boldsymbol{i}_\theta\sin\theta), & r<a\end{cases}$$

7.1 $\dfrac{Q^2}{8\pi\varepsilon_0 a}$

7.2 $\dfrac{3Q^2}{20\pi\varepsilon_0 a}$

7.3 $\dfrac{Q_1{}^2}{8\pi\varepsilon_0 r_1}+\dfrac{Q_2{}^2}{8\pi\varepsilon_0 r_2}+\dfrac{Q_1Q_2}{4\pi\varepsilon_0 d}$

7.4 $\dfrac{2}{9}\pi a^3\dfrac{P^2}{\varepsilon_0}$

7.5 （i） σ_1，σ_2 の一方あるいは両方が零でない場合

$$W_e=\frac{1}{2}\frac{\varepsilon_1 d_1\sigma_2{}^2+\varepsilon_2 d_2\sigma_1{}^2}{(\sigma_2 d_1+\sigma_1 d_2)^2}SV^2$$

$$P_d=\frac{\sigma_1\sigma_2 SV^2}{\sigma_2 d_1+\sigma_1 d_2}$$

（ii） $\sigma_1=\sigma_2=0$ の場合

$$W_e=\frac{1}{2}\frac{\varepsilon_1\varepsilon_2 SV^2}{\varepsilon_2 d_1+\varepsilon_1 d_2}$$

$$P_d=0$$

7.6 $\dfrac{1}{2}\mu_0 M^2 d$

7.7 $\dfrac{2}{9}\pi a^3\mu_0 M^2$

7.8 $\dfrac{l\mu(NI)^2}{4\pi}\ln\dfrac{b}{a}$

7.9 x の増加する方向に

$$\frac{(\varepsilon-\varepsilon_0)adQ^2/2S}{[(\varepsilon-\varepsilon_0)x+\varepsilon_0 a]^2}$$

なる力が働く．したがって，$\varepsilon>\varepsilon_0$ ならば誘電体は引き込まれる．

7.11 $W_e=\dfrac{q^2}{4\pi\varepsilon}\ln\dfrac{b}{a}$

7.12 $W_m=\dfrac{\mu I^2}{4\pi}\ln\dfrac{b}{a}$

8.4

$$\boldsymbol{E}=\boldsymbol{i}_x E_0 e^{j(\omega t-kz)}$$

$$\boldsymbol{H}=\boldsymbol{i}_y H_0 e^{j(\omega t-kz)}$$

ただし

$$k=\beta-j\alpha,\quad \beta=\omega\sqrt{\varepsilon\mu},\quad \alpha=\frac{\sigma}{2}\sqrt{\frac{\mu}{\varepsilon}}$$

$$\frac{E_0}{H_0}=\sqrt{\frac{\mu}{\varepsilon}}\left(1+j\frac{\sigma}{2\omega\varepsilon}\right)$$

8.5 入射波，反射波および透過波の電界の振幅をそれぞれ E_{i0}，E_{r0} および E_{t0} とすると

$$\frac{E_{r0}}{E_{i0}}=\frac{\sqrt{\varepsilon_1\mu_2}-\sqrt{\varepsilon_2\mu_1}}{\sqrt{\varepsilon_1\mu_2}+\sqrt{\varepsilon_2\mu_1}}$$

$$\frac{E_{t0}}{E_{i0}}=\frac{2\sqrt{\varepsilon_1\mu_2}}{\sqrt{\varepsilon_1\mu_2}+\sqrt{\varepsilon_2\mu_1}}$$

8.6 問 8.5 において $\varepsilon_2\to\infty$ とすることにより

$$\frac{E_{r0}}{E_{i0}}=-1,\quad E_{t0}=0$$

8.7 $\delta=\sqrt{\dfrac{2}{\omega\mu\sigma}}$

8.9 単位面積当り $2\varepsilon E_i^2$ なる大きさの圧力.

9.1 $R=\dfrac{1}{2\pi l\sigma}\ln\dfrac{b}{a}$

9.2 (a) $\dfrac{\varepsilon_1\varepsilon_2 S}{\varepsilon_2 d_1+\varepsilon_1 d_2}$

(b) $\dfrac{(\varepsilon_1 l_1+\varepsilon_2 l_2)S}{(l_1+l_2)d}$

9.3

$$\frac{\mu}{\pi}\ln\frac{d-a}{a}$$

ただし，μ は線路の周囲の媒質の透磁率.

9.4　$NS\mu n$

9.6　$\dfrac{\mu_1\mu_2N_1N_2S}{\mu_2l_1+\mu_1l_2}$

9.8　$\dfrac{2\pi\sigma}{\ln\dfrac{b}{a}}$

9.9
$$Z=jZ_0\tan\beta l$$

ただし

$$\beta=\omega\sqrt{\varepsilon\mu}$$

$$Z_0=\frac{1}{2\pi}\sqrt{\frac{\mu}{\varepsilon}}\ln\frac{b}{a}$$

索　　　　引

〔Y〕

〔Z〕

―― 執筆者略歴 ――

昭和28年　大阪大学工学部(旧制)通信工学科卒業
昭和31年　大阪大学大学院(旧制)研究奨学生修了
昭和33年　カリフォルニア大学(バークレー)電子工学研究所上級研究員
昭和35年　大阪大学工学部通信工学科助教授
昭和46年　大阪大学工学部通信工学科教授
昭和60年　大阪大学総長
平成2年　電子情報通信学会会長
平成3年　大阪大学名誉教授
平成5年　科学技術会議(現総合科学技術・イノベーション会議)議員
平成9年　日本学士院賞
平成11年　文化功労者
平成16年　兵庫県立大学長
平成19年　瑞宝大綬章
平成22年　兵庫県立大学名誉学長
平成22年　国際電気通信基礎技術研究所(ATR)会長
平成30年　逝　去

改訂 **電磁理論**
Electromagnetic Theory

平成2年2月20日　初　版第1刷発行
平成12年3月10日　初　版第9刷発行
平成13年6月18日　改訂版第1刷発行
令和4年4月20日　改訂版第10刷発行

検印省略

編　　者　一般社団法人 電子情報通信学会
執筆者　熊谷信昭（くまがいのぶあき）
発行者　株式会社　コロナ社
　　　　代表者　牛来真也
印刷所　三美印刷株式会社
製本所　牧製本印刷株式会社

112-0011　東京都文京区千石4-46-10
発行所　株式会社　コロナ社
CORONA PUBLISHING CO., LTD.
Tokyo Japan
振替 00140-8-14844・電話(03)3941-3131(代)
ホームページ　https://www.coronasha.co.jp

ISBN 978-4-339-00068-9　C3355　Printed in Japan

電子情報通信学会 大学シリーズ

（各巻A5判，欠番は品切または未発行です）

■電子情報通信学会編

配本順		書名	著者	頁	本体
A-1	(40回)	応用代数	伊理正夫・藤重悟共著	242	3000円
A-2	(38回)	応用解析	堀内和夫著	340	4100円
A-3	(10回)	応用ベクトル解析	宮崎保光著	234	2900円
A-4	(5回)	数値計算法	戸川隼人著	196	2400円
A-5	(33回)	情報数学	廣瀬健著	254	2900円
A-6	(7回)	応用確率論	砂原善文著	220	2500円
B-1	(57回)	改訂 電磁理論	熊谷信昭著	340	4100円
B-2	(46回)	改訂 電磁気計測	菅野允著	232	2800円
B-3	(56回)	電子計測（改訂版）	都築泰雄著	214	2600円
C-1	(34回)	回路基礎論	岸源也著	290	3300円
C-2	(6回)	回路の応答	武部幹著	220	2700円
C-3	(11回)	回路の合成	古賀利郎著	220	2700円
C-4	(41回)	基礎アナログ電子回路	平野浩太郎著	236	2900円
C-5	(51回)	アナログ集積電子回路	柳沢健著	224	2700円
C-6	(42回)	パルス回路	内山明彦著	186	2300円
D-3	(1回)	電子物性	大坂之雄著	180	2100円
D-4	(23回)	物質の構造	高橋清著	238	2900円
D-5	(58回)	光・電磁物性	多田邦雄・松本俊共著	232	2800円
D-6	(13回)	電子材料・部品と計測	川端昭著	248	3000円
D-7	(21回)	電子デバイスプロセス	西永頌著	202	2500円

	配本順			頁	本 体
E-1	(18回)	半導体デバイス	古川静二郎著	248	3000円
E-3	(48回)	センサデバイス	浜川圭弘著	200	2400円
E-4	(60回)	新版 光デバイス	末松安晴著	240	3000円
E-5	(53回)	半導体集積回路	菅野卓雄著	164	2000円
F-1	(50回)	通信工学通論	畔柳功芳 塩谷光 共著	280	3400円
F-2	(20回)	伝送回路	辻井重男著	186	2300円
F-4	(30回)	通信方式	平松啓二著	248	3000円
F-5	(12回)	通信伝送工学	丸林元著	232	2800円
F-7	(8回)	通信網工学	秋山稔著	252	3100円
F-8	(24回)	電磁波工学	安達三郎著	206	2500円
F-9	(37回)	マイクロ波・ミリ波工学	内藤喜之著	218	2700円
F-11	(32回)	応用電波工学	池上文夫著	218	2700円
F-12	(19回)	音響工学	城戸健一著	196	2400円
G-1	(4回)	情報理論	磯道義典著	184	2300円
G-3	(16回)	ディジタル回路	斉藤忠夫著	218	2700円
G-4	(54回)	データ構造とアルゴリズム	斎藤信男 西原清一 共著	232	2800円
H-1	(14回)	プログラミング	有田五次郎著	234	2100円
H-2	(39回)	情報処理と電子計算機 (「情報処理通論」改題新版)	有澤誠著	178	2200円
H-7	(28回)	オペレーティングシステム論	池田克夫著	206	2500円
I-3	(49回)	シミュレーション	中西俊男著	216	2600円
I-4	(22回)	パターン情報処理	長尾真著	200	2400円
J-1	(52回)	電気エネルギー工学	鬼頭幸生著	312	3800円
J-4	(29回)	生体工学	斎藤正男著	244	3000円
J-5	(59回)	新版 画像工学	長谷川伸著	254	3100円

定価は本体価格+税です。
定価は変更されることがありますのでご了承下さい。